技工院校计算机类专业教材（中／高级技能层级）

3ds Max 三维动画制作

（第二版）

主 编 黄 芳
副主编 何宇飞 范方华

中国劳动社会保障出版社

简介

本书主要内容包括 3ds Max 动画入门、基础建模、渲染、基础动画、路径动画、刚体动画、粒子动画、骨骼动画等。

本书由黄芳担任主编，何宇飞、范方华担任副主编；徐振槐、夏怡乔、雷艳红、齐佩霞、王辉、陈慧芬、李霞、陈才道参加编写。

图书在版编目（CIP）数据

3ds Max 三维动画制作 / 黄芳主编. -- 2 版.
北京：中国劳动社会保障出版社，2025. --（技工院校计算机类专业教材：中 / 高级技能层级）. -- ISBN 978-7-5167-6900-3

Ⅰ. TP391.41

中国国家版本馆 CIP 数据核字第 2025EA3203 号

中国劳动社会保障出版社出版发行

（北京市惠新东街 1 号　邮政编码：100029）

*

北京宏伟双华印刷有限公司印刷装订　　新华书店经销

787 毫米 × 1092 毫米　16 开本　20 印张　394 千字

2025 年 3 月第 2 版　　2025 年11月第 2 次印刷

定价：50.00 元

营销中心电话：400-606-6496

出版社网址：https://www.class.com.cn

https://jg.class.com.cn

前　言

为了更好地满足技工院校计算机类专业的教学要求，适应计算机行业的发展现状，全面提升教学质量，我们组织全国有关学校的一线教师和行业、企业专家，在充分调研企业用人需求和学校教学情况、吸收借鉴各地技工院校教学改革的成功经验的基础上，根据人力资源社会保障部颁布的《全国技工院校专业目录》及相关教学文件，对技工院校计算机类专业教材进行了修订和新编。

本次修订（新编）的教材涉及计算机类专业通用基础模块及办公软件、多媒体应用软件、辅助设计软件、计算机应用维修、网络应用、程序设计、操作指导等多个专业模块。

本次修订（新编）工作的重点主要有以下几个方面。

突出技工教育特色

坚持以能力为本位，突出技工教育特色。根据计算机类专业毕业生就业岗位的实际需要和行业发展趋势，合理确定学生应具备的能力和知识结构，对教材内容及其深度、难度进行了调整。同时，进一步突出实际应用能力的培养，以满足社会对技能型人才的需求。

针对计算机软、硬件更新迅速的特点，在教学内容选取上，既注重体现新软件、新知识，又兼顾技工院校教学实际条件。在教学内容组织上，不仅局限于某一计算机软件版本或硬件产品的具体功能，而是更注重学生应用能力的拓展，使学生能够触类

旁通，提升综合能力，为后续专业课程的学习和未来工作中解决实际问题打下良好的基础。

创新教材内容形式

在编写模式上，根据技工院校学生认知规律，以完成具体工作任务为主线组织教材内容，将理论知识的讲解与工作任务载体有机结合，激发学生的学习兴趣，提高学生的实践能力。

在表现形式上，通过丰富的操作步骤图片和软件截图详尽地指导学生了解软件功能并完成工作任务，使教材内容更加直观、形象。结合计算机类专业教材的特点，多数教材采用四色印刷，图文并茂，增强了教材内容的表现效果，提高了教材的可读性。

本次修订（新编）工作还针对大部分教材创新开发了配套的实训题集，在教材所学内容基础上提供了丰富的实训练习题目和素材，供学生巩固练习使用，既节省了教材篇幅，又能帮助学生进一步提高所学知识与技能的实际应用能力。

提供丰富教学资源

在教学服务方面，为方便教师教学和学生学习，配套提供了制作素材、电子课件、教案示例等教学资源，可通过技工教育网（https://jg.class.com.cn）下载使用。除此之外，在部分教材中还借助二维码技术，针对教材中的重点、难点内容，开发制作了操作演示微视频，可使用移动设备扫描书中二维码在线观看。

致谢

本次修订（新编）工作得到了河北、山西、黑龙江、江苏、山东、河南、湖北、湖南、广东、重庆等省（直辖市）人力资源社会保障厅（局）及有关学校的大力支持，在此我们表示诚挚的谢意。

编者

2024 年 4 月

目 录

CONTENTS

项目一
3ds Max 动画入门

任务　制作茶壶盖打开动画

1. 能启动、退出 3ds Max 2022。

2. 熟悉 3ds Max 2022 的工作界面，能熟练设置视口背景、单位，使用快捷键切换视图，完成移动、缩放、旋转对象等基本操作。

3. 能应用“几何体”命令创建对象，并通过移动、复制、修改参数等操作完成场景创建。

4. 能叙述 3ds Max 2022 的动画制作原理，完成简单的动画制作任务。

5. 能按要求保存、导出模型和动画。

1. 完成如图 1-1-1 所示茶具摆设场景的制作。通过对 3ds Max 2022 自带茶壶模型的创建、编辑，快速熟悉 3ds Max 2022 的工作界面以及基本编辑操作，掌握常用操作命令的快捷键。

2. 在图 1-1-1 所示的场景中，完成打开茶壶盖的动画。通过设置自动关键点，掌握动画的基本原理，了解时间配置对话框中参数的作用，学会调整对象的运动路径。

图 1-1-1　茶具摆设场景

3ds Max 2022 的工作界面如图 1-1-2 所示，主要包括标题栏、菜单栏、主工具栏、视口区域（各视图区统称）、视口导航控制区、动画控件区、提示与坐标区、命令面板等区域。

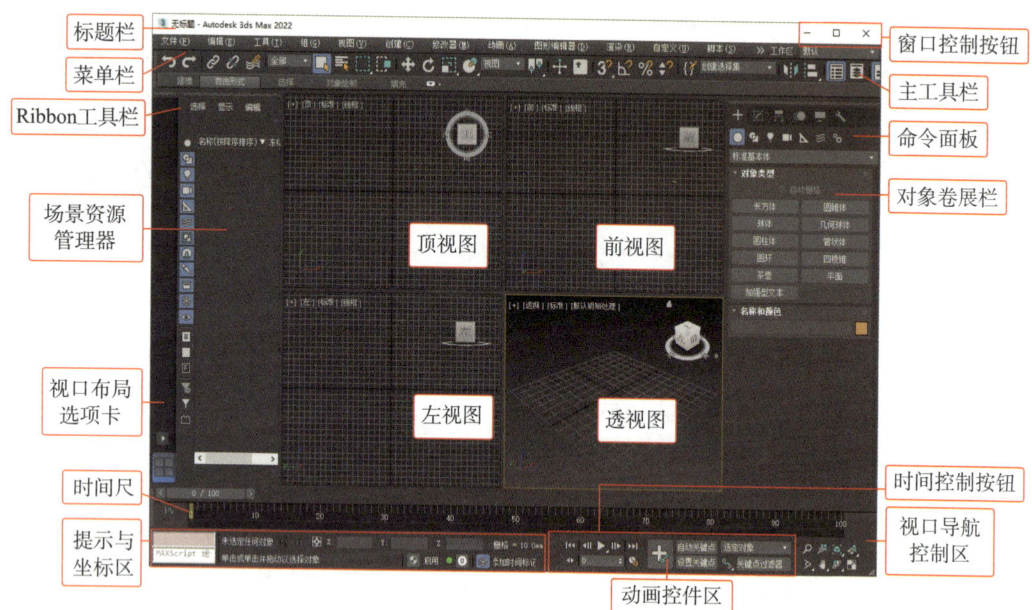

图 1-1-2　3ds Max 2022 的工作界面

一、标题栏

3ds Max 2022 的标题栏位于界面的最顶部，用于显示当前编辑的文件名称和当前软件的版本，右侧包括最小化、最大化（或恢复原大小）和关闭窗口三个窗口控制按钮，如图 1-1-3 所示。

图 1-1-3　标题栏

二、菜单栏

3ds Max 2022 的菜单栏位于屏幕界面的第二行，各项菜单展开后，显示的命令名称后带有“...”的表示会弹出相应的对话框，带有“▸”的表示还有下一级菜单。菜单栏各项目如图 1-1-4 所示。

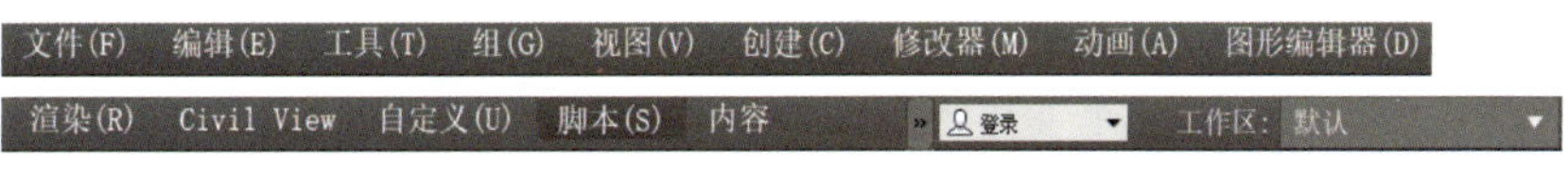

图 1-1-4　菜单栏

菜单栏中的大多数命令都可以在相应的命令面板、主工具栏找到或通过快捷键执行，且远比在菜单栏中执行命令方便得多，下面列举几个常用菜单。

1.“文件”菜单

“文件”菜单的内容如图 1-1-5 所示。选择“保存”或“另存为”可以保存当前文件，默认的保存类型为“3ds Max (*.max)”，可在 2022 版或更高版本的 3ds Max 软件中打开。如果想在低版本软件中打开文件，可选择保存相应的版本类型，最低可以保存为“3ds Max 2019”版本。如果想保存为通用格式“STL”，需要选择“导出”→“导出...”，并将保存类型选为“STL (*.STL)”。

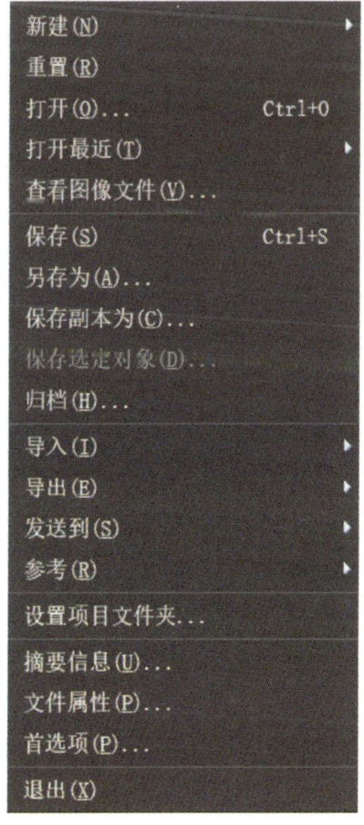

图 1-1-5　“文件”菜单

提示

除常规的文件打开方式外，还可将文件直接拖拽至软件工作区，在弹出的快捷菜单中选择“打开文件”选项，如选择“合并文件”，作用是将 MAX 格式的文件添加到当前场景中，而把其他格式的文件（如 AutoCAD 的 DWG 文件、三维软件通用格式 STL 文件等）加入场景中需执行“文件”→“导入”→“导入...”命令。

2. “编辑”菜单

“编辑”菜单的内容如图 1-1-6 所示。其中“移动”“旋转”“缩放”“放置”命令的使用频率很高，在主工具栏中设有快捷按钮。

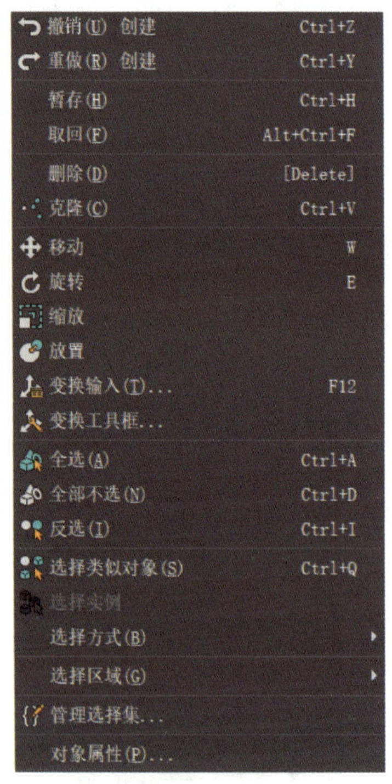

图 1-1-6 “编辑”菜单

提示

打开菜单后，每个命令对应的快捷键显示在命令名称之后，例如“撤销创建”命令的快捷键为“Ctrl+Z”。

3. “自定义”菜单

“自定义”菜单的内容如图 1–1–7 所示。通过“自定义”菜单，用户可根据自己的使用习惯，对软件本身的界面、参数、默认属性等进行设置。

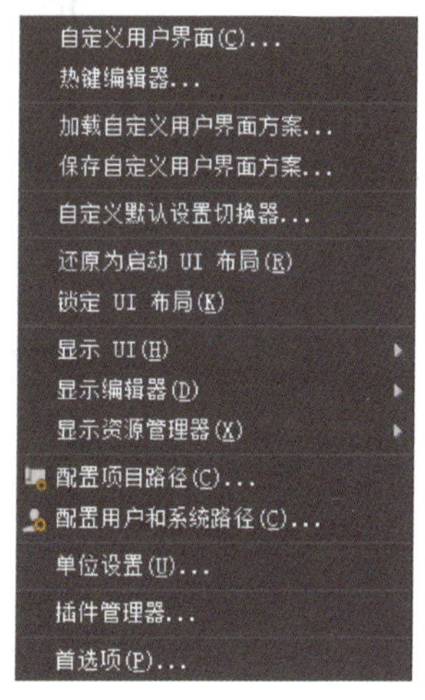

图 1-1-7 “自定义”菜单

（1）执行“自定义”→“自定义用户界面...”命令，弹出“自定义用户界面”对话框，选择“颜色”选项卡，在“元素”下拉列表中选择“视口”→“视口背景”，然后在右侧的“颜色”选择器中选择所要更改的颜色，单击“保存...”按钮，即可改变视口的背景颜色，如图 1–1–8 所示。

用改变视口背景颜色的方法还可以改变软件中其他元素的颜色和其他项目的参数，为了在更换计算机后不再重新设置这些使用习惯，可执行“自定义”→“保存自定义用户界面方案...”命令，在弹出的“保存自定义用户界面方案”对话框中，将用户界面方案文件（*.ui）保存在自设路径内。

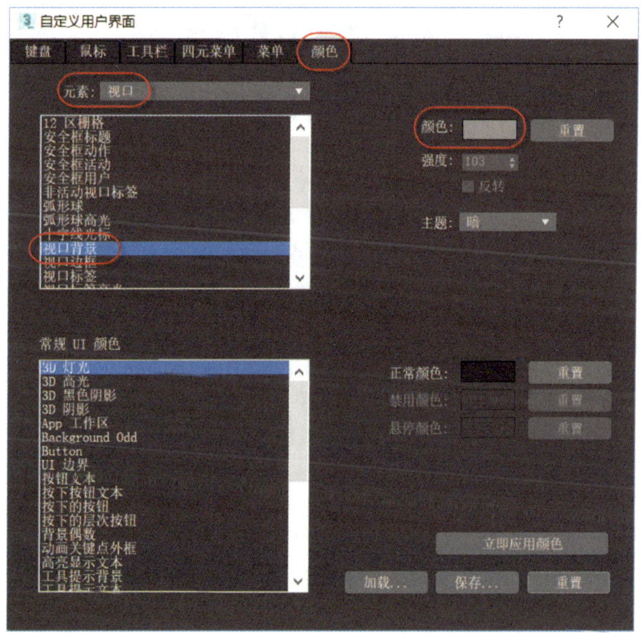

图 1-1-8 “自定义用户界面”对话框

3ds Max 2022 自带了三种用户界面（UI）方案，默认为深色（ame-dark.ui）。换成浅色方案的方法为，执行“自定义”→“加载自定义用户界面方案...”命令，弹出“加载自定义用户界面方案”对话框，如图 1–1–9 所示，选择“ame-light.ui”，单击“打开”按钮，设置后界面效果如图 1–1–10 所示。

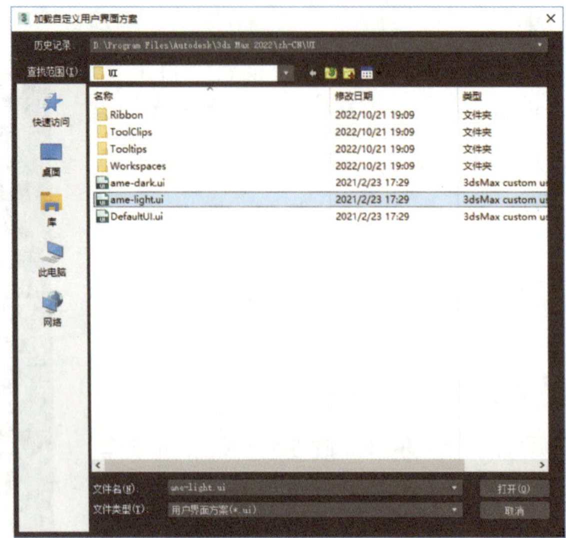

图 1-1-9 “加载自定义用户界面方案”对话框

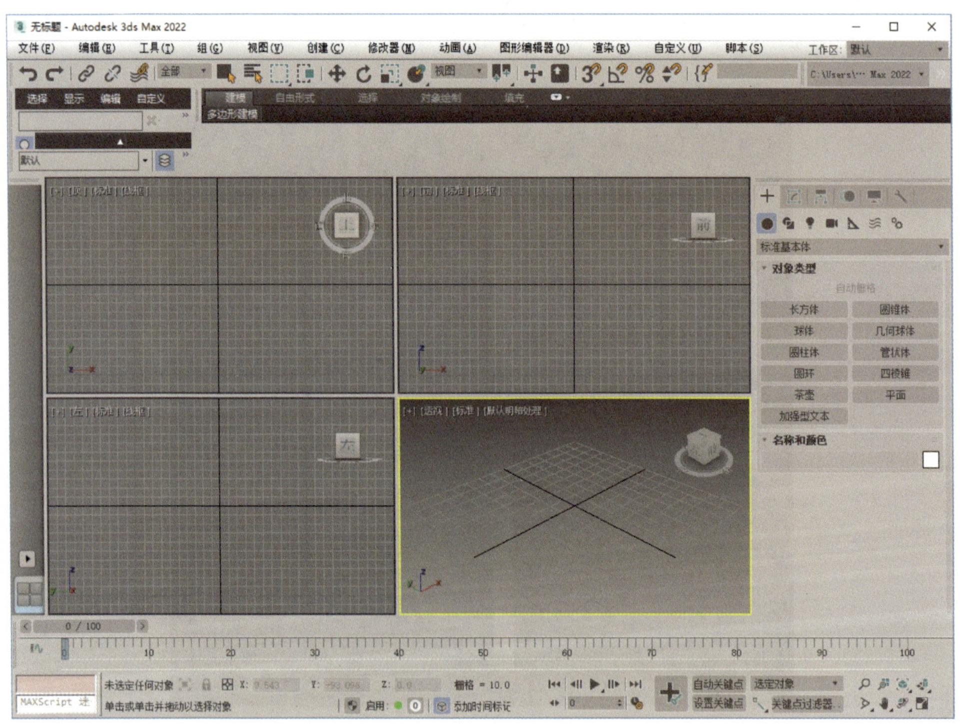

图 1-1-10 浅色界面效果

（2）把系统单位和显示单位设为 mm。执行“自定义”→“单位设置...”命令，弹出“单位设置”对话框，将“显示单位比例”中的单位改为毫米。再单击“系统单位设置”按钮，打开“系统单位设置”对话框，将“系统单位比例”中的单位改为毫米，如图 1-1-11 所示。

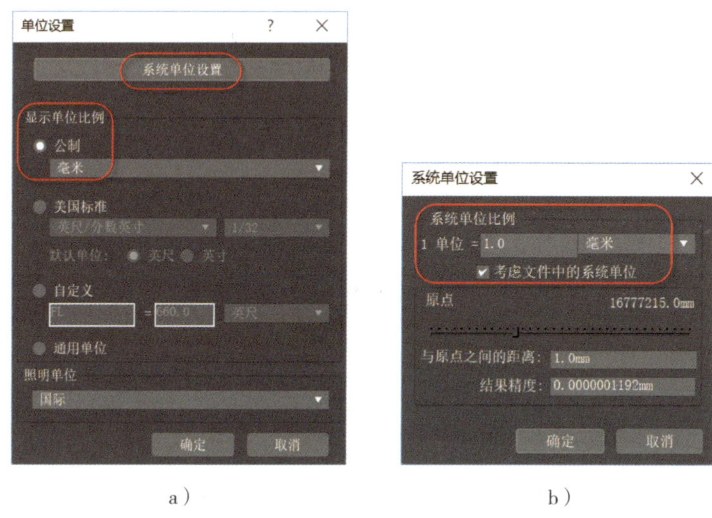

a） b）

图 1-1-11 设置显示单位比例和系统单位比例为毫米

a）“单位设置”对话框 b）“系统单位设置”对话框

（3）执行“自定义”→“首选项...”命令，弹出“首选项设置”对话框，在“常规”选项卡中设置“场景撤销级别”为 300，如图 1-1-12 所示。这是确定场景可“后退创建”的步数。

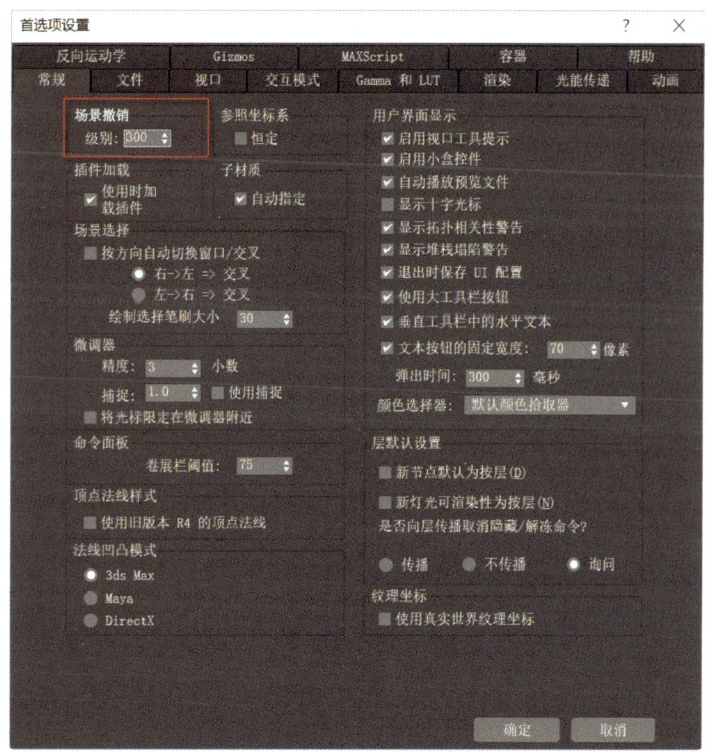

图 1-1-12 “首选项设置”对话框

三、主工具栏

主工具栏是 3ds Max 2022 中最常用的工具栏，位于菜单栏的下方。主工具栏集合了一些最常用的操作与编辑工具按钮，图 1-1-13 所示为初始状态下的主工具栏。

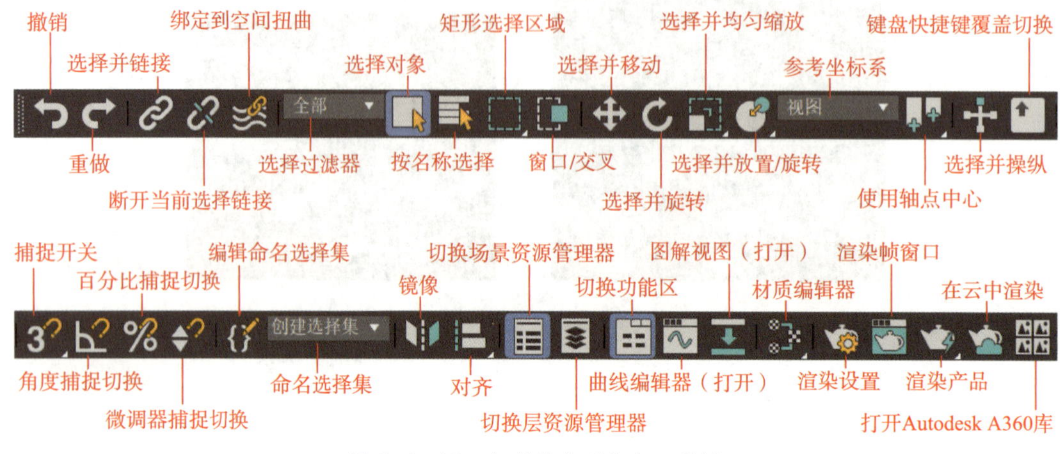

图 1-1-13　初始状态下的主工具栏

在主工具栏中，有些按钮的右下角有一个小三角形标记，单击该按钮并按住鼠标左键不放就会弹出下拉工具列表。以“选择并均匀缩放”按钮为例，单击并按住鼠标左键不放，便会弹出如图 1-1-14 所示的缩放工具列表。

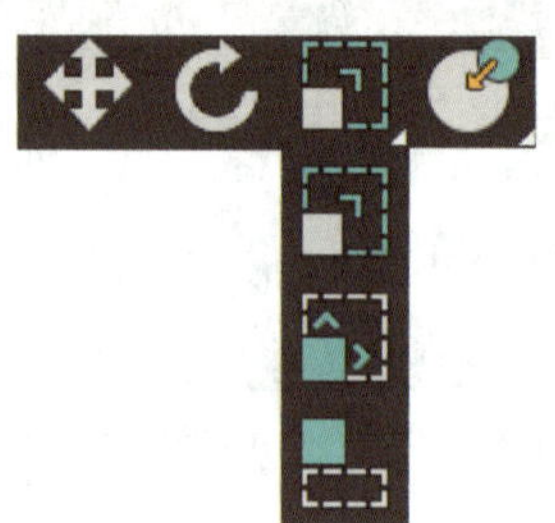

图 1-1-14　缩放工具列表

提示

执行菜单栏中的“自定义”→“显示”→“显示主工具栏”命令，即可显示或关闭主工具栏，也可以按键盘上的“Alt+6”组合键进行切换。

1. 选择过滤器 全部

用于对象选择，可设置仅显示指定项或显示全部，默认显示全部，下拉列表选项如图 1-1-15 所示。

2. “按名称选择”按钮

单击“按名称选择”按钮（快捷键为“H”），弹出“从场景选择”对话框，如图 1-1-16 所示。对话框中列出了当前项目中各个对象的名称，单击对象名称使其呈蓝底状态时，表示选中了该对象，单击“确定”按钮关闭对话框，在各个视图中，所选对象变成了选中状态。在对话框中可以按名称选择，也可按住“Ctrl”键增加、减少选择项，或者按住“Shift”键进行连续选择。

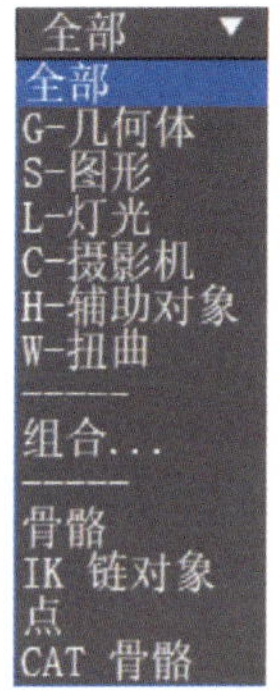

图 1-1-15 选择过滤器列表

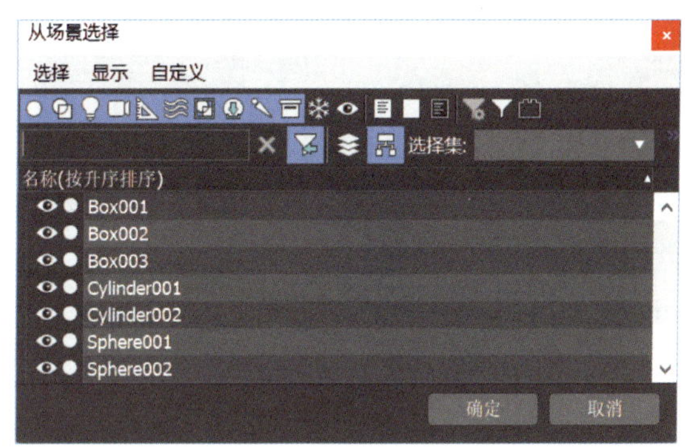

图 1-1-16 “从场景选择”对话框

提示

“从场景选择”对话框的顶部工具栏可以指定显示在对象列表中的对象类型，包括几何体、图形、灯光、摄影机、辅助对象、空间扭曲、组、对象外部参照、骨骼和容器，这些均在工具栏中以按钮形式显示，默认状态为开。单击工具栏中的按钮，则列表中该类型的对象将会被隐藏。

3. “窗口 / 交叉”按钮

在按区域选择时，利用“窗口 / 交叉”按钮可以实现窗口和交叉模式之间的切换。选择区域种类如图 1-1-17 所示。按钮处于未激活状态时，显示效果为（交叉模式），这时只要选择区域包含对象的一部分即可选中对象，如图 1-1-18 所示；当按钮处于激活状态时，显示效果为（窗口模式），这时需要选择区域包含对象的全部才能将其选中，如图 1-1-19 所示。

图 1-1-17 选择区域种类

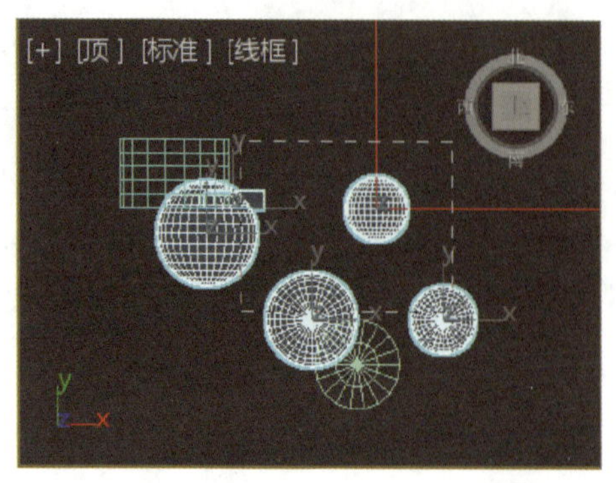

图 1-1-18 “窗口 / 交叉”按钮未激活

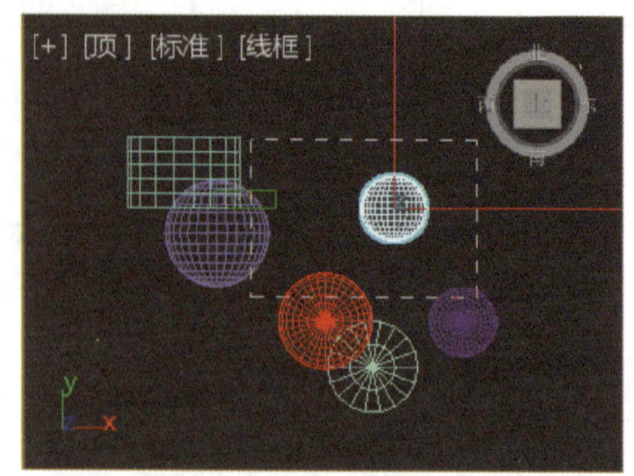

图 1-1-19 “窗口 / 交叉”按钮激活

4. 变换按钮

（1）利用“选择并移动”按钮（快捷键为“W”）可以将选定对象在三维空间中移动，常被简称为“移动”。

红、绿、蓝分别表示 *X*、*Y*、*Z* 轴，活动轴颜色会变为黄色，但箭头颜色仍保持不变，移动时仅沿活动轴或活动面移动，如图 1-1-20 所示。如果要将对象精确移动一定的距离，可以右击“选择并移动”按钮，在弹出的“移动变换输入”对话框中输入移动距离，如图 1-1-21 所示。

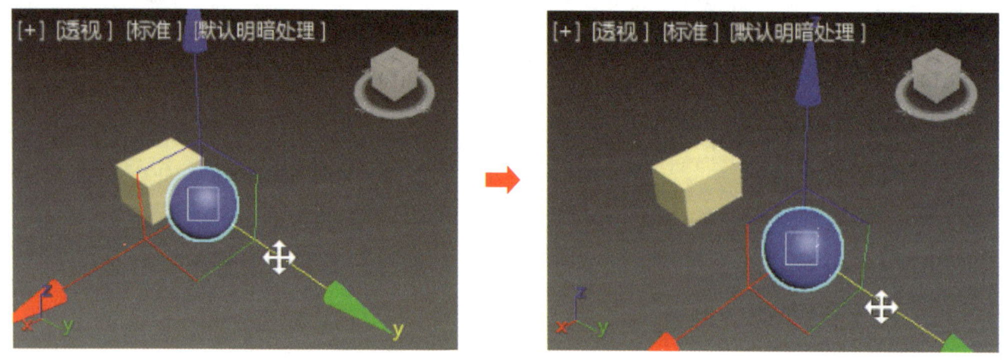

图 1-1-20 沿 *Y* 轴移动

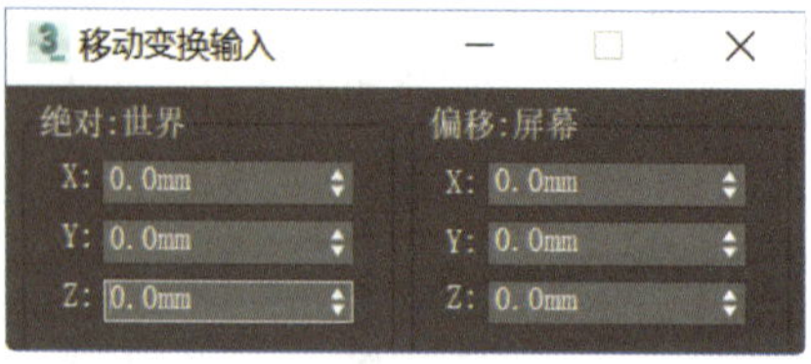

移动变换输入
绝对:世界
X: 0.0mm
Y: 0.0mm
Z: 0.0mm
偏移:屏幕
X: 0.0mm
Y: 0.0mm
Z: 0.0mm

图 1-1-21 “移动变换输入”对话框

提示

在“移动变换输入”对话框中，绝对移动是以场景的世界坐标定位移动后点的位置，偏移移动是前后位置各轴向的差值。

（2）利用“选择并旋转”按钮（快捷键为“E”）可以将选定对象在三维空间中旋转，常被简称为“旋转”。

对象可以绕 *X*、*Y*、*Z* 轴中任一活动轴（黄色）旋转，如图 1–1–22 所示。将光标移到旋转轴内部，按下鼠标左键，待出现半透明灰色时可以进行三维任意旋转，如图 1–1–23 所示。如果需要旋转精确的角度，可以右击“选择并旋转”按钮，在弹出的“旋转变换输入”对话框（见图 1–1–24）中输入旋转角度的数值。

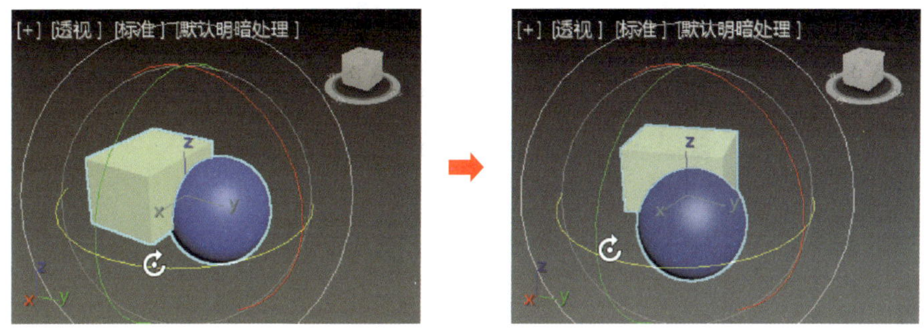

图 1–1–22　绕 *Z* 轴旋转

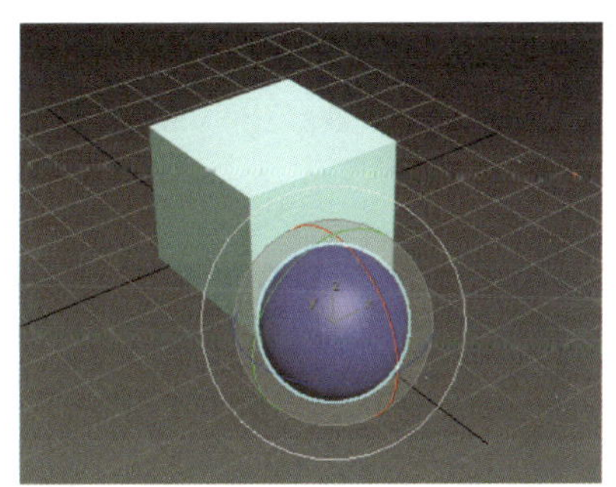

图 1–1–23　三维任意旋转

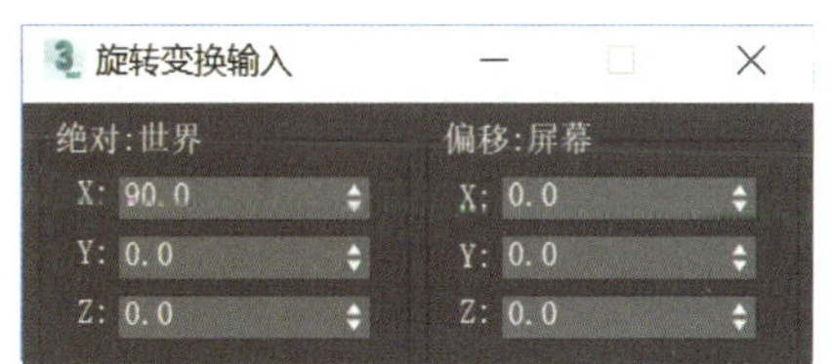

图 1–1–24　“旋转变换输入”对话框

（3）利用“选择并均匀缩放”按钮（快捷键为“R”）可以将选定对象在三维空间中缩放，常被简称为“缩放”。

对象可以在 *X*、*Y*、*Z* 轴中任一活动轴（黄色）上缩放，也可以在 *XY*、*XZ*、*YZ* 平面方向和 *XYZ* 三维方向上进行缩放，如图 1–1–25 所示。如果要将对象精确缩放一定的比例，可以右击“选择并均匀缩放”按钮，在弹出的“缩放变换输入”对话框（见图 1–1–26）中输入缩放比例值。

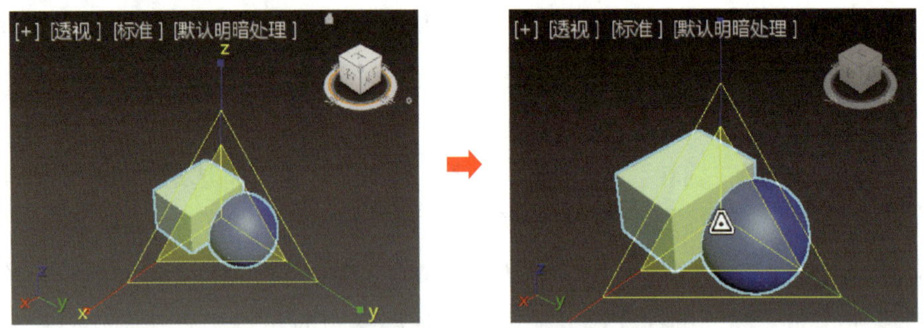

图 1–1–25　在三个方向上同时放大

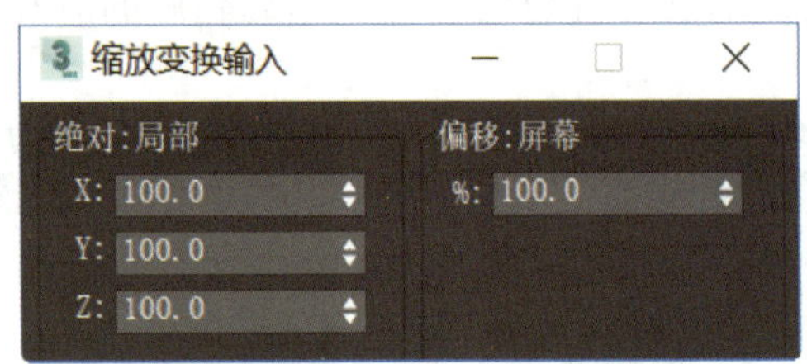

图 1–1–26　“缩放变换输入”对话框

提示

长按“选择并均匀缩放”按钮还可选择其他两种缩放方式，其中“选择并非均匀缩放”工具可以根据活动轴的约束以非均匀方式缩放对象，如图 1–1–27 所示。“选择并挤压”工具可以创建“挤压并拉伸”效果，如图 1–1–28 所示。

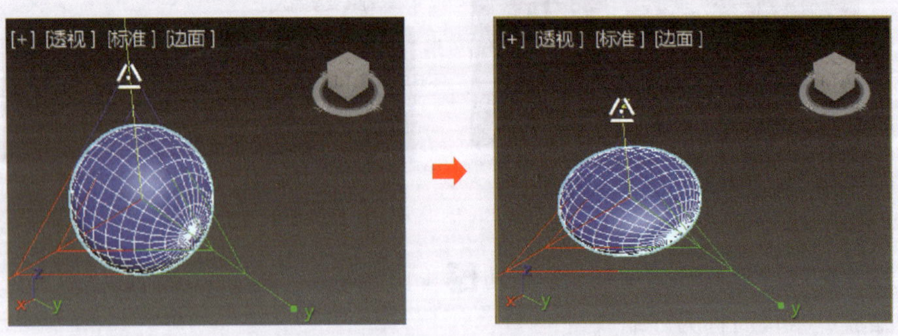

图 1–1–27　仅在 Z 轴方向上缩小

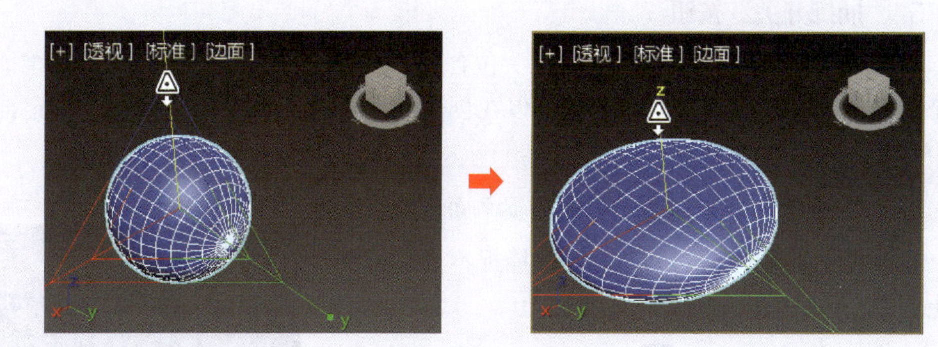

图 1-1-28　在 *Z* 轴方向上缩小且在 *XY* 平面方向上放大

（4）利用“选择并放置”按钮可将对象准确定位在另一个对象的曲面上并保持法线方向相同，常被简称为“放置”。

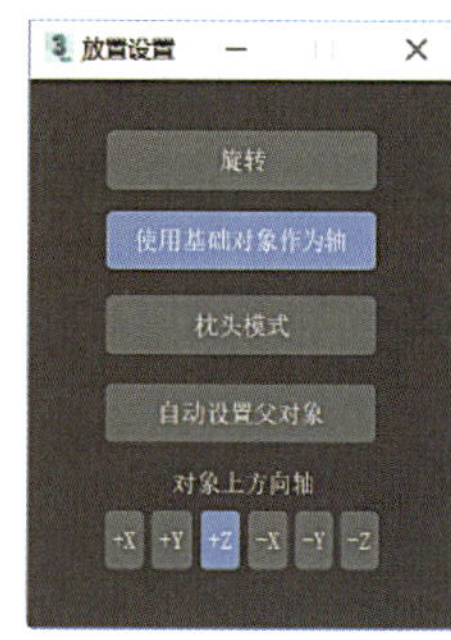

图 1-1-29 “放置设置”对话框

当该工具处于活动状态时，单击对象将其选中，然后按住鼠标左键拖动将对象移动到另一个对象上，即可将其放置到另一个对象上并保持法线方向与对齐曲面法线方向相同。

利用“选择并旋转”按钮可以使对象围绕放置曲面的法线方向旋转。默认基础曲面的接触点是对象的轴心（选择对象轴心与目标物体表面对齐），如果要将对象底座作为接触点（选择对象整体在目标物体表面），可以右击“选择并放置”按钮，在弹出的“放置设置”对话框（见图 1-1-29）中选中“使用基础对象作为轴”选项。

提示

在执行“选择并移动”“选择并旋转”“选择并均匀缩放”和“选择并放置”命令时，若同时按住“Shift”键，会弹出“克隆选项”对话框（见图 1-1-30），可以实现快速复制。该对话框中各选项的含义如下。

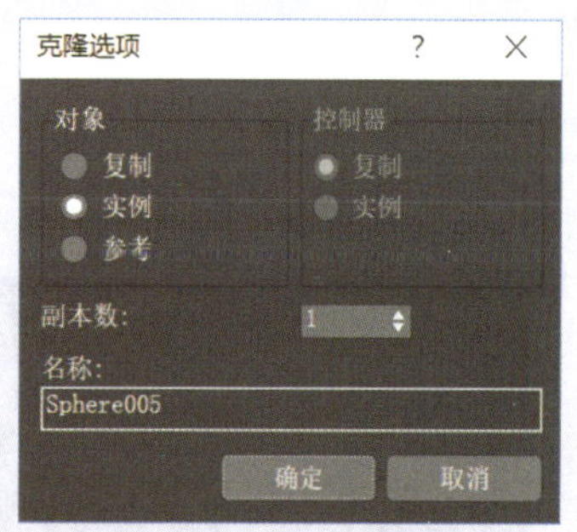

图 1-1-30 “克隆选项”对话框

复制：复制后的物体与父物体没有关联。

实例：复制后的物体与父物体保持属性关联。

参考：复制后的物体的属性受父物体约束，但自身没有参数。

副本数：复制物体的个数。

5. “捕捉开关”按钮

“捕捉开关”按钮（快捷键为“S”）包含“3 维捕捉”“2.5 维捕捉”和“2 维捕捉”三个选项。利用“对象捕捉”按钮可以在创建或变换时捕捉现有几何体的特定部分，如中点、端点、栅格等。

（1）“2 维捕捉”按钮。只能捕捉平面上的点。

（2）“2.5 维捕捉”按钮。可以捕捉不在同一平面上的点，但是画出的线在一个平面上。

（3）“3 维捕捉”按钮。可以捕捉三维空间中的任何位置，画出的线可能不在一个平面上。

右击“捕捉开关”按钮，可以弹出“栅格和捕捉设置”对话框，在该对话框中可以设置捕捉点类型和其他相关选项，如图 1-1-31 所示。

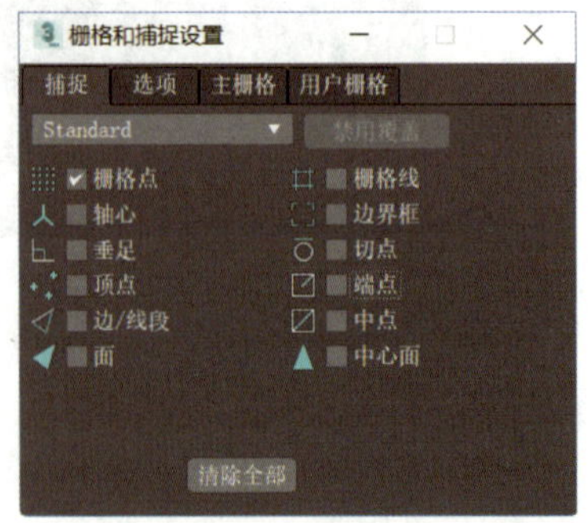

图 1-1-31 “栅格和捕捉设置”对话框

6. “角度捕捉切换”按钮

单击“角度捕捉切换”按钮（快捷键为“A”）可启用角度捕捉。角度捕捉增量的默认设置为 5.0 度，右击“角度捕捉切换”按钮，可以弹出“栅格和捕捉设置”对话框，在“选项”选项卡的“角度”文本框中可以更改角度增量，如图 1-1-32 所示。

7. “镜像”按钮

利用镜像操作可以快速生成一个与原物体镜像对称的新物体，如绘制桌子对立两侧放置的两把椅子。选中要执行镜像操作的对象后，单击“镜像”按钮，可以弹出“镜像：世界 坐标”对话框（见图 1-1-33），在该对话框中可以对“镜像轴”和“克隆当前选择”进行设置。

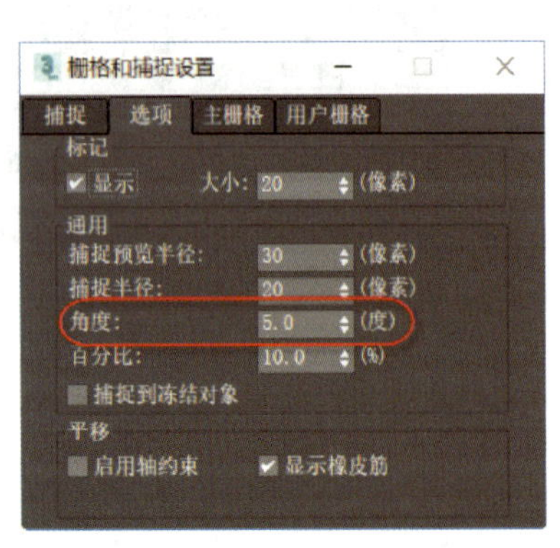

图 1-1-32 设置捕捉角度

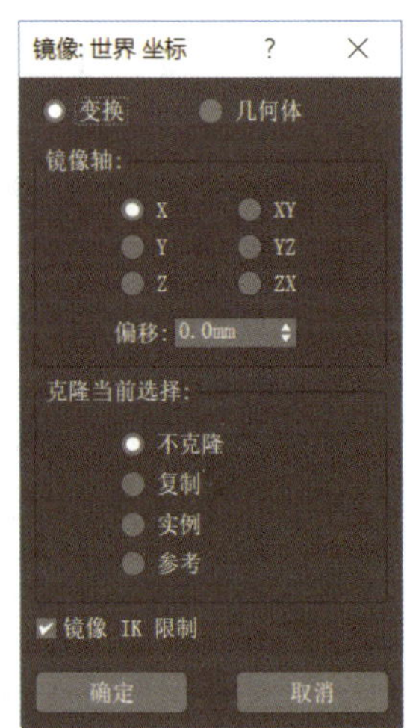

图 1-1-33 “镜像：世界 坐标”对话框

提示

“镜像：世界坐标”对话框中各选项的含义如下。

偏移：两镜像对象轴点之间的距离。

复制：两对象参数无关联，改变任一对象参数，另一对象参数保持不变。

实例 / 参考：新对象和原对象同步变化，改变任一对象参数，另一对象的参数随之改变。

8. 对齐按钮

对齐按钮包括六种，如图 1–1–34 所示。

（1）“对齐”按钮（快捷键为“Alt+A”）。可将当前选定对象与目标对象对齐。选择要对齐的对象后，单击“对齐”按钮，然后选择对齐的目标对象，会弹出标题栏上带有目标对象名称的“对齐当前选择”对话框（见图 1–1–35），可以多轴同时设置，也可单轴依次设置后，单击“应用”按钮完成对齐设置，最后单击“确定”按钮关闭对话框。

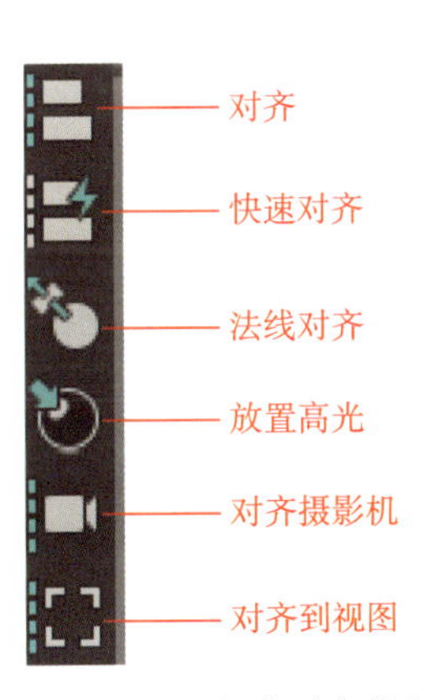

图 1–1–34　六种对齐按钮

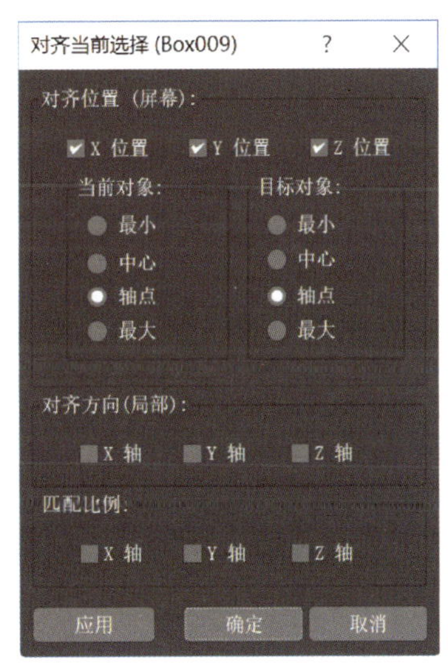

图 1–1–35　“对齐当前选择”对话框

（2）“快速对齐”按钮（快捷键为“Shift+A”）。使用“快速对齐”按钮可将当前选择的对象与目标对象立即对齐，如果当前选择的是单个对象，则快速对齐是将两个对象的轴点对齐。

（3）“法线对齐”按钮（快捷键为“Alt+N”）。法线对齐可基于对象上选择的法线方向将两个对象对齐。选择第一个对象后单击“法线对齐”按钮，在该对象的面上单击确定一条法线，然后单击目标对象上的面，两对象按法线对齐并弹出“法线对齐”对话框（见图 1–1–36），在对话框中可进行 *X*、*Y*、*Z* 轴方向精确位置偏移或旋转一定角度的设置，圆柱与棱锥面法线对齐的效果如图 1–1–37 所示。

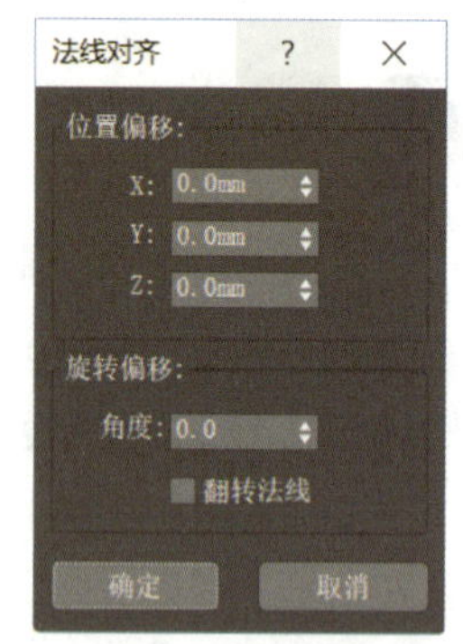

图 1–1–36 “法线对齐”对话框

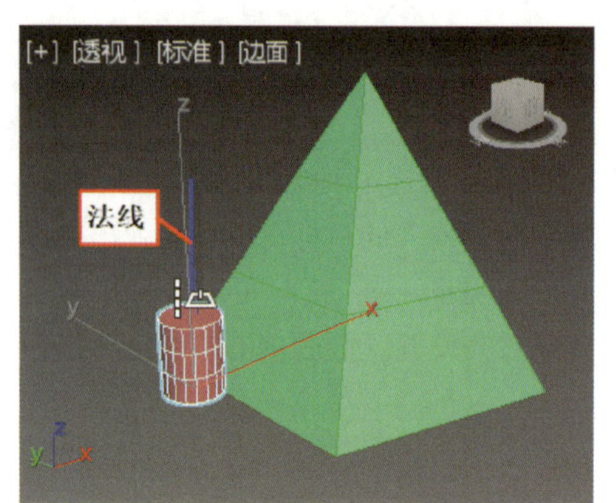

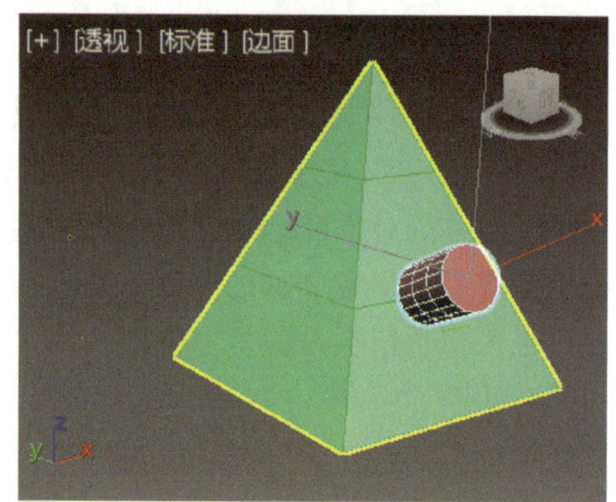

图 1–1–37 圆柱与棱锥面法线对齐

（4）“放置高光”按钮（快捷键为“Ctrl+H”）。可将灯光或对象对齐到另一对象，以便精确定位其高光或反射。

（5）“对齐摄影机”按钮。可将摄影机与选定的面法线对齐。

（6）“对齐到视图”按钮。单击“对齐到视图”按钮会弹出“对齐到视图”对话框（见图 1–1–38），可以设置将对象或子对象选择的局部轴与当前视图对齐。该工具适用于任何可变换的选择对象。

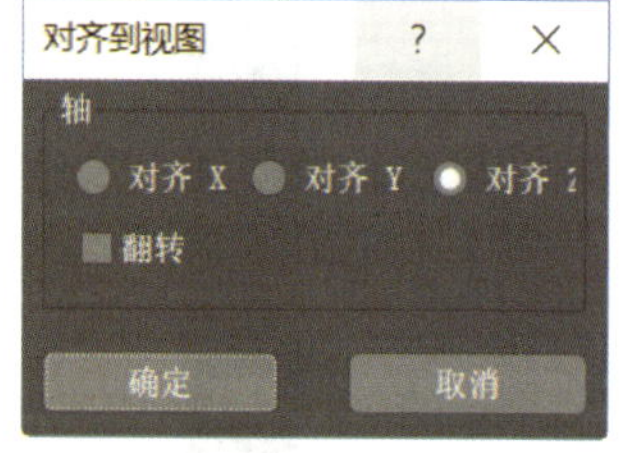

图 1–1–38 “对齐到视图”对话框

四、视口区域

视口区域是 3ds Max 2022 的主要工作区域，系统默认视口区域为顶视图、前视图、左视图、透视图 4 个面积相等视图的“田字形”摆放。单击鼠标左键或右键均可激活视图，被激活的视图称为活动视图，四周边框为黄色。左键和右键激活的区别在于右键激活不影响当前操作，左键激活取消当前操作。

1. 活动视口最大化切换的方法

（1）利用快捷键“Alt+W”实现活动视口最大化显示和默认显示之间的切换。

（2）单击 3ds Max 2022 界面右下角视口导航控制区的“最大化视口切换”按钮。

（3）单击视口左上角的“[+]”，在弹出的菜单中选择“最大化视口”。

（4）在“视口布局选项卡”中添加常用视口布局后，在布局窗口列表中点选切换。

2. 每个视口视图切换其他视图的方法

（1）利用快捷键，前视图为 F，顶视图为 T，左视图为 L，底视图为 B，透视图为 P，摄影机视图为 C。

（2）单击视口左上角的视图名称，如“透视”，在弹出的菜单中选择目标视图。

3. 切换视图显示模式的方法

常用视图显示模式有“面”“线框”和“面 + 边面”三种显示模式，如图 1-1-39 所示。

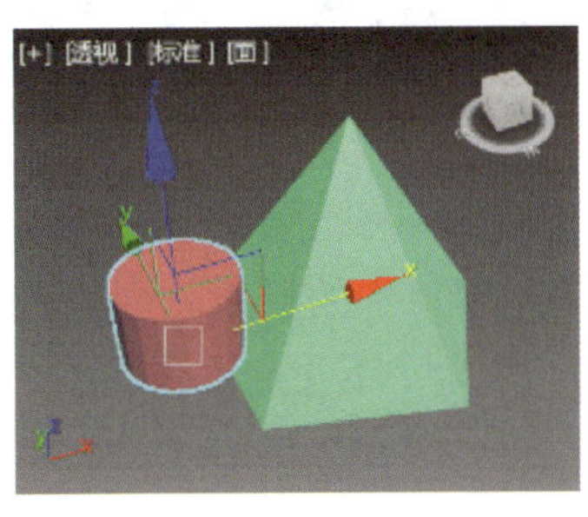

a）

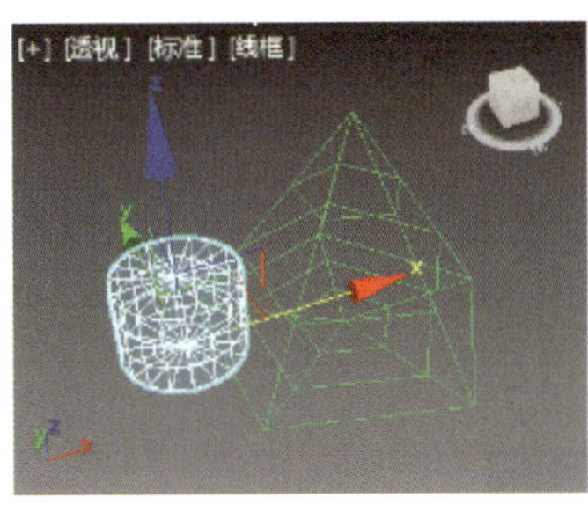

b）

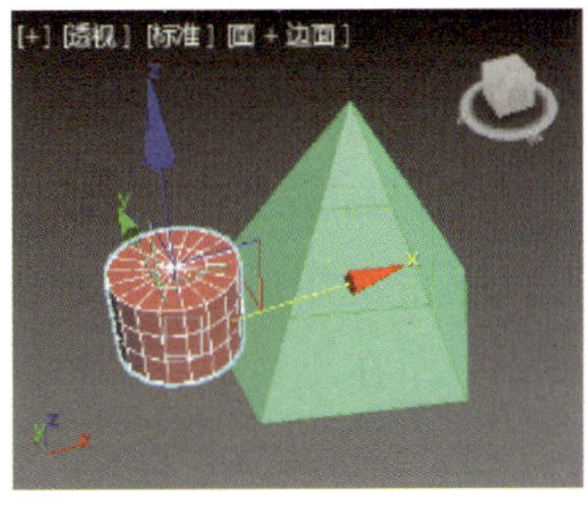

c）

图 1-1-39　常用视图显示模式

a）“面”显示模式　b）“线框”显示模式　c）“面 + 边面”显示模式

（1）利用快捷键。在当前视口，按下“F3”键，可在“面”显示模式和“线框”显示模式间切换；在“面”显示模式下，按下“F4”键，可在“面”显示模式和“面 + 边面”显示模式间切换。

（2）单击视口左上角的“默认明暗处理”，在弹出的菜单中选择目标显示模式。

提示

利用“Alt+X”组合键可实现对选中对象的半透明显示切换，如图 1-1-40 所示。

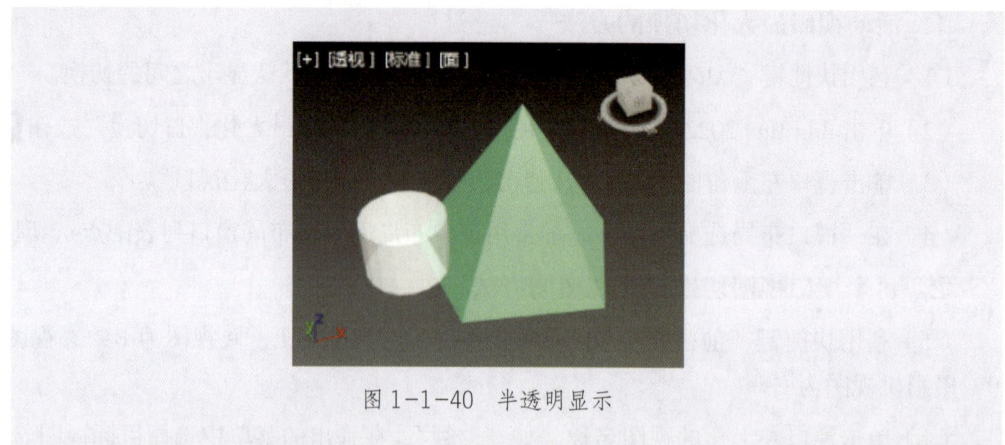

图 1-1-40 半透明显示

五、视口导航控制区

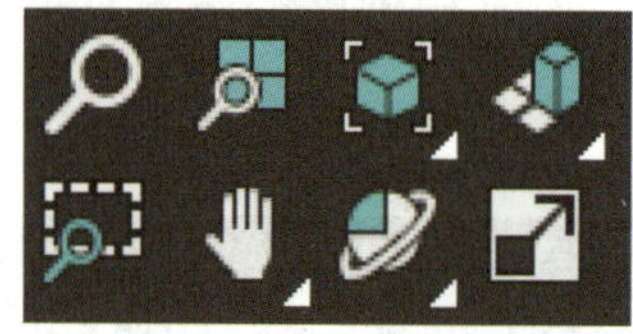
图 1-1-41 视口导航控制区

状态栏的最右边是视口导航控制区，包含 8 组命令按钮（见图 1-1-41），利用这些按钮可以调整视图的显示效果，以便用户更好地对场景对象进行观察，在视口中右击可关闭当前操作。

1. “缩放”按钮

单击按钮后，在视口中按住鼠标左键不放，上、下拖动，视口中的场景就会以鼠标指针所在点为中心将对象拉近或推远。快捷方式为滚动鼠标滚轮（下文简称滚轮）。

2. “缩放所有视图”按钮

功能同“缩放”按钮，并且可以将所有视图同时缩放。

3. “最大化显示选定对象”按钮/“最大化显示”按钮

将选定（或全部）对象最大化显示，此按钮只能影响一个视口。

4. “所有视图最大化显示选定对象”按钮/“所有视图最大化显示”按钮

将选定（或全部）对象在所有视图中最大化显示，此按钮可以同时影响所有视口。

5. “视野”按钮/“缩放区域”按钮

“视野”按钮只能在透视视口中使用，场景中的视角和视景会以视口中心为缩放中心变化；“缩放区域”按钮可以在任何视口中将框选的指定区域放大。

6. “平移视图”按钮/“2D 平移缩放模式”按钮/“穿行”按钮

单击“平移视图”按钮后，视口中的光标变为小手形状，按住左键可以移动视口内的场景，快捷方式为按压滚轮；“2D 平移缩放模式”按钮和“穿行”按钮只能在透视视口中使用，“穿行”按钮的功能可用键盘方向键控制。

提示

在平移视图时，按住“Shift”键可以使移动限制在垂直或水平方向，按住“Ctrl”键可以提高移动速率。

7.“环绕”按钮/“选定的环绕”按钮/“环绕子对象”按钮/“动态观察关注点”按钮

“环绕”按钮用于以视图中心为支点旋转对象。单击“环绕”按钮后，光标在旋转环内变为，按住左键可以任意旋转视图，快捷方式为“Alt”键 + 按压滚轮；光标停在旋转环节点上变成（或）时仅能垂直（或水平）旋转；光标在旋转环外变为时仅能在视图平面内旋转。“选定的环绕”按钮（“环绕子对象”按钮）用于以选定的对象（或选定的子对象）的中心为支点旋转对象（或子对象）；“动态观察关注点”按钮用于以光标位置（关注点）为支点旋转对象，旋转时旋转中心有高亮小绿点提示。

六、动画控件区

动画控件区位于状态栏右侧，如图 1-1-42 所示。这些按钮主要用来播放动画、设置动画关键点、设置关键点入 / 出切线方式、设置时间配置参数等。

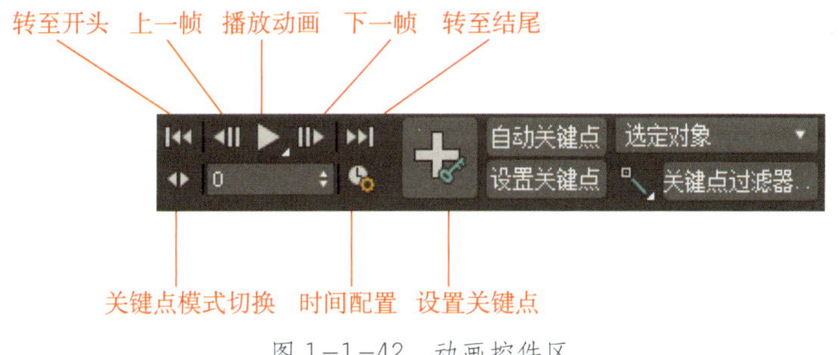

图 1-1-42 动画控件区

1.“时间配置”按钮

单击“时间配置”按钮，会弹出“时间配置”对话框，如图 1-1-43 所示，可以设置动画播放的帧速率、时间显示等，更改动画的长度或者拉伸或重缩放时间，还可以用于设置活动时间段和动画的开始帧和结束帧。

（1）“帧速率”组。可用于在每秒帧数（FPS）字段中设置帧速率。“NTSC”“电影”“PAL”三个选项使用标准 FPS。使用“自定义”按钮可以通过调整选项框的值来指定 FPS。调整自动关键点是将关键点缩放到全部帧。

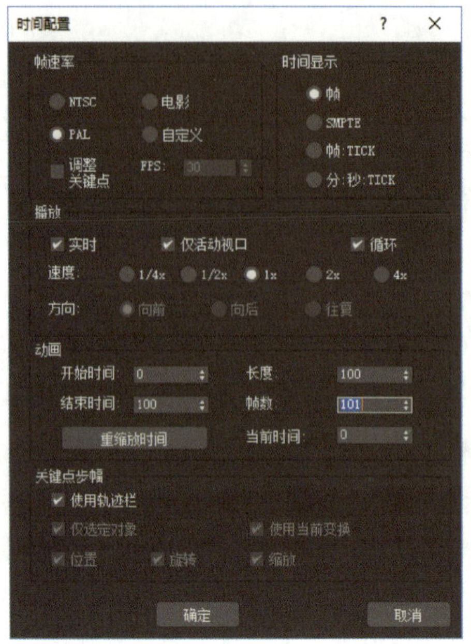

图 1-1-43 “时间配置”对话框

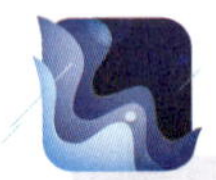

提示

视频使用 30 fps 的帧速率，电影使用 24 fps 的帧速率，而 Web 和媒体动画则使用更低的帧速率。我国采用的帧速率是 PAL 制，每秒播放 25 帧。

（2）“时间显示”组。指定在时间滑块及整个 3ds Max 2022 中显示时间的方法，选择不同的选项后，可以观察时间尺的刻度变化。

（3）“播放”组

1）实时。使视口播放跳过帧，与当前“帧速率”设置保持一致。禁用“实时”后，视口播放将尽可能快地运行并且显示所有帧。

2）仅活动视口。使播放只在活动视口中进行。禁用该选项之后，所有视口都将播放动画。

3）循环。控制动画只播放一次或反复播放。启用后，播放将反复进行；禁用后，动画将只播放一次然后停止。

4）速度。可以选择五个播放速度：1× 是正常速度、1/2× 是半速，以此类推。

5）方向。可以将动画设置为向前播放、反转播放或往复播放，但必须在禁用“实时”后才可以使用这些选项。

提示

速度设置只影响在视口中的播放。在导出的动画中速度是正常速度（1×）。

（4）“动画”组

1）开始时间 / 结束时间。设置在时间滑块中显示的活动时间段。选择第 0 帧之前或之后的任意时间段。例如，可以将活动时间段设置为从第 -100 帧到第 100 帧。

2）长度。显示活动时间段的帧数。如果选项设置为大于活动时间段总帧数的数值，则将相应增加“结束时间”字段。

3）帧数。将渲染的帧数。值始终是长度加一。

4）当前时间。指定时间滑块的当前帧。

5）重缩放时间。单击可以打开“重缩放时间”对话框。

（5）“关键点步幅”组

1）使用轨迹栏。使关键点模式能够遵循轨迹栏中的所有关键点，其中包括除变换动画之外的任何参数动画。

2）仅选定对象。只考虑选定对象的变换。如果禁用此选项，则将考虑场景中所有（未隐藏）对象的变换。

3）使用当前变换。禁用“位置”“旋转”和“缩放”，并在“关键点模式”中使用当前变换。

提示

禁用“使用轨迹栏”选项后，才能选择另两个选项。

2. “自动关键点”按钮 自动关键点

用于自动记录对象在时间尺不同帧时的状态。单击“自动关键点”按钮后，时间尺会变成图 1-1-44 所示的动画记录状态。

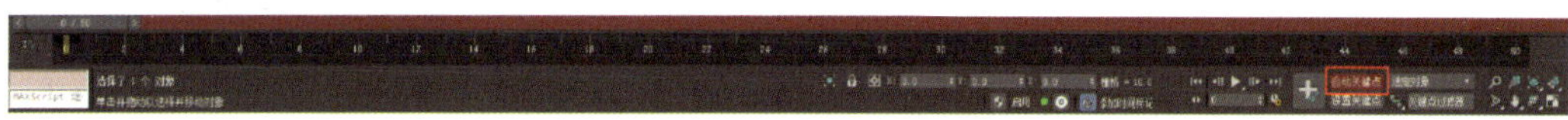

图 1-1-44　单击“自动关键点”按钮后的时间尺

例如制作一个小球向前运动的动画。先选中小球，在第 0 帧处，单击“自动关键点”按钮开始记录动画，然后拖动时间滑块至第 50 帧处，在顶视图中将小球沿 *X* 轴方向向右移动一定的距离，如图 1-1-45 所示。设置完成后，再次单击“自动关键点”按钮，结束关键帧记录。单击“播放动画”按钮，即可预览动画效果。

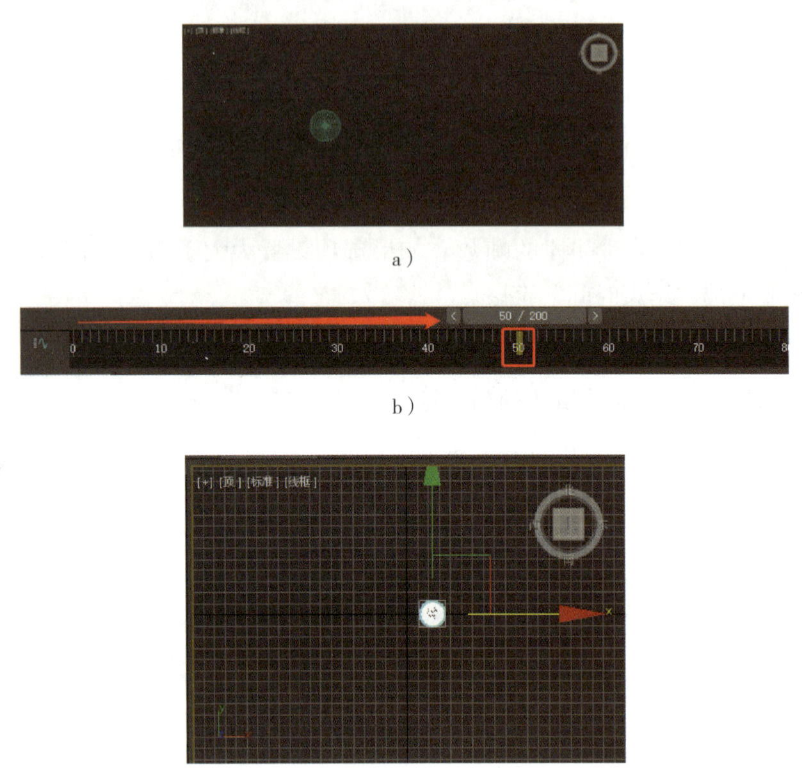

a）

b）

c）

图 1-1-45　自动关键点动画

a）第 0 帧时小球位置　b）拖动时间滑块至第 50 帧处　c）第 50 帧时小球位置

3. “设置关键点”按钮 设置关键点

“设置关键点”按钮为手动设置关键点的模式，与自动关键点的用法类似。例如，在图 1-1-45 所示的动画基础上，继续用“设置关键点”来设置小球动画。先选中小球对象，单击“设置关键点”按钮，开始记录关键帧动画，将时间滑块从第 50 帧处拖动至第 80 帧处，在前视图中将小球沿 *Y* 轴方向向下移动一段距离，如图 1-1-46 所示，单击 ，设置完成后，再次单击“设置关键点”按钮，结束关键帧动画的记录。单击“播放动画”按钮，即可预览动画效果。

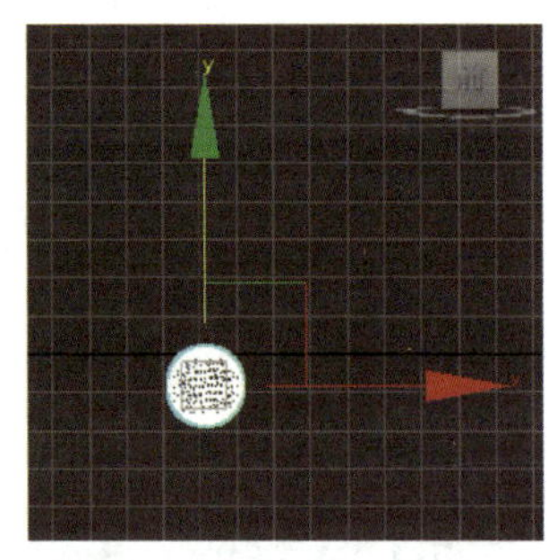

图 1-1-46　前视图中的小球动画方向

提示

利用“设置关键点”按钮设置动画时，初始位置也需要单击记录初始位置，后面每次调整对象状态时，均需单击记录对象状态。

4. 新建关键点的默认入 / 出切线

使用鼠标左键按住按钮，即可出现如图 1–1–47 所示的 7 种新建关键点的默认入 / 出切线模式。

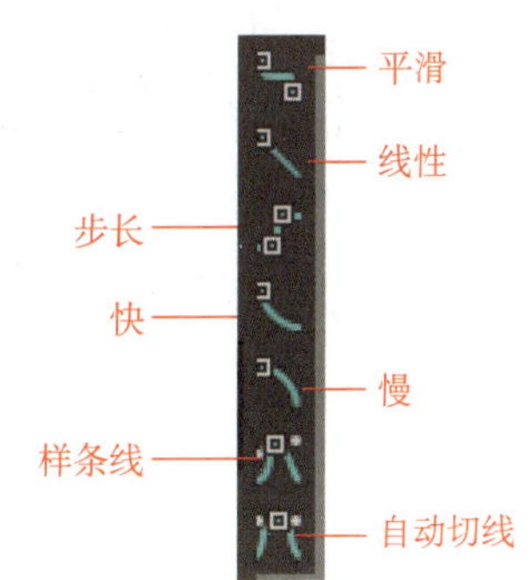

图 1–1–47　7 种新建关键点的默认入 / 出切线

（1）“平滑”按钮。使用“平滑”按钮，可以让对象进行平滑曲线运动。如将前面小球动画中的第 0 ~ 80 帧设置为“平滑”，单击工具栏上的“曲线编辑器”按钮，弹出如图 1–1–48 所示的“曲线编辑器”窗口。在时间轴处框选第 0 ~ 80 帧，选择“将切线设置为平滑”，在右侧命令面板的“运动”选项卡中，选择“运动路径”，如图 1–1–49 所示，可以看到如图 1–1–50 所示的小球运动轨迹。

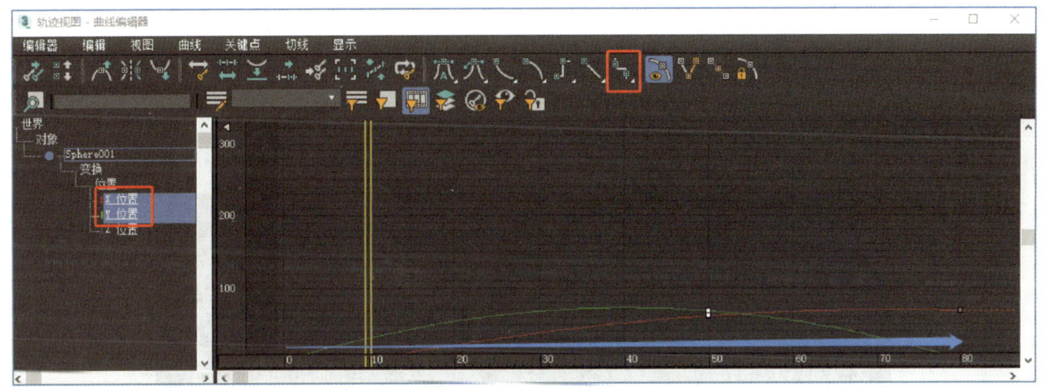

图 1–1–48　“曲线编辑器”窗口

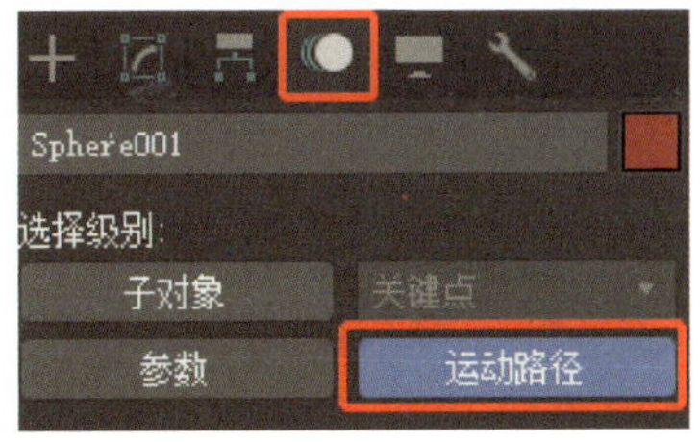

图 1–1–49　选择“运动路径”

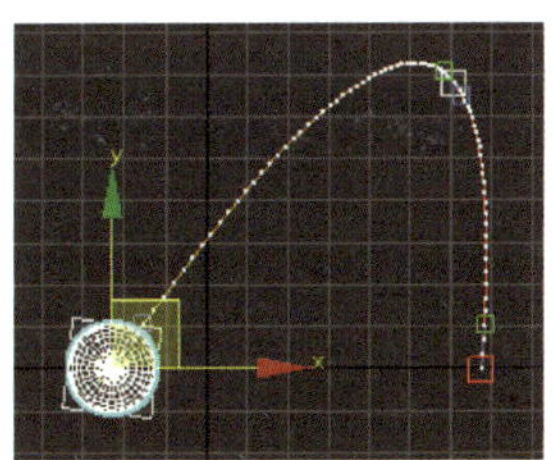

图 1–1–50　“平滑”运动轨迹线

（2）“线性”按钮。使用“线性”按钮可以让对象进行匀速直线运动。在时间轴处框选第 0～80 帧，选择“将切线设置为线性”，可以看到如图 1–1–51 所示的运动轨迹。

（3）“步长”按钮。使用“步长”按钮可以让对象按所设置的步长在关键点间进行阶梯式运动，不会沿运动路径连续运动。在时间轴处框选第 0～80 帧，选择“将切线设置为阶梯式”，可以看到如图 1–1–52 所示的运动轨迹，在点 1、点 2、点 3 三处闪现。

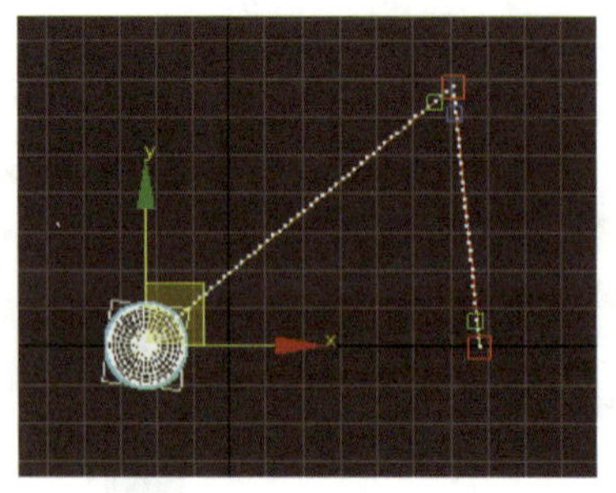

图 1-1-51 “线性”运动轨迹线

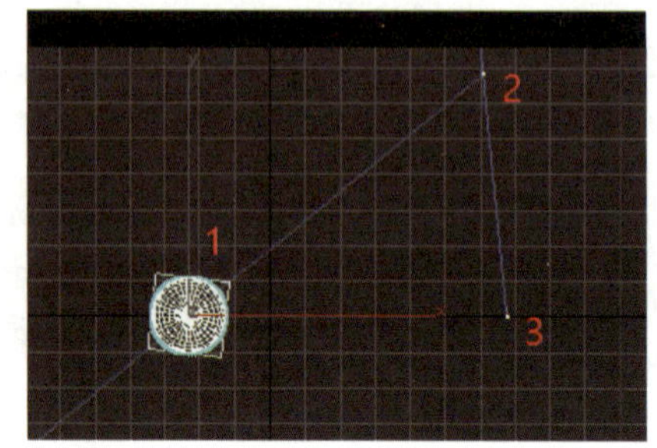

图 1-1-52 “步长”运动轨迹线

（4）“快”按钮。使用“快”按钮可以让对象进行加速运动。

（5）“慢”按钮。使用“慢”按钮可以让对象进行减速运动。

（6）“样条线”按钮。使用“样条线”按钮可以改变对象的运动轨迹与运动速度。例如，在前面小球动画的“曲线编辑器”中选择“X 位置”，再在时间轴处框选第 0～50 帧，选择“将切线设置为样条线”，可以随意拖动如图 1–1–53 所示的运动曲线控制点 1 的位置，预览动画效果。

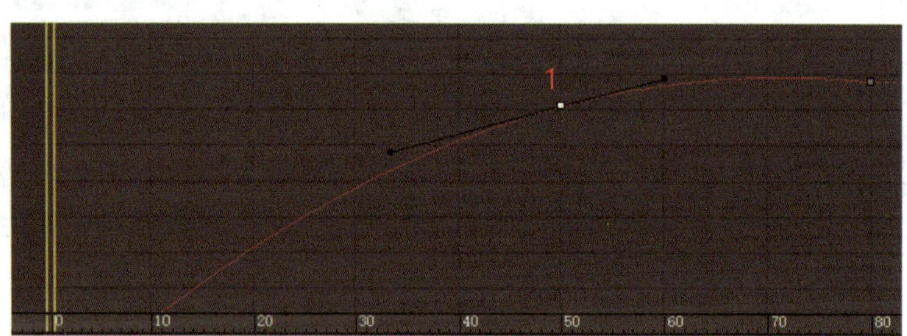

图 1-1-53 “样条线”运动曲线

（7）“自动切线”按钮。使用“自动切线”按钮可以通过运动曲线的控制点和运动轨迹的控制点随意改变对象的运动轨迹。例如，在前面小球动画的“曲线编辑器”中选择“X 位置”，在时间轴处框选第 0～80 帧，选择“将切线设置为自动”，选中如图 1–1–54 所示的运动轨迹控制点 1，单击工具栏上的“选择并移动”按钮，调整控制点 1 的位置，用同样的方法调整控制点 2～4 的位置，调整后预览动画效果。

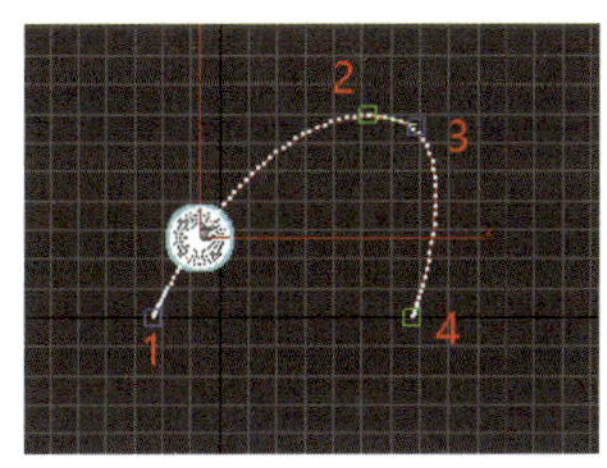

图 1-1-54 “自动切线”运动轨迹控制点

七、提示与坐标区

提示与坐标区在状态栏的最左边，如图 1-1-55 所示。

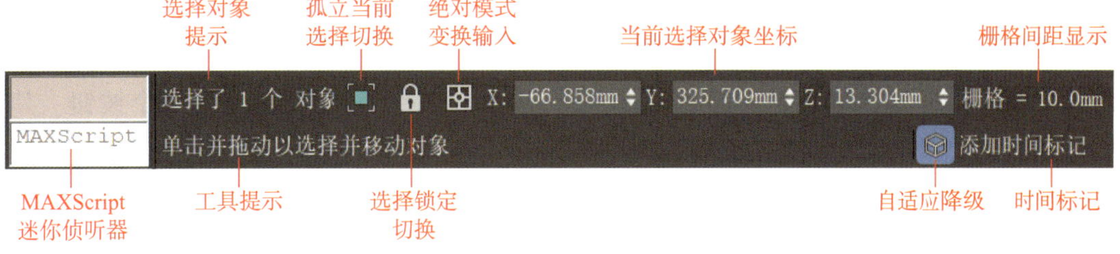

图 1-1-55 提示与坐标区

单击“选择锁定切换”按钮后，按钮变为，此时锁定用户选择的物体，且不可以选择其他物体，快捷键为空格键。

“绝对模式变换输入”按钮显示为，在绝对模式变换输入模式下输入的坐标值为 *X*、*Y*、*Z* 轴的绝对坐标值（例如，输入 *X*=*Y*=*Z*=0，对象中心与坐标原点重合）。单击该按钮后转换为“偏移模式变换输入”按钮，即将对象以当前所在位置为起始点，沿相应的轴精确偏移。例如，对象轴心现坐标为（5，11，12），在 *X* 轴坐标文本框中输入 10 后，模型轴心坐标为（15，11，12）。

“孤立当前选择切换”按钮可以将非选择对象暂时隐藏。

八、命令面板

命令面板位于视口区域右侧（见图 1-1-56），包含大量创建对象和编辑对象的命令，它是使用频率较高的工作区，场景中大多数对象都在这里编辑完成。命令面板最上层包含“创建”“修改”“层次”“运动”“显示”和“实用程序”6 个面板，每个面板又包含不同的分支内容。

图 1-1-56 命令面板

1．“创建”面板

单击命令面板中的“创建”按钮，进入“创建”面板，如图 1-1-57 所示。

图 1-1-57 “创建”面板

“创建”面板包括“几何体”“图形”“灯光”“摄影机”“辅助对象”“空间扭曲”和“系统”7个选项卡，每一个选项卡都包含了许多创建按钮和命令，用户可以通过使用这些创建按钮和命令创建出不同的模型。

2. “修改”面板

单击命令面板中的“修改”按钮，进入“修改”面板，图 1-1-58 所示为初始状态下的“修改”面板。此面板是 3ds Max 2022 最重要的面板之一。该面板主要用来调整场景对象的参数，其中的修改器也可用于调整对象的几何形体。

3. “层次”面板

“层次”面板如图 1-1-59 所示，包含了“轴”“IK”和“链接信息”3个按钮。其中，“轴”按钮用于在调整变形时移动并调整对象的轴；“IK”按钮和“链接信息”按钮用于在创建动画效果时生成多个对象相关联的复杂运动。

4. “运动”面板

“运动”面板如图 1-1-60 所示，“运动”面板中的工具与参数主要用来调整选定对象的运动属性。

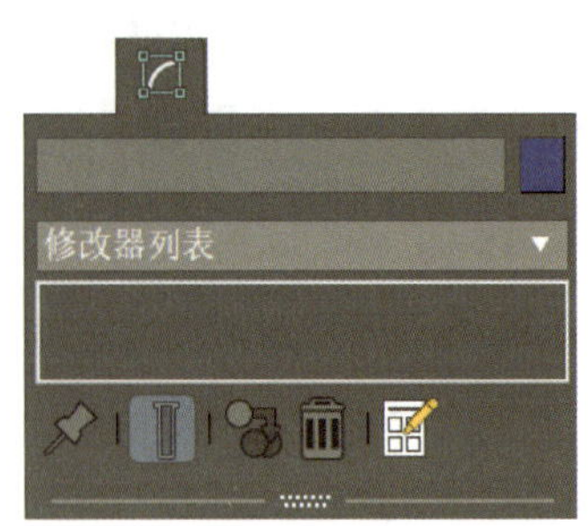

图 1-1-58 “修改”面板

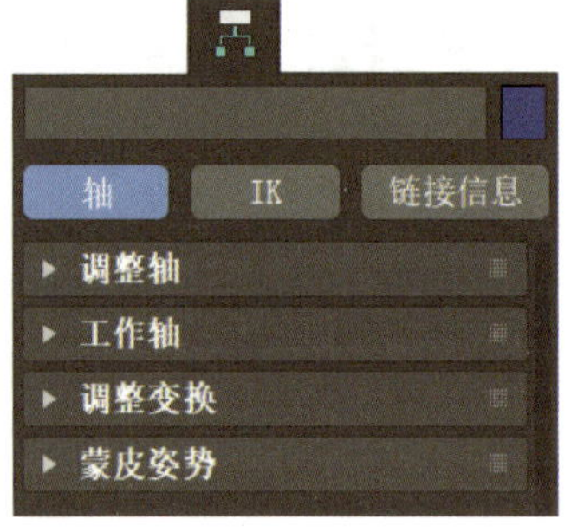

图 1-1-59 “层次”面板

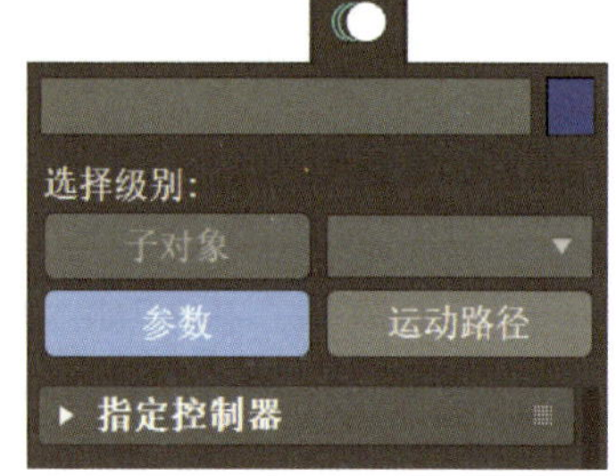

图 1-1-60 “运动”面板

5. “显示”面板

“显示”面板如图 1-1-61 所示，主要用来控制对象在视口中的显示或隐藏。它可以为单个对象设置显示参数，还可以控制对象的隐藏或冻结，以及设置所有的显示参数。

6. “实用程序”面板

“实用程序”面板如图 1-1-62 所示，可以用于选择各种工具程序，例如塌陷、颜色剪贴板、测量等。使用时只需单击相应按钮或从附加的程序列表中选择。

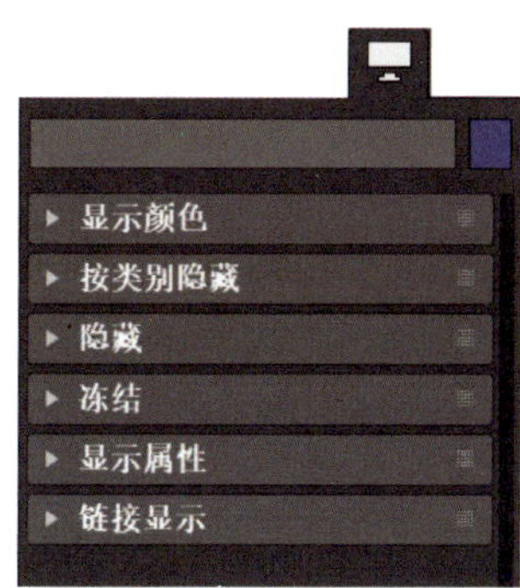

图 1-1-61　“显示”面板

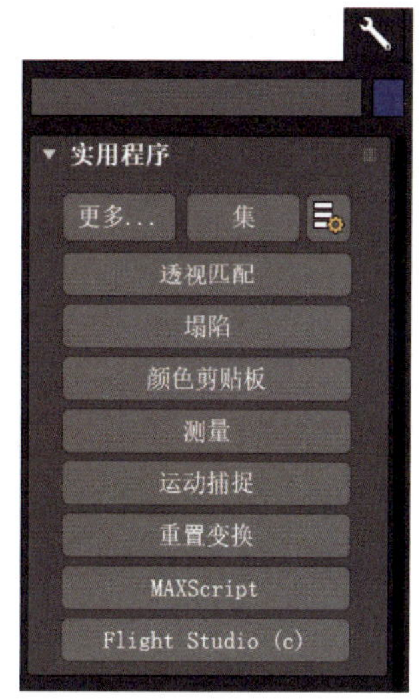

图 1-1-62　“实用程序”面板

一、创建文件

1. 创建 3ds Max 2022 文件

双击桌面的“3ds Max 2022”快捷图标，打开软件。在菜单栏中执行“文件”→“保存”命令，弹出“文件另存为”对话框，选择保存路径，在“文件名”文本框中输入文件名称，保存类型选择默认的“3ds Max（*.max）”，单击“保存”按钮确定退出。

提示

虽然软件自带的“自动备份”功能默认状态为“启用”，系统会每 5 min 在“文档\3dsMax\autoback”文件夹内保存名为“AutoBackup”的自动恢复文件（其设置可在“首选项设置”对话框的“文件”选项卡内更改），但还是应注意养成经常保存（快捷键为“Ctrl+S”）文件的习惯，避免因任何意外造成损失。

2. 设置单位

在菜单栏中执行“自定义”→“单位设置”命令，弹出“单位设置”对话框。选

择“公制”单选按钮，将单位设置为“毫米”。单击“系统单位设置”按钮，弹出“系统单位设置”对话框，将“系统单位比例”设置为“1 单位 =1 毫米”，然后单击“确定”按钮退出。

提示

（1）部分国外软件采用英制单位，绘图前要注意明确单位，保证模型的准确性。软件安装后系统单位设置一次即可。

（2）使用快捷键会使绘图事半功倍，常用快捷键见表 1–1–1。另外，需要配合鼠标使用的快捷操作有：平移当前视口为按住滚轮并移动鼠标；旋转当前视口中的对象为“Alt”键 + 按压滚轮并移动鼠标；放大当前视口为向前滚动滚轮；缩小当前视口为向后滚动滚轮。

表 1–1–1　常用快捷键

序号	命令或按钮	快捷键	序号	命令或按钮	快捷键	序号	命令或按钮	快捷键
1	俯（上、顶）视图	T	7		W	13		R
2	前视图	F	8		E	14		Alt+A
3	左视图	L	9	栅格开关	G	15	保存文件	Ctrl+S
4	透视图	P	10	边面显示	F4	16	全选	Ctrl+A
5	仰（下）视图	B	11	包围框	J	17	反选	Ctrl+I
6	当前视口最大化	Alt+W	12	最大化显示当前对象	Z	18	撤销（一步一步回退）	Ctrl+Z

二、制作茶具摆设场景

1. 创建茶壶

在右侧命令面板的“创建”面板中选择“几何体”选项卡，单击“标准基本体”菜单中的“茶壶”按钮，绘制如图 1–1–63 所示的茶壶模型，并在“参数”卷展栏中设置半径为 30 mm，其余参数均采用默认设置（后面未提及参数均采用默认值），如图 1–1–64 所示，然后在当前视图中右击退出。

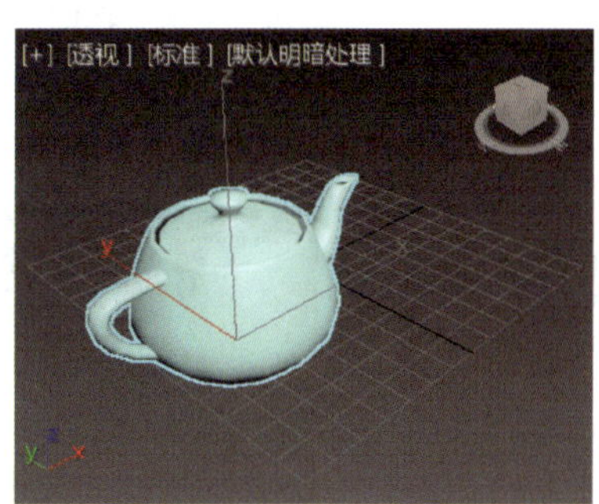

图 1-1-63　创建茶壶

图 1-1-64　设置茶壶参数

提示

退出创建对象时打开的“参数”卷展栏后，若要再次打开“参数”卷展栏，可选中对象后，在右侧命令面板的“修改”面板中找到该对象的“参数”卷展栏并进行参数设置。

2. 移动复制茶壶

单击“选择并移动”按钮，按住“Shift”键并把光标放在 X 轴上拖动一小段距离后，弹出“克隆选项”对话框，选择“复制”单选按钮，将“副本数”设置为 2，最终效果如图 1-1-65 所示。

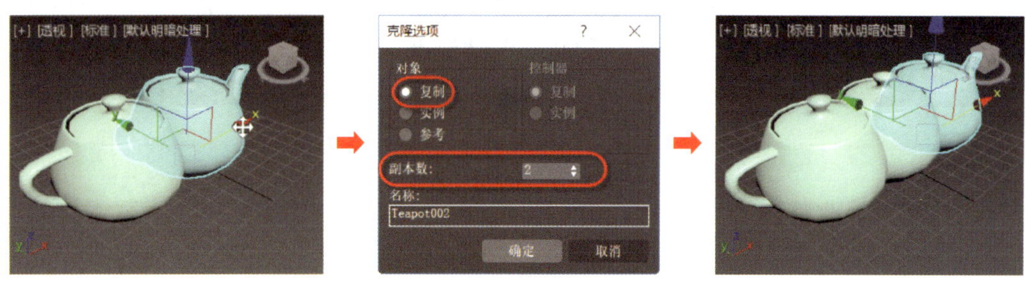

图 1-1-65　移动复制茶壶

3. 缩放茶壶

选中最左边的茶壶后，单击“选择并均匀缩放”按钮，向上拖动 Z 轴，效果如图 1-1-66 所示。

4. 旋转复制茶壶

选中最右侧茶壶后，用“选择并移动”命令将其移动到适当位置，单击“选择并旋转”按钮，按住“Shift”键并把光标放在水平面（黄色）轴上拖动一小段距离后，弹出“克隆选项”对话框，选择“实例”单选按钮，将“副本数”设置为 3，最终效果如图 1-1-67 所示。

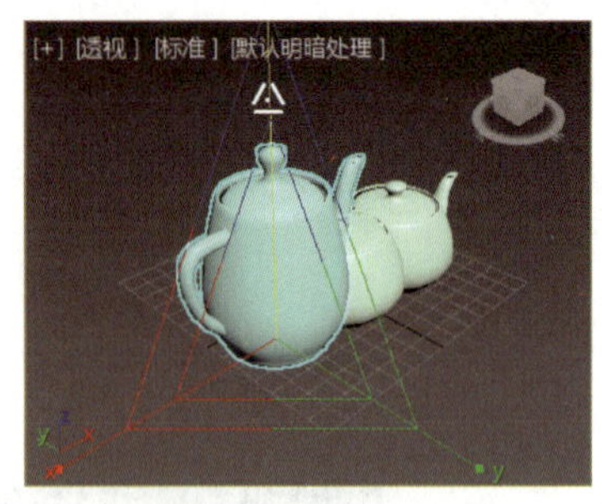

图 1-1-66　沿 Z 轴放大

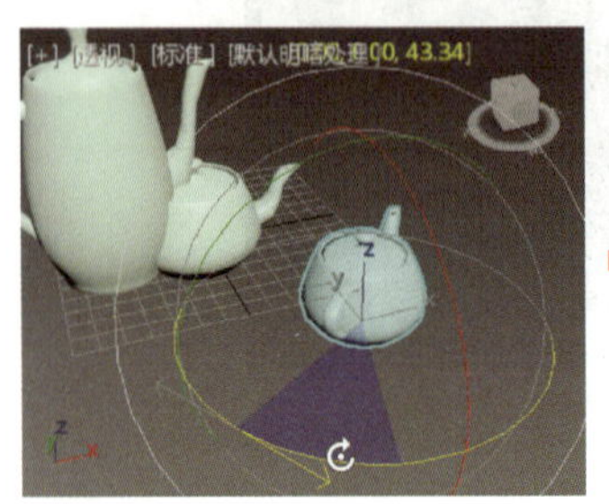

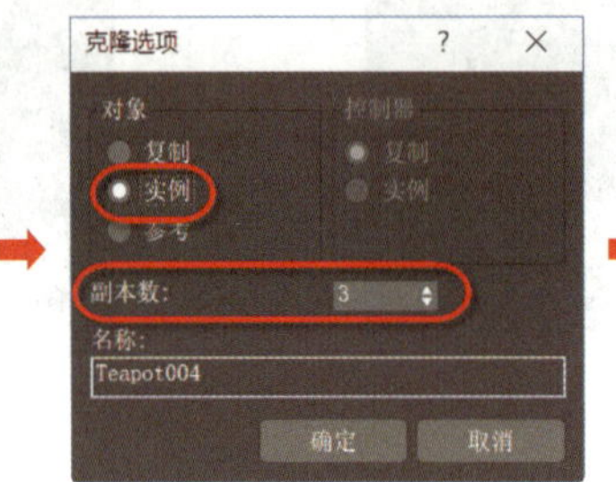

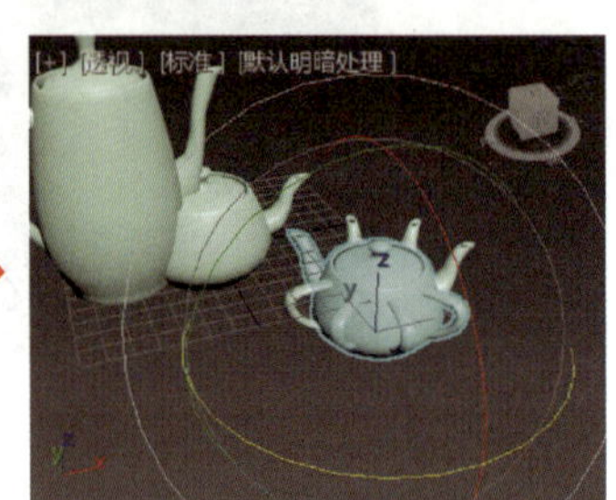

图 1-1-67　旋转复制 3 个实例茶壶

5. 将茶壶改茶杯

打开右侧“修改”面板，如图 1-1-68 所示。在“参数”卷展栏中将半径改为 20 mm，取消“壶把”“壶嘴”“壶盖”三个复选框的勾选，使茶壶变为茶杯，并分别移动到适当位置。

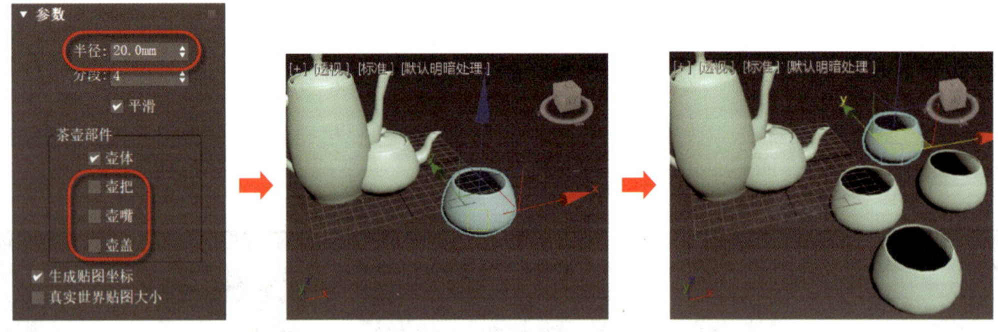

图 1-1-68　将茶壶改茶杯

6. 将茶壶改茶盘

选中如图 1-1-69 所示茶杯，在“修改”面板中单击“使唯一”按钮，使此茶杯脱离与其他 3 个茶杯的参数关联，然后在“参数”卷展栏中修改半径为 40 mm、分段为 8。单击“选择并均匀缩放”按钮不放，将其切换为“选择并挤压”，向下拖动 Z 轴压缩茶杯为茶盘，如图 1-1-69 所示。

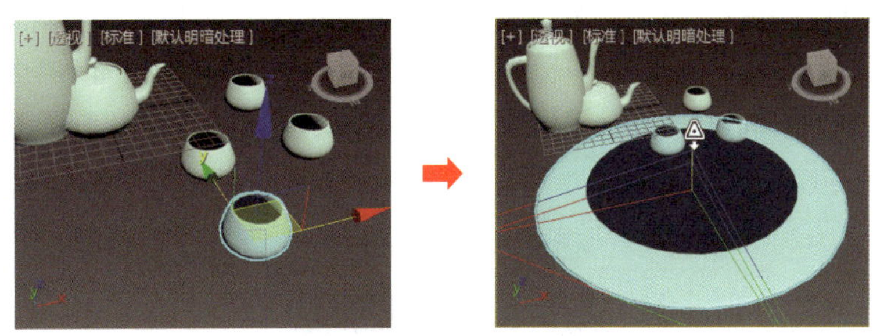

图 1-1-69　将茶杯改茶盘

7. 利用坐标移动茶盘

保持茶盘选中状态，单击“选择并移动”按钮，在底部状态栏中将坐标依次修改为 X=50 mm、Y=-150 mm、Z=0 mm（见图 1-1-70），在前视图中观察效果，如图 1-1-71 所示。

图 1-1-70　茶盘绝对坐标

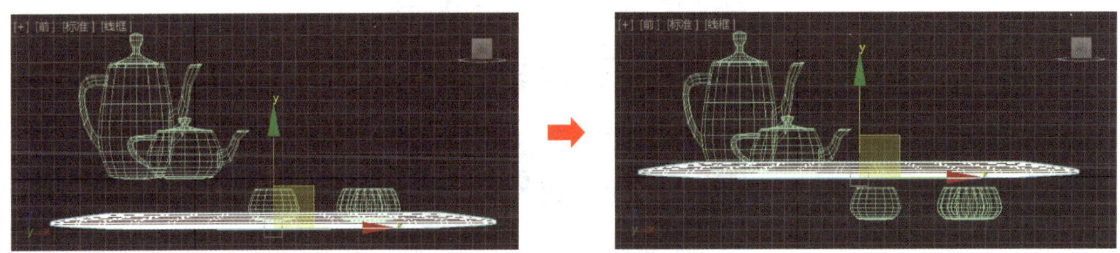

图 1-1-71　坐标变换效果

8. 调整透视图显示模式

为了便于观察，按“F4”键切换显示模式为“边面”，按“G”键关闭栅格显示，按“Alt+W”键单窗口显示透视图，效果如图 1-1-72 所示。观察后按“Alt+W”键切换回默认的四视口状态。

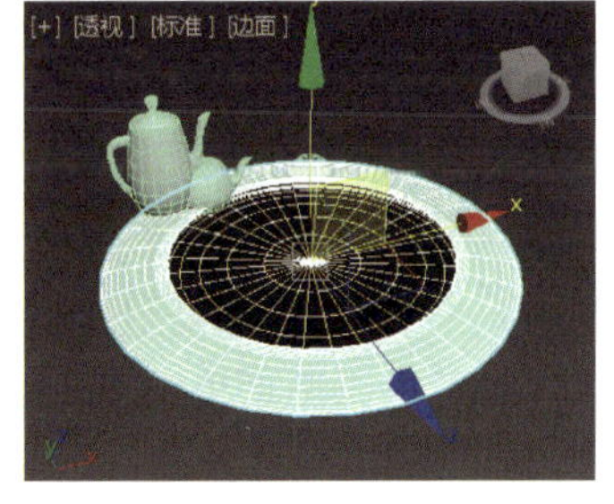

图 1-1-72　透视图边面显示状态

提示

使用键盘单字母快捷键（例如“G”键）时需要将输入法切换为英文状态。

9. 对齐茶杯与茶盘

在前视图中框选3个茶杯，单击主工具栏中“对齐”按钮（快捷键为“Alt+A”），然后在透视图中单击茶盘模型，弹出“对齐当前选择”对话框，依次选择“*Z* 位置”→“当前对象：最小”→“目标对象：中心”，效果如图 1–1–73 所示。按“P”键切换为透视图，按“W”键切换为“选择并移动”，选中 *XY* 平面，将茶杯移动到适当位置，如图 1–1–74 所示。

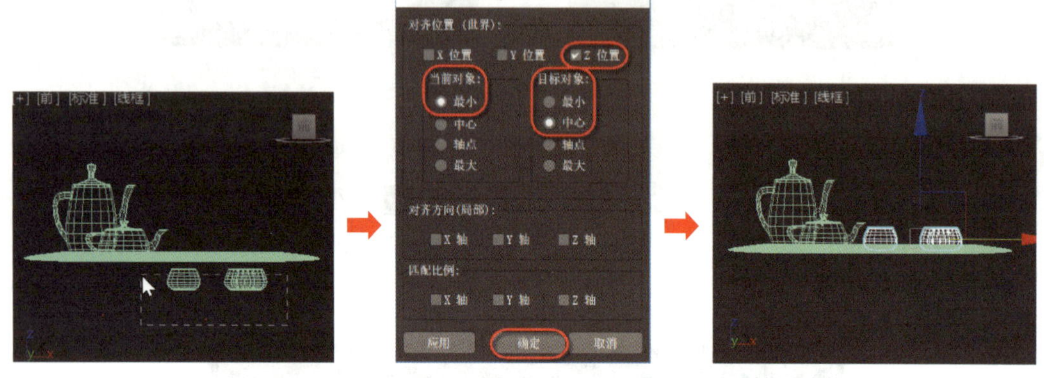

图 1–1–73　茶杯的对齐操作

图 1–1–74　水平面内平移茶杯

10. 缩放、镜像复制茶壶

选中视图中的一个茶壶，按住“Ctrl”键同时单击另一个茶壶，然后选中 *XY* 平面将两者一起移动到适当位置，松开“Ctrl”键，再按住“Alt”键同时单击大茶壶将其取消选中，在主菜单中单击“选择并均匀缩放”按钮，拖动手柄放大小茶壶 1# 的同时按住“Shift”键，在弹出的“克隆选项”对话框中选择“复制”单选按钮，将“副本数”设置为 1，如图 1–1–75 所示。

按“W”键切换为“选择并移动”，将复制出的 2# 茶壶移动到适当位置，单击“镜像”按钮，在弹出的“镜像：世界 坐标”对话框中设置镜像轴为 *Y*、偏移距离为 –50 mm，选择“复制”单选按钮，效果如图 1–1–76 所示，镜像复制出 3# 茶壶。

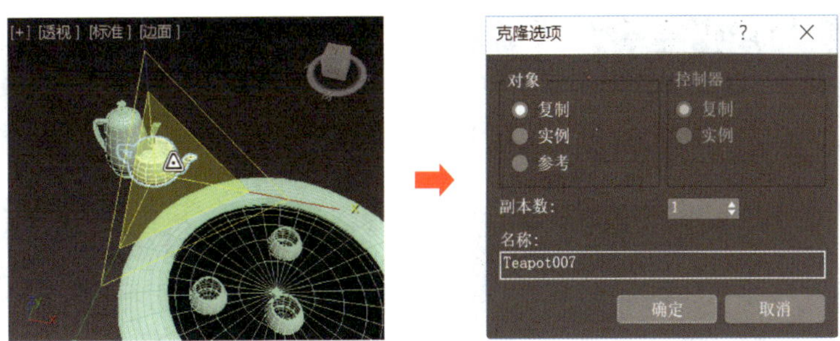

图 1-1-75　放大小茶壶并复制

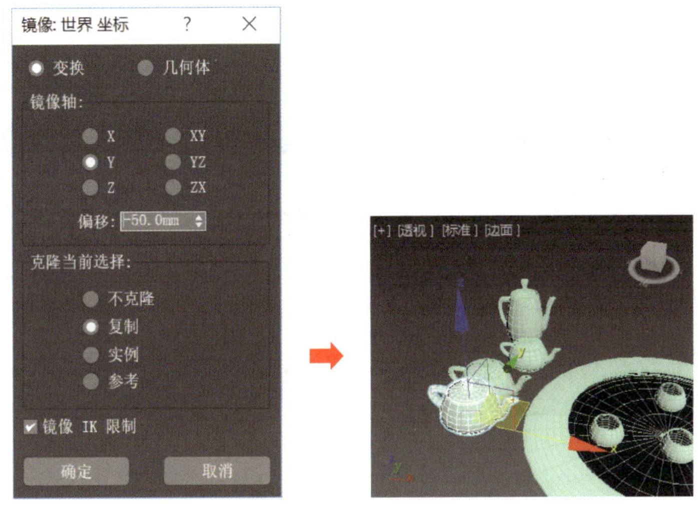

图 1-1-76　镜像复制

选中 3# 茶壶，单击“修改”按钮，在“修改”面板的“茶壶部件”复选项中只勾选“壶盖”，其余关闭。选中 2# 茶壶，单击“修改”按钮，在“修改”面板中将“茶壶部件”复选项中的“壶盖”关闭，其余保留。旋转、移动 3# 茶壶到适当位置，效果如图 1-1-77 所示。

a）

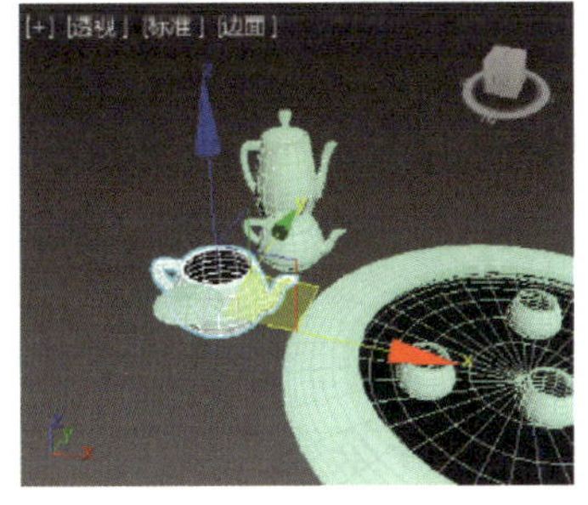

b）

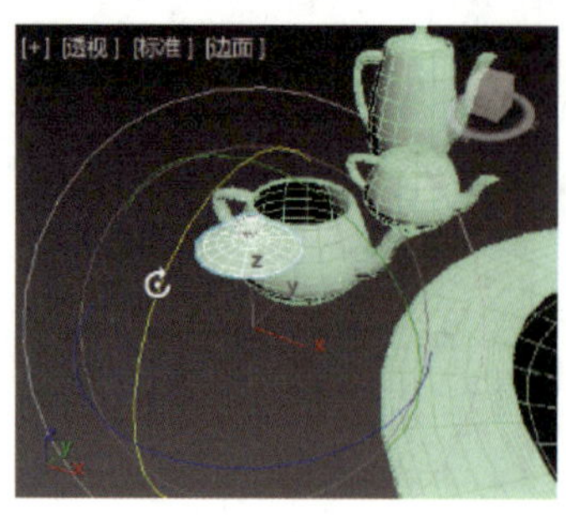

c）

d）

图 1-1-77 开盖茶壶的绘制

a）3# 茶壶保留壶盖 b）2# 茶壶去掉壶盖 c）3# 茶壶旋转 d）3# 茶壶移动

选中 2# 茶壶和 3# 茶壶后，在“修改”面板中修改颜色，如图 1-1-78 所示。

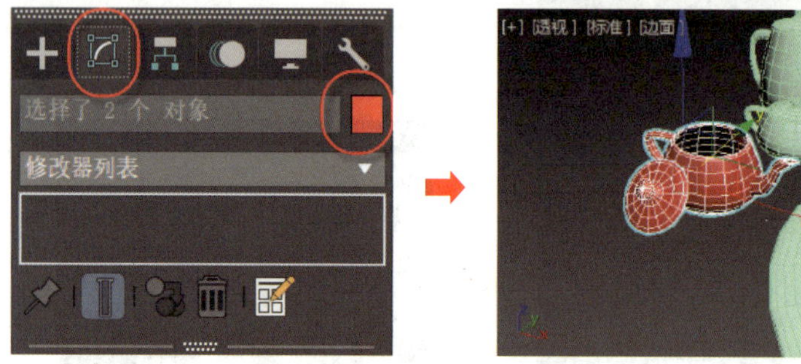

图 1-1-78 修改开盖茶壶颜色

用同样的方法修改其他茶壶颜色，将显示模式切换为“面 + 边面”模式和“面”模式查看茶具摆设场景效果，如图 1-1-79 所示。

a）

b）

图 1-1-79 显示模式对比

a）“面 + 边面”模式 b）“面”模式

三、制作打开茶壶盖动画

1. 调整茶壶盖的位置。在左视图中选中茶壶盖，调整其位置，置于红色茶壶顶上，如图 1-1-80 所示。

2. 设置茶壶盖关键点位置。选中红色茶壶盖对象，将“新建关键点的默认出 / 入切线”设置为“平滑”，单击动画控制区的“自动关键点”按钮开始动画记录，拖动时间滑块至第 5 帧处，如图 1–1–81a 所示，在左视图中将红色茶壶盖向右上方移动一定距离。再次拖动时间滑块至第 35 帧处，在左视图中将红色茶壶盖向右下方移动一定距离，并旋转一定角度，让茶壶盖放置在桌上并斜靠茶壶，具体位置可参考图 1–1–81b。设置完成后，再次单击动画控制区的“自动关键点”按钮关闭动画记录。

图 1-1-80 茶壶盖初始位置

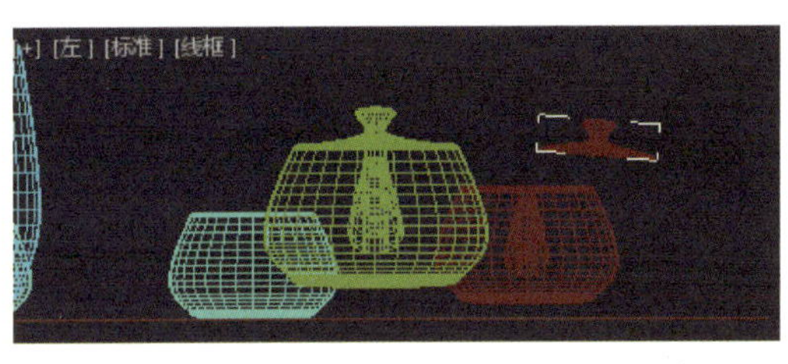

a）

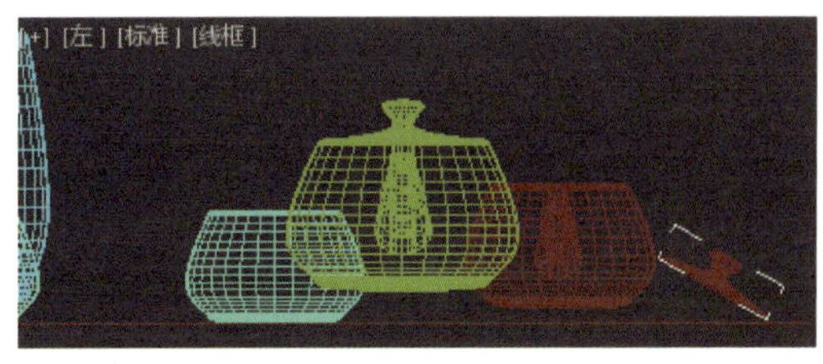

b）

图 1-1-81 茶壶盖不同关键点的状态

a）第 5 帧时茶壶盖位置 b）第 35 帧时茶壶盖位置

3. 调整茶壶盖运动轨迹。单击命令面板上的“运动”按钮，单击“运动路径”，这时可以在左视图中看到茶壶盖的运动轨迹，拖动运动轨迹的各个控制点，使运动轨迹自然且有一定弧度，如图 1–1–82 所示。

4. 单击动画控制区的“时间配置”按钮，设置参数，如图 1–1–83 所示。

5. 单击动画控制区的“播放动画”按钮，或按“/”键可预览动画效果。

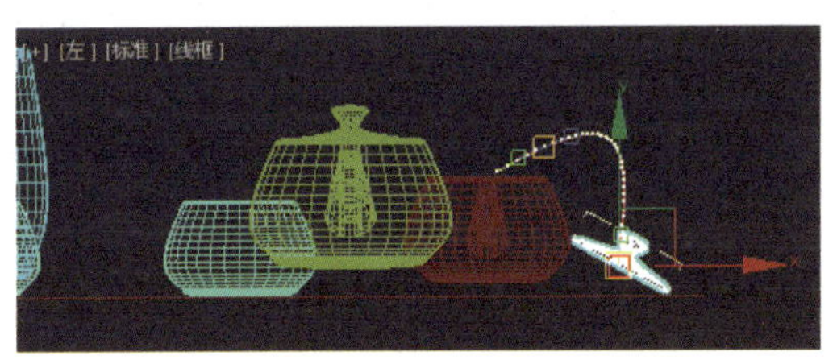

图 1-1-82 调整茶壶盖运动轨迹

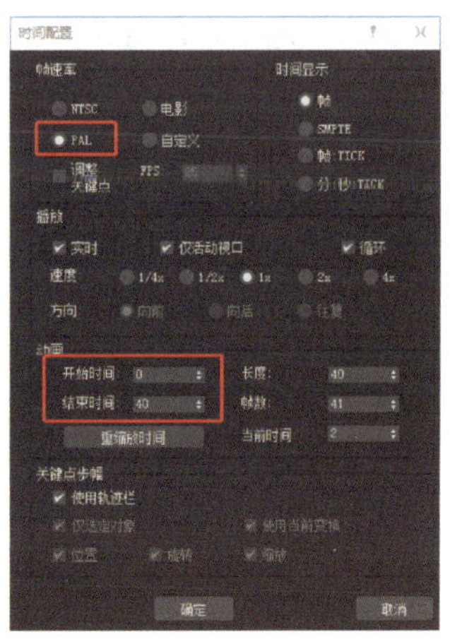

图 1-1-83 设置动画的“时间配置”参数

四、保存、导出模型

1. 执行“文件”→“保存”命令或按快捷键“Ctrl+S”保存文件。

2. 执行“文件”→“导出”→“导出...”命令，选择保存位置后，输入文件名，选择保存类型（此处选择“STL”），单击“保存”按钮，弹出“导出 STL 文件”对话框，如图 1-1-84 所示。取消“仅选定”复选框，保存文件中全部对象，单击“确定”按钮，完成导出。

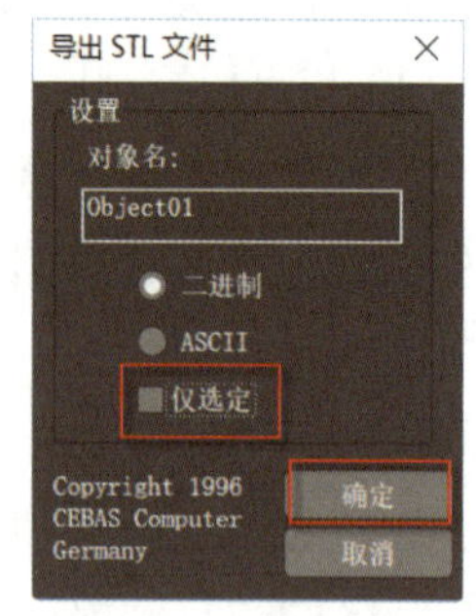

图 1-1-84 “导出 STL 文件”对话框

3. 如果需要导出场景中的部分模型进行打印，可先选中这部分模型后执行第 2 步操作，在弹出的“导出 STL 文件”对话框中勾选“仅选定”复选框。

五、导出动画

方法一：单击主工具栏上的“渲染设置”按钮，或者按快捷键“F10”，在弹出的对话框中设置渲染器、时间输出的范围，设置渲染输出的文件位置、文件名称、文件类型等参数，如图 1-1-85 所示。参数设置完成后，单击“渲染”按钮，待渲染完成后，可以在输出文件夹中播放动画文件。

方法二：选择透视视图，执行菜单栏上的“工具”→“预览－抓取视口”→“创建预览动画”命令，在“生成预览”对话框中设置参数，如图 1-1-86 所示，单击“创建”按钮，创建完成后可以在输出文件夹中播放动画效果。

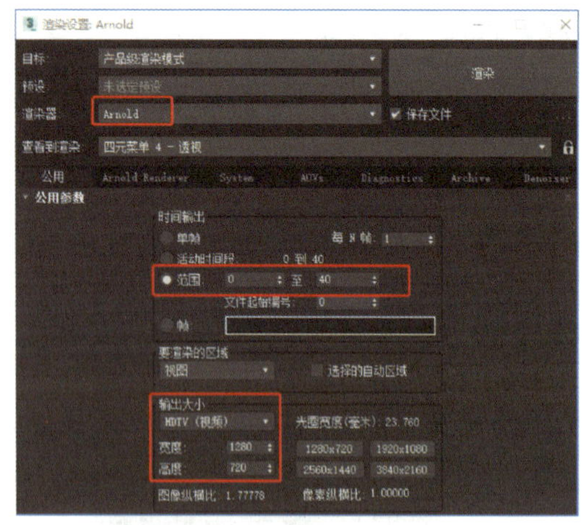

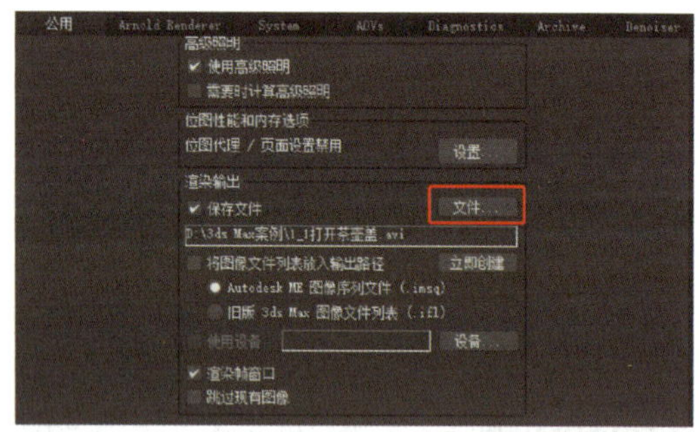

a）

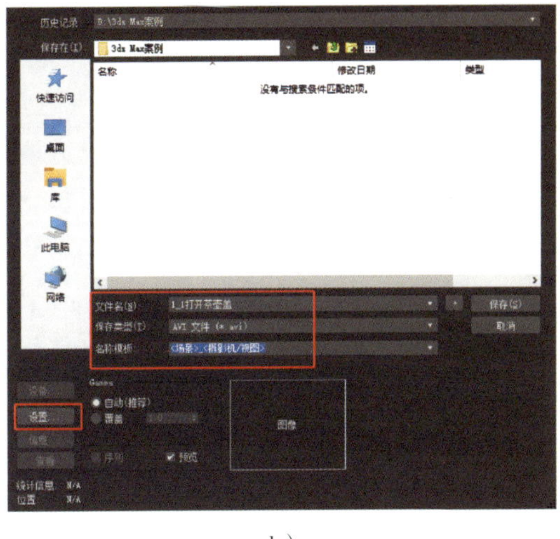

b）

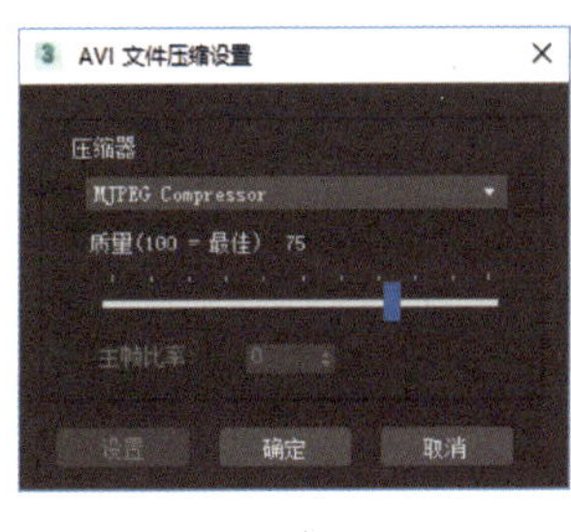

c）

图 1-1-85　渲染输出设置参数

a）“渲染设置”参数　b）设置导出的路径、文件名、保存类型　c）设置导出动画的压缩质量

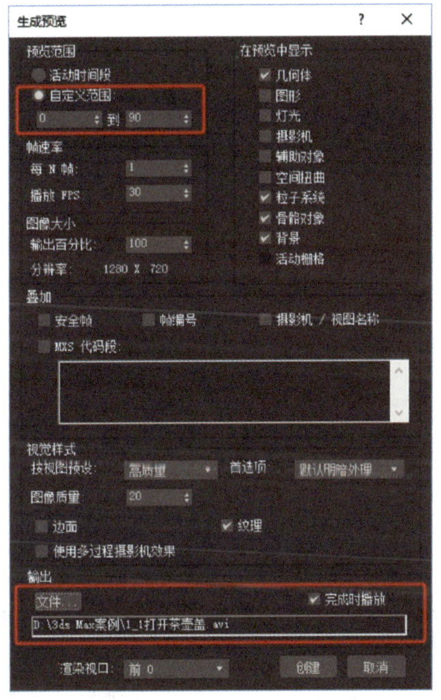

图 1-1-86　设置“生成预览”对话框参数

提示

方法二中也可以按快捷键“Shift+V”进行动画创建。

项目二
基础建模

任务 1　制作电视柜

1. 能叙述 3ds Max 2022 中“对象”的概念。
2. 能创建标准基本体和扩展基本体，并根据要求设置各基本体参数。
3. 能熟练使用“阵列”命令快速复制对象。
4. 能完成多对象“群组”和“解组”的操作。

完成如图 2-1-1 所示电视柜的制作。制作电视柜要用到标准基本体中的“长方体”“球体”和“圆环”，以及扩展基本体中的“切角长方体”“切角圆柱体”“L-Ext”

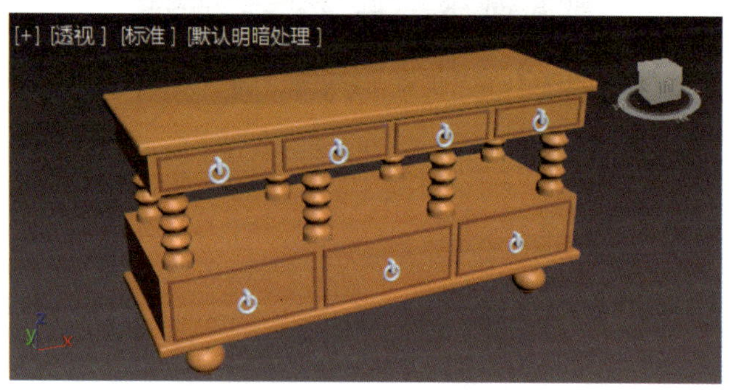

图 2-1-1　电视柜

和“软管”，要对它们进行创建和编辑。

一、对象

在 3ds Max 2022 场景中创建的事物都称为对象，例如几何体、灯光、摄影机、编辑修改器、材质与贴图等。所有对象总体分为三类：参数化对象、组合对象和子对象。

1. 参数化对象

参数化对象是几何学基本对象，可以通过一组参数对其进行描述。这些参数包括外形尺寸、分段数、平滑等。

2. 组合对象

多个不同对象可以结合起来进行统一操作，也可以在需要的时候将它们拆开，这个被结合在一起的单位称为组（group）。

选择要成组的所有对象，然后在菜单栏中执行“组”→“组...”命令，弹出如图 2-1-2 所示的“组”对话框，输入组名，单击“确定”按钮即可建立群组。单击成组后的任意物体，则该组物体全部被选中。

图 2-1-2　“组”对话框

分解组时，选择要分解的组，然后在菜单栏中执行“组”→“解组”命令，则对象恢复到群组之前的状态。

3. 子对象

子对象是对象中可以被选定并且可进行编辑的组件，最常见的子对象包括组成形体的顶点、线段、放样对象的路径和截面等。在“修改”面板的修改器列表中可查看“子对象”树形结构，并对其进行编辑。

二、参考坐标系与轴点控制点

1. 参考坐标系

参考坐标系可以用来指定变换操作中所使用的坐标系统，3ds Max 2022 中包括视图、屏幕、世界、父对象、局部、万向、栅格、工作和局部对齐 9 种坐标系，参考坐标系的转换下拉菜单位于主工具栏中部，如图 2-1-3 所示。

几种常见坐标系的含义如下：

（1）视图。为默认坐标系，所有正交视图中的 X、Y、Z 轴都相同。移动对象时，可相对于视图空间移动。

（2）屏幕。将活动视口屏幕作为坐标系。

（3）世界。使用世界坐标系，则切换到任何正交视图时坐标轴均以世界坐标系显示。

图 2-1-3　参考坐标系

2. 轴点控制点

轴点控制点按钮能够提供缩放和旋转操作的几何中心，该按钮位于主工具栏中部。按住轴点控制点按钮不放即可展开全部按钮，它们从上到下依次是“使用轴点中心”按钮、“使用选择中心”按钮和“使用变换坐标中心”按钮。以长方体为例，使用不同轴点控制点的效果如图 2-1-4a、b、c 所示。

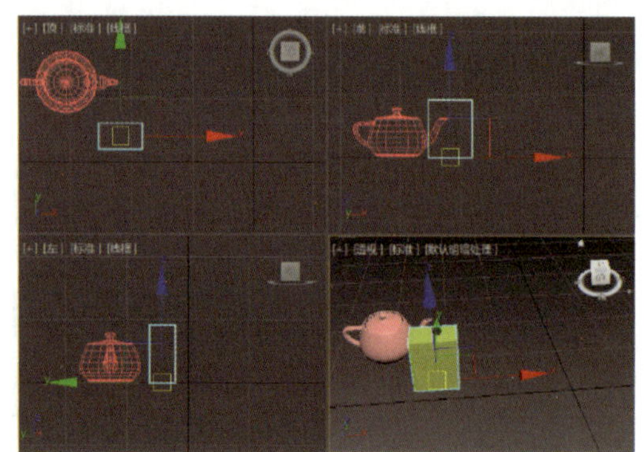
a）

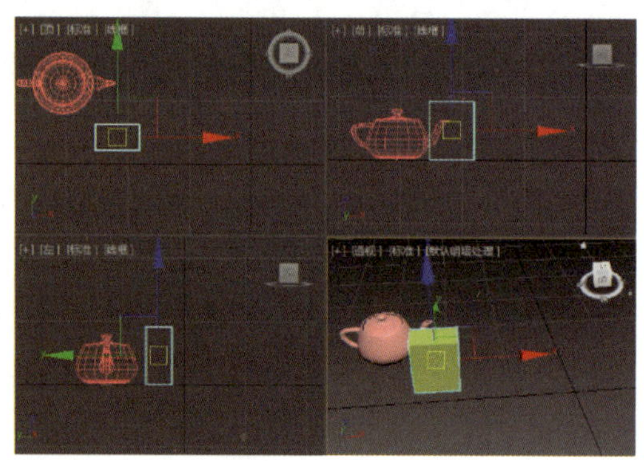
b）

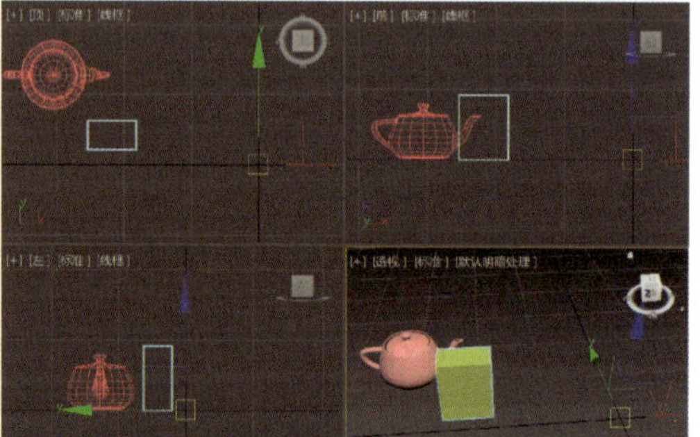
c）

图 2-1-4　使用不同轴点控制点的效果对比
a）使用轴点中心　b）使用选择中心　c）使用变换坐标中心

（1）“使用轴点中心”按钮可以围绕各自的轴点旋转或缩放一个或多个对象。

（2）“使用选择中心”按钮可以围绕选定对象的共同几何中心旋转或缩放一个

或多个对象。

（3）“使用变换坐标中心”按钮可以围绕当前坐标系的中心旋转或缩放一个或多个对象。

三、对象的阵列

阵列是复制对象的一种方式，该命令可以将选中的对象沿着指定方向复制出按参数要求排列的对象，同时还支持移动、旋转及缩放等变换。“阵列”命令的调用方法为：在菜单栏中执行“工具”→“阵列”命令，在弹出的“阵列”对话框中进行参数设置。将图 2-1-4 中全部对象选中后，进行 1D 阵列设置，参数、效果如图 2-1-5 所示。

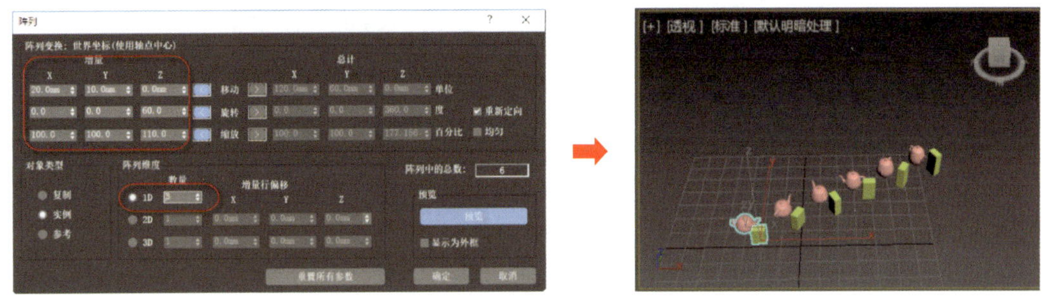

图 2-1-5　设置 1D 阵列参数及效果

将图 2-1-4 中全部对象选中后，进行 2D 阵列设置，参数、效果如图 2-1-6 所示；进行 3D 阵列设置，参数、效果如图 2-1-7 所示。

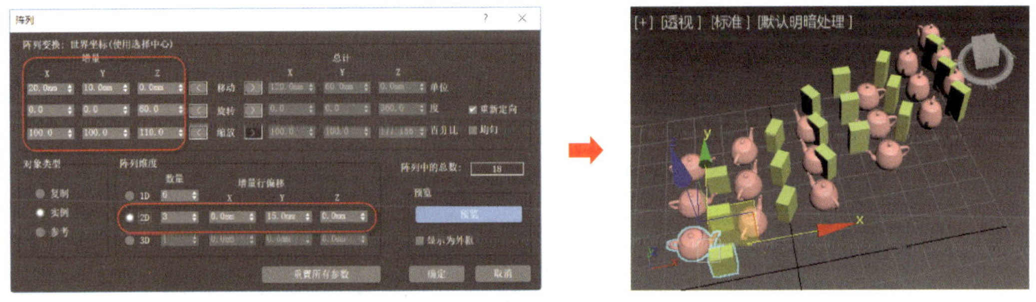

图 2-1-6　设置 2D 阵列参数及效果

四、内置几何体建模

内置几何体模型是 3ds Max 2022 中自带的一些模型，用户可以直接调用这些模型，对其参数进行设置，这些模型就是前面提到的参数化对象。其调用命令位于右侧命令面板的“创建”→“几何体”选项卡中，如图 2-1-8 所示为“标准基本体”菜单和“扩展基本体”菜单。

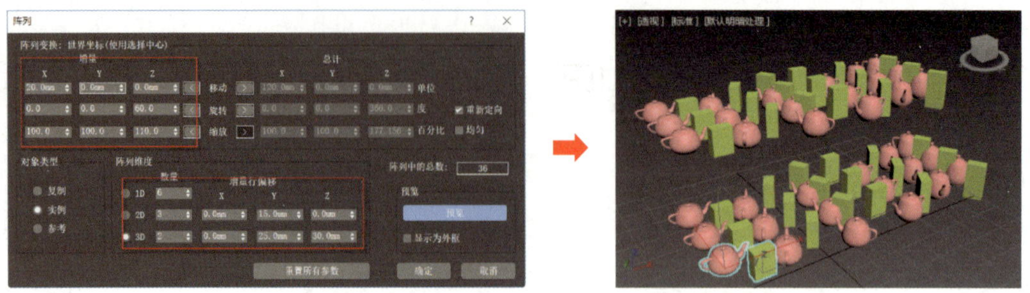

图 2-1-7　设置 3D 阵列参数及效果

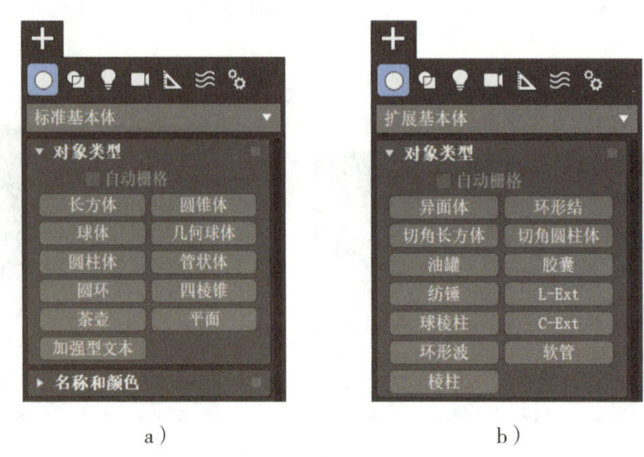

a）　　b）

图 2-1-8　“标准基本体”和“扩展基本体”菜单

a）“标准基本体”菜单　b）“扩展基本体”菜单

1．标准基本体建模

（1）标准基本体的类型。标准基本体包含 11 种对象类型，分别是长方体、球体、圆柱体、圆环、茶壶、圆锥体、几何球体、管状体、四棱锥、平面和加强型文本，如图 2-1-9 所示。

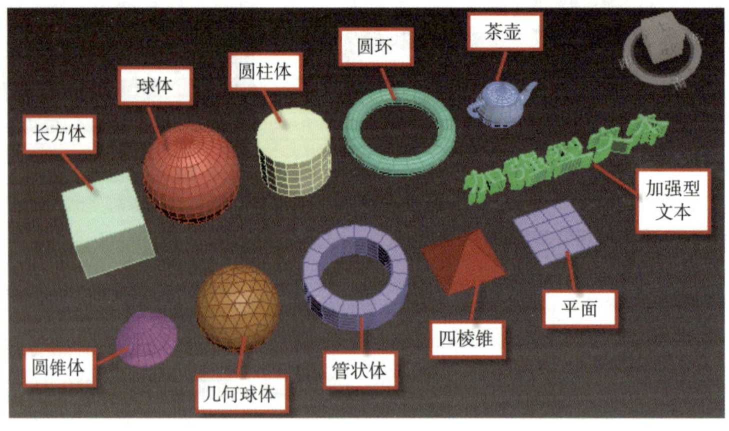

图 2-1-9　标准基本体的 11 种对象类型

（2）标准基本体的参数。标准基本体的参数介绍见表 2-1-1。

表 2-1-1　标准基本体的参数

序号	名称	主要的参数卷展栏	重要参数解析
1	长方体	参数 长度：0.0mm 宽度：0.0mm 高度：0.0mm 长度分段：1 宽度分段：1 高度分段：1 生成贴图坐标 真实世界贴图大小	长度、宽度、高度：确定长方体外形，创建的视图不同，三者代表的坐标轴也不同 长度分段、宽度分段、高度分段：沿着对象每个轴的分段数量，默认值为 1
2	圆锥体	参数 半径 1：0.0mm 半径 2：0.0mm 高度：0.0mm 高度分段：5 端面分段：1 边数：24 平滑 启用切片 切片起始位置：0.0 切片结束位置：0.0 生成贴图坐标 真实世界贴图大小	半径 1、半径 2：圆锥体（含圆台）上、下两个底面的半径（圆锥体上底面半径为 0），最小值为 0 高度：沿中心轴方向的长度，负值为向构造平面下创建 高度分段：轴向方向的分段数，最小值为 1 端面分段：围绕圆锥体顶部和底部中心的同心分段数 边数：圆锥上、下底面圆的边数，默认值为 24 启用切片：开启局部切片，制作不完整的圆锥体 切片起始位置、切片结束位置：设置切片局部 X 轴的零点开始围绕局部 Z 轴旋转的度数，正值为逆时针旋转，负值为顺时针旋转
3	球体	参数 半径：0.0mm 分段：32 平滑 半球：0.0 切除　挤压 启用切片 切片起始位置：0.0 切片结束位置：0.0 轴心在底部 生成贴图坐标 真实世界贴图大小	分段：球体多边形分段的数目，分段越多，球体越圆滑 半球：从底部切除（或挤压）球体的比例，数值范围为 0～1，默认值为 0，此时是完整的球体，值为 1 时球体消失。切除时球体中的点数和面数会减少，挤压时数目不变 轴心在底部：默认球体轴心为球体中心，勾选该复选框后，轴心将会移动到球体底部
4	几何球体	参数 半径：0.0mm 分段：4 基点面类型 四面体　八面体 二十面体 平滑 半球 轴心在底部 生成贴图坐标 真实世界贴图大小	几何球体与球体大致相同，不同的是几何球体由三角面构成，而球体由四角面构成 基点面类型：选择分段为 1 时，组成几何球体的最基本单位类型 平滑：勾选该复选框后，几何球体的表面是光滑的 半球：从底部切除半个几何球体

续表

序号	名称	主要的参数卷展栏	重要参数解析
5	圆柱体	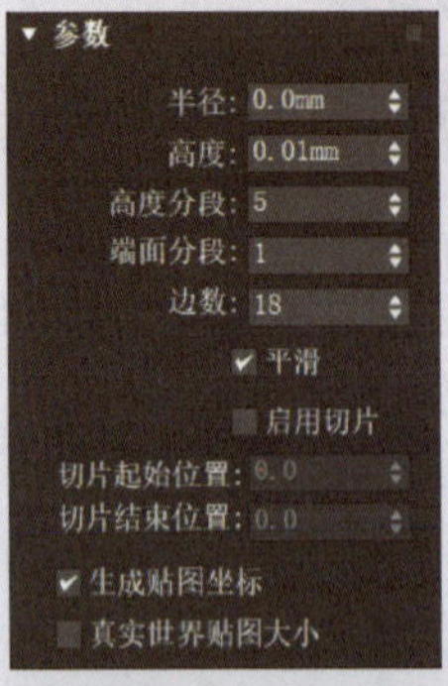 参数 半径: 0.0mm 高度: 0.01mm 高度分段: 5 端面分段: 1 边数: 18 平滑 启用切片 切片起始位置: 0.0 切片结束位置: 0.0 生成贴图坐标 真实世界贴图大小	半径：底面半径的大小 高度：沿中心轴方向的长度，负值为向构造平面下创建 高度分段：轴向方向的分段数，最小值为 1 端面分段：围绕圆柱体顶部和底部中心的同心分段数 边数：上、下底面圆的边数，默认值为 18
6	管状体	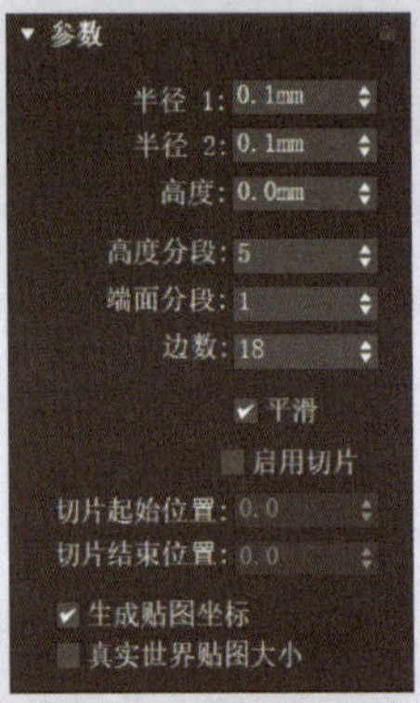 参数 半径 1: 0.1mm 半径 2: 0.1mm 高度: 0.0mm 高度分段: 5 端面分段: 1 边数: 18 平滑 启用切片 切片起始位置: 0.0 切片结束位置: 0.0 生成贴图坐标 真实世界贴图大小	半径 1：管状体的外径 半径 2：管状体的内径 高度：沿中心轴方向的长度，负值为向构造平面下创建 高度分段：轴向方向的分段数，最小值为 1 端面分段：围绕管状体顶部和底部的中心且在内、外径之间的同心圆分段数量 边数：上、下底面圆的边数，默认值为 18，内、外圆相同
7	圆环	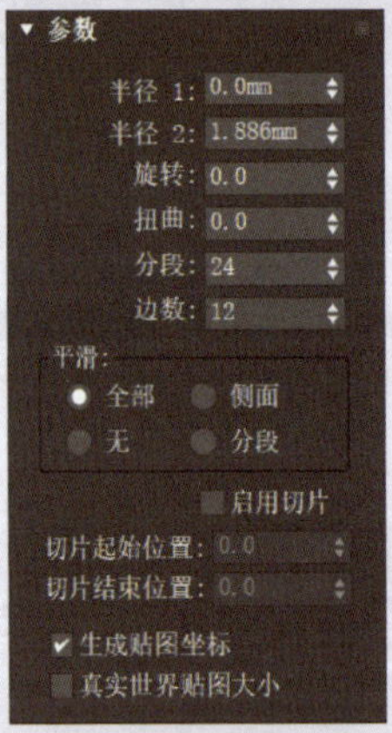 参数 半径 1: 0.0mm 半径 2: 1.886mm 旋转: 0.0 扭曲: 0.0 分段: 24 边数: 12 平滑: 全部 侧面 无 分段 启用切片 切片起始位置: 0.0 切片结束位置: 0.0 生成贴图坐标 真实世界贴图大小	半径 1：圆环中心到横截面圆形中心的距离 半径 2：横截面圆形的半径 旋转：顶点围绕通过圆环中心的圆形非均匀旋转的度数 扭曲：横截面围绕通过圆环中心的圆形旋转的度数 分段：围绕环形的分段数目，默认值为 24，减小此数值可创建不同边数的多边形环，最小值为 3 边数：环形横截面圆边数，默认值为 12，减小此数值横截面可创建不同边数的多边形，最小值为 3
8	四棱锥	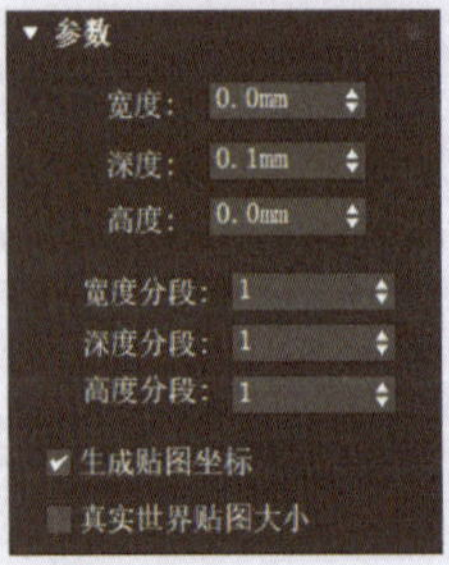 参数 宽度: 0.0mm 深度: 0.1mm 高度: 0.0mm 宽度分段: 1 深度分段: 1 高度分段: 1 生成贴图坐标 真实世界贴图大小	宽度：底面 X 轴方向长度 深度：底面 Y 轴方向长度 高度：底面到顶点之间的距离 宽度分段：从顶点出发连接底面 X 轴方向的分段数 深度分段：从顶点出发连接底面 Y 轴方向的分段数 高度分段：将高度平均分配的数目

续表

序号	名称	主要的参数卷展栏	重要参数解析
9	茶壶		半径：茶壶半径的大小 分段：茶壶或其他单独部件的分段数 茶壶部件：包含“壶体”“壶把”“壶嘴”“壶盖”复选框，勾选则在视口中显示该部件，否则将隐藏该部件
10	平面	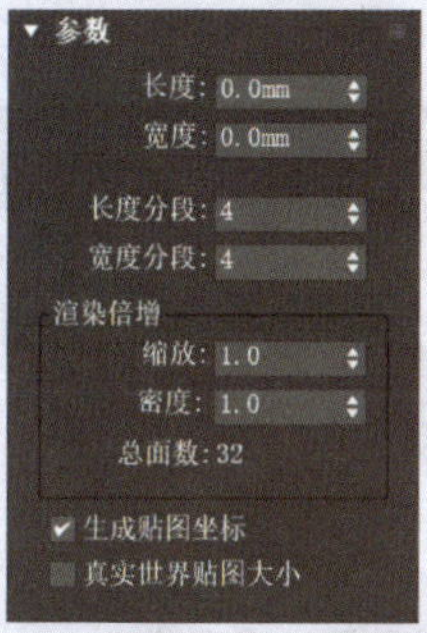	长度：所选视图中沿着 *Y* 轴方向的距离 宽度：所选视图中沿着 *X* 轴方向的距离 长度分段、宽度分段：沿对象 *Y* 轴和 *X* 轴方向的分段数 渲染倍增：“缩放”用来指定长度和宽度在渲染时的倍增因子，将从中心向外执行缩放；“密度”用来指定长度和宽度分段数在渲染时的倍增因子
11	加强型文本	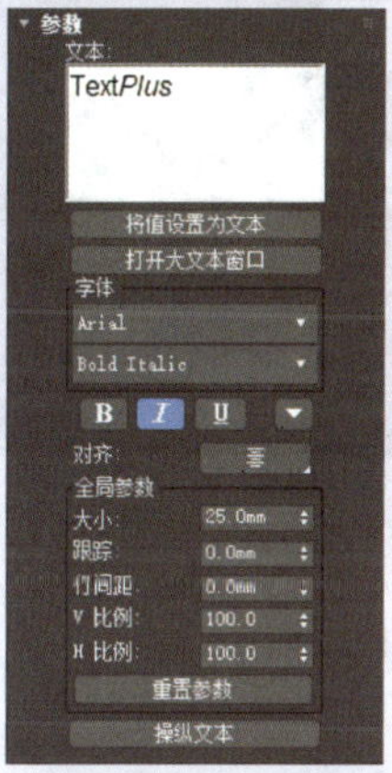 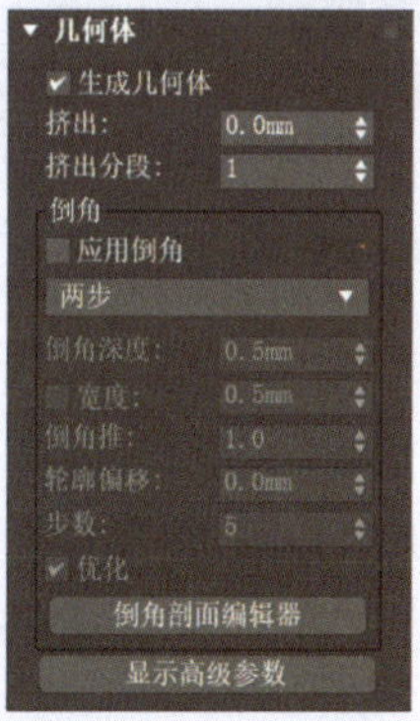	（1）“参数”卷展栏 文本：输入要创建的文本文字 字体：选择要输出的文本字体类型 V 比例：*Y* 轴方向上的缩放系数，负值为反向 H 比例：*X* 轴方向上的缩放系数，负值为反向 操纵文本：对文本中的部分文字进行编辑 （2）“几何体”卷展栏 生成几何体：勾选后可将文字线条封闭为面片 挤出：文本面片挤出的实体厚度 挤出分段：挤出厚度上的分段数目，默认值为 1 应用倒角：勾选后可为文本实体的正面边缘倒角，可对倒角的类型、结构进行设置

提示

创建基本体时可先在视口中拖动绘制，然后将其选中，再在右侧“修改”面板的“参数”卷展栏中对其参数进行修改。

2. 扩展基本体建模

（1）扩展基本体的类型。扩展基本体包含 13 种对象类型，分别是异面体（五类）、环形结、切角长方体、切角圆柱体、油罐、胶囊、纺锤、L-Ext（L 形挤出）、球棱柱、C-Ext（C 形挤出）、环形波、软管和棱柱，如图 2-1-10 所示。

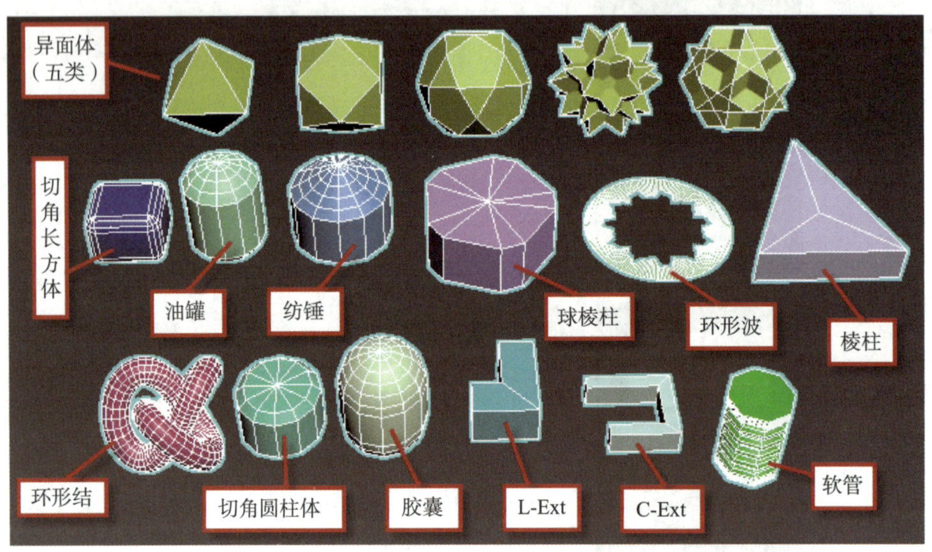

图 2-1-10　扩展基本体的 13 种对象类型

（2）扩展基本体的参数。扩展基本体的参数介绍见表 2-1-2。

表 2-1-2　扩展基本体的参数

序号	名称	主要的参数卷展栏	重要参数解析
1	异面体	参数 系列: 四面体 立方体/八面体 十二面体/二十面体 星形 1 星形 2 系列参数: P: 0.0 Q: 0.0	系列：异面体的基本类型，包括四面体、立方体 / 八面体、十二面体 / 二十面体、星形 1 和星形 2 系列参数：切换多面体顶点与面之间的关联关系

续表

序号	名称	主要的参数卷展栏	重要参数解析
1	异面体	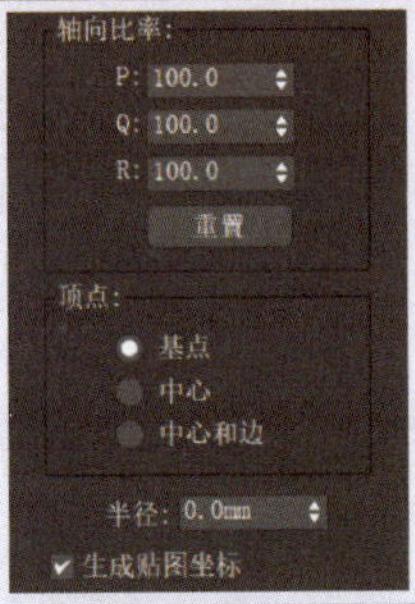 轴向比率： P: 100.0 Q: 100.0 R: 100.0 重置 顶点： 基点 中心 中心和边 半径：0.0mm 生成贴图坐标	轴向比率：多面体可以拥有3种多面体面，P、Q、R分别表示控制多面体一种面反射的轴 半径：设置多面体的半径
2	环形结	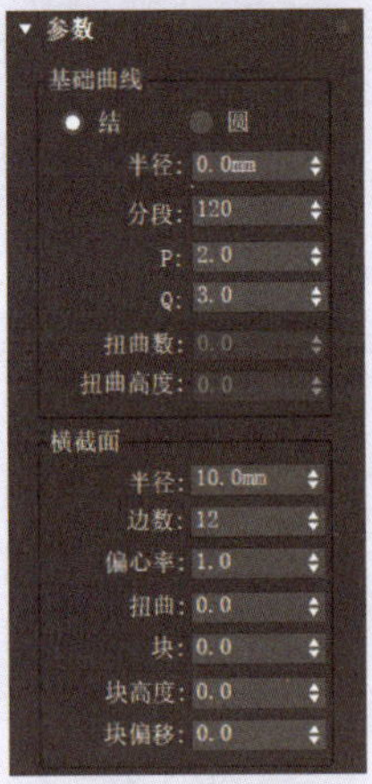 参数 基础曲线 结　圆 半径：0.0mm 分段：120 P：2.0 Q：3.0 扭曲数：0.0 扭曲高度：0.0 横截面 半径：10.0mm 边数：12 偏心率：1.0 扭曲：0.0 块：0.0 块高度：0.0 块偏移：0.0	（1）基础曲线 半径：环形结的半径大小 分段：沿环形结方向的分段数 P、Q：默认为2.0和3.0，P=Q时为圆环 （2）横截面 半径：环形结横截面的半径大小 边数：横截面圆的边数，默认值为12 偏心率：横截面圆两正交轴的长度比 扭曲：横截面围绕通过环形中心的圆形旋转的度数 块：将环形结分成的区域个数 块高度：区域中心增加的高度 块偏移：区域中心偏移的角度
3	切角长方体	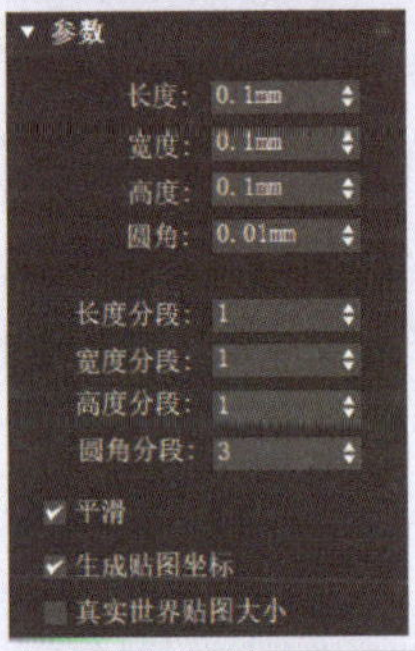 参数 长度：0.1mm 宽度：0.1mm 高度：0.1mm 圆角：0.01mm 长度分段：1 宽度分段：1 高度分段：1 圆角分段：3 平滑 生成贴图坐标 真实世界贴图大小	长度、宽度、高度：同长方体，3个坐标轴方向上的长度 圆角：长方体直角边被切掉后的过渡圆角的半径 长度分段、宽度分段、高度分段：沿着相应轴方向的分段数 圆角分段：长方体圆角边圆弧的边数，默认值为3，数值越大越圆滑，圆角分段为1时是平面 平滑：混合切角长方体的面的显示，从而在渲染视图中创建平滑的外观。圆角分段为1时，若想得到平面多面体应取消勾选该复选框
4	切角圆柱体	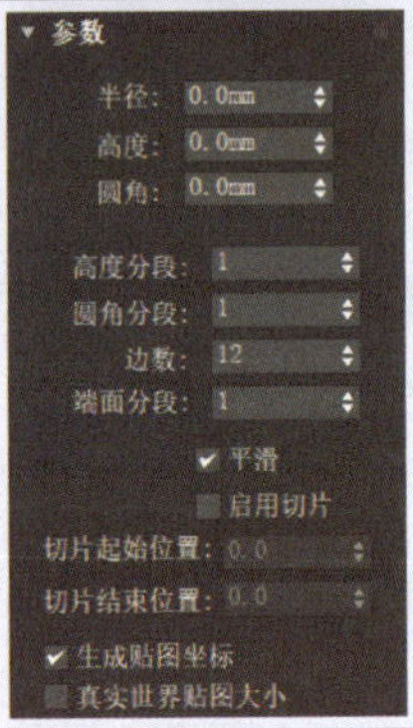 参数 半径：0.0mm 高度：0.0mm 圆角：0.0mm 高度分段：1 圆角分段：1 边数：12 端面分段：1 平滑 启用切片 切片起始位置：0.0 切片结束位置：0.0 生成贴图坐标 真实世界贴图大小	半径：圆柱体未切角时的半径大小 高度：沿中心轴方向的长度，负值为向构造平面下创建 圆角：上、下底面边缘切口轴向切去值 高度分段：轴向方向的分段数，最小值为1 圆角分段：圆角边圆弧的边数，默认值1为平面，数值越大越圆滑 边数：切角圆柱横截面圆的边数，默认值为12 端面分段：围绕圆柱体顶部和底部中心的同心分段数

续表

序号	名称	主要的参数卷展栏	重要参数解析
5	油罐	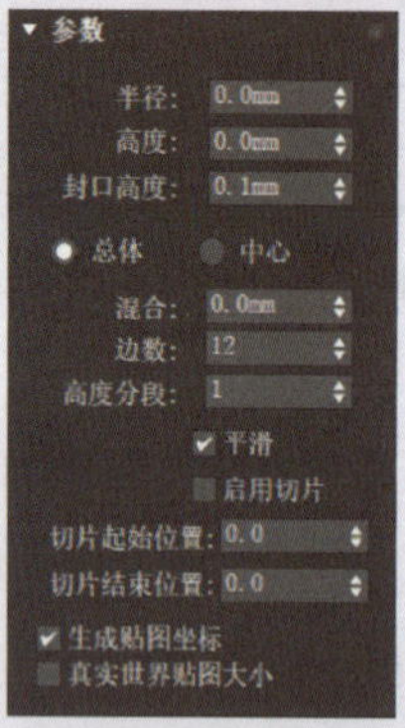 参数 半径: 0.0mm 高度: 0.0mm 封口高度: 0.1mm 总体 中心 混合: 0.0mm 边数: 12 高度分段: 1 平滑 启用切片 切片起始位置: 0.0 切片结束位置: 0.0 生成贴图坐标 真实世界贴图大小	半径：油罐主体横截面圆的半径 高度：沿中心轴方向的总长度，负值为向构造平面下创建 封口高度：凸面封口沿轴线方向的高度 总体：高度值为油罐总体长度 中心：高度值为油罐除去上、下封口后的长度 混合：两侧封口球面和主体圆柱面过渡的范围大小 边数：横截面圆的边数，默认值为 12 高度分段：轴向方向的分段数，最小值为 1
6	胶囊	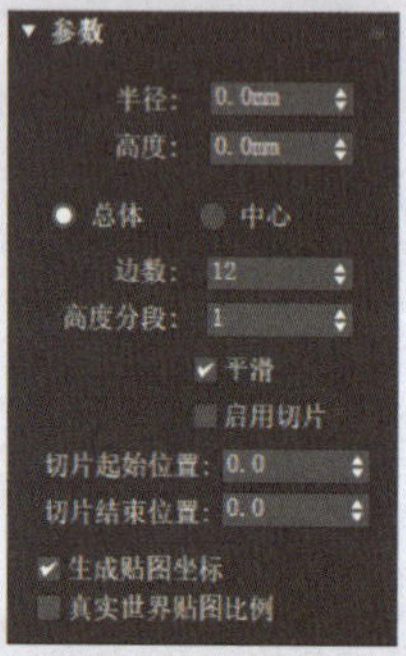 参数 半径: 0.0mm 高度: 0.0mm 总体 中心 边数: 12 高度分段: 1 平滑 启用切片 切片起始位置: 0.0 切片结束位置: 0.0 生成贴图坐标 真实世界贴图比例	半径：胶囊上、下球面半径，也是胶囊主体横截面圆半径 高度：沿中心轴方向的总长度，负值为向构造平面下创建 总体：高度值为胶囊总体长度 中心：高度值为胶囊除去上、下半球后圆柱部分的高度 边数：横截面圆的边数，默认值为 12 高度分段：轴向方向的分段数，最小值为 1
7	纺锤	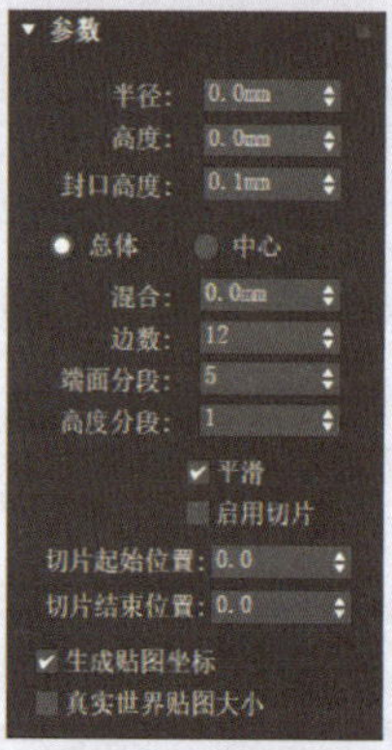 参数 半径: 0.0mm 高度: 0.0mm 封口高度: 0.1mm 总体 中心 混合: 0.0mm 边数: 12 端面分段: 5 高度分段: 1 平滑 启用切片 切片起始位置: 0.0 切片结束位置: 0.0 生成贴图坐标 真实世界贴图大小	半径：纺锤主体横截面圆的半径 高度：沿中心轴方向的总长度，负值为向构造平面下创建 封口高度：两端圆锥面（封口）沿轴线方向的长度 总体：高度值为纺锤总体长度 中心：高度值为纺锤除去上、下封口后的长度 混合：封口圆锥面和主体圆柱面过渡的范围大小 边数：横截面圆的边数，默认值为 12 高度分段：轴向方向的分段数，最小值为 1
8	L-Ext	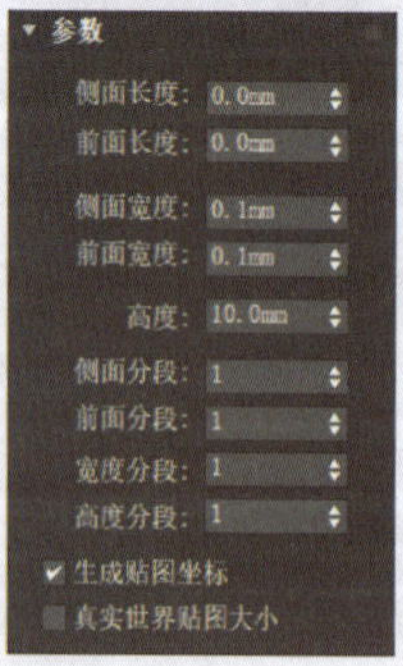 参数 侧面长度: 0.0mm 前面长度: 0.0mm 侧面宽度: 0.1mm 前面宽度: 0.1mm 高度: 10.0mm 侧面分段: 1 前面分段: 1 宽度分段: 1 高度分段: 1 生成贴图坐标 真实世界贴图大小	侧面长度、前面长度：L 形两直角边的长度 侧面宽度、前面宽度：L 形两直角边的宽度 高度：垂直 L 形面方向的长度 侧面分段、前面分段、宽度分段、高度分段：沿着相应轴方向上的分段数

续表

序号	名称	主要的参数卷展栏	重要参数解析
9	球棱柱	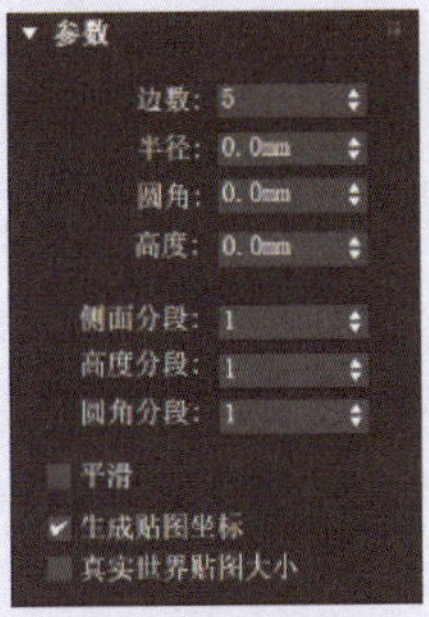 参数 边数：5 半径：0.0mm 圆角：0.0mm 高度：0.0mm 侧面分段：1 高度分段：1 圆角分段：1 平滑 生成贴图坐标 真实世界贴图大小	边数：球棱柱基本体的边数 半径：球棱柱基本体横截面外接圆的半径 圆角：球棱柱棱线倒圆的半径 高度：沿中心轴方向的总长度，负值为向构造平面下创建 侧面分段、高度分段、圆角分段：每个结构的分段数
10	C-Ext	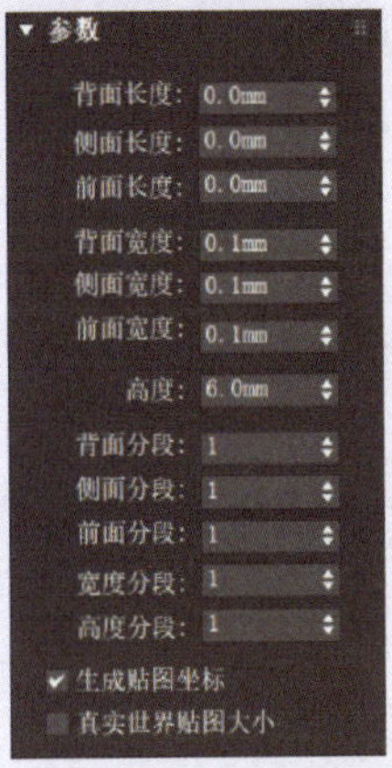 参数 背面长度：0.0mm 侧面长度：0.0mm 前面长度：0.0mm 背面宽度：0.1mm 侧面宽度：0.1mm 前面宽度：0.1mm 高度：6.0mm 背面分段：1 侧面分段：1 前面分段：1 宽度分段：1 高度分段：1 生成贴图坐标 真实世界贴图大小	背面长度、侧面长度、前面长度：C 形三条直角边的长度 背面宽度、侧面宽度、前面宽度：C 形三条直角边的宽度 高度：垂直 C 形面方向的长度 背面分段、侧面分段、前面分段、宽度分段、高度分段：沿着相应轴方向上的分段数
11	环形波	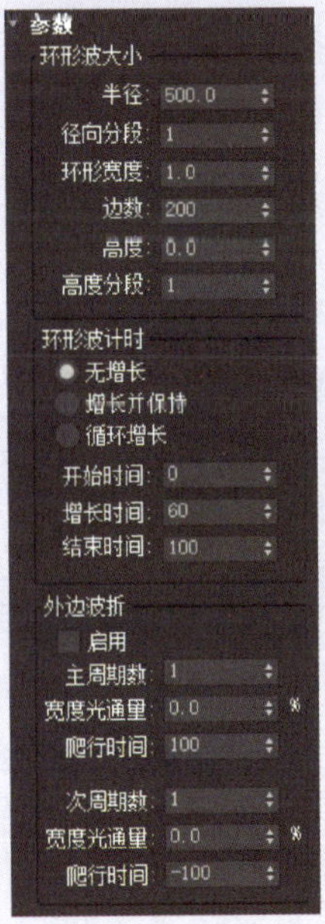 参数 环形波大小 半径：500.0 径向分段：1 环形宽度：1.0 边数：200 高度：0.0 高度分段：1 环形波计时 无增长 增长并保持 循环增长 开始时间：0 增长时间：60 结束时间：100 外边波折 启用 主周期数：1 宽度光通量：0.0 % 爬行时间：100 次周期数：1 宽度光通量：0.0 % 爬行时间：-100	（1）环形波大小 半径：控制环形波的外轮廓大小，可以增大或减小环形波的整休尺寸 环形宽度：从外半径向内测量，决定环形波的径向宽度，可以改变环形波的厚度 （2）环形波计时 无增长 / 增长并保持 / 循环增长：决定环形波动画的行为方式 增长时间：环形波从零增加到其最大尺寸所需时间 （3）外（内）边波折 爬行时间：控制每个主波绕环形波外（内）边一周所需帧数，从而影响波动的速度和动画的节奏

续表

序号	名称	主要的参数卷展栏	重要参数解析
12	软管	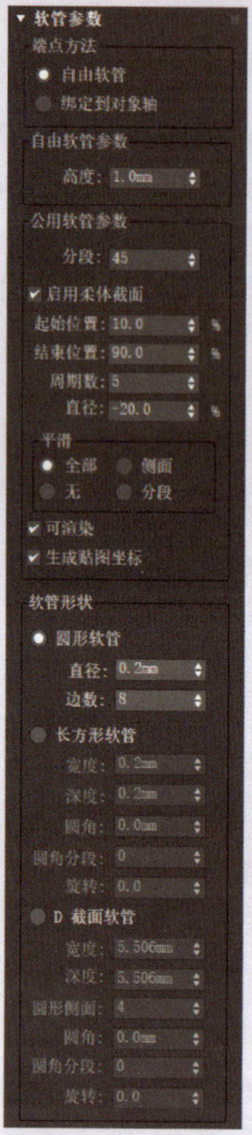 软管参数 端点方法 自由软管 绑定到对象轴 自由软管参数 高度：1.0mm 公用软管参数 分段：45 启用柔体截面 起始位置：10.0 % 结束位置：90.0 % 周期数：5 直径：-20.0 % 平滑 全部 侧面 无 分段 可渲染 生成贴图坐标 软管形状 圆形软管 直径：0.2mm 边数：8 长方形软管 宽度：0.2mm 深度：0.2mm 圆角：0.0mm 圆角分段：0 旋转：0.0 D 截面软管 宽度：5.506mm 深度：5.506mm 圆形侧面：4 圆角：0.0mm 圆角分段：0 旋转：0.0	软管是一种能连接两个对象的弹性物体，类似弹簧但不具备动力学属性 （1）自由软管参数 高度：软管未绑定时的总长度，默认值为 1 mm （2）公用软管参数 分段：软管长度方向的分段数，默认值为 45 启用柔体截面：勾选该复选框，可以使软管中部具有周期性结构 起始位置：周期性结构距起始端（底面）的高度百分比，范围为 0%～50% 结束位置：周期性结构距末端（顶面）的高度百分比，范围为 50%～100% 周期数：周期性结构的个数，先设置此参数再设置分段数为佳 直径：截面圆直径与软管轮廓直径之比，默认值为 −20% （3）圆形软管 直径：软管轮廓外接圆的直径，默认值为 0.2 mm 边数：截面圆的边数，默认值为 8
13	棱柱	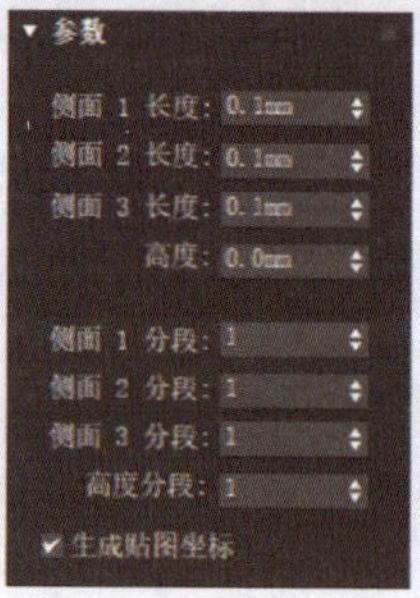 参数 侧面 1 长度：0.1mm 侧面 2 长度：0.1mm 侧面 3 长度：0.1mm 高度：0.0mm 侧面 1 分段：1 侧面 2 分段：1 侧面 3 分段：1 高度分段：1 生成贴图坐标	“棱柱”特指三棱柱 侧面 1 长度、侧面 2 长度、侧面 3 长度：底面三角形三条边的长度 高度：三棱柱的高度 侧面 1 分段、侧面 2 分段、侧面 3 分段：三棱柱 3 个侧面的分段数 高度分段：高度方向的分段数

一、创建文件

打开软件，在菜单栏中执行“文件”→“保存”命令，选择保存路径并为文件命名，保存类型采用默认设置。检查文件，确定单位设置为 mm。

二、制作电视柜

1. 制作底部柜体

（1）在右侧命令面板的“创建”面板中选择“几何体”选项卡，单击“标准基本体”菜单中的“长方体”按钮，在透视图中绘制长度为 400 mm、宽度为 1 200 mm、高度为 10 mm 的长方体（顶板），参数设置及效果如图 2-1-11 所示，右击可退出。

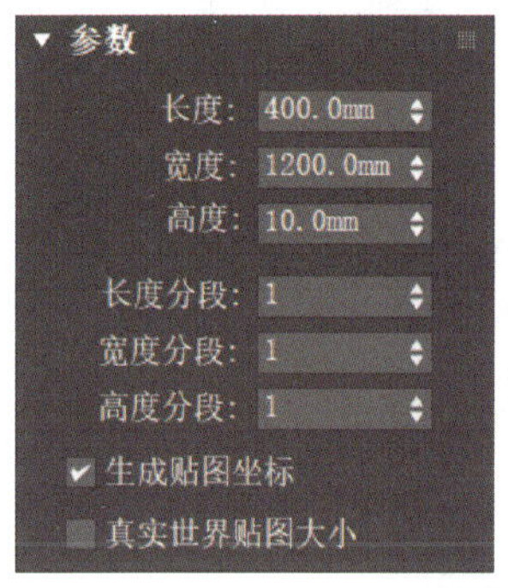

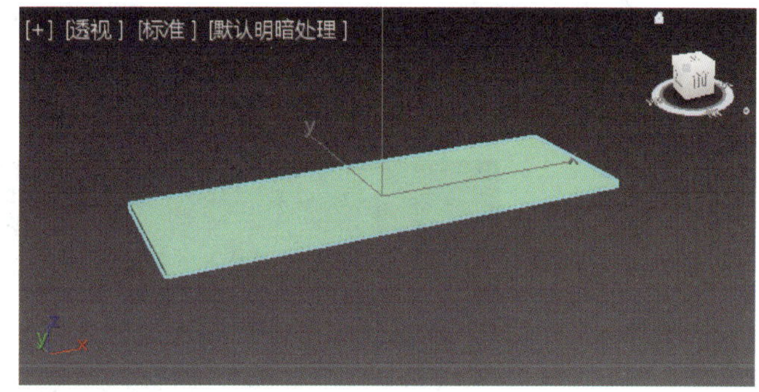

图 2-1-11　绘制长方体

（2）将长方体移动到世界坐标原点位置。按“W”键激活“选择并移动”命令，将提示与坐标区中“当前选择对象坐标”的 *X*、*Y*、*Z* 坐标均改为 0，如图 2-1-12 所示。

图 2-1-12　将长方体移动到世界坐标原点位置

（3）复制出侧板。按住“Shift”键并向下移动 *Z* 轴，弹出“克隆选项”对话框，选择“复制”单选按钮，复制一个长方体副本（侧板），在“修改”面板中修改其参数为长度 400 mm、宽度 20 mm、高度 200 mm。在长方体副本被选中的情况下按“Alt+A”组合键激活“对齐”命令，单击原长方体，弹出“对齐当前选择”对话框，依次单击“*X* 位置”→“当前对象：中心”→“目标对象：最小”→“应用”→“*Z* 位置”→“当前对象：最大”→“目标对象：最大”→“确定”，如图 2–1–13 所示，最终效果如图 2–1–14 所示。

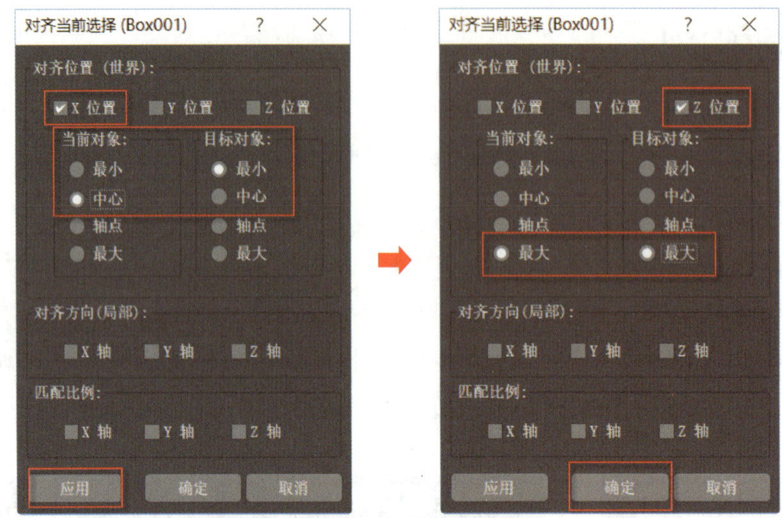

图 2-1-13 “对齐当前选择”对话框

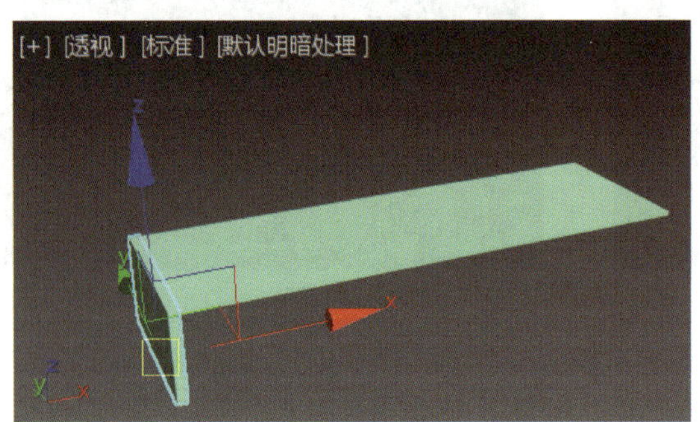

图 2-1-14 对齐效果

（4）设置其他侧板阵列。保持侧板的选中状态，然后在菜单栏中执行“工具”→“阵列…”命令，弹出“阵列”对话框，如图 2–1–15 所示。设置增量 *X* 为 400 mm、1D 数量为 4、对象类型为实例，单击“确定”按钮，阵列效果如图 2–1–16 所示。

（5）选中任意侧板后用步骤（3）的方法移动复制出背板。按住“Shift”键并向前移动 *Y* 轴，修改背板参数为长度 16 mm、宽度 1 220 mm、高度 200 mm，如图 2–1–17 所示。通过“对齐”命令使复制的背板与最左侧侧板对齐（*X* 位置“当前对象：最小”对“目标对象：最小”、*Y* 位置“当前对象：最小”对“目标对象：最大”），效果如图 2–1–18 所示。

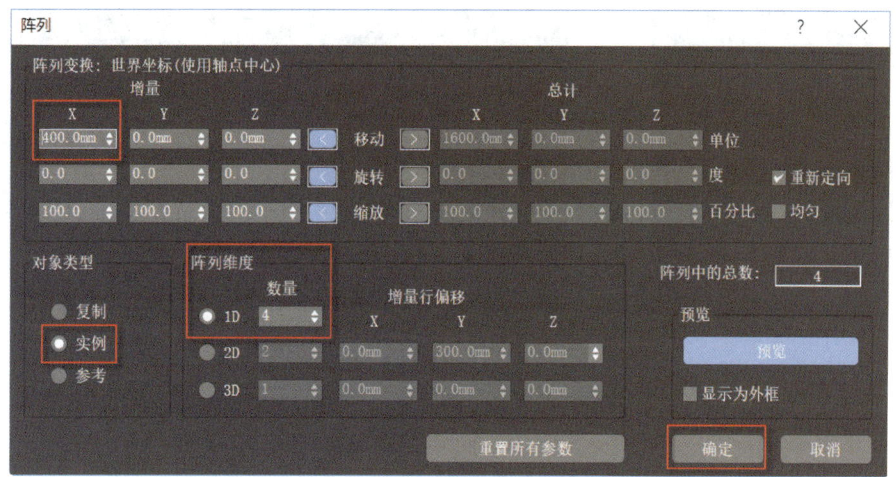

图 2-1-15　“阵列”对话框

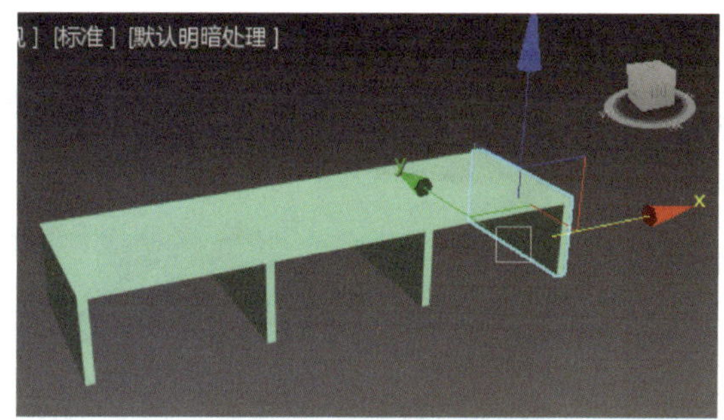

图 2-1-16　阵列效果

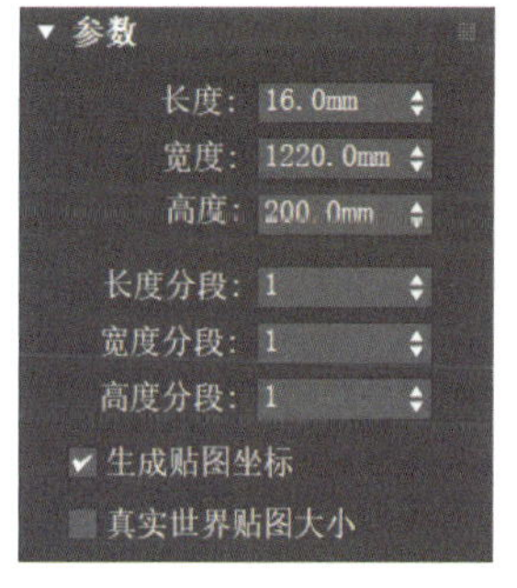

图 2-1-17　背板参数

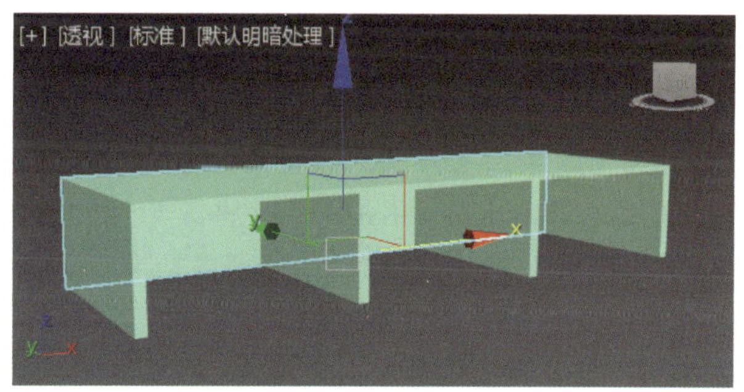

图 2-1-18　对齐效果

（6）创建底板。在右侧命令面板中执行“创建”→“几何体”→“扩展基本体”→“切角长方体”命令，在命令面板下方的“名称和颜色”卷展栏中设置与侧板相同的颜色；在“键盘输入”卷展栏中设置 Z 为 -190 mm、长度为 440 mm、宽度为 1 260 mm、高度为 30 mm、圆角为 8 mm，如图 2-1-19 所示。单击“创建”按钮，创建出效果如图 2-1-20 所示的切角长方体底板。

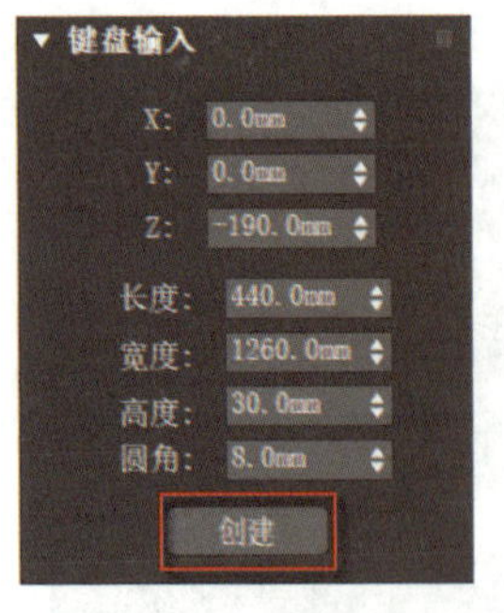

图 2-1-19　切角长方体参数

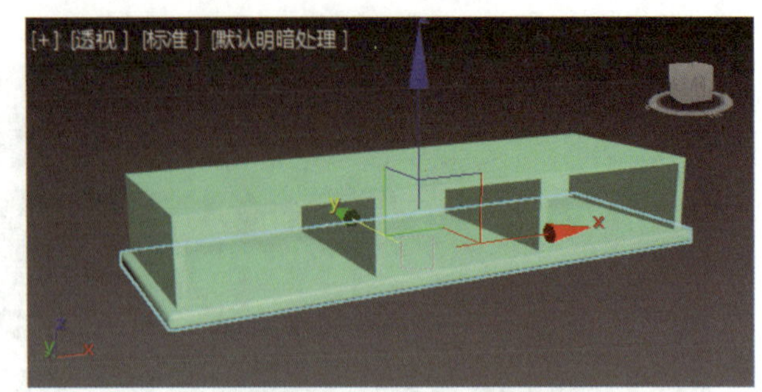

图 2-1-20　创建切角长方体底板

2. 制作底部柜门

（1）创建长方体。在右侧命令面板中执行“创建”→“几何体”→“标准基本体”→“长方体”命令，在透视图中绘制长方体，设置参数为长度16 mm、宽度380 mm、高度160 mm，参数设置及效果如图2-1-21所示。

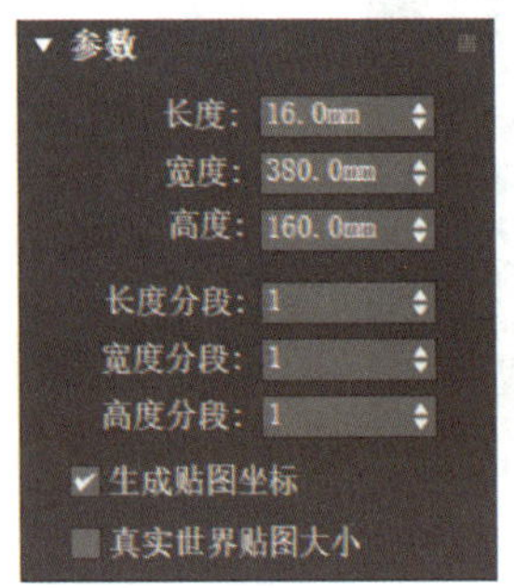

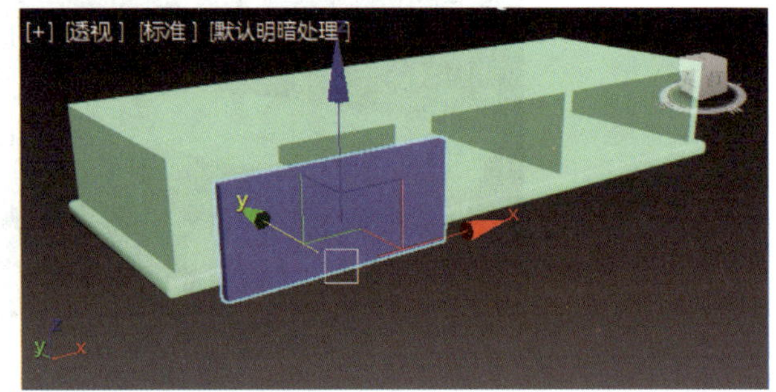

图 2-1-21　创建长方体

（2）创建L-Ext体。在“几何体”选项卡中选择“扩展基本体”→“L-Ext”，在前视图中绘制侧面长度为-160 mm、前面长度为380 mm、侧面宽度和前面宽度均为8 mm、高度为18 mm的L-Ext体，并将其与（1）中长方体对齐（*X*、*Y*、*Z*位置均为“当前对象：最大”对“目标对象：最大”），参数设置及效果如图2-1-22所示。

（3）创建L-Ext体镜像。选中刚创建的L-Ext体，单击“镜像”按钮，在弹出的“镜像：世界 坐标”对话框中设置镜像轴为*ZX*，选择“复制”单选按钮，单击“确定”按钮退出，效果如图2-1-23所示。然后按“Alt+A”组合键激活“对齐”命令，将该L-Ext体与（1）中长方体对齐（*X*、*Y*、*Z*位置均为“当前对象：最大”对“目标对象：最大”），最终效果如图2-1-24所示。

（4）创建把手切角长方体。在“几何体”选项卡中选择“扩展基本体”→“切角长方体”，在透视图中绘制长度为40 mm、宽度为14 mm、高度为40 mm、圆角为6 mm的切角长方体，如图2-1-25所示。将切角长方体与（1）中长方体对齐（*X*、*Z*

位置为“当前对象：中心”对“目标对象：中心”，*Y* 位置为“当前对象：最大”对“目标对象：最大”)，参数设置及效果如图 2–1–26 所示。

a）

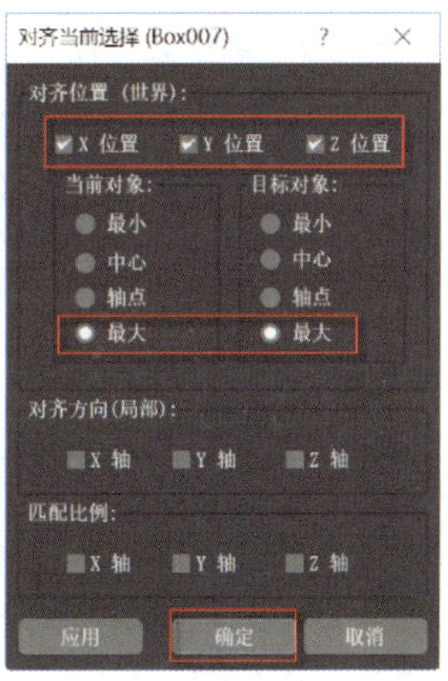

b）

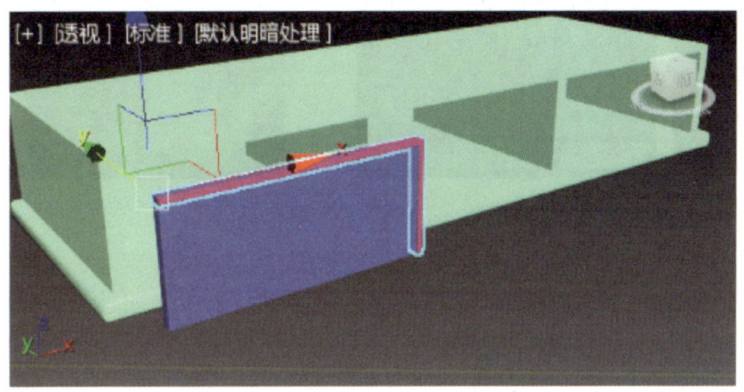

c）

图 2–1–22　创建 L-Ext 体（柜门边框）

a）L-Ext 体参数　b）对齐操作　c）对齐后效果

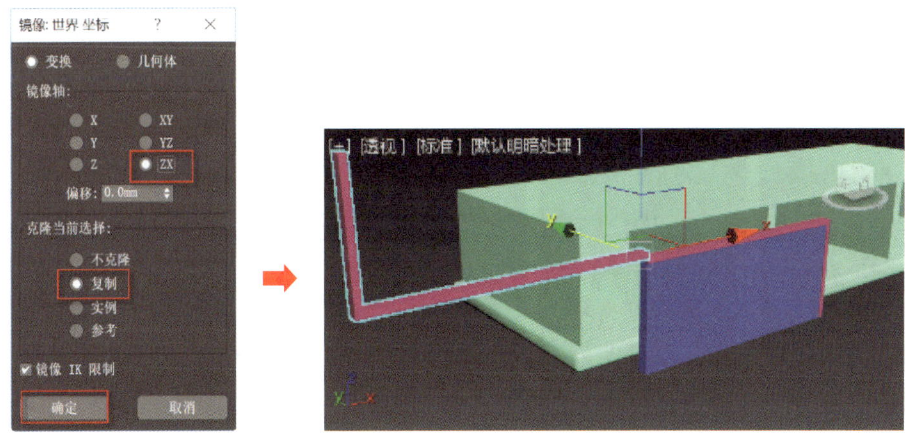

图 2–1–23　创建 L-Ext 体镜像

图 2-1-24　对齐后效果

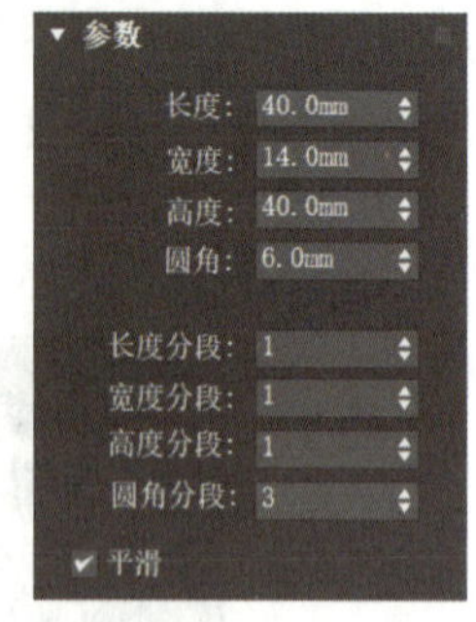

图 2-1-25　切角长方体参数

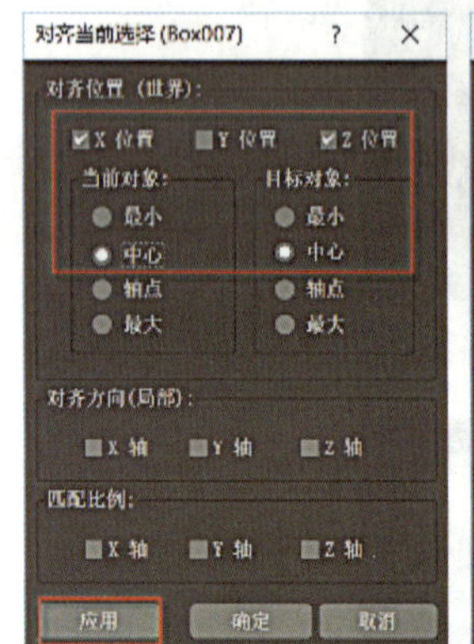

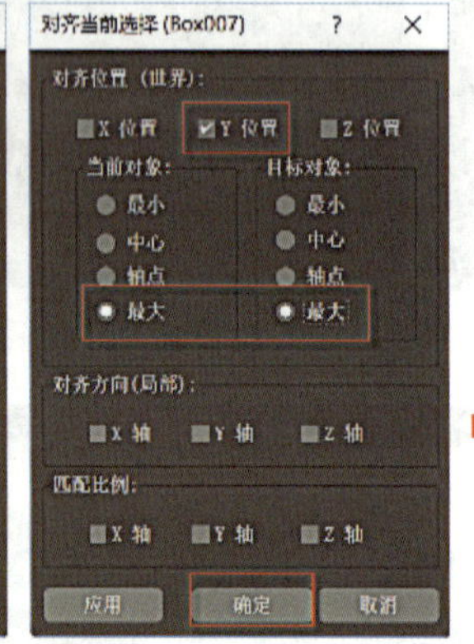

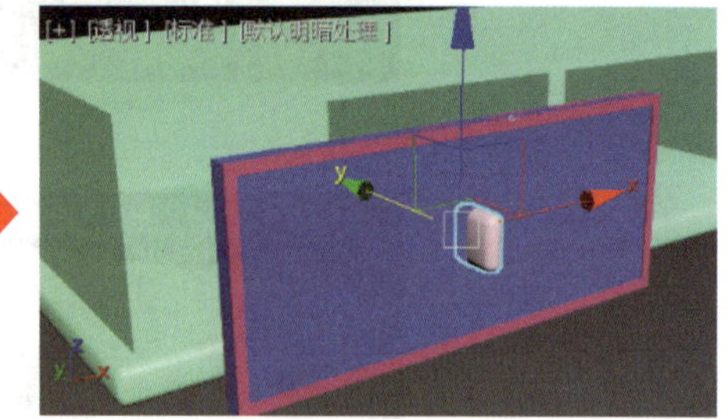

图 2-1-26　对齐切角长方体

（5）创建把手圆环。在“几何体”选项卡中选择“标准基本体”→“圆环”，在前视图中绘制半径 1 为 21 mm、半径 2 为 5 mm 的圆环，如图 2-1-27 所示。将圆环与上一步中的切角长方体对齐（*X* 位置为“当前对象：中心”对“目标对象：中心”，*Y* 位置为“当前对象：最大”对“目标对象：中心”，*Z* 位置为“当前对象：中心”对“目标对象：最小”），效果如图 2-1-28 所示。

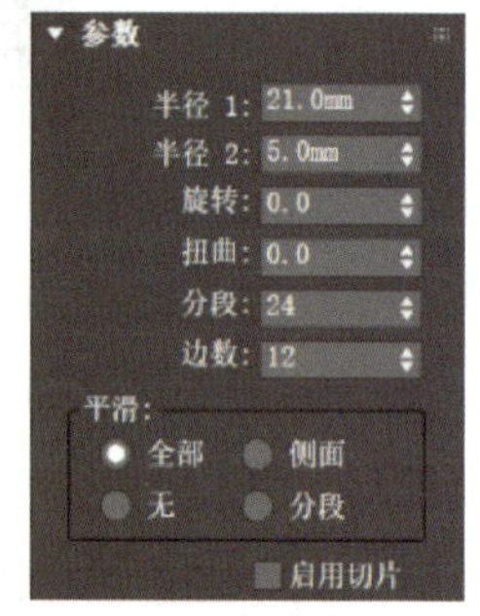

图 2-1-27　圆环参数

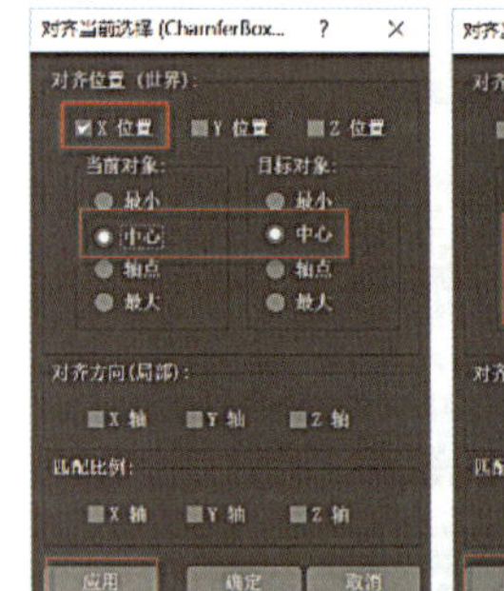

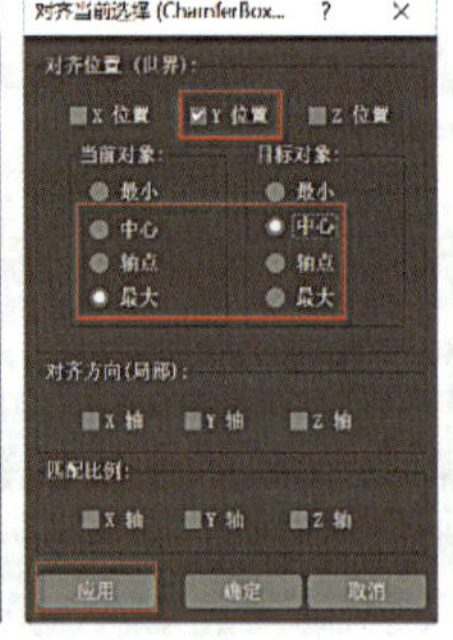

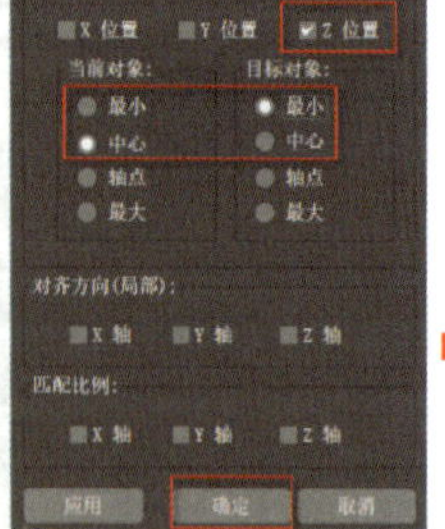

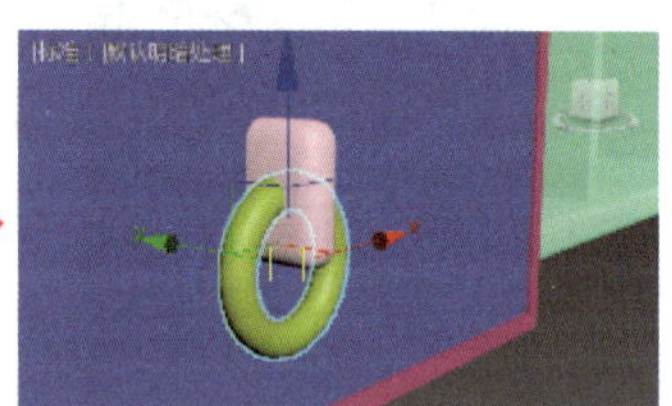

图 2-1-28　对齐圆环

提示

如果在透视图中绘制圆环，圆环的摆放方向将是水平的。如果想准确地将其旋转为竖直方向，则要先右击主工具栏中的“角度捕捉切换”按钮，弹出如图 2-1-29 所示的“栅格和捕捉设置”对话框，将角度修改为 90° 后关闭对话框，再单击“选择并旋转”按钮，将圆环沿 X 轴旋转 90°，如图 2-1-30 所示。

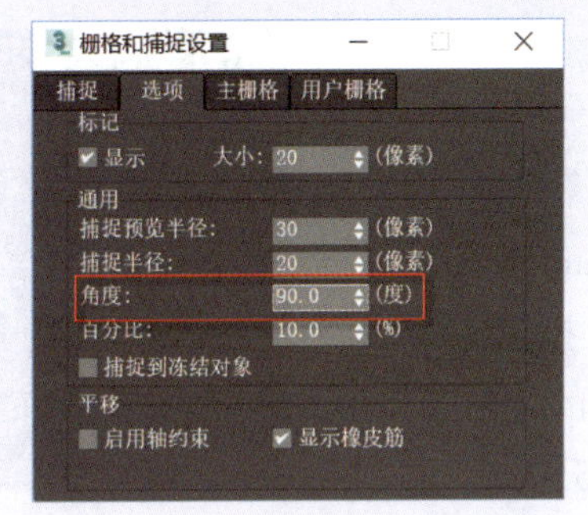

图 2-1-29　“栅格和捕捉设置”对话框

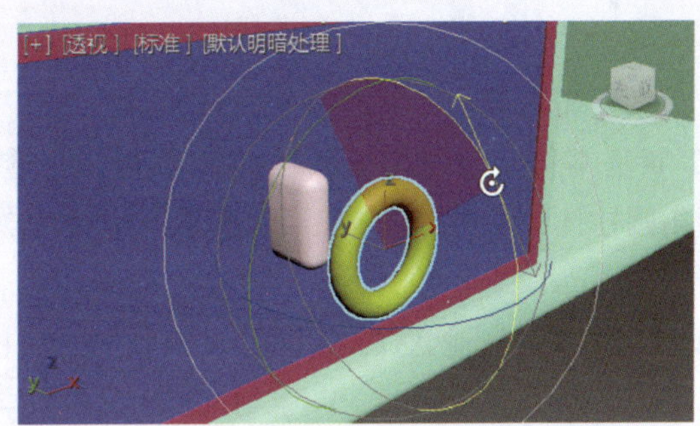

图 2-1-30　旋转圆环

（6）创建柜门群组。按住“Ctrl”键依次单击（或在顶视图中框选）柜门各部件，将其所有结构全部选中，在菜单栏中执行“组”→“组...”命令，弹出如图 2-1-31 所示的“组”对话框，输入组名“组 001 柜门”，单击“确定”按钮完成群组的创建。

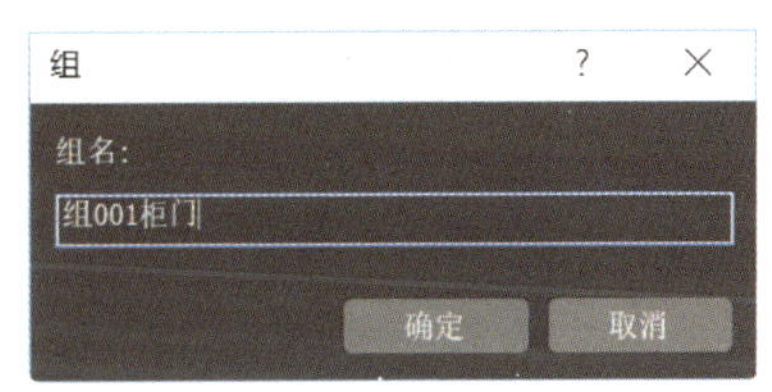

图 2-1-31　“组”对话框

（7）创建柜门阵列。选中“组 001 柜门”，右击“选择并移动”按钮，弹出“移动变换输入”对话框，修改绝对世界坐标，X 为 -400 mm、Y 为 -205 mm、Z 为 -80 mm，参数设置及效果如图 2-1-32 所示。执行“工具”→“阵列...”命令，弹出“阵列”对话框，设置增量 X 为 400 mm、1D 数量为 3、对象类型为实例，单击“确定”按钮，参数设置及阵列效果如图 2-1-33 所示。

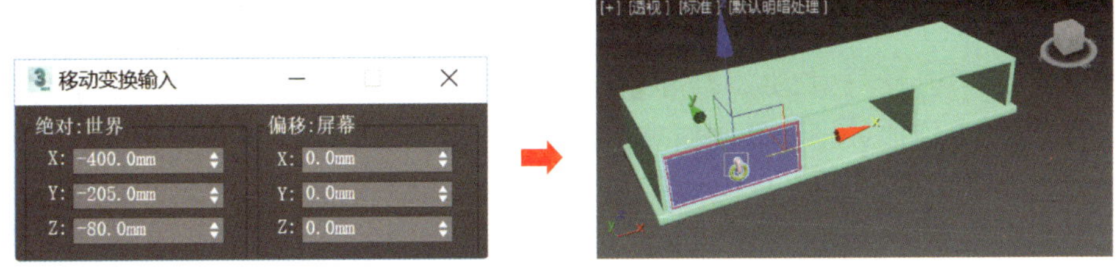

图 2-1-32　设置柜门组的绝对世界坐标

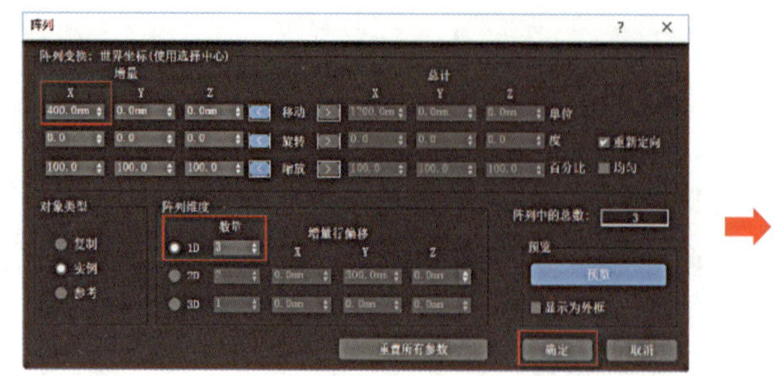

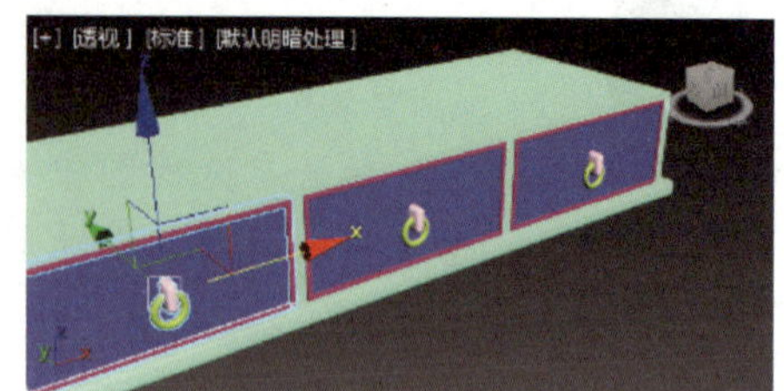

图 2-1-33　阵列 3 组柜门组

3. 制作柜腿

（1）在右侧命令面板中执行“创建”→“几何体”→“扩展基本体”→“切角圆柱体”命令，在透视图中绘制切角圆柱体，参数如图 2-1-34 所示，半径为 30 mm、高度为 -120 mm、圆角为 10 mm。右击“选择并移动”按钮，弹出“移动变换输入”对话框，修改切角圆柱体的绝对世界坐标，*X* 为 -500 mm、*Y* 为 -150 mm、*Z* 为 -175 mm，参数设置及效果如图 2-1-35 所示。

图 2-1-34　切角圆柱体参数

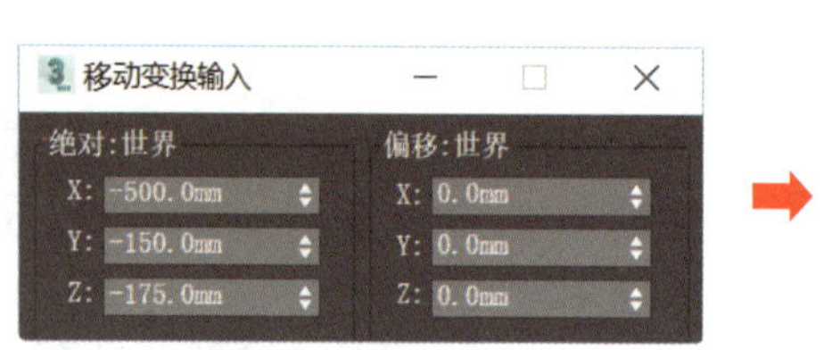

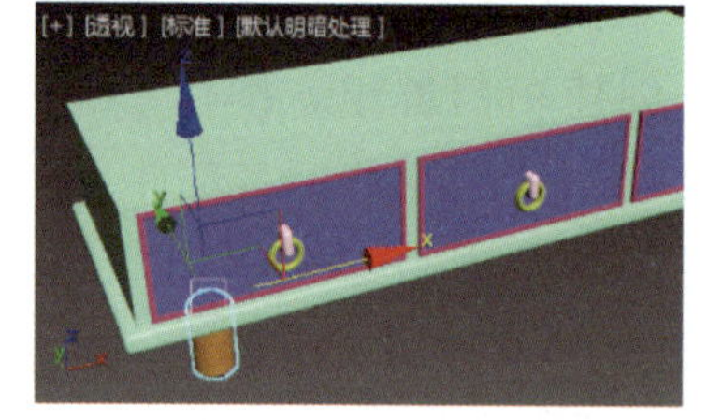

图 2-1-35　设置切角圆柱体绝对世界坐标

（2）执行“创建”→“几何体”→“标准基本体”→“球体”命令，在透视图中绘制球体，参数如图 2-1-36 所示，半径为 50 mm。右击“选择并均匀缩放”按钮，弹出“缩放变换输入”对话框，将球体绝对局部坐标 *Z* 改为 80，如图 2-1-37 所示，并与步骤（1）中的切角圆柱体底部中心对齐，前视图中的效果如图 2-1-38 所示。

（3）单击“选择并移动”按钮，在透视图中按住“Shift”键并向上拖拽 *Z* 轴，复制新球体，在“修改”面板中修改半球参数为 0.53，如图 2-1-39 所示。对此半球进行镜像操作（镜像轴为 *Z*、不克隆）并与步骤（1）中的切角圆柱体顶部中心对齐，参数设置及最终效果如图 2-1-40 所示。

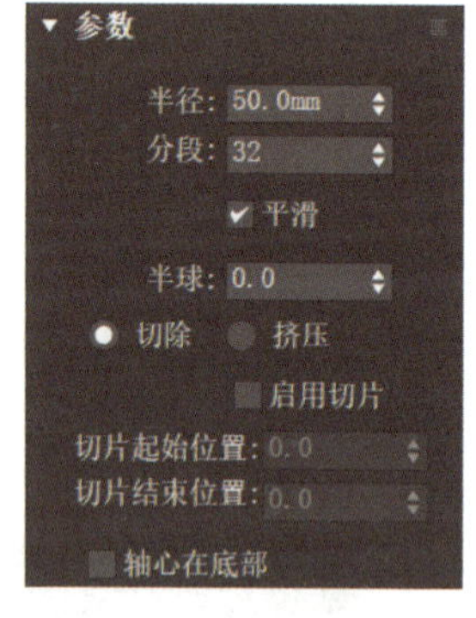

图 2-1-36　球体参数

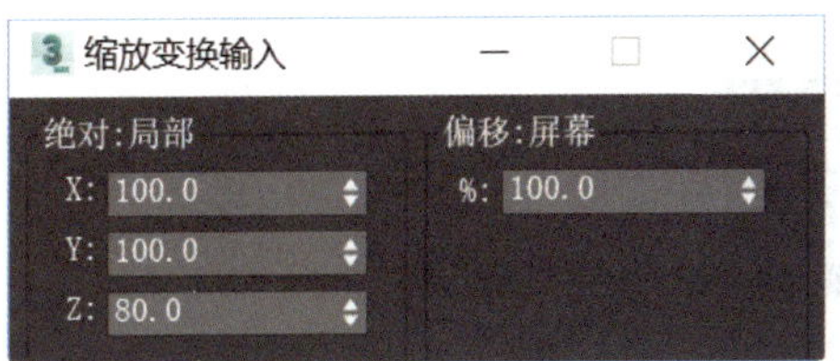

图 2-1-37 缩放球体

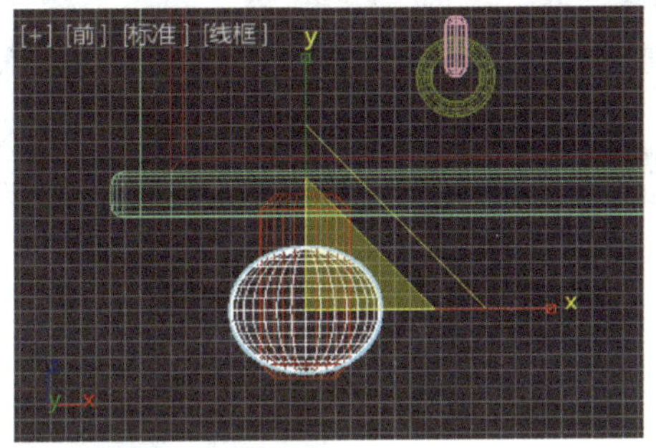

图 2-1-38 缩放并对齐后的效果

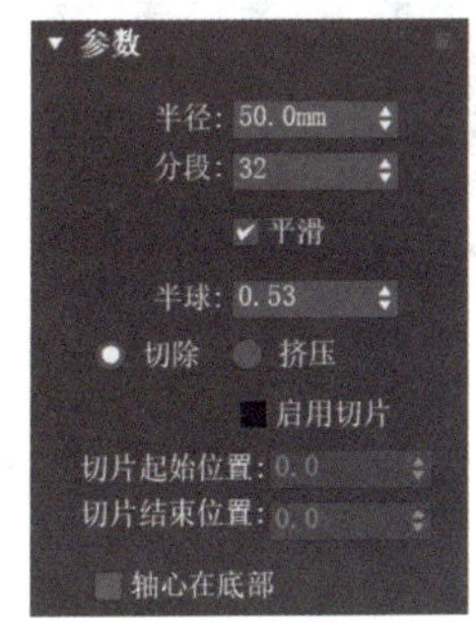

图 2-1-39 半球参数

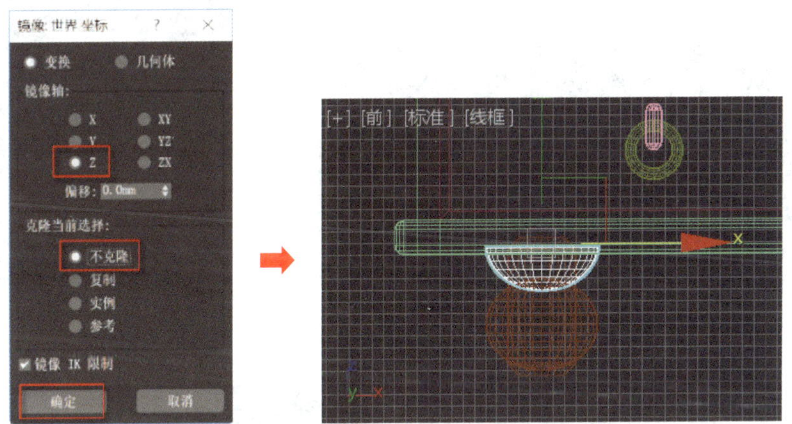

图 2-1-40 镜像并对齐半球

（4）设置群组并创建镜像。在前视图中框选三者（前三步所建），执行“组”→“组...”命令，设置组名为“组 002 柜腿”，单击“确定”按钮。执行“工具”→“镜像...”命令，弹出“镜像：屏幕坐标”对话框，设置镜像轴为 *X*、偏移距离为 1 000 mm，选择“复制”单选按钮，单击“确定”按钮完成镜像的创建。参数设置及最终效果如图 2-1-41 所示。

如图 2-1-42 所示，在前视图中框选两腿，然后在顶视图中执行“镜像”命令，设置镜像轴为 *Y*、偏移距离为 300 mm，选择“复制”单选按钮。最终效果如图 2-1-43 所示。

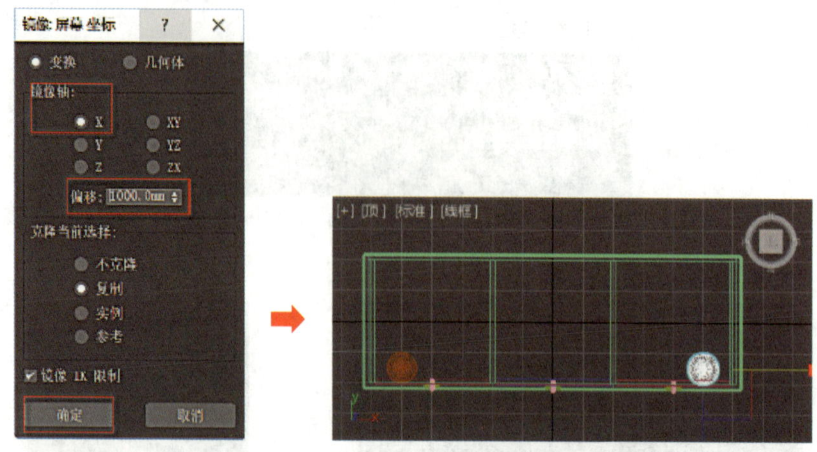

图 2-1-41　创建柜腿组镜像

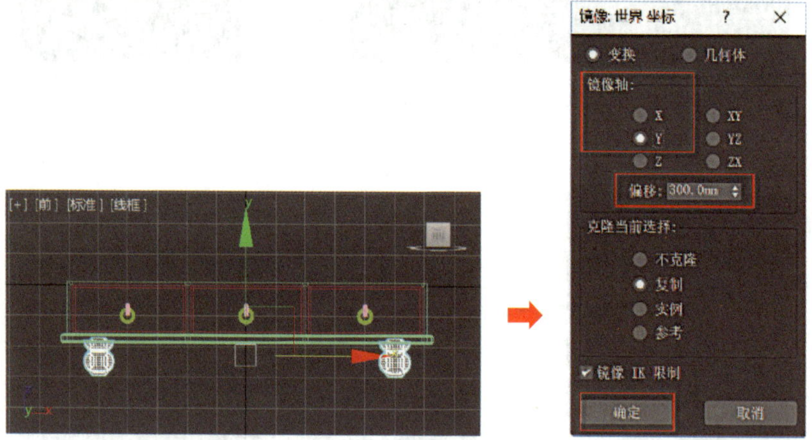

图 2-1-42　再次创建镜像

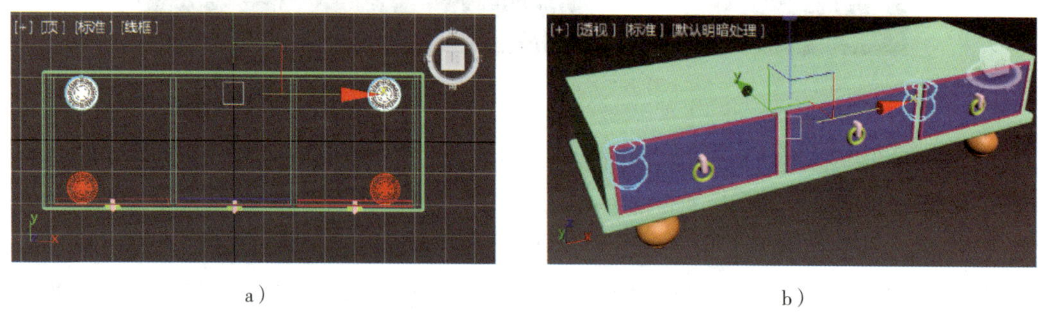

a）　　　　b）

图 2-1-43　创建镜像后效果

a）顶视图效果　b）透视图效果

4. 制作连接柱

（1）创建软管。在“几何体”选项卡中选择“扩展基本体”→“软管”，在透视图中绘制一个自由软管，主要参数设置如图 2-1-44 所示，高度为 200 mm、分段为 51、勾选“启用柔体截面”复选框、起始位置为 10%、结束位置为 100%、周期数为 4、直径为 -15%，“圆形软管”直径为 80 mm、边数为 8。右击“选择并移动”按钮，弹出“移动变换输入”对话框，设置其绝对世界坐标，X 为 -550 mm、Y 为 -150 mm、Z 为 10 mm，参数设置及效果如图 2-1-45 所示。

（2）二维阵列。执行“工具”→“阵列...”命令，弹出“阵列”对话框，设置增量 X 为 367 mm、对象类型为实例、1D 数量为 4、2D 数量为 2、增量行偏移 Y 为 300 mm，单击“确定”按钮完成阵列。参数设置及效果如图 2-1-46 所示。

图 2-1-44　设置软管参数

5. 制作顶部柜体（顶柜）

（1）在主工具栏中单击“按名称选择”按钮，弹出“从场景选择”对话框，选中“Box001”和“Box002”后单击“确定”按钮，然后按住“Shift”键并向上拖拽 Z 轴复制出两个长方体，选择过程及最终效果如图 2-1-47 所示。将复制出的顶柜底板下表面与连接柱上表面对齐；将复制出的顶柜侧板参数改为长度 400 mm、宽度 20 mm、高度 100 mm，并与顶柜底板对齐，参数设置及效果如图 2-1-48 所示。

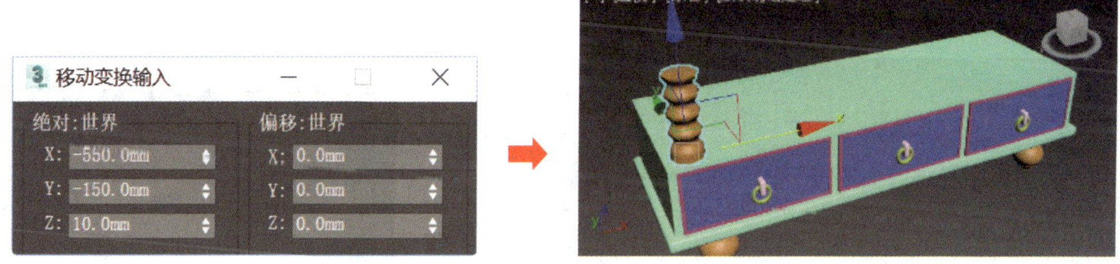

图 2-1-45　设置软管绝对世界坐标

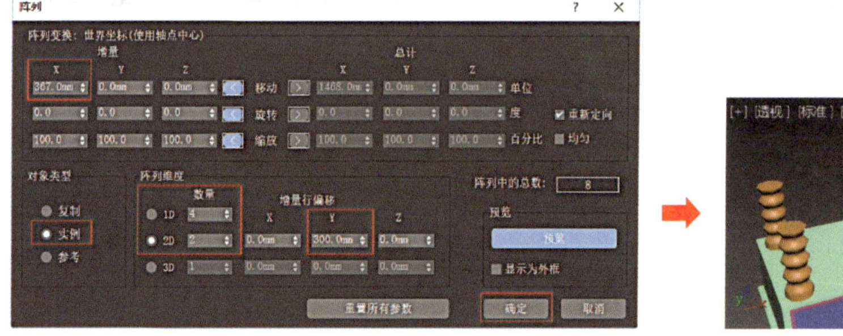

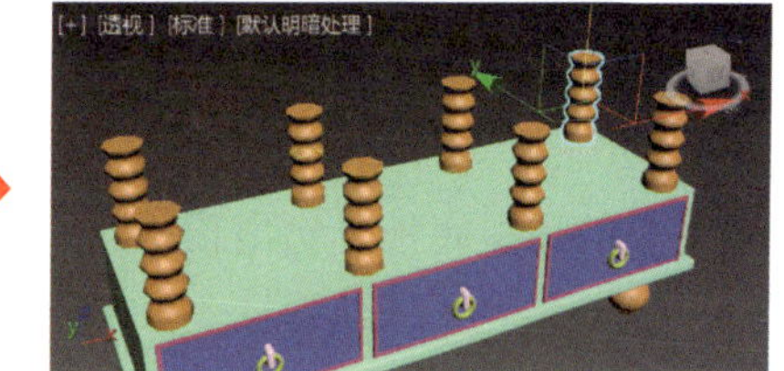

图 2-1-46　二维阵列连接柱

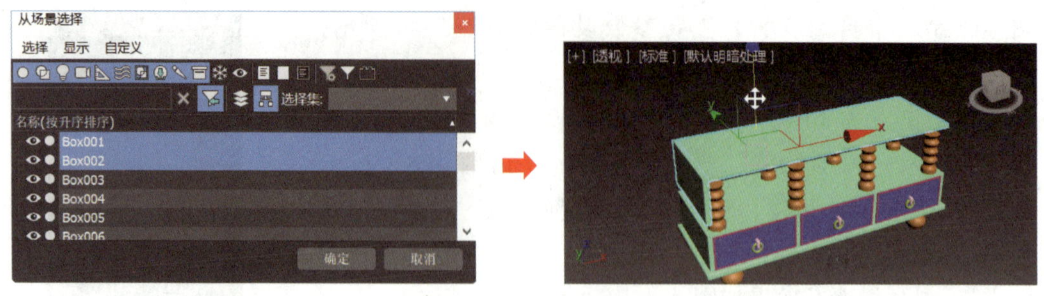

图 2-1-47　选择并移动复制长方体

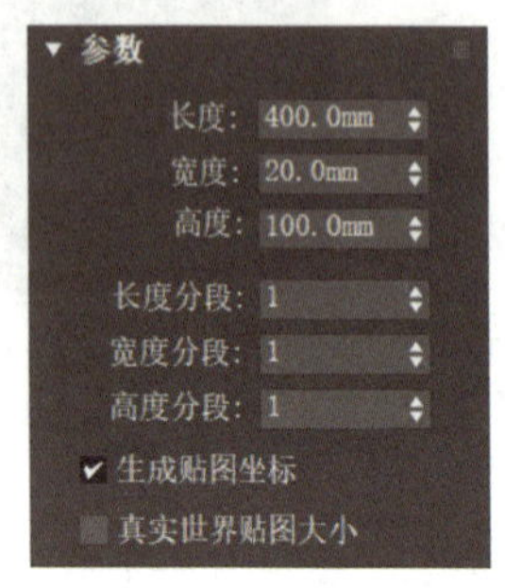

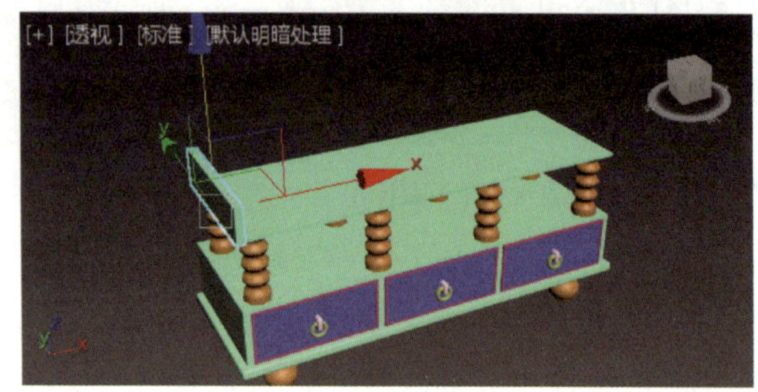

图 2-1-48　设置顶柜侧板参数并对齐

（2）与底部柜体操作相同，将顶柜侧板阵列 5 份，设置增量 *X* 为 300 mm、1D 数量为 5、对象类型为实例，参数设置及效果如图 2-1-49 所示。

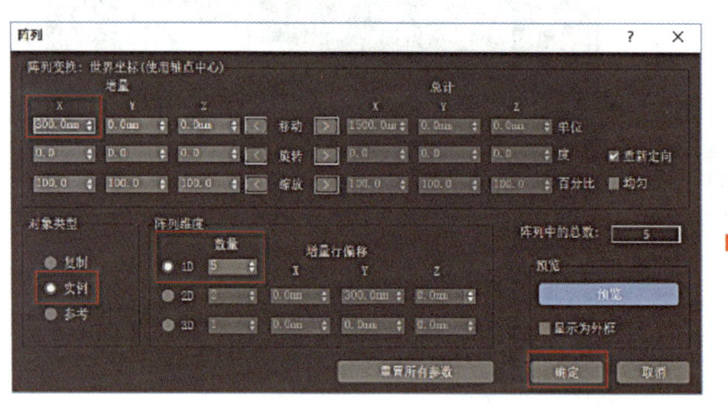

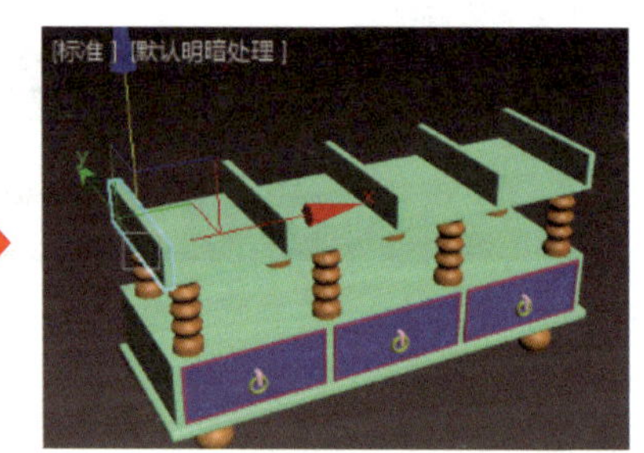

图 2-1-49　阵列 5 份顶柜侧板

（3）选中侧板，用移动复制的方法复制出顶柜背板，参数修改为长度 16 mm、宽度 1 220 mm、高度 100 mm，并与侧板对齐，参数设置及效果如图 2-1-50 所示。用同样大小的顶柜底板复制出顶板，对齐后效果如图 2-1-51 所示。

（4）选中“组 001 柜门”，按住“Shift”键并拖拽 *Z* 轴复制出“组 008 上柜门”，参数设置及效果如图 2-1-52 所示。

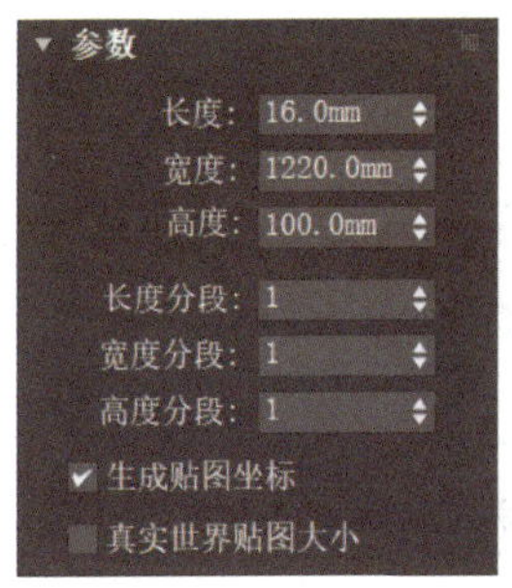

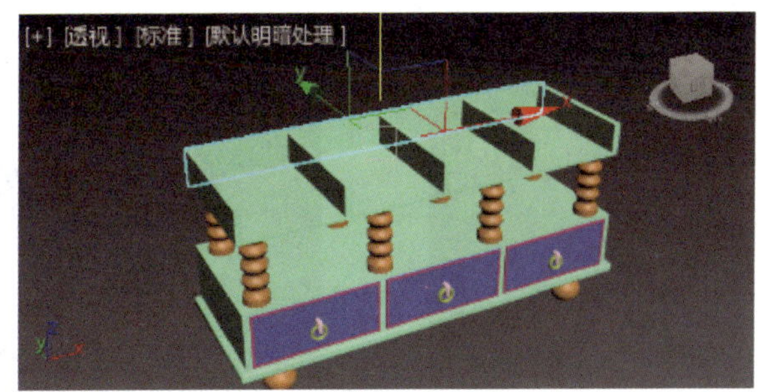

图 2-1-50　复制出背板，修改其参数并对齐

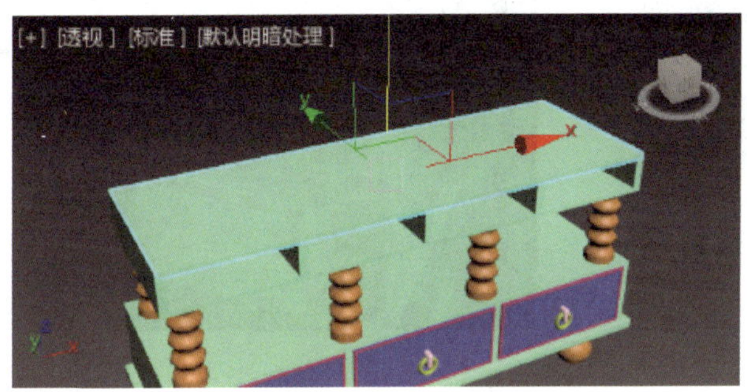

图 2-1-51　复制出顶板并对齐

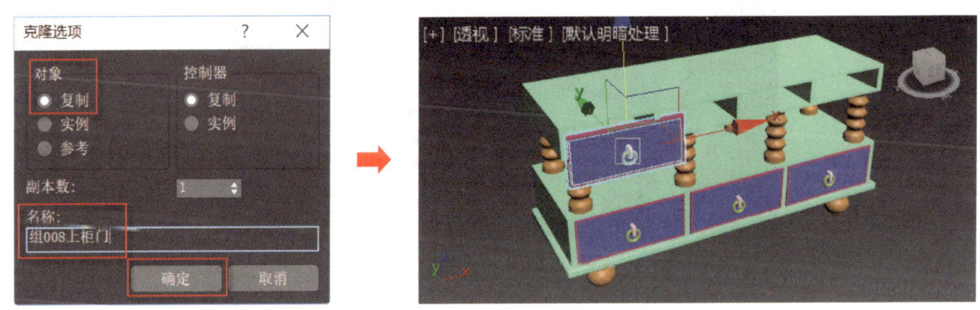

图 2-1-52　移动复制出“组 008 上柜门”

（5）对“组 008 上柜门”执行“组”→“解组...”命令，然后将长方体参数改为长度 16 mm、宽度 280 mm、高度 80 mm，参数设置及效果如图 2-1-53 所示。将两个 L-Ext 参数均改为侧面长度 -80 mm、前面长度 280 mm，其余参数不变，参数设置及效果如图 2-1-54 所示。将长方体和两个 L-Ext 对齐并重新组合为“组 008 上柜门”，效果如图 2-1-55 所示。阵列出另外 3 个柜门，设置增量 X 为 300 mm、1D 数量为 4，参数设置及效果如图 2-1-56 所示。

（6）用移动复制的方法复制出顶柜台面，并将其底面与顶柜顶面对齐，如图 2-1-57 所示。

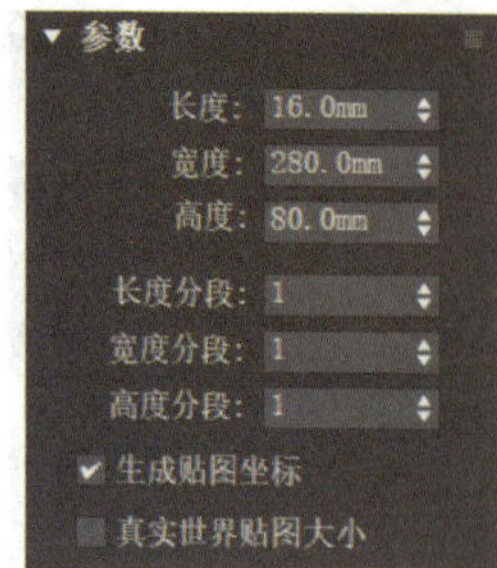

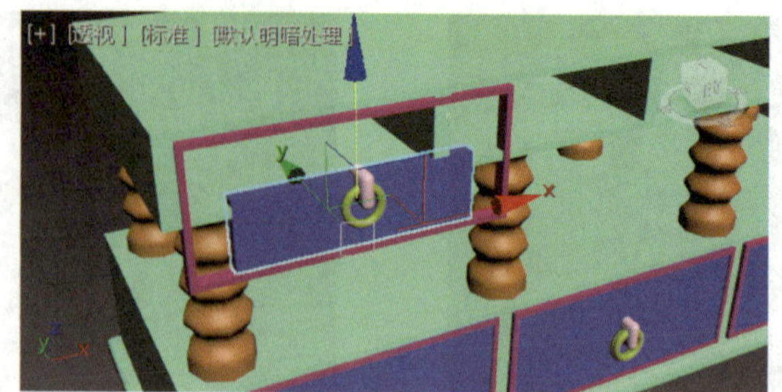

图 2-1-53　解组并修改参数

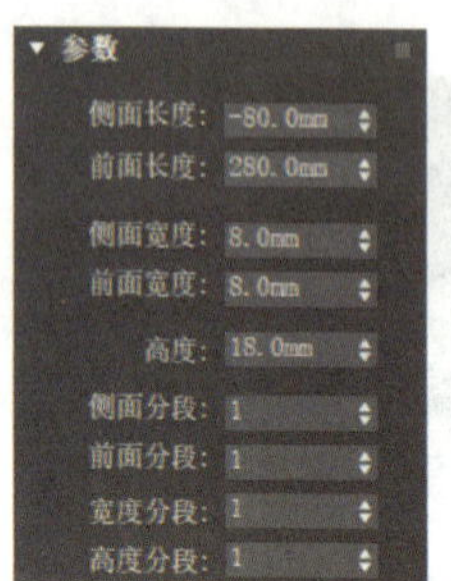

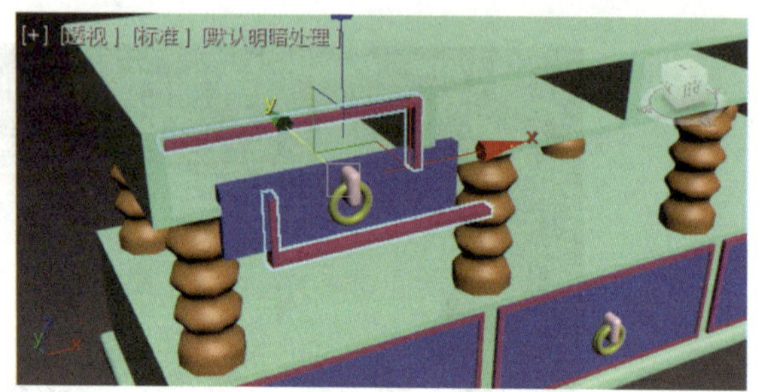

图 2-1-54　修改 L-Ext 参数

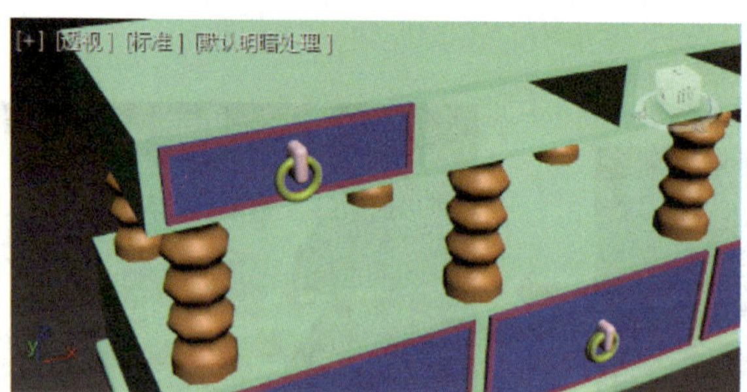

图 2-1-55　对齐并组合

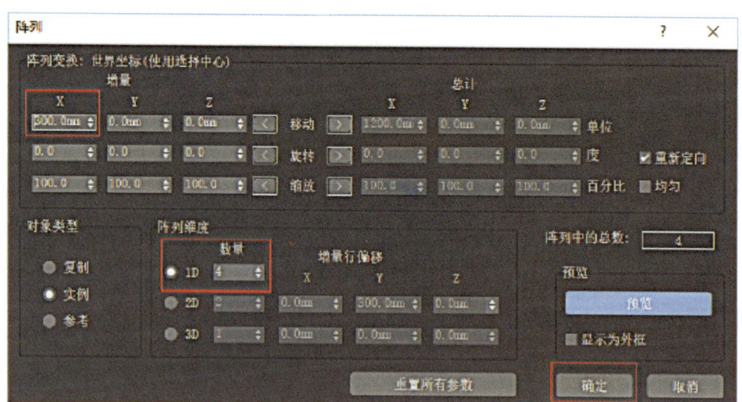

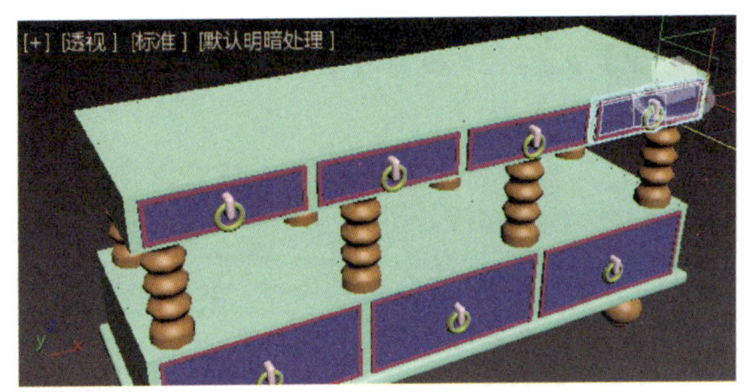

图 2-1-56　阵列柜门

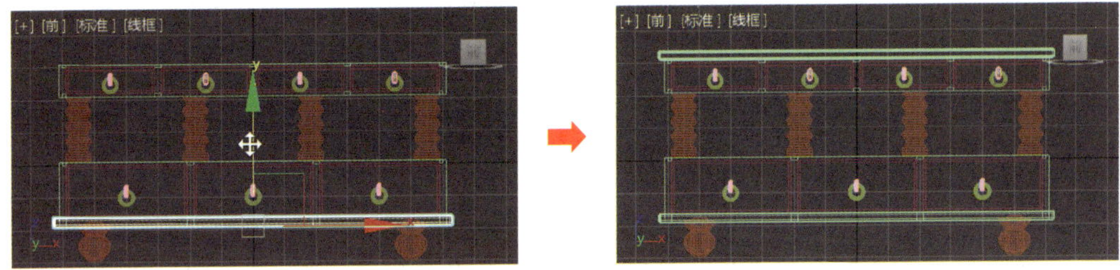

图 2-1-57　移动复制出顶柜台面并对齐

6. 改色调整

按“Ctrl+A”组合键全选柜体，将整体改色，执行“组”→“解组…”命令，将不同部位改成相应颜色，效果如图 2-1-58 所示。

图 2-1-58　改色调整后的效果

三、保存、导出模型

保存并导出文件，为打印做准备。

任务 2　绘制吉他形轮廓

1. 能独立创建各样条线和扩展样条线，叙述样条线的参数含义。
2. 能熟练使用样条线编辑复杂线框对象。
3. 能描述矢量图形（AI 或 DWG 格式）导入 3ds Max 2022 中的应用。
4. 能将线框图形转化为可打印的实体对象。

完成如图 2-2-1 所示吉他形轮廓的绘制。通过对“线”“圆”和“矩形”等样条线的创建、附加、修剪、渲染等操作，完成吉他形轮廓中各样条线的创建、编辑。

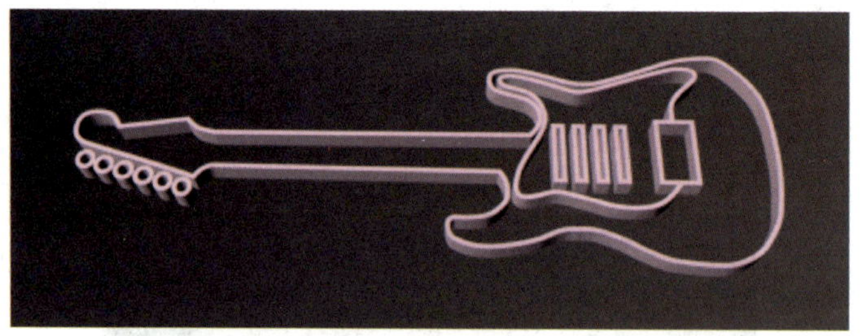

图 2-2-1　吉他形轮廓

一、样条线图形的用途

1. 作为平面和线条对象，直接渲染成参数化实体对象输出打印。
2. 作为放样对象的路径和截面图形，完成放样操作。
3. 作为“挤出”“车削”等修改器建模的截面图形。
4. 作为运动对象的运动路径，也就是对象的运动轨迹。

二、二维图形的创建

内置样条线模型是 3ds Max 2022 自带的图形对象，用户可以直接调用这些对象，对其参数进行设置或修改，编辑成所需形状。内置样条线模型的创建命令位于右侧命令面板中的“创建”→“图形”选项卡中，图 2–2–2 所示为“样条线”菜单和“扩展样条线”菜单中的“对象类型”卷展栏。

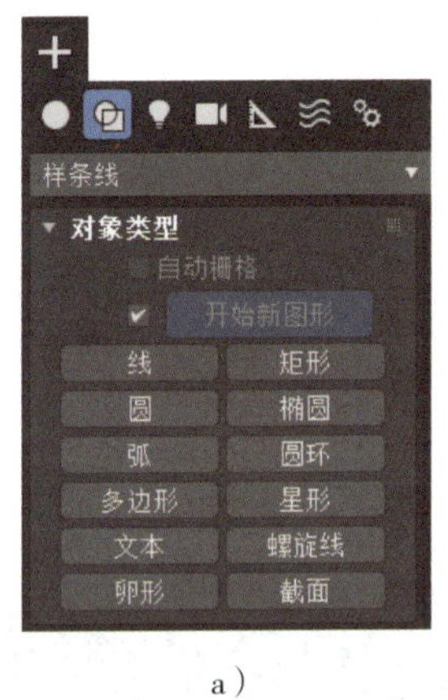

a）

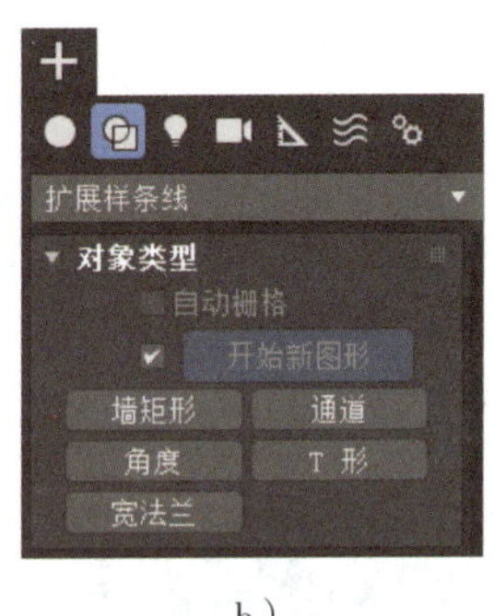

b）

图 2-2-2　“样条线”菜单和“扩展样条线”菜单的“对象类型”卷展栏
a）“样条线”菜单　b）“扩展样条线”菜单

“开始新图形”复选框默认为勾选状态，表示每创建一条曲线都作为一个新的独立对象；如果取消勾选，那么创建的多条曲线都将作为一个对象对待。

1. 创建样条线

样条线包括 12 种对象类型，分别是线、圆、弧、多边形、文本、卵形、矩形、椭圆、圆环、星形、螺旋线和截面。

（1）“线”样条线。“线”是最常用的一种样条线，其使用方法灵活，顶点类型可线性可平滑，3 点以上图线框可以开放也可以闭合。用“线”工具绘制线条时，可直接在视图中单击鼠标并移动绘制直线，也可按住鼠标左键同时拖动鼠标绘制平滑的曲线，还可配合“Shift”键绘制与平面坐标轴平行的直线。绘图时可在视图中单击鼠标来确定目标点，也可以通过输入目标点的世界坐标来确定目标点。如图 2–2–3 所示，将世界坐标值输入后单击“添加点”按钮，依次添加所绘制样条线的顶点，最后单击“完成”按钮结束绘制。

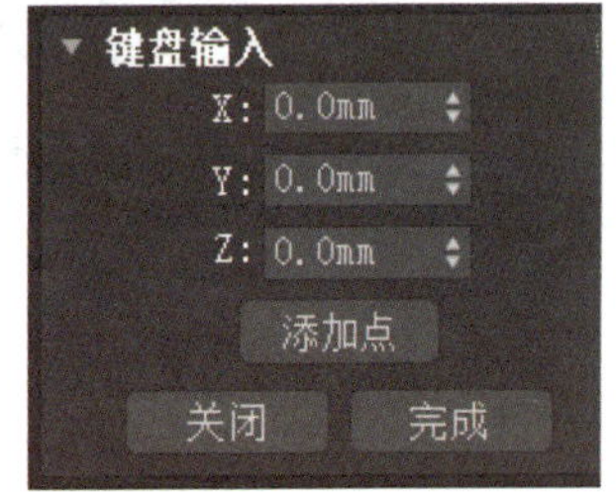

图 2-2-3　通过键盘添加世界坐标点

线段的顶点类型有以下 4 种：

1）角点。产生一个尖端，样条线在顶点的任意一边都是线性的。

2）平滑。通过顶点产生一条平滑且不可调整的曲线，由顶点的间距来决定曲率的大小。

3）Bezier。贝尔赛曲线，有锁定连续切线控制柄的不可调整的顶点，用于创建平滑曲线，顶点处的曲率由切线控制柄的方向和量级确定。

4）Bezier 角点。有不连续切线控制柄的不可调整的顶点，用于创建锐角转角，线段离开转角时的曲率是由切线控制柄的方向和量级确定的。

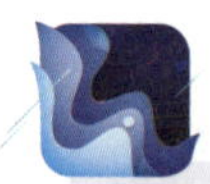

提示

创建线段时，顶点只有角点和平滑两种类型，如图 2-2-4 所示。线段绘制完毕后各顶点类型可以修改，方法为选择右侧命令面板的“修改”→“顶点”子集，右击要更改的目标点，在弹出的菜单中选择要更改的类型，如图 2-2-5 所示。

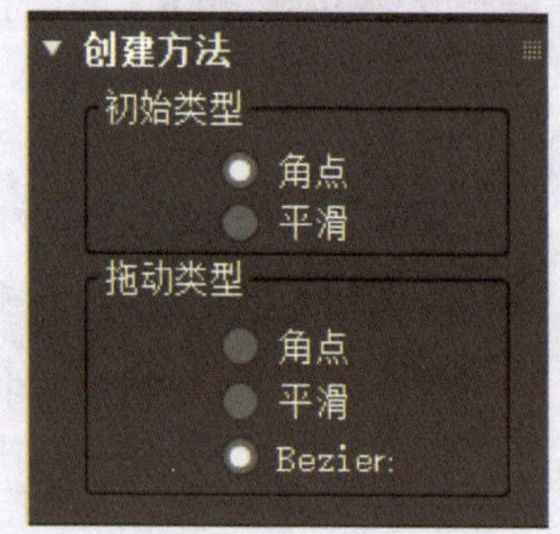

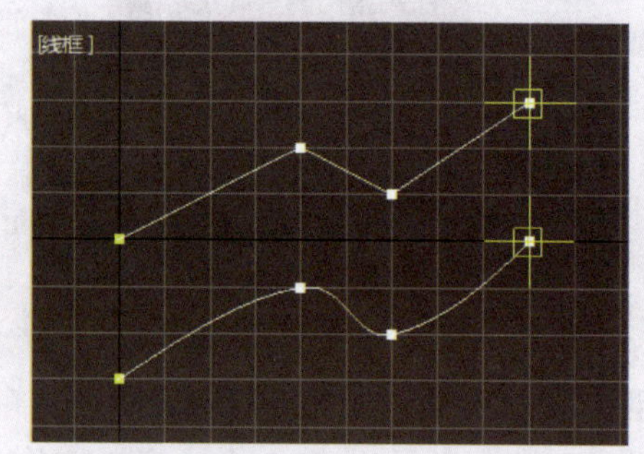

图 2-2-4　两种不同类型的顶点

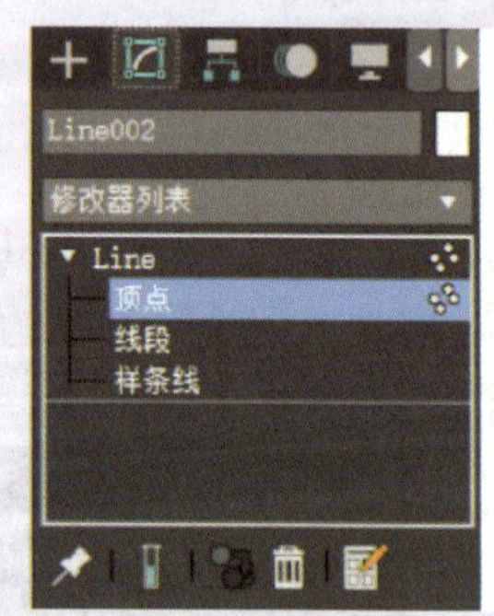

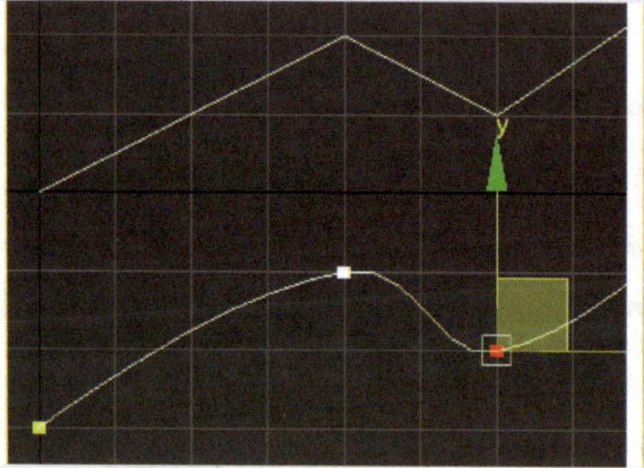
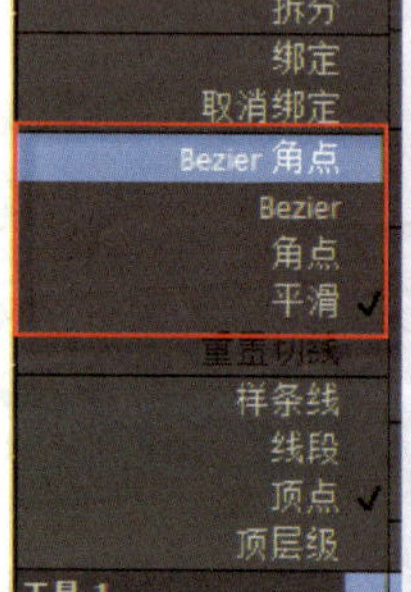

图 2-2-5　顶点可切换类型

（2）其余 11 种样条线。其余 11 种样条线参数的对比解析见表 2-2-1。

表 2-2-1　其余 11 种样条线参数的对比解析

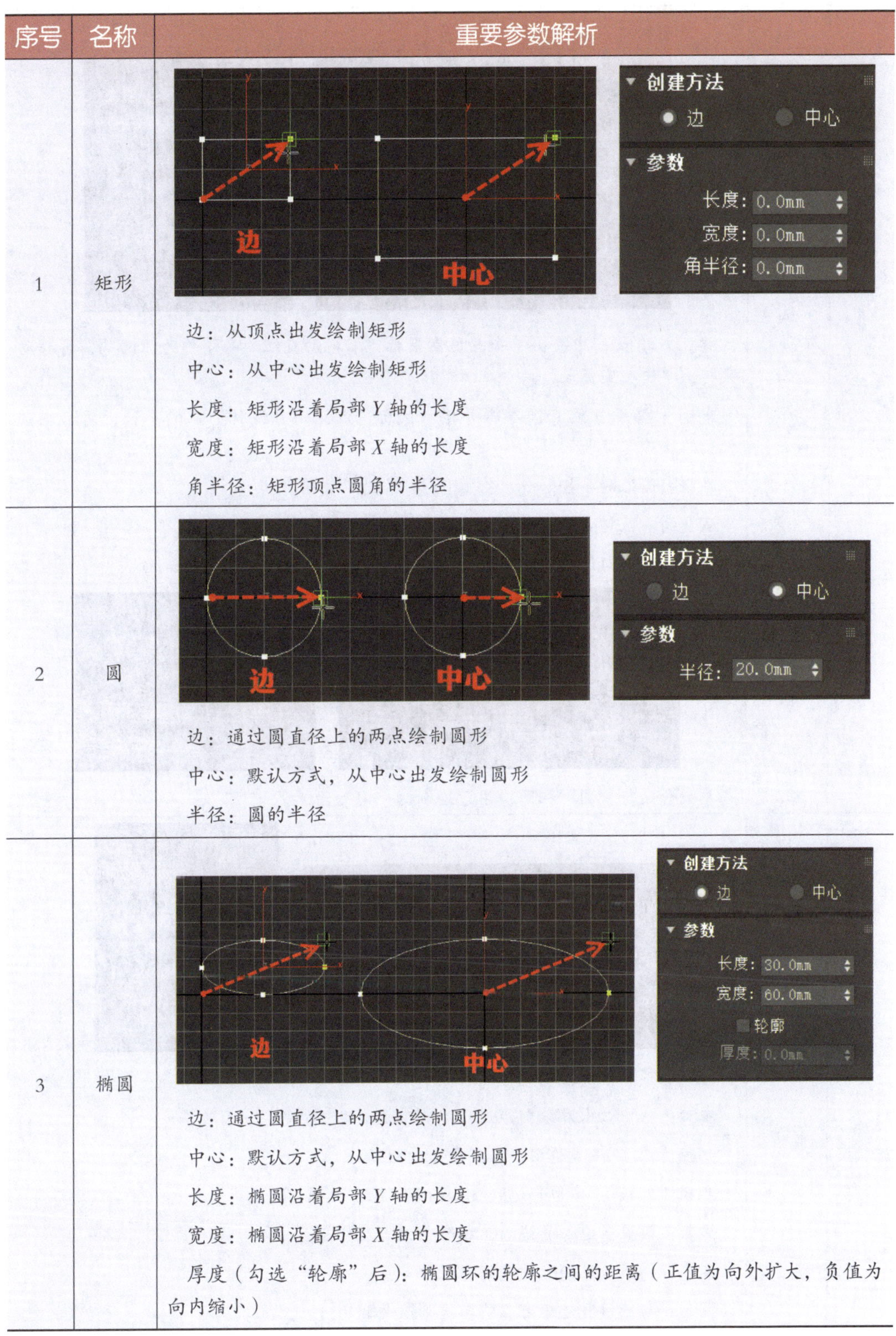

序号	名称	重要参数解析
1	矩形	边：从顶点出发绘制矩形 中心：从中心出发绘制矩形 长度：矩形沿着局部 Y 轴的长度 宽度：矩形沿着局部 X 轴的长度 角半径：矩形顶点圆角的半径
2	圆	边：通过圆直径上的两点绘制圆形 中心：默认方式，从中心出发绘制圆形 半径：圆的半径
3	椭圆	边：通过圆直径上的两点绘制圆形 中心：默认方式，从中心出发绘制圆形 长度：椭圆沿着局部 Y 轴的长度 宽度：椭圆沿着局部 X 轴的长度 厚度（勾选“轮廓”后）：椭圆环的轮廓之间的距离（正值为向外扩大，负值为向内缩小）

续表

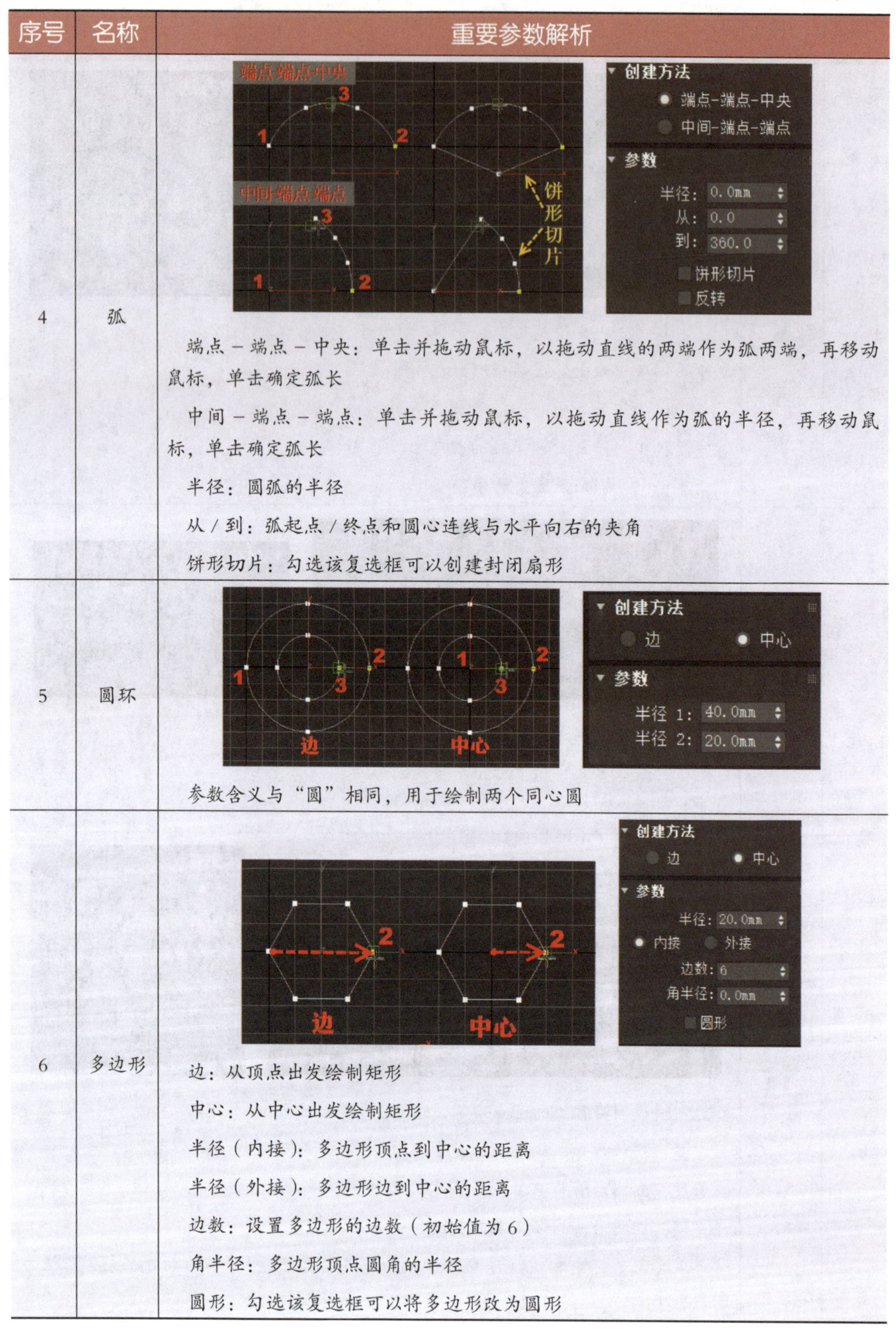

序号	名称	重要参数解析
4	弧	端点－端点－中央：单击并拖动鼠标，以拖动直线的两端作为弧两端，再移动鼠标，单击确定弧长 中间－端点－端点：单击并拖动鼠标，以拖动直线作为弧的半径，再移动鼠标，单击确定弧长 半径：圆弧的半径 从／到：弧起点／终点和圆心连线与水平向右的夹角 饼形切片：勾选该复选框可以创建封闭扇形
5	圆环	参数含义与“圆”相同，用于绘制两个同心圆
6	多边形	边：从顶点出发绘制矩形 中心：从中心出发绘制矩形 半径（内接）：多边形顶点到中心的距离 半径（外接）：多边形边到中心的距离 边数：设置多边形的边数（初始值为 6） 角半径：多边形顶点圆角的半径 圆形：勾选该复选框可以将多边形改为圆形

续表

序号	名称	重要参数解析
7	星形	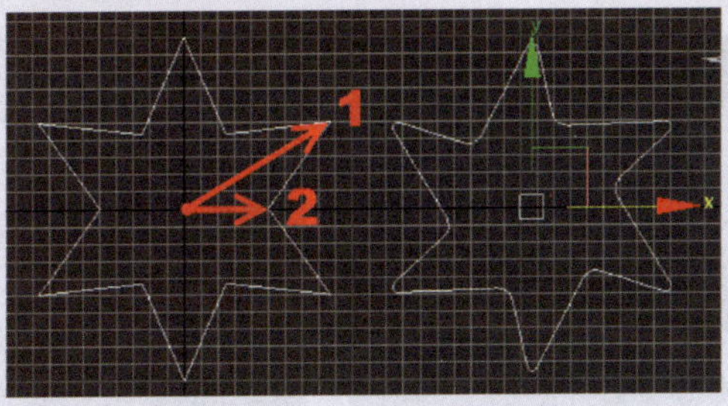1 2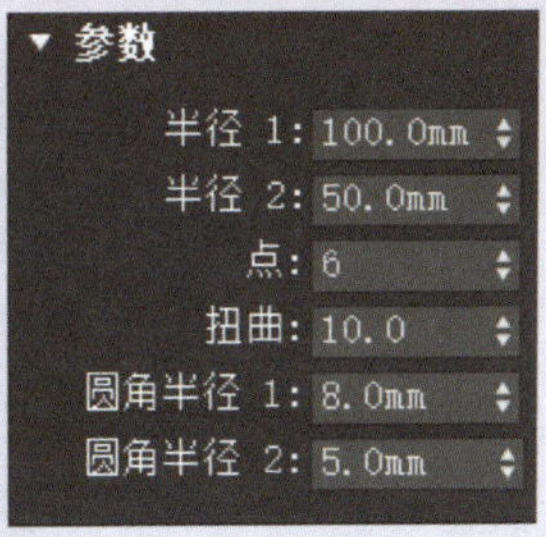参数 半径 1: 100.0mm 半径 2: 50.0mm 点: 6 扭曲: 10.0 圆角半径 1: 8.0mm 圆角半径 2: 5.0mm 半径 1：外圈点（点 1）到中心的距离 半径 2：内圈点（点 2）到中心的距离 点：尖角个数 扭曲：内圈点绕中心逆时针旋转的角度 圆角半径 1：外圈点处的圆角半径 圆角半径 2：内圈点处的圆角半径
8	文本	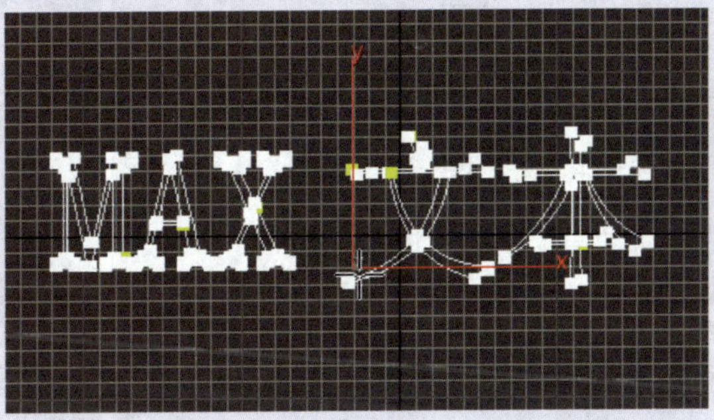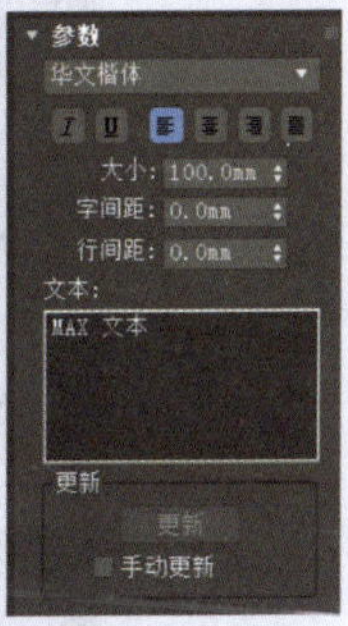参数 华文楷体 大小: 100.0mm 字间距: 0.0mm 行间距: 0.0mm 文本: MAX 文本 更新 更新 手动更新 选择文本后，单击鼠标即可直接生成文字外框图形 可以在“参数”卷展栏中调整文字的字体、大小、字间距和行间距等参数
9	螺旋线	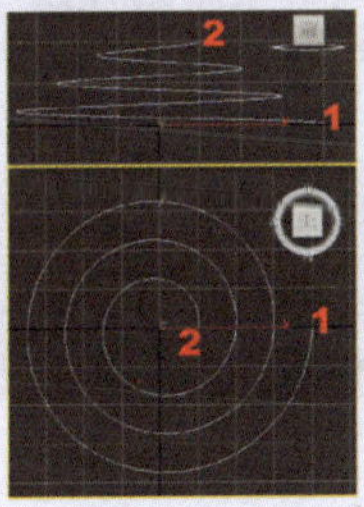2 1 2 1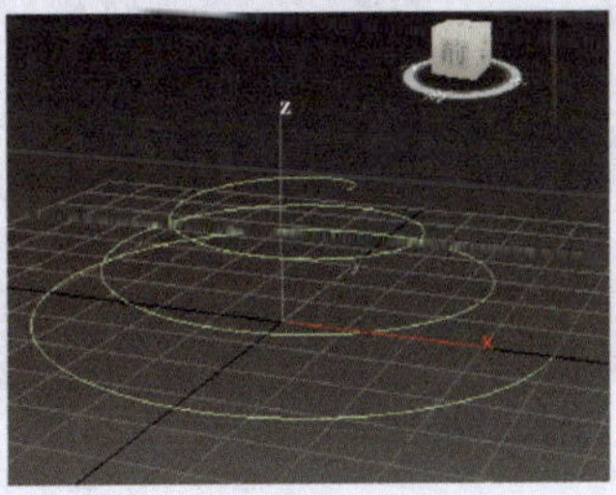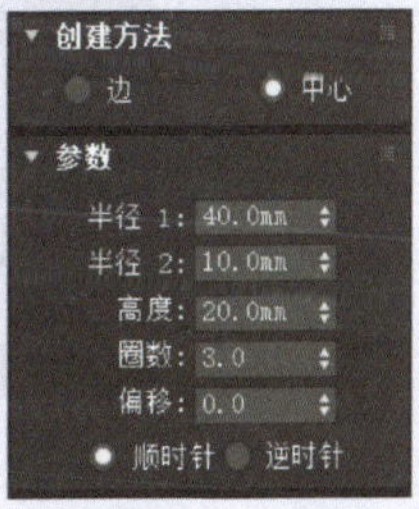创建方法 边 中心 参数 半径 1: 40.0mm 半径 2: 10.0mm 高度: 20.0mm 圈数: 3.0 偏移: 0.0 顺时针 逆时针 边 / 中心：含义与“圆”类似 半径 1：水平面上起点（点 1）的半径 半径 2：水平面上终点（点 2）的半径 高度：起点到终点抬升的高度 圈数：起点到终点的圈数 偏移：向一侧收缩的程度（−0.1～0.1）

续表

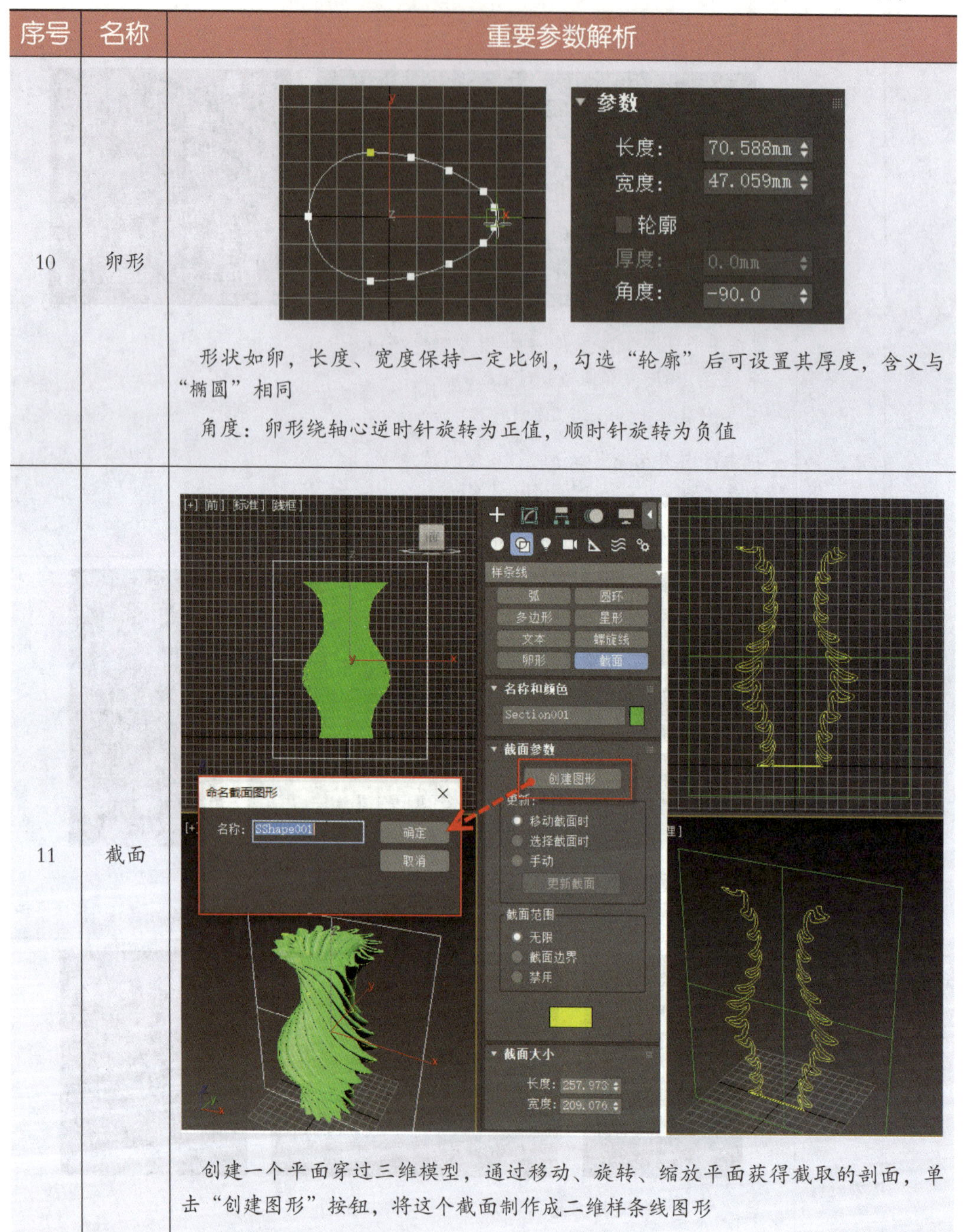

序号	名称	重要参数解析
10	卵形	形状如卵，长度、宽度保持一定比例，勾选“轮廓”后可设置其厚度，含义与“椭圆”相同 角度：卵形绕轴心逆时针旋转为正值，顺时针旋转为负值
11	截面	创建一个平面穿过三维模型，通过移动、旋转、缩放平面获得截取的剖面，单击“创建图形”按钮，将这个截面制作成二维样条线图形

2. 创建扩展样条线

扩展样条线包括 5 种对象类型，分别是墙矩形、通道、角度、T 形和宽法兰。各扩展样条线参数的对比解析见表 2-2-2。

表 2-2-2　扩展样条线参数的对比解析

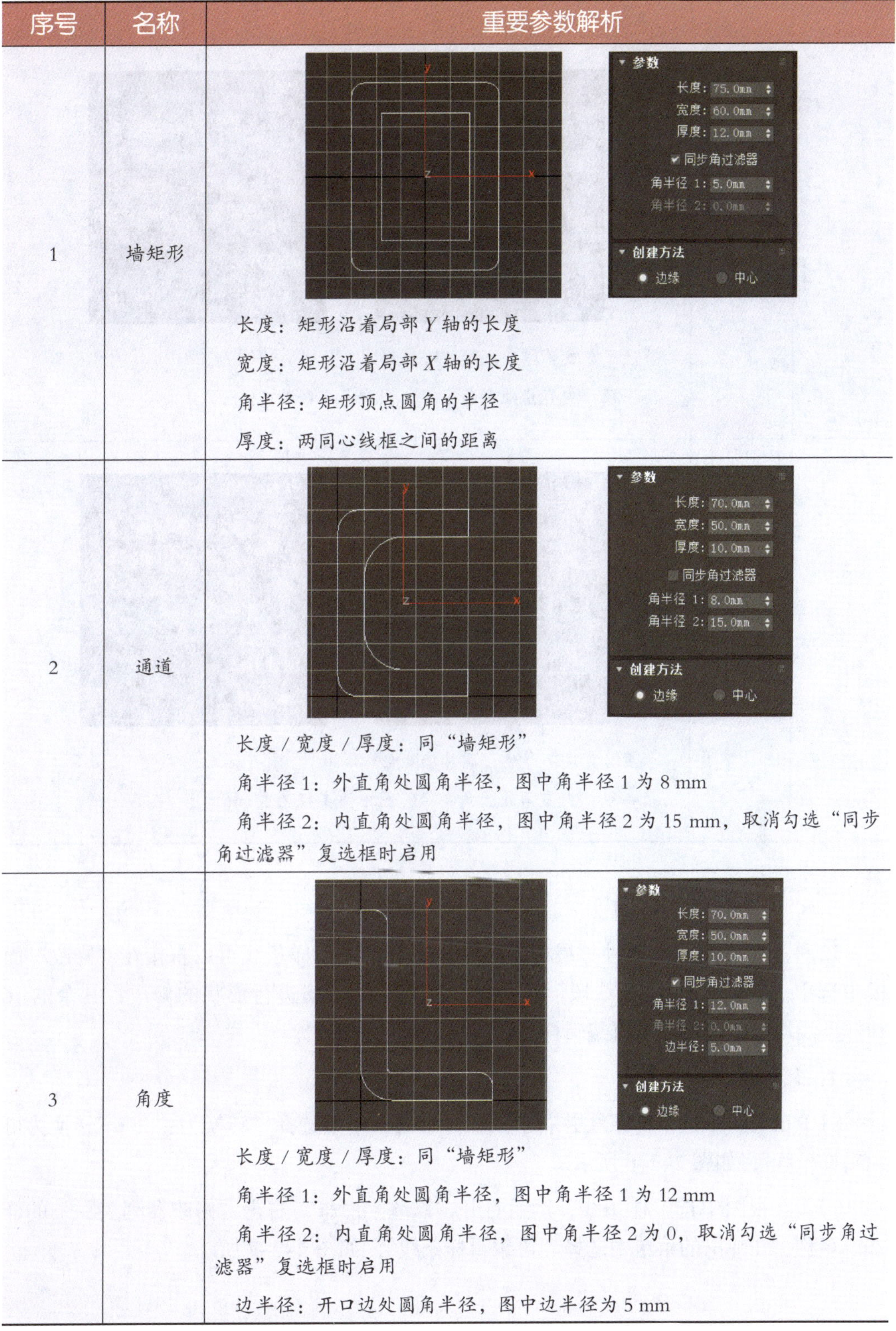

序号	名称	重要参数解析
1	墙矩形	长度：矩形沿着局部 Y 轴的长度 宽度：矩形沿着局部 X 轴的长度 角半径：矩形顶点圆角的半径 厚度：两同心线框之间的距离
2	通道	长度 / 宽度 / 厚度：同“墙矩形” 角半径 1：外直角处圆角半径，图中角半径 1 为 8 mm 角半径 2：内直角处圆角半径，图中角半径 2 为 15 mm，取消勾选“同步角过滤器”复选框时启用
3	角度	长度 / 宽度 / 厚度：同“墙矩形” 角半径 1：外直角处圆角半径，图中角半径 1 为 12 mm 角半径 2：内直角处圆角半径，图中角半径 2 为 0，取消勾选“同步角过滤器”复选框时启用 边半径：开口边处圆角半径，图中边半径为 5 mm

续表

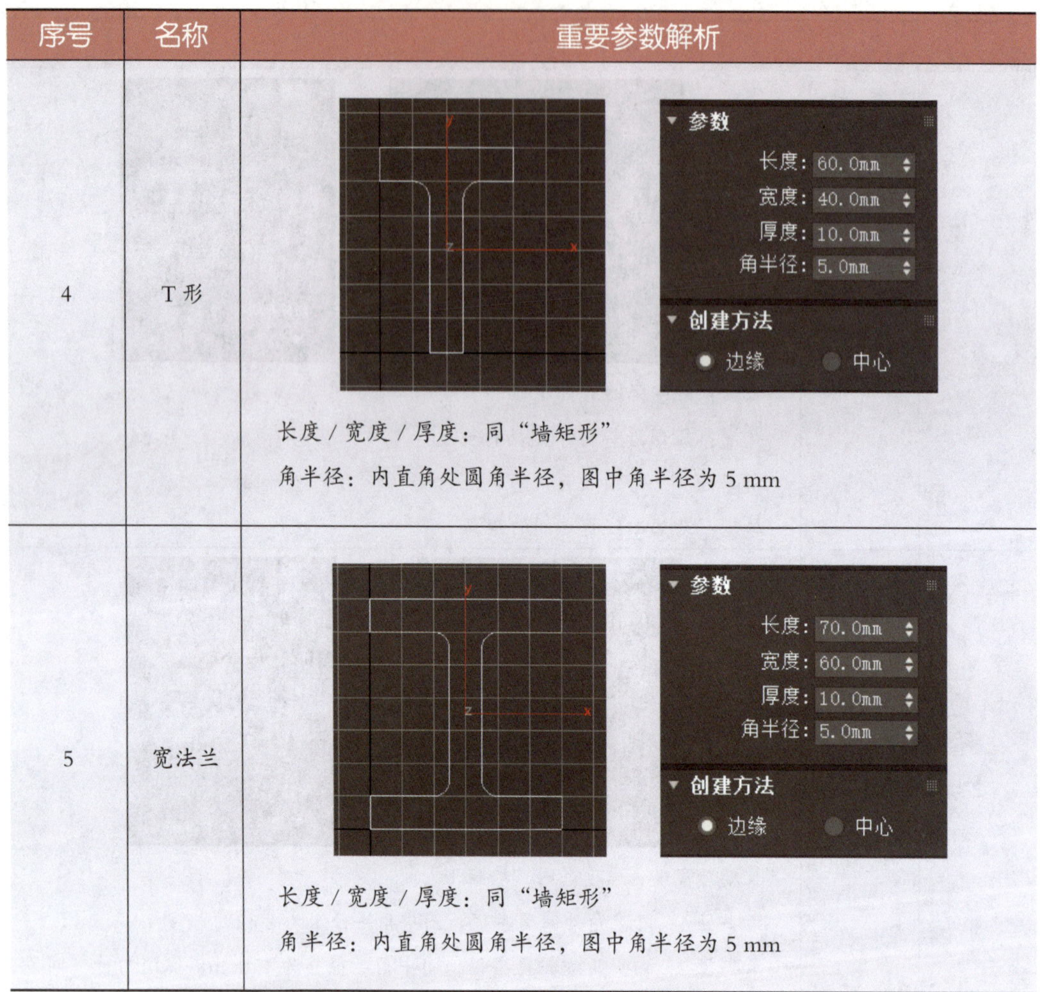

序号	名称	重要参数解析
4	T 形	长度 / 宽度 / 厚度：同“墙矩形” 角半径：内直角处圆角半径，图中角半径为 5 mm
5	宽法兰	长度 / 宽度 / 厚度：同“墙矩形” 角半径：内直角处圆角半径，图中角半径为 5 mm

三、样条线的编辑

12 种基本样条线和 5 种扩展样条线中，只有“线”样条线可以直接在“修改”面板中选中“顶点”子集、“线段”子集和“样条线”子集进行形状的修改，其余的 16 种样条线均需要转换成“可编辑样条线”后才能进行编辑。

1. 转换方式

（1）在视图中选中样条线并右击，在弹出的菜单中选择“转换为：”→“转换为可编辑样条线”，如图 2-2-6 所示。

（2）在视图中选中样条线，然后打开“修改”面板，右击“修改器列表”下的样条线名称，在弹出的菜单中选择“可编辑样条线”，如图 2-2-7 所示。

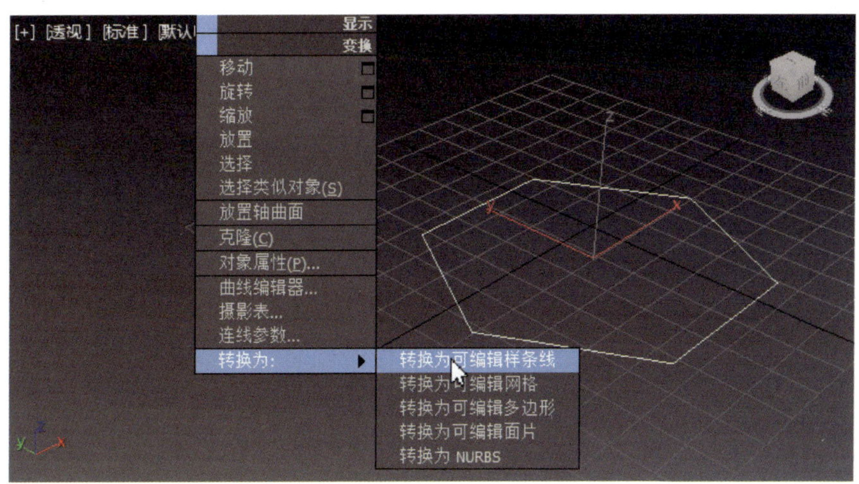

图 2-2-6　视图内转换

2. 编辑“可编辑样条线”

转换为“可编辑样条线”后，原样条线的“参数”卷展栏消失，意味着样条线形状由“参数化”控制变为“可编辑”对象。“可编辑样条线”分为“顶点”“线段”和“样条线”3 个子集，可修改项目在新增的“几何体”卷展栏中，如图 2-2-8 所示。

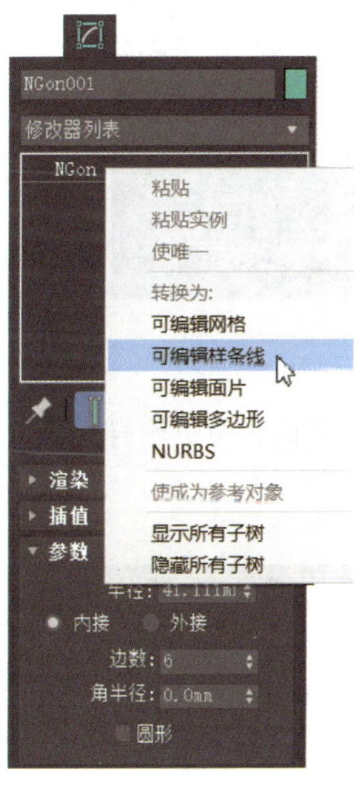

图 2-2-7　修改面板内转换

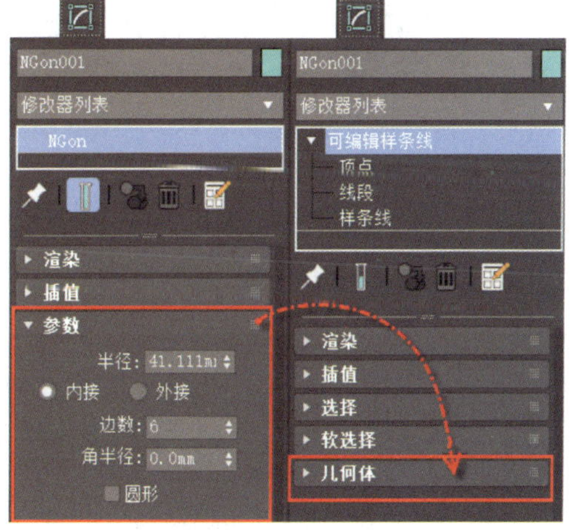

图 2-2-8　转换前后“修改”面板的变化

“几何体”卷展栏中常用的编辑工具如下：

（1）创建线。绘制新的曲线并加入当前曲线中。三种子集状态下均可使用，但如果要创建如图 2-2-9 所示的顶点之间的连接线，就需要在“顶点”子集状态下使用该工具。

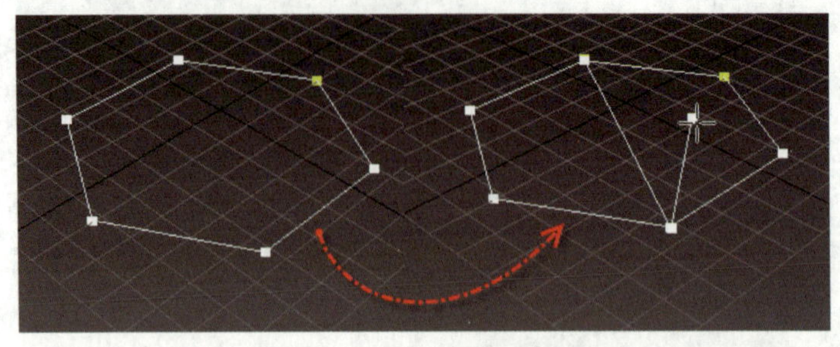

图 2-2-9 创建线

（2）断开。“顶点”子集状态下，框选闭合线框的一对顶点后，使用此工具可将两个点的关联关系取消（“焊接”工具的逆应用）；“线段”子集状态下，可以直接启用此工具，然后将鼠标指针移动到需要断开的线段处单击，此时会强行在单击处增加一对无关联顶点，如图 2-2-10 所示。

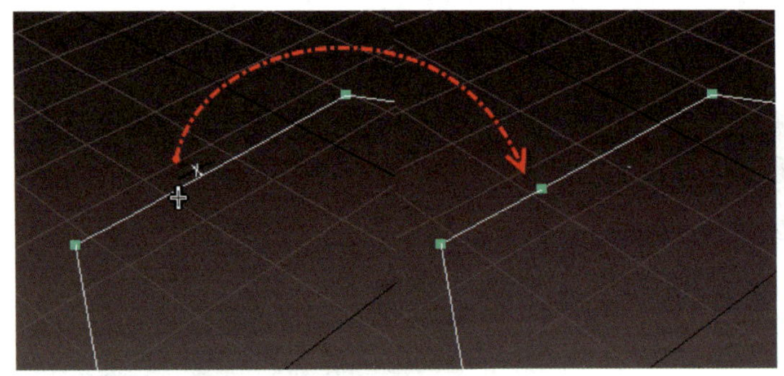

图 2-2-10 为线段添加断开点

（3）附加。“附加”工具可以将不相干的样条线合并到此“可编辑样条线”中进行后续编辑，如图 2-2-11 所示。

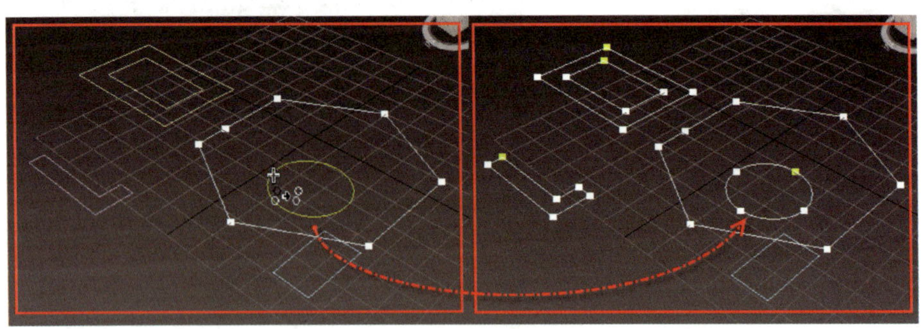

图 2-2-11 依次附加“圆”“墙矩形”和“角度”样条线

（4）焊接。将两个距离相近的点焊接为同一个点，这个距离的阈值可在按钮右侧的文本框中设置（仅在“顶点”子集状态下可用）。

（5）圆角 / 切角。用圆弧 / 直线切开当前顶点两端的线段（仅在“顶点”子集状态下可用）。可选中顶点并在此工具按钮后的文本框内输入阈值，或直接点击阈值文本框后的三角号观察圆角 / 切角状态，改变后的效果如图 2-2-12 所示。

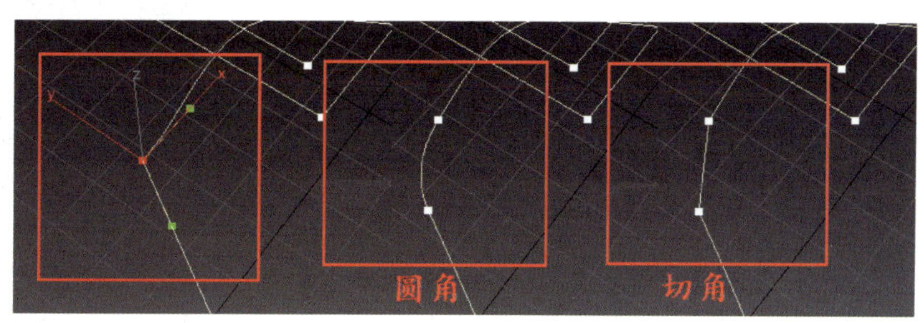

图 2-2-12 圆角 / 切角

（6）延伸 / 修剪。增加 / 剪短样条线沿其走势方向的长度（仅在“样条线”子集状态下可用），未涉及顶点保持不动，延伸 / 修剪处增加新顶点，对比效果如图 2-2-13 所示。需要注意，曲线修剪处的顶点处于非关联状态，需使用“焊接”命令将它们关联。

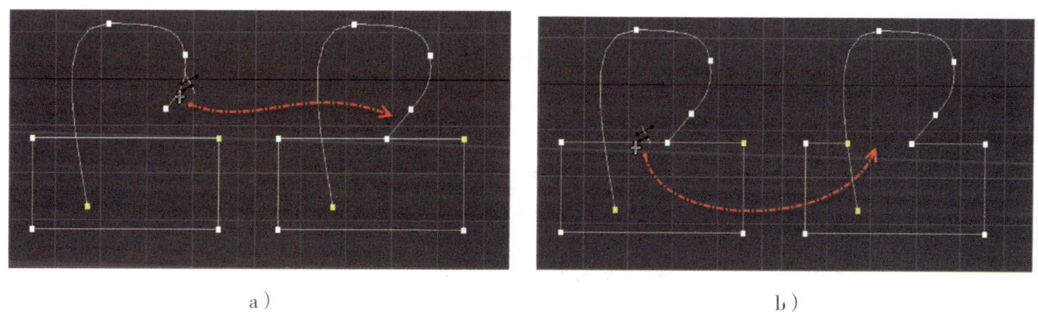

a）　　　　b）

图 2-2-13 延伸 / 修剪

a）延伸 b）修剪

四、样条线渲染建模

1.“渲染”卷展栏

“创建”样条线和“修改”样条线选项卡下均有“渲染”卷展栏，如图 2-2-14 所示。该卷展栏中各选项的含义如下。

（1）在渲染中启用。勾选该复选框后，可以在渲染器中显示图形的 3D 网格渲染效果。

（2）在视口中启用。勾选该复选框后，可以在视口中显示图形的 3D 网格渲染效果。

（3）使用视口设置。勾选该复选框后下面的“视口”单选按钮才可激活。

（4）径向。3D 样条线截面为环形的参数值。

1）厚度。横截面的直径。

2）边。横截面多边形的边数（初始值为 12）。

3）角度。横截面多边形绕其中心平面旋转的角度（初始值为 0）。

（5）矩形。3D 样条线截面为矩形的参数值。

1）长度。沿截面平面 *Y* 轴方向的长度。

2）宽度。沿截面平面 *X* 轴方向的长度。

3）角度。横截面矩形绕其中心平面旋转的角度（初始值为 0）。

4）纵横比。矩形横截面的纵横比，锁定后为恒定不变。

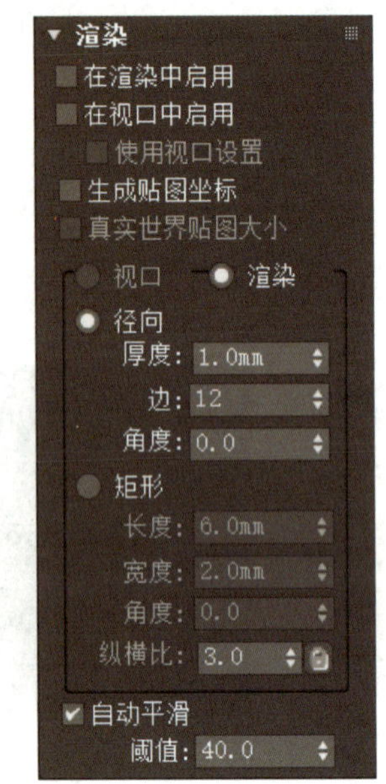

图 2-2-14 “渲染”卷展栏

2. 样条线渲染建模并准备打印

（1）绘制所需样条线图形，勾选“在视口中启用”和“使用视口设置”复选框，选择“视口”单选按钮，设置“径向”或者“矩形”截面参数值，不同参数下样条线图形渲染效果对比见表 2-2-3。

表 2-2-3 样条线图形渲染效果对比

序号	样条线图形渲染效果	参数设置
1	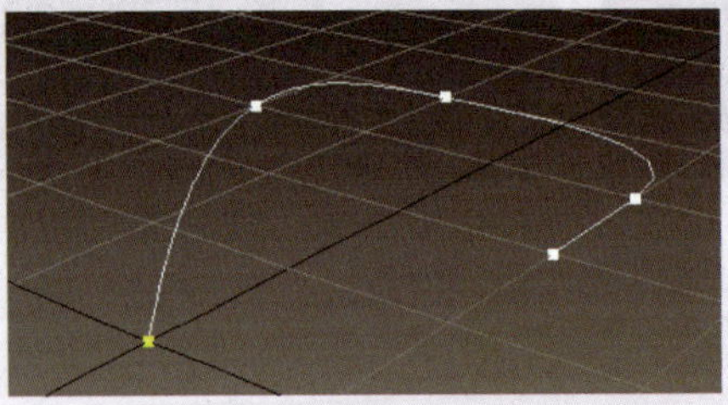	未勾选“在视口中启用”复选框
2	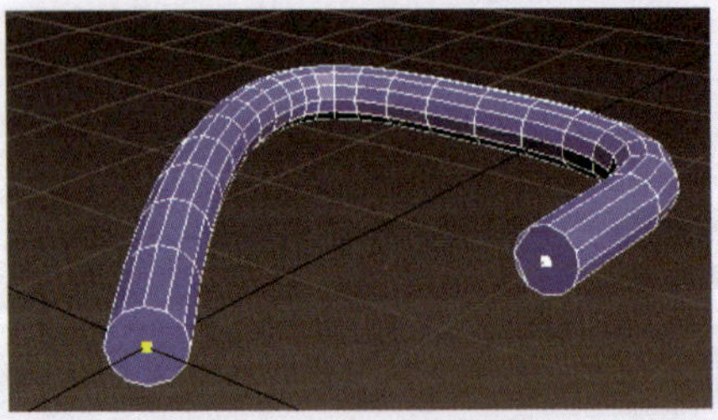	径向： 厚度为 4 mm 边为 12 角度为 0

续表

序号	样条线图形渲染效果	参数设置
3	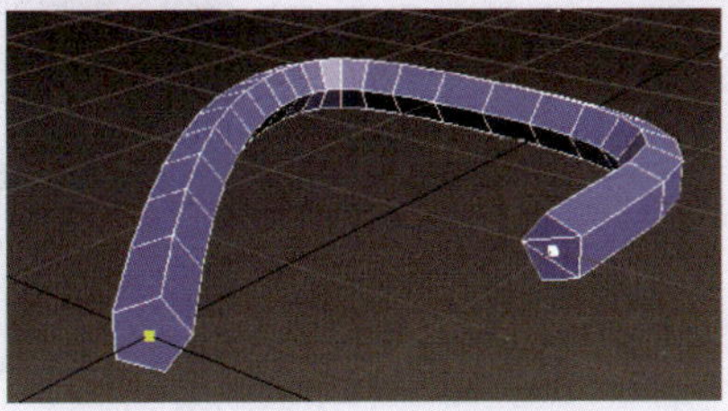	径向： 厚度为 4 mm 边为 5 角度为 0
4	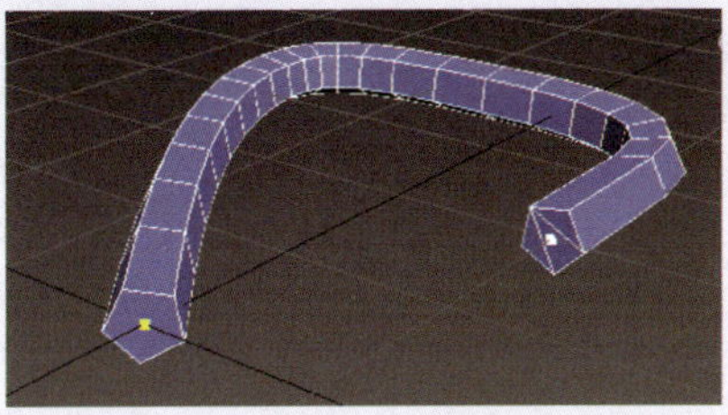	径向： 厚度为 4 mm 边为 5 角度为 45°
5	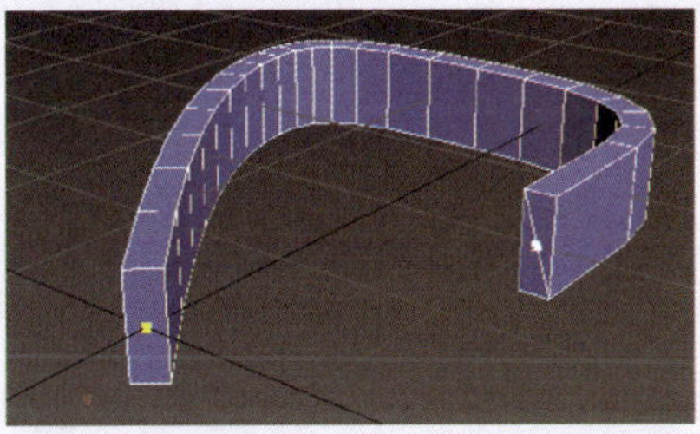	矩形： 长度为 6 mm 宽度为 2 mm 角度为 0
6	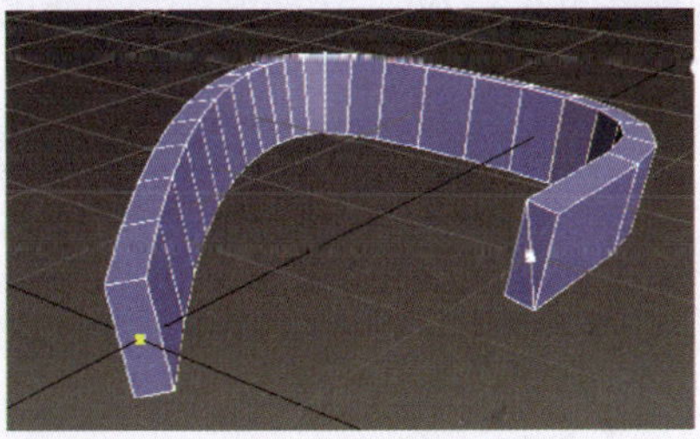	矩形： 长度为 6 mm 宽度为 2 mm 角度为 10°

（2）选中样条线渲染的 3D 实体模型，执行“文件”→“导出”→“导出...”命令，选择保存位置后，输入文件名，设置保存类型为“STL”，单击“保存”按钮，在弹出的“导出 STL 文件”对话框中勾选“仅选定”复选框，最后单击“确定”按钮，如图 2–2–15 所示。

五、二维矢量文件建模

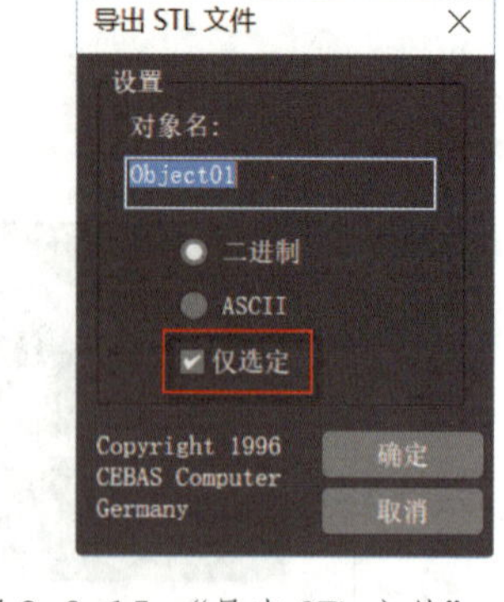

图 2-2-15 “导出 STL 文件”对话框

3ds Max 2022 可以导入 AI 或 DWG 格式的二维矢量图形，这些格式的矢量图形可以由其他软件绘制，这样就可以利用其他行业的二维矢量图形，快速制作适合其行业应用的可打印模型。

建模步骤：

1. 用其他软件绘制二维矢量图形，以 AI 或 DWG 格式存储文件。

2. 打开 3ds Max 2022，直接将 AI 或 DWG 格式文件拖拽到视口中，选择“导入文件”选项。此时，视口内就导入了原文件中的二维矢量图。

3. 通过样条线渲染建模的方式为图形添加截面参数（径向、矩形）。

一、创建文件

打开软件，执行“文件”→“保存”命令，创建新文件并命名；检查文件，单位设置为 mm。

二、导入参考图

1. 打开素材文件夹，右击图片“吉他 .png”，在弹出的菜单中选择“属性”，单击“详细信息”选项卡，获取图片的分辨率（200×600）并做好记录，如图 2-2-16 所示。

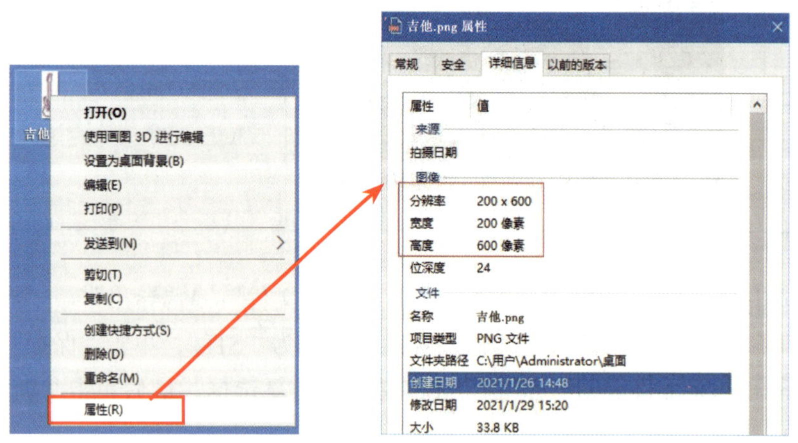

图 2-2-16 获取图片分辨率

2. 打开前面创建的文件，在右侧命令面板的“创建”面板中选择“几何体”选项卡，单击“标准基本体”菜单中的“平面”按钮，在前视图中创建一个平面，将平面的长度和宽度设置为上一步记录的参数值，长度为 600 mm，宽度为 200 mm，如图 2-2-17 所示。

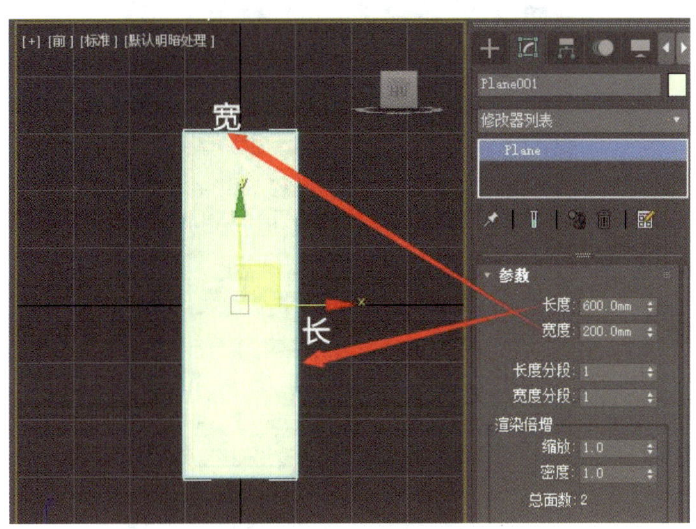

图 2-2-17　创建平面

3. 如图 2-2-18 所示，选择参考图片“吉他 .png”，并将其直接拖拽到前视图的平面上。

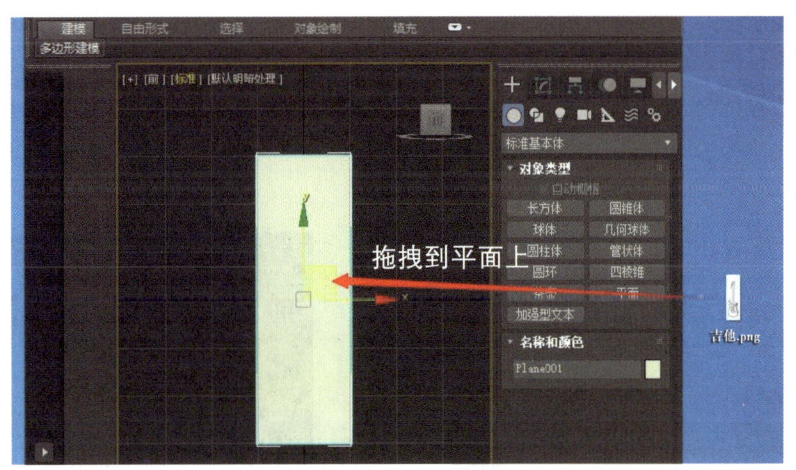

图 2-2-18　将图片拖拽到平面上

4. 右击该平面，选择“对象属性”，在弹出的如图 2-2-19 所示的对话框中勾选“冻结”复选框，取消“以灰色显示冻结对象”复选框的勾选，单击“确定”按钮，保存此属性设置。

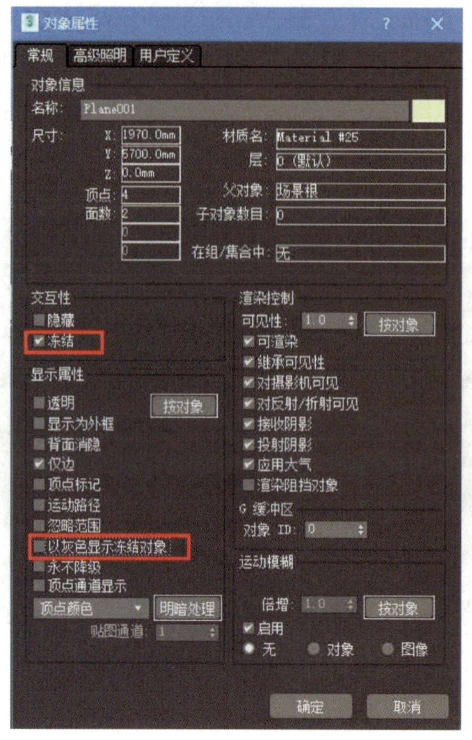

图 2-2-19 “对象属性”对话框

三、绘制吉他琴体

1. 在右侧“创建”面板的“图形”选项卡中单击“样条线”中的“线”按钮，在前视图中以吉他参考图的外边界为基准单击确定一个起点位置（起点位置可自定），之后的各点同样以单击鼠标的方式确定，画完最后一个点后再次单击起始点，在弹出的“样条线”对话框（见图 2-2-20）中单击“是”按钮，确定闭合样条线，绘制效果如图 2-2-21 所示。

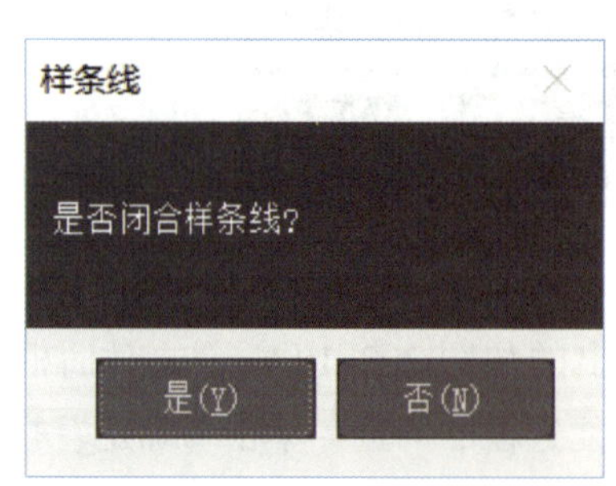

图 2-2-20 “样条线”对话框

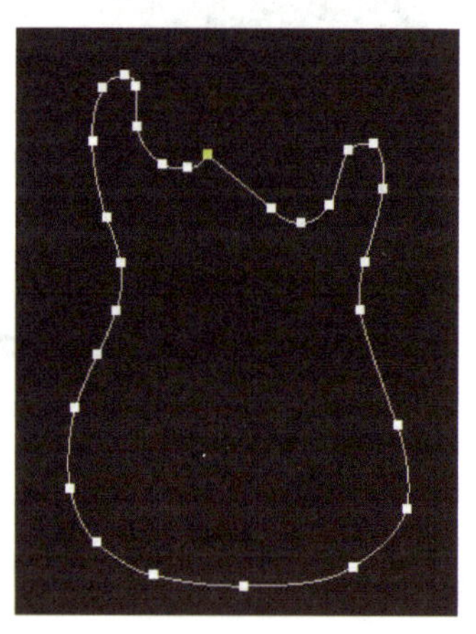

图 2-2-21 吉他形样条线

2. 切换到“修改”面板，单击“顶点”子集，找到曲线的问题点并右击，在弹出的菜单（见图 2-2-22）中选择“Bezier 角点”，分别调整该点两侧控制手柄的长度和角度，将曲线形状调整得更加接近参考图。需要调整的问题点示例如图 2-2-23 所示。

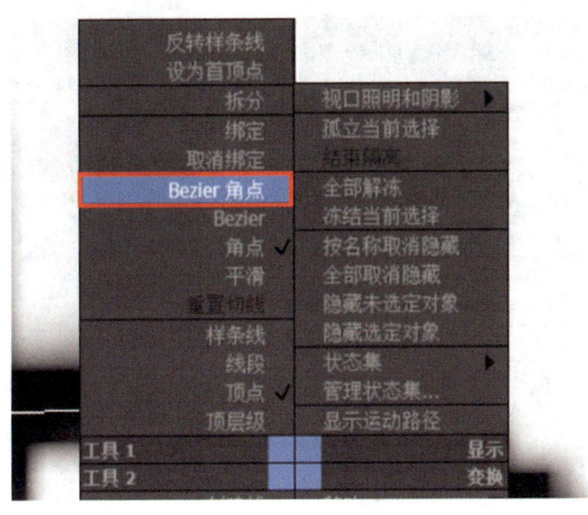

图 2-2-22　转换为“Bezier 角点”

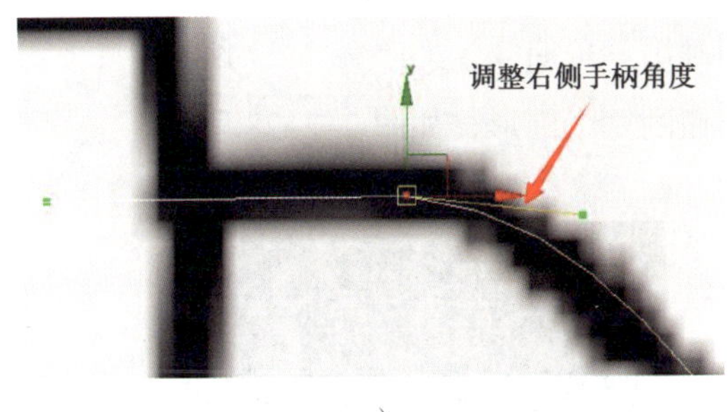

a）

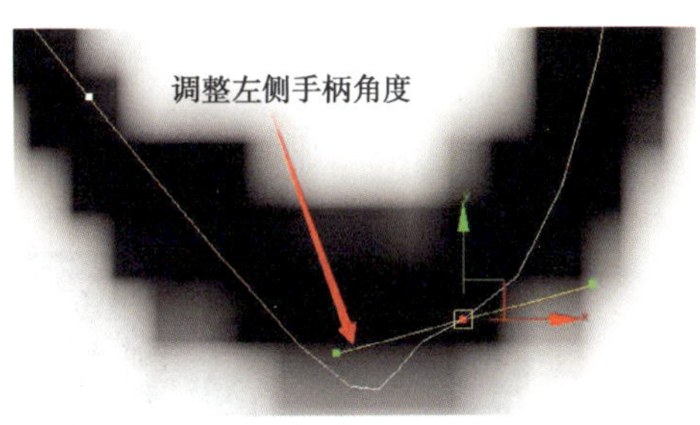

b）

图 2-2-23　需要调整的问题点示例

a）问题点 1 调整右侧手柄角度　b）问题点 2 调整左侧手柄长度

3. 利用同样的方式，画出琴体中间的另一个不规则曲线图形，如图 2-2-24 所示。

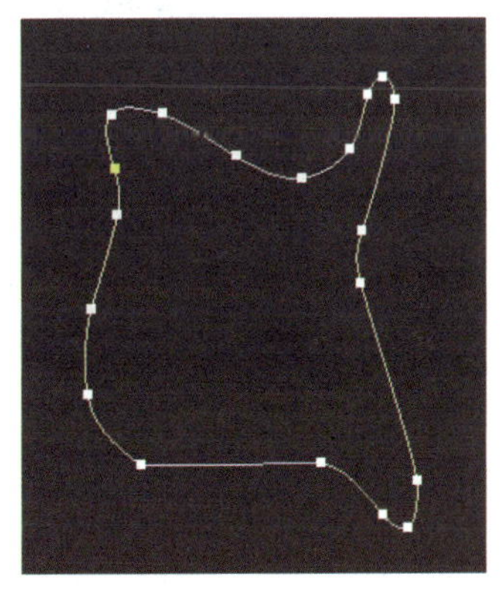

图 2-2-24　琴体的不规则曲线

4. 利用“矩形”样条线工具，在前视图中，参照参考图画出琴体中的一个大矩形和四个圆角矩形（尺寸依参考图自拟），效果如图 2-2-25 所示。

四、绘制吉他指板和琴头

1. 在“创建”面板中选择“矩形”样条线工具，在前视图中绘制矩形样条线作为指板的初始形状，然后将其转换为“可编辑样条线”，在“顶点”子集下调整矩形顶点，将其调整为图 2-2-26 所示的形状。

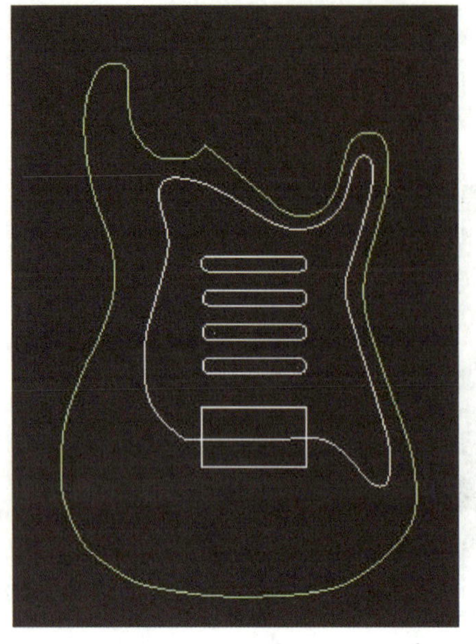
图 2-2-25　琴体曲线

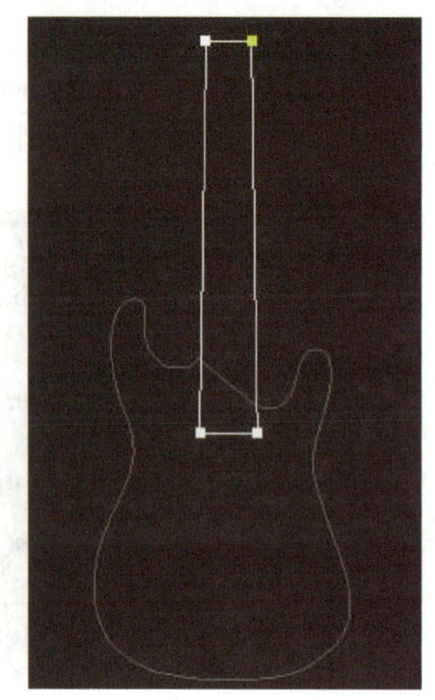
图 2-2-26　指板形状

2. 利用“线”样条线工具，参照参考图画出琴头曲线，如图 2-2-27 所示。

3. 利用“圆形”样条线绘制表示琴头弦钮的六个圆形，如图 2-2-28 所示。

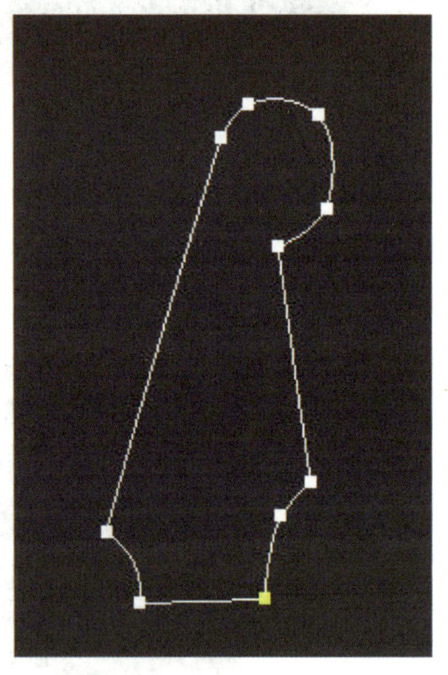
图 2-2-27　琴头曲线

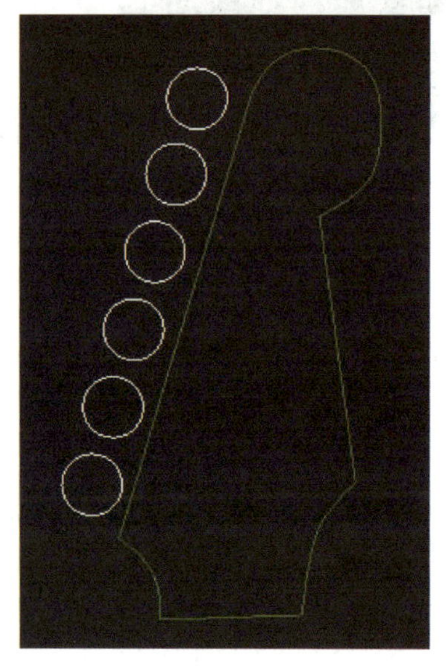
图 2-2-28　琴头弦钮

五、曲线结合及修剪

1. 选择琴体外边缘曲线，单击“几何体”卷展栏下的“附加”按钮，然后在视图中选中指板图形曲线，如图 2–2–29 所示，将两个图形曲线结合成一个图形。

2. 选择“修改”面板中的“样条线”子集，单击“修剪”按钮，在视图中单击需要删除的线段，如图 2–2–30 所示。

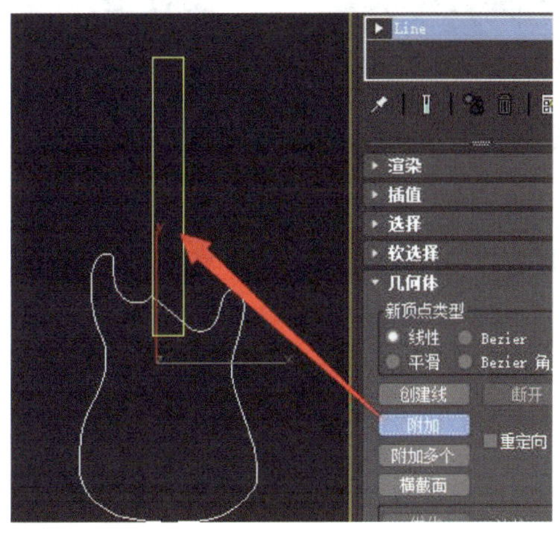

图 2–2–29　附加（一）

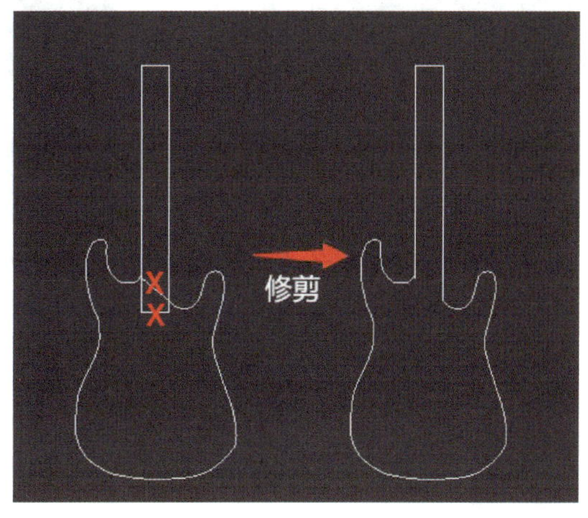

图 2–2–30　修剪（一）

3. 选择琴体内部的另一个不规则图形，在“修改”面板中单击“附加”按钮后，在视图中点选要结合的矩形曲线，如图 2–2–31 所示。

4. 选择“修改”面板中的“样条线”子集，单击“修剪”按钮，在视图中单击需要删除的线段，如图 2–2–32 所示。

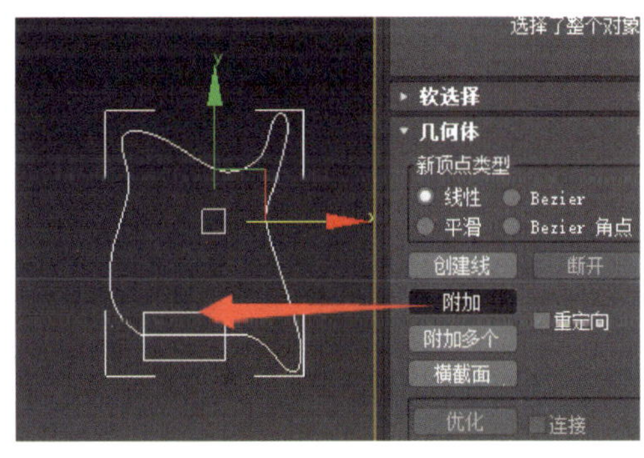

图 2–2–31　附加（二）

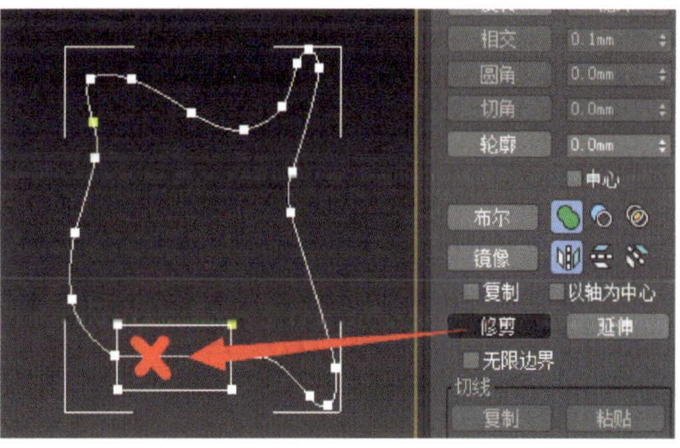

图 2–2–32　修剪（二）

5. 选择琴头曲线，在“修改”面板中单击“附加”按钮后，在视图中点选要结合的矩形曲线，如图 2–2–33 所示。

6. 选择“修改”面板中的“样条线”子集，单击“修剪”按钮，在视图中单击需要删除的线段，如图 2–2–34 所示，修剪后的效果如图 2–2–35 所示。

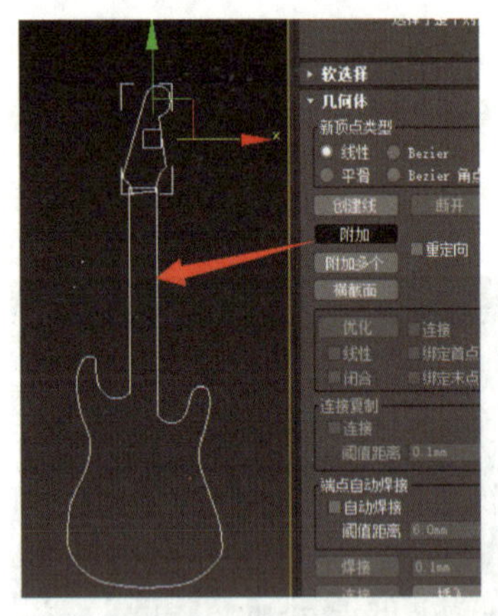

图 2-2-33　附加（三）

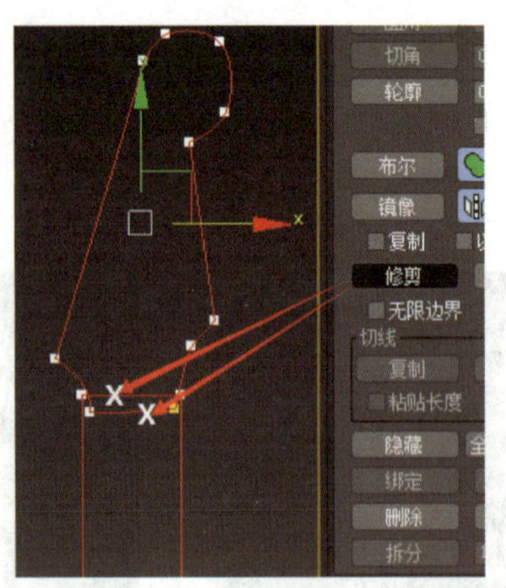

图 2-2-34　修剪（三）

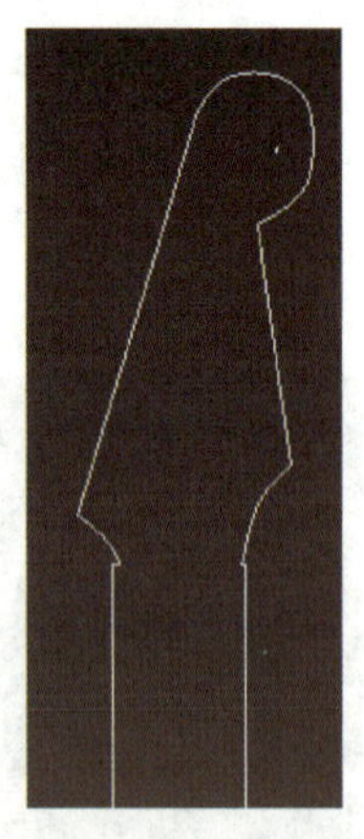

图 2-2-35　修剪后的效果

提示

若附加和修剪后的曲线存在断点问题，则需要用“修改”面板中的“熔合”或“焊接”指令将两个断点连接到一起。

熔合：将选中的若干个点重叠到一起。

焊接：将两个点连接起来，成为一个点。

六、曲线渲染

1. 选择任意曲线，单击“修改”面板中的“附加”按钮，在场景中点选其他曲线，将所有曲线结合成一个曲线图形，效果如图 2-2-36 所示。

2. 选中结合后的曲线图形，在右侧“修改”面板中的“渲染”卷展栏中勾选“在渲染中启用”和“在视口中启用”复选框，设置渲染“矩形”参数长度为 15 mm、宽度为 3 mm，效果如图 2-2-37 所示。

七、保存、导出模型

1. 保存文件。

2. 选中吉他轮廓模型，执行“文件”→“导出”→“导出...”命令，选择保存位置后，输入文件名，设置保存类型为“*.stl”，单击“保存”。如图 2-2-38 所示，在弹出的“导出 STL 文件”对话框中勾选“仅选定”复选框，最后单击“确定”按钮完成导出。

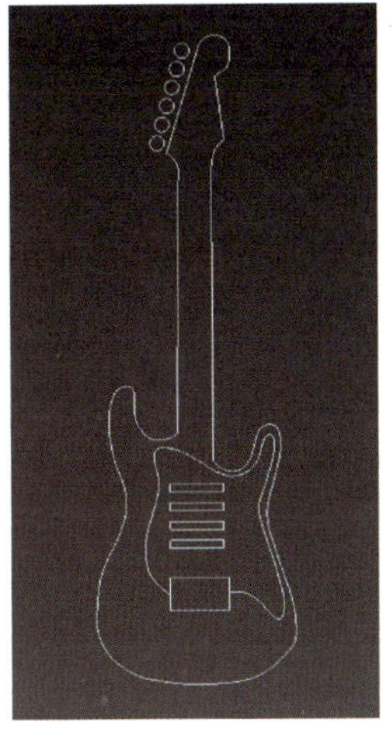

图 2-2-36　结合成吉他

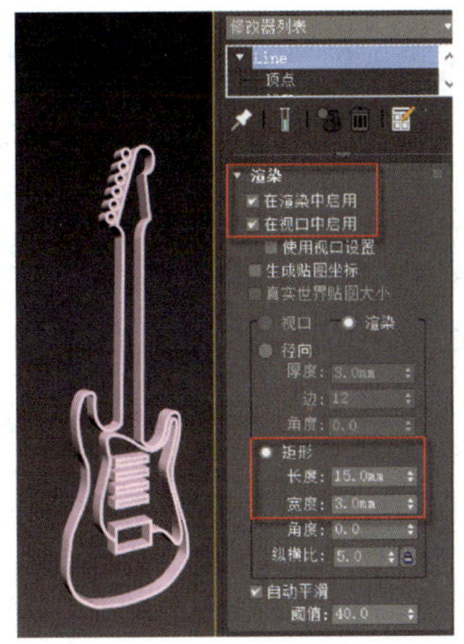

图 2-2-37　渲染后的吉他

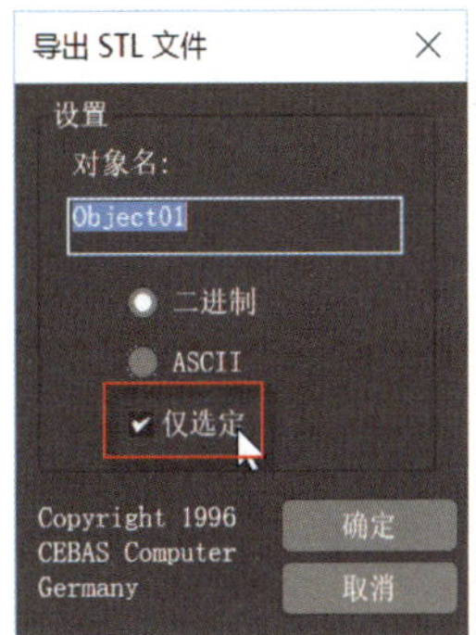

图 2-2-38　“导出 STL 文件”对话框

任务 3　制作旋转花瓶

1. 能描述复合对象的概念。
2. 能绘制二维图形，并应用“放样”工具创建对象。
3. 能使用“布尔”工具完成复合对象创建。

完成如图 2-3-1 所示旋转花瓶的制作。制作旋转花瓶要用到“放样”工具和“布尔”工具，还要对样条线进行编辑，对放样后的模型进行“变形”。

图 2-3-1　旋转花瓶

复合对象通常是将两个或多个对象组合成单个对象，可简化复杂模型的建模过程，同时刻画模型细节。3ds Max 2022 提供了多种复合对象工具，建模常用到“放样”和“布尔”工具，它们位于右侧命令面板中，如图 2-3-2 所示。

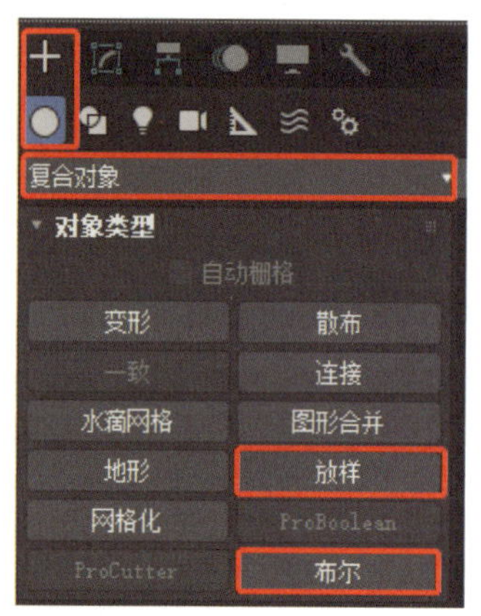

图 2-3-2　复合对象

一、“放样”工具

放样是将一个二维图形作为沿某个路径的剖面，从而形成复杂的三维对象。

1. 放样创建方法

首先需要绘制两个二维图形，一个二维图形作为放样截面，另一个则作为放样路径。然后选中一个二维图形对象（以先选截面为例），在右侧命令面板中执行“创建”→“几何体”→“复合对象”→“放样”命令，在“创建方法”卷展栏下单击“获取路径”按钮后，将光标移动到视图内作为放样路径的二维图形上，当光标变为拾取状态时，单击此图形，便在作为截面的二维图形处生成沿放样路径放样出的三维对象，如图 2-3-3 所示。反之，如果采用先选中放样路径图形再执行“放样”命令，然后在视图中拾取放样截面图形的创建方式，则会将放样截面图形移动到放样路径图形起点处，向放样路径终点方向放样出三维对象，如图 2-3-4 所示。

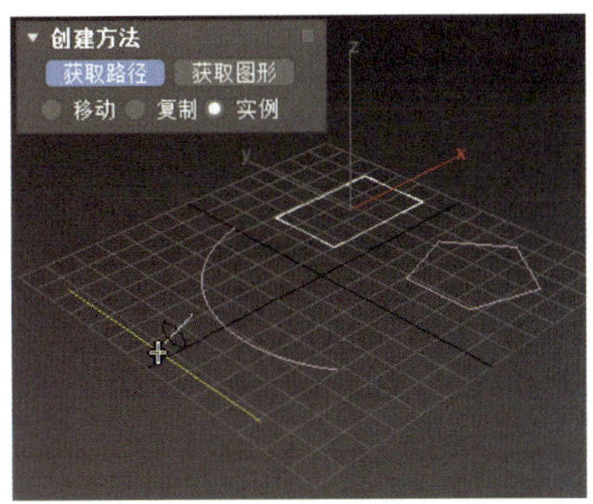

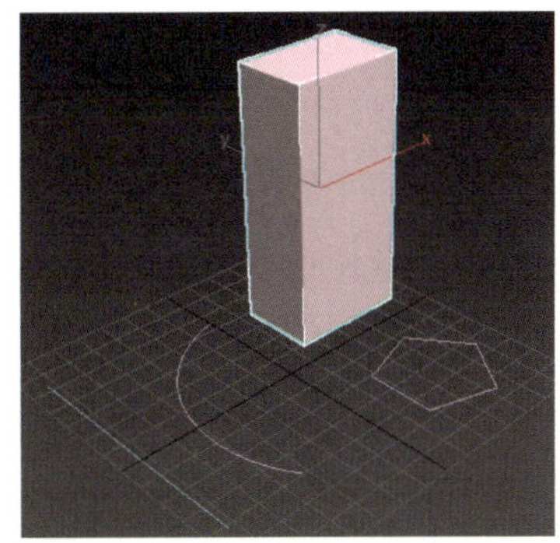

图 2-3-3　矩形放样截面、直线放样路径

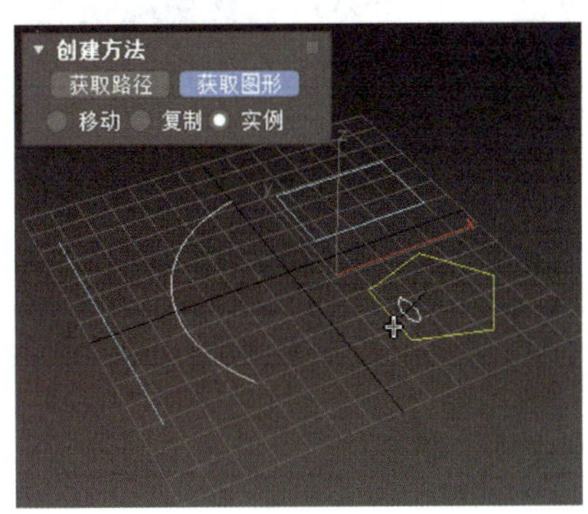

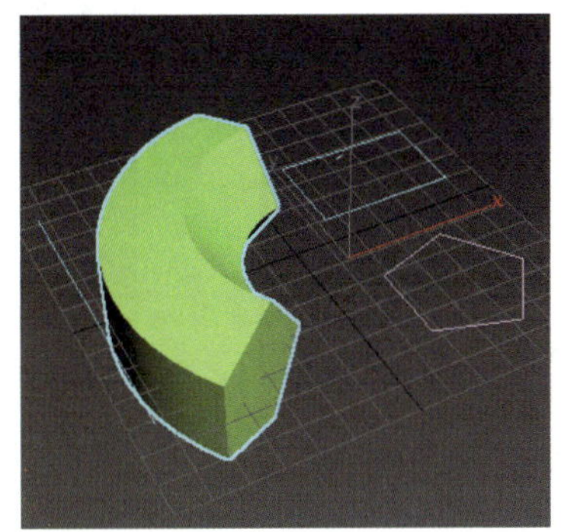

图 2-3-4　弧线放样路径、五边形放样截面

提示

放样路径和放样截面图形均可以是闭合或者非闭合的二维图形。如果二者均非闭合，则放样出的三维对象是一个无厚度的面片，图 2-3-5 所示为用弧线做放样截面、直线做放样路径放样出来的曲面。

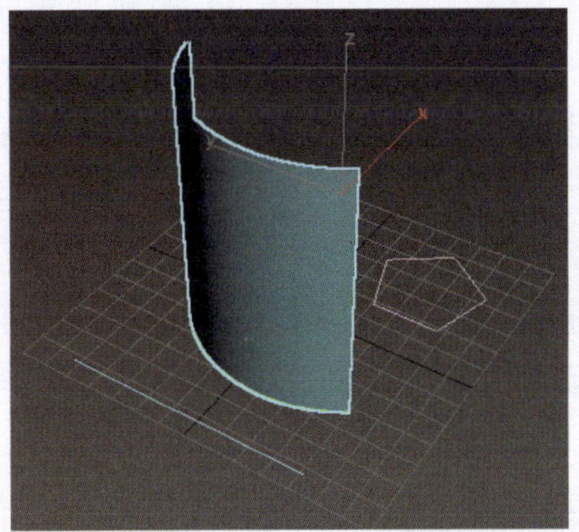

图 2-3-5　弧线放样截面、直线放样路径

2. 放样模型的变形

放样后的模型可以通过右侧命令面板中“修改”面板下“变形”卷展栏内的5个变形命令按钮对其变形参数进行设置。如图2–3–6所示，当变形按钮右侧的灯泡形按钮处于激活状态时，该变形才对放样模型起作用。这些变形设置针对的是截面形状，可在弹出的相应变形对话框（见图2–3–7）中添加编辑控制点，控制放样路径上各个截面的变形。

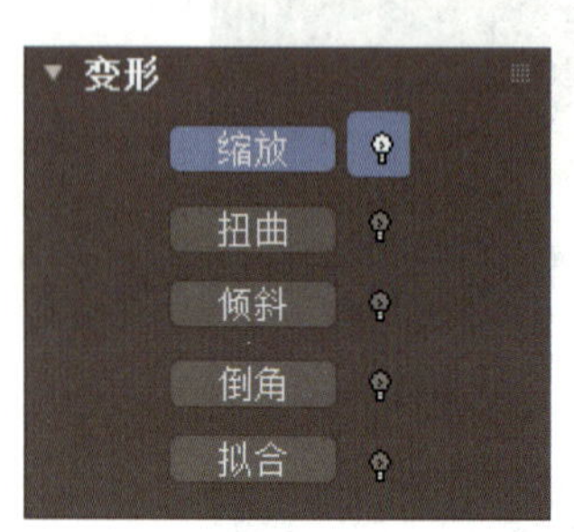

图2–3–6 “变形”卷展栏

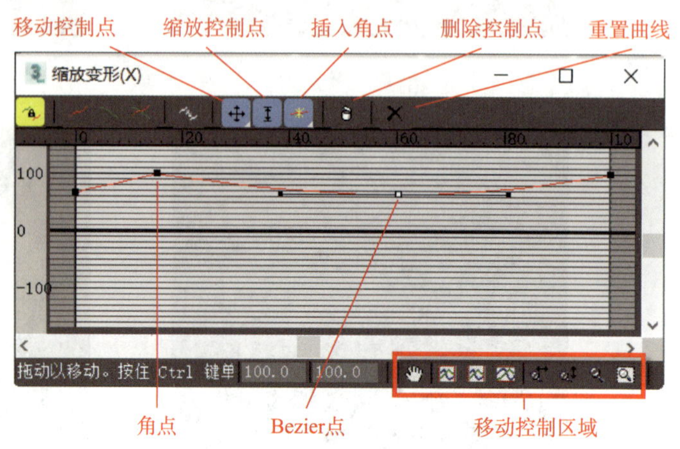

图2–3–7 “缩放变形”对话框

提示

在每个变形对话框中，都可以通过“插入角点”工具在变形曲线上添加“角点”，然后右击该点改变控制点属性；也可以按住“插入角点”按钮不放切换为“插入Bezier点”按钮，直接插入“Bezier点”，然后通过调整控制点位置以及手柄状态调节曲线形状。

（1）缩放。改变放样对象X轴和Y轴的比例因子，并且缩放的基点总是在放样路径上。

（2）扭曲。沿着放样路径方向旋转放样截面，从而产生盘旋或扭曲效果。变形曲线默认处于0位置，当向正值方向拖拽控制点时，放样截面逆时针旋转；当向负值方向拖拽控制点时，放样截面顺时针旋转。

（3）倾斜。围绕局部X轴和Y轴旋转放样截面，该命令常用来辅助与放样路径有偏移的模型生成其他方法难以创建的对象。

（4）倒角。用来为放样对象添加倒角效果。

（5）拟合。使用两条拟合曲线来定义对象的顶部和侧剖面。

以六边形截面直线放样为例，图 2-3-8 所示为对其末端部分截面的“缩放”“旋转”“倾斜”“倒角”变形的对比，加上 *X* 轴、*Y* 轴两个方向拟合曲线后的拟合变形如图 2-3-9 所示。

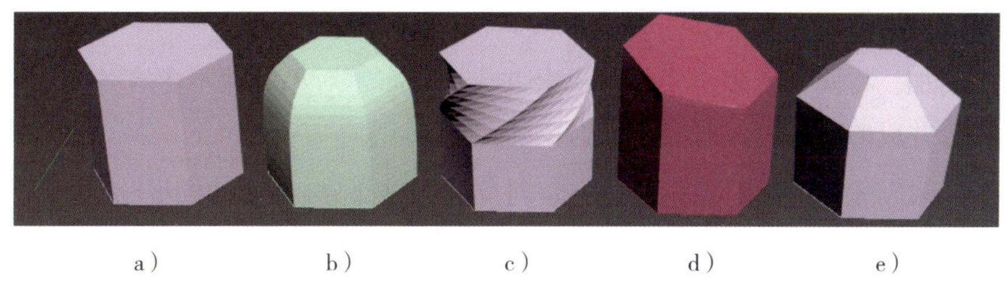

a）　　b）　　c）　　d）　　e）

图 2-3-8　六边形截面直线放样的变形对比

a）六边形截面直线放样　b）缩放变形　c）旋转变形　d）倾斜变形　e）倒角变形

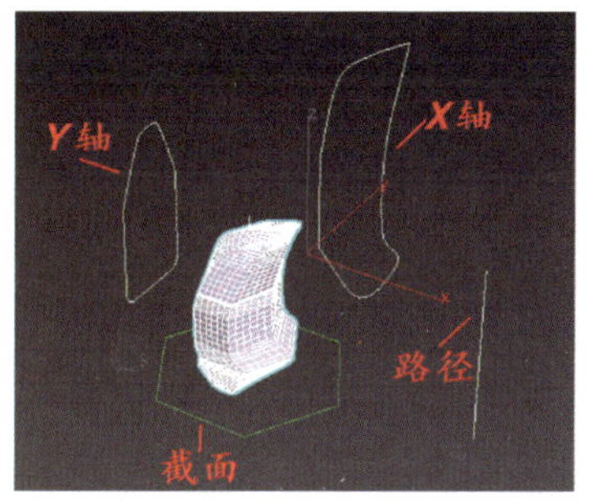

图 2-3-9　*X* 轴向、*Y* 轴向的拟合放样

提示

拟合放样的 *X* 轴向和 *Y* 轴向的变形不同时，需先关闭默认为打开状态的“均衡”按钮，然后打开“显示 *X* 轴”按钮或“显示 *Y* 轴”按钮，再打开“获取图形”按钮后拾取视图中相应的二维图形，并通过“水平镜像”“垂直镜像”“逆时针旋转 90 度”和“顺时针旋转 90 度”按钮来调整拟合变形结果。

二、“布尔”工具

“布尔”工具是将两个或多个单独的实体对象交互成指定布尔运算结果的新对象的工具。

1. 布尔运算的六种类型

（1）并集。将两个或多个单独对象组合成一个整体，形成新的单个布尔对象，它

们的重合部分仅保留一份使其整体完整。

（2）交集。只保留原始对象的物理交集创建的新对象，移除未相交的部分。

（3）差集。从原始对象中移除选定对象的部分。

（4）合并。将多个对象组合到新的单个对象中，不移除任何几何体对象，但在相交位置创建新边。

（5）附加。将两个或多个实体对象合并成单个布尔对象，而不更改各实体的拓扑，实际上在合并成的对象内各原实体仍为单独元素。

（6）插入。先从原始对象中减去选定对象的边界部分，然后再组合这两个对象。

2. 布尔运算的操作方法

选中一单独对象实体（蓝色高亮显示）后，在右侧命令面板中执行“创建”→“几何体”→“复合对象”→“布尔”命令，接着单击“布尔参数”卷展栏下的“添加运算对象”按钮和“运算对象参数”卷展栏下的运算类型（如差集）按钮，然后移动鼠标在视图内单击被运算对象（黄色高亮显示），视图内会显示运算后的新对象，布尔运算的过程如图 2–3–10 所示。

在关闭“添加运算对象”功能前，还可以继续添加运算对象和运算类型，继续进行新对象的生成，图 2–3–11 所示为继续添加球体做“交集”运算。运算完毕后单击“添加运算对象”按钮，关闭布尔运算操作。

布尔运算可以更改运算类型，如图 2–3–12 所示；还可以在“运算对象”列表中拖动运算对象的顺序更改运算结果，图 2–3–13 所示为在将“并集球体”拖动到“差集圆锥”之前，更改运算效果。

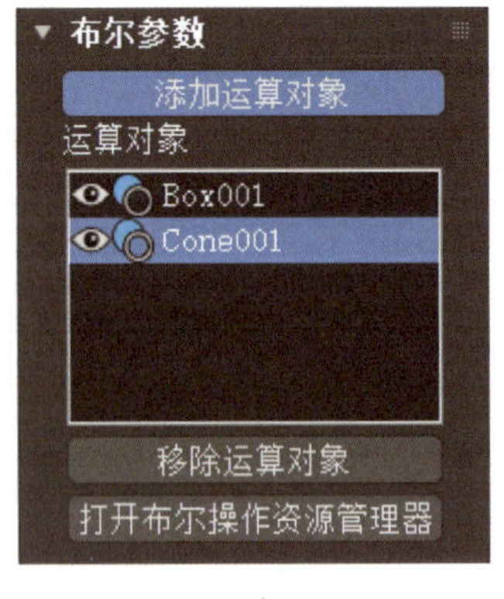

a）

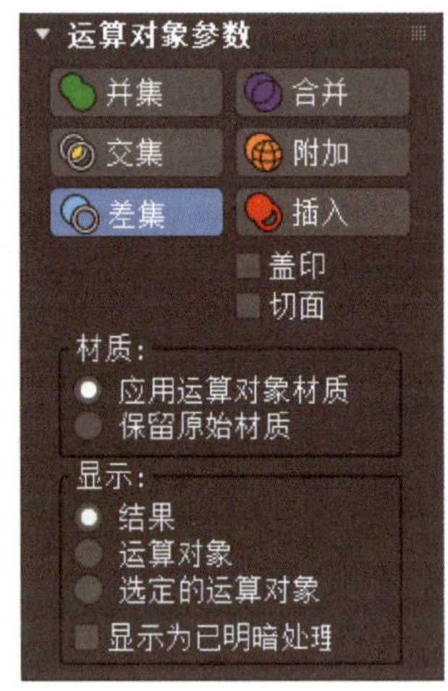

b）

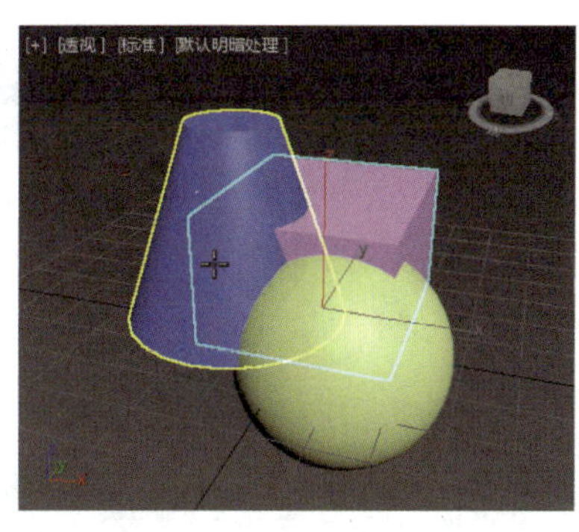

c）

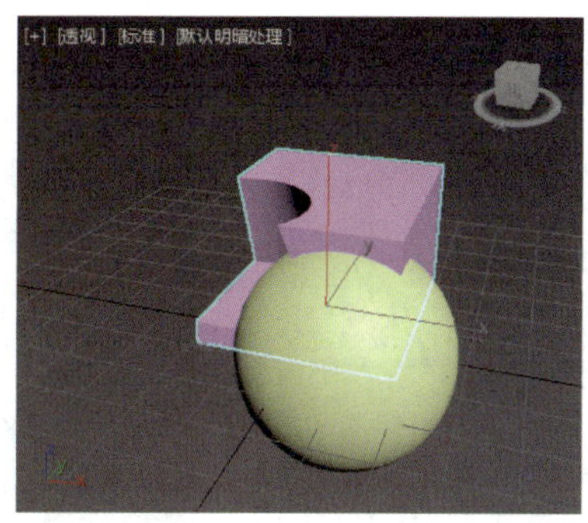

d）

图 2-3-10　布尔运算过程

a）“布尔参数”卷展栏　b）“运算对象参数”卷展栏　c）选中被运算对象　d）差集后的结果

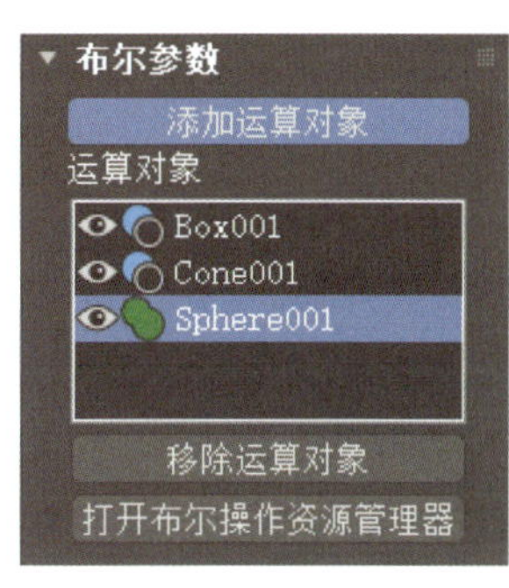

a）

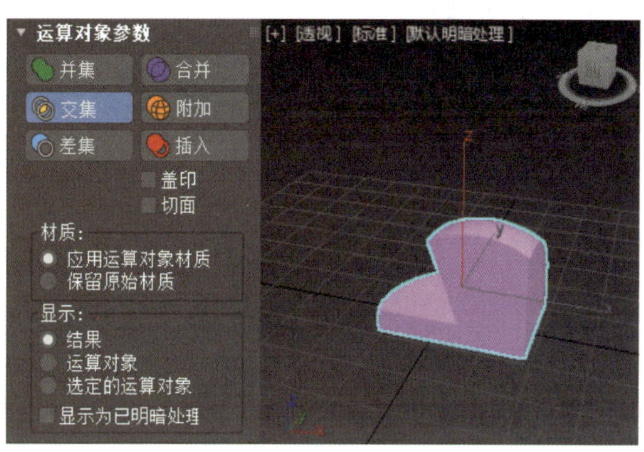

b）

图 2-3-11　添加球体做“交集”运算

a）添加球体运算对象　b）差集后的结果与球体的交集

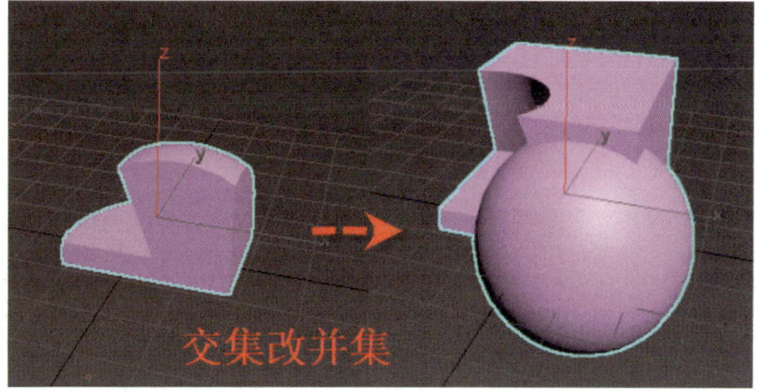

图 2-3-12　交集改并集

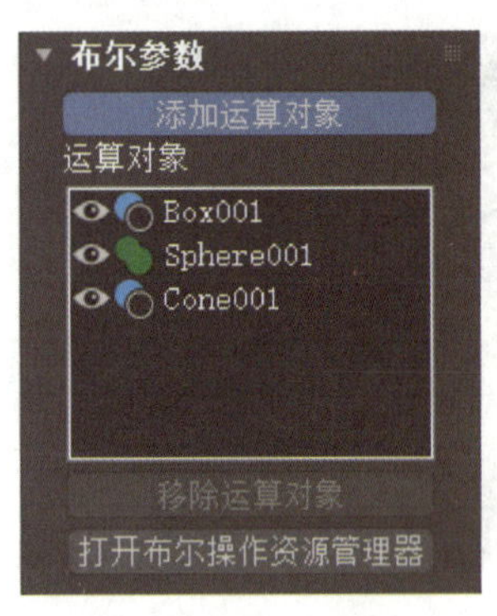

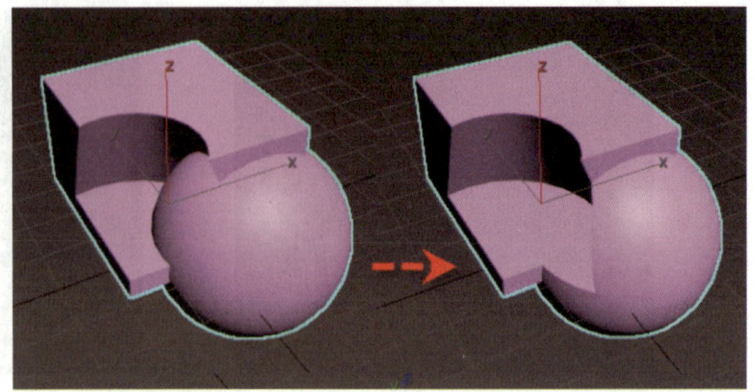

图 2-3-13 “先差锥后并球”改为“先并球后差锥”

一、创建文件

打开软件，执行“文件”→“保存”命令，创建新文件并命名；检查文件，确定单位设置为 mm。

二、放样花瓶瓶身

1. 绘制二维图形

（1）在右侧命令面板的“创建”面板中选择“图形”选项卡，单击“样条线”菜单中的“星形”按钮，在顶视图中绘制半径 1 为 60 mm、半径 2 为 55 mm、点为 24、圆角半径 1 为 3 mm、圆角半径 2 为 2 mm 的星形样条线“Star001”，效果如图 2-3-14 所示，右击退出。

（2）如图 2-3-15 所示，以按住“Shift”键移动 *X* 轴的方式复制一个同样的星形样条线“Star002”备用。

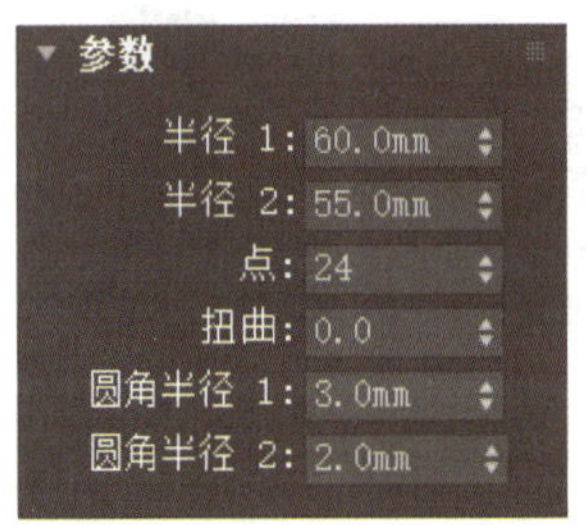

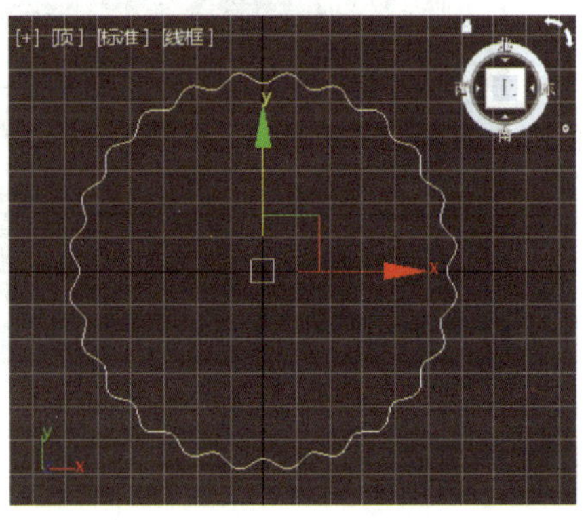

图 2-3-14 绘制星形样条线

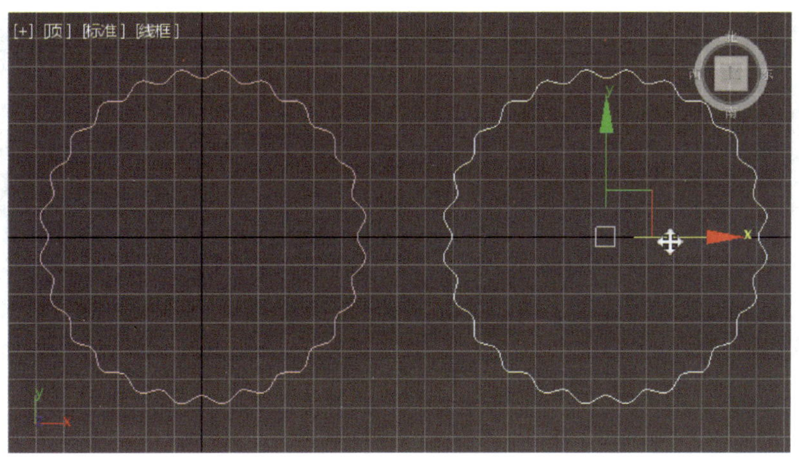

图 2-3-15　移动复制星形样条线

（3）选中星形样条线“Star001”，在“修改”面板中右击“Star”，将其转换为“可编辑样条线”，切换到“样条线”子集，在“几何体”卷展栏下“轮廓”按钮后的文本框中输入“3 mm”，并按回车键确认，添加轮廓后的“Star001”如图 2-3-16 所示。

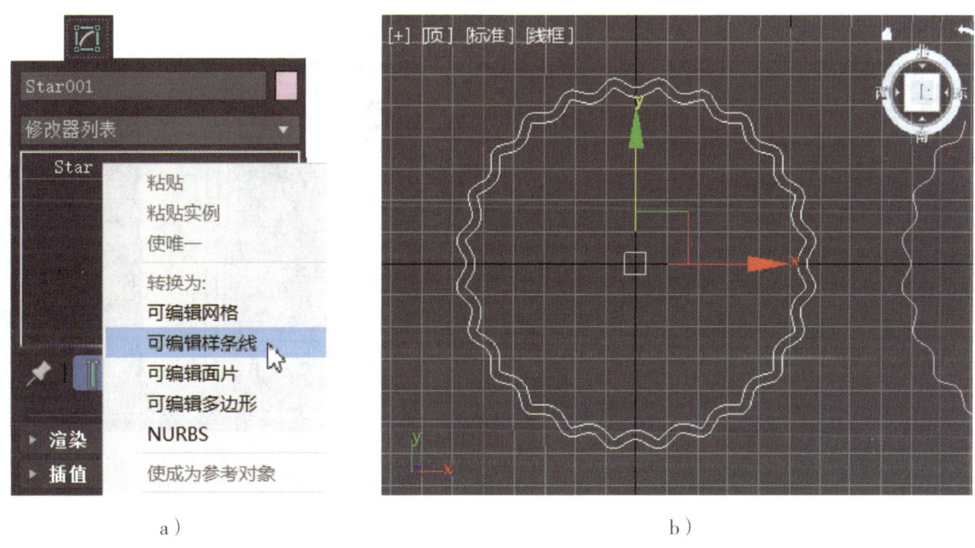

a）　　　　　　　　b）

图 2-3-16　为星形样条线“Star001”添加轮廓

a）转换为“可编辑样条线”　b）添加轮廓后的效果

（4）打开“捕捉开关”按钮，单击“样条线”菜单中“线”按钮，在前视图中利用栅格绘制两条直线，参考尺寸为“Line001”经过 33 个栅格、“Line002”经过 1 个栅格，如图 2-3-17 所示。

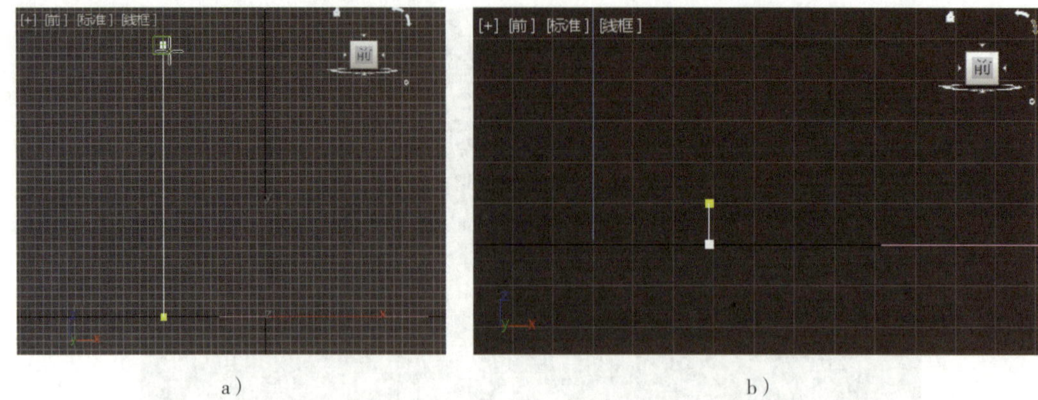

图 2-3-17　绘制直线“Line001”和“Line002”

a）Line001　b）Line002

2. 利用二维图形放样

（1）对“Star001”放样。选中星形样条线“Star001”后，在右侧命令面板的“创建”面板中选择“几何体”选项卡，单击“复合对象”菜单中的“放样”按钮，单击“创建方法”卷展栏中的“获取路径”按钮，在前视图中拾取样条线“Line001”作为放样路径进行放样，放样效果如图 2-3-18 所示。

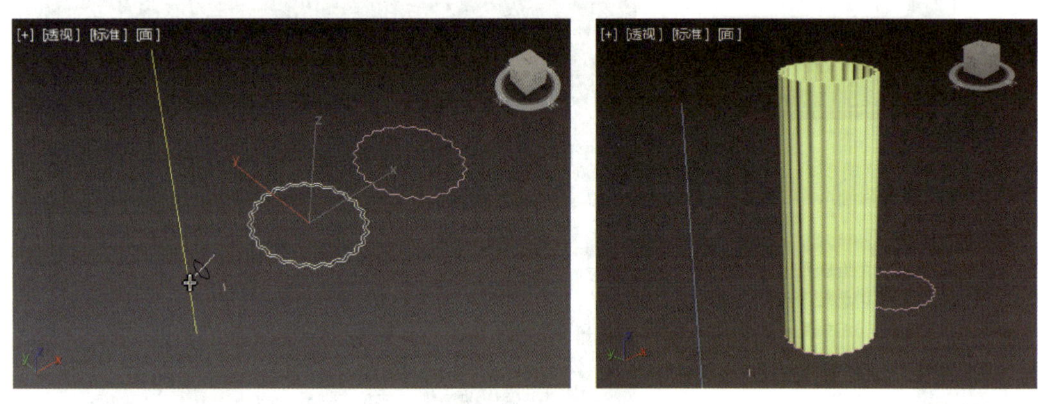

图 2-3-18　对“Star001”放样

（2）添加缩放变形。切换到“修改”面板，此时放样物体被系统命名为“Loft001”，然后在“变形”卷展栏下单击“缩放”按钮，弹出“缩放变形”对话框调整曲线形状，效果如图 2-3-19 所示。

（3）添加扭曲变形。单击“变形”卷展栏下的“扭曲”按钮，弹出“扭曲变形”对话框调整曲线形状，效果如图 2-3-20 所示。

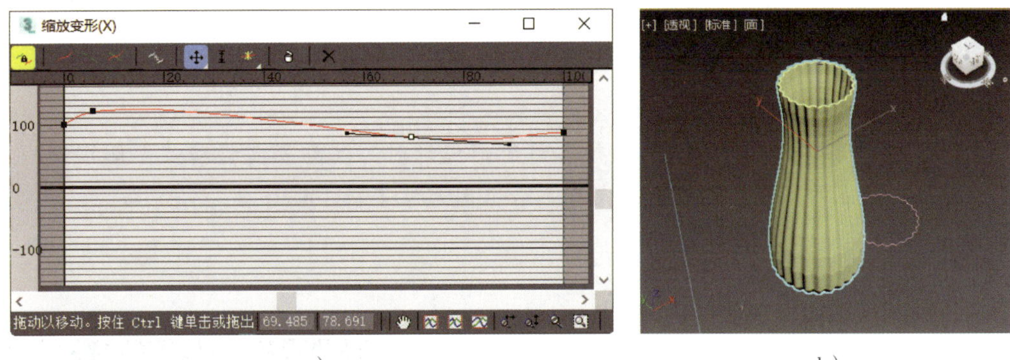

a）　　　　　　　　　　b）

图 2-3-19　添加缩放变形

a）缩放变形曲线　b）缩放后的效果

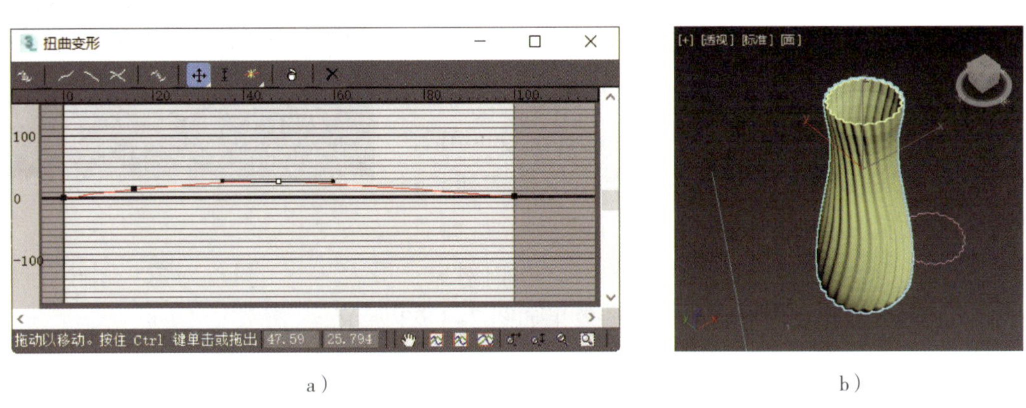

a）　　　　　　　　　　b）

图 2-3-20　添加扭曲变形

a）扭曲变形曲线　b）扭曲后的效果

（4）添加倾斜变形。单击“变形”卷展栏下的“倾斜”按钮，弹出“倾斜变形”对话框调整曲线形状，效果如图 2-3-21 所示。

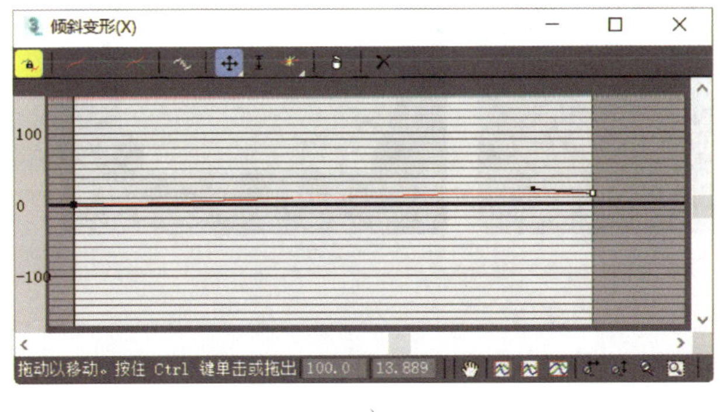

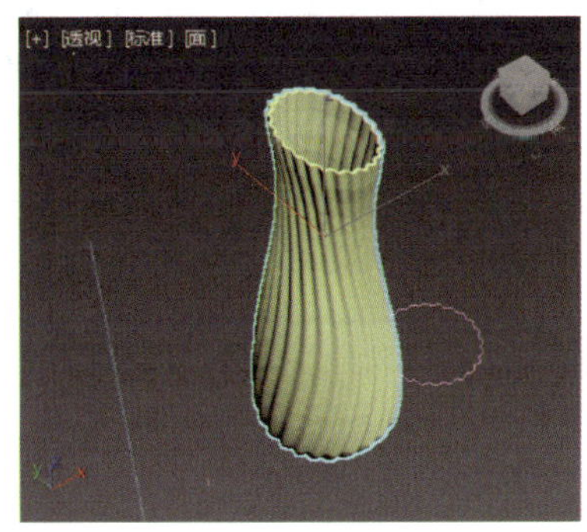

a）　　　　　　　　　　b）

图 2-3-21　添加倾斜变形

a）倾斜变形曲线　b）倾斜后的效果

提示

在对放样瓶体进行各种变形设计时，注意不要移动最左侧控制点的位置，以免后续与瓶底合并时尺寸不符。

三、放样、布尔花瓶瓶底

1. 选中星形样条线“Star002”后，单击“复合对象”菜单中的“放样”按钮，再单击“创建方法”卷展栏中的“获取路径”按钮，拾取样条线“Line002”作为放样路径进行放样，放样效果如图 2-3-22 所示，放样物体被系统命名为“Loft002”。

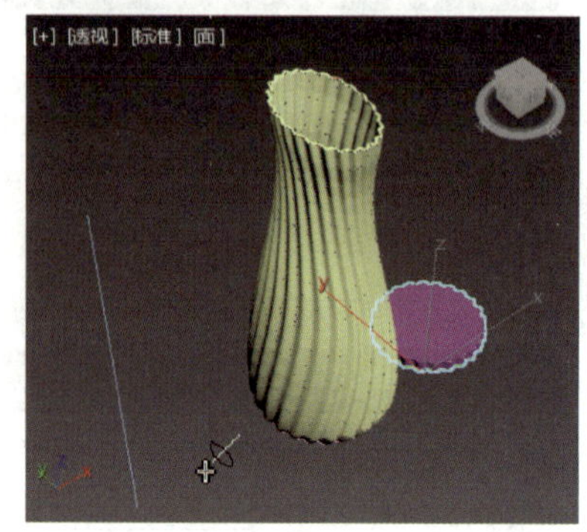

图 2-3-22 对“Star002”放样

2. 在透视图中，保持“Loft002”的选中状态，单击“对齐”按钮，然后单击选中“Loft001”，在弹出的“对齐当前选择”对话框中依次选择“*X* 位置”“*Y* 位置”→“当前对象：中心”→“目标对象：中心”→“应用”→“*Z* 位置”→“当前对象：最大”→“目标对象：最小”→“确定”，对齐过程及对齐后的前视图效果如图 2-3-23 所示。

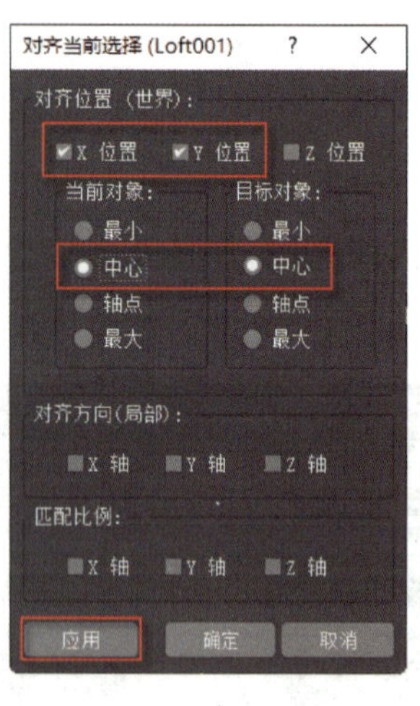

a）

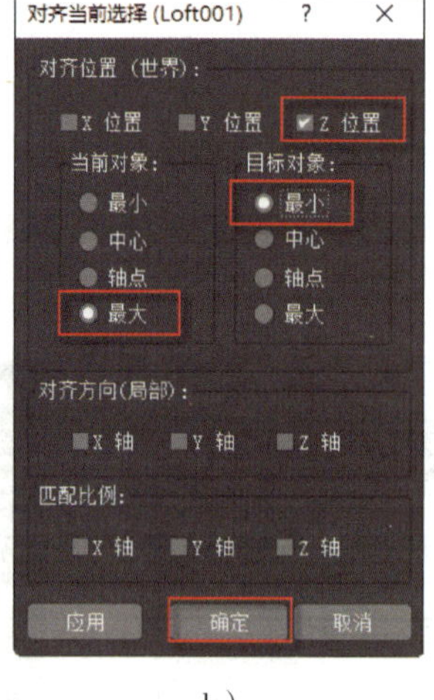

b）

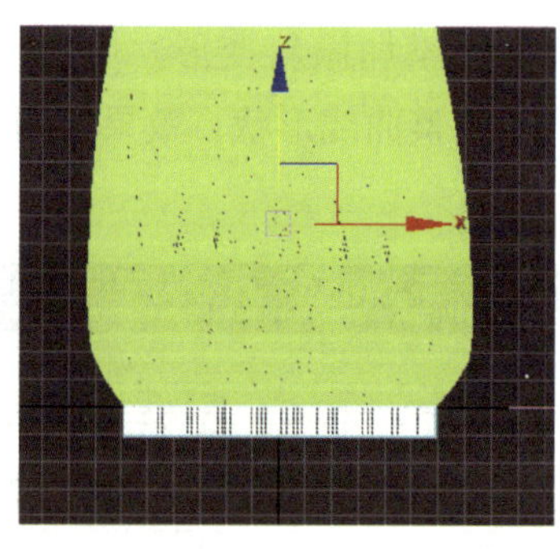

c）

图 2-3-23 对齐

a）对齐 *X*、*Y* 轴方向 b）对齐 *Z* 轴方向 c）对齐后的前视图效果

3. 在透视图中，选中“Loft002”，用按住“Shift”键移动 *Z* 轴的方式复制一个同样的放样对象“Loft003”。选中“Loft003”，右击“选择并均匀缩放”按钮，在弹出的

“缩放变换输入”对话框中设置 X 为 90、Y 为 60、Z 为 90，按回车键确认后关闭对话框。然后单击“对齐”按钮，接着单击选中“Loft002”，在弹出的“对齐当前选择”对话框中依次选择“Z 位置”→“当前对象：最大”→“目标对象：中心”→“确定”，缩放、对齐过程及对齐后的前视图效果如图 2-3-24 所示。

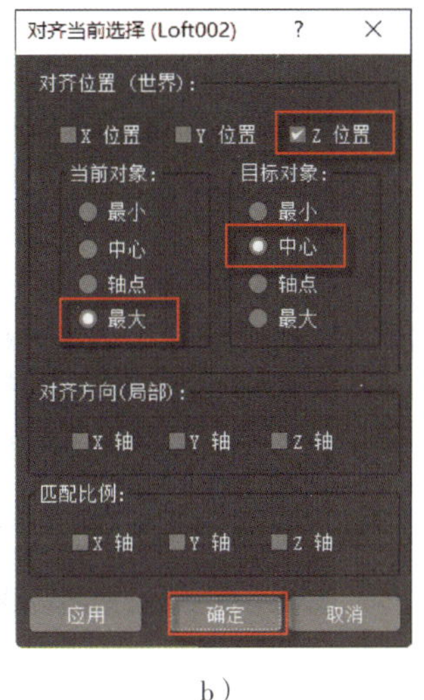

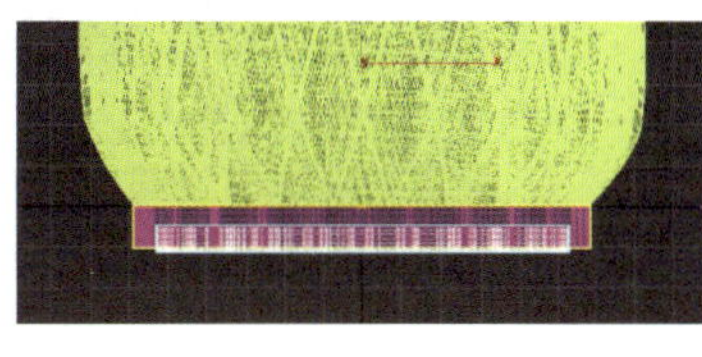

a）　　b）　　c）

图 2-3-24　缩放并对齐

a）“缩放变换输入”对话框　b）“对齐当前选择”对话框　c）对齐后的前视图效果

4. 选中“Loft002”，然后单击“复合对象”菜单中的“布尔”按钮，在“布尔参数”卷展栏下单击“添加运算对象”按钮，拾取“Loft003”作为被运算对象，然后在“运算对象参数”卷展栏下选择“差集”按钮，再单击“添加运算对象”按钮结束操作，布尔运算的过程及效果如图 2-3-25 所示。

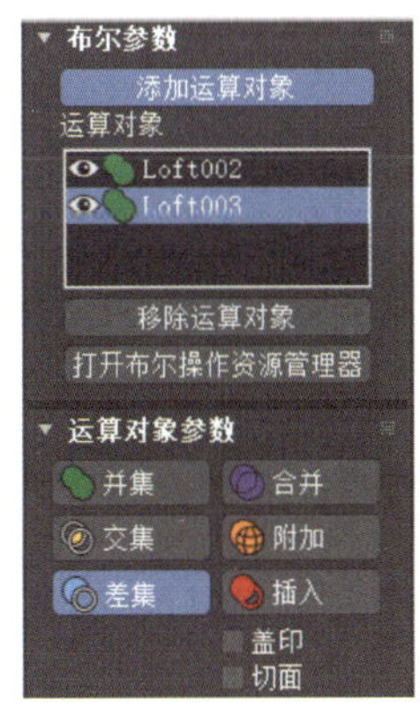

图 2-3-25　对“Loft002”和“Loft003”进行布尔运算

四、布尔瓶体与瓶底

选中“Loft001”，单击“复合对象”菜单中的“布尔”按钮，在“布尔参数”卷展栏下单击“添加运算对象”按钮，拾取布尔差集后的“Loft002”作为被运算对象，然后在“运算对象参数”卷展栏下单击“并集”按钮，最后单击“添加运算对象”按钮结束操作，布尔运算的过程及效果如图 2-3-26 所示。

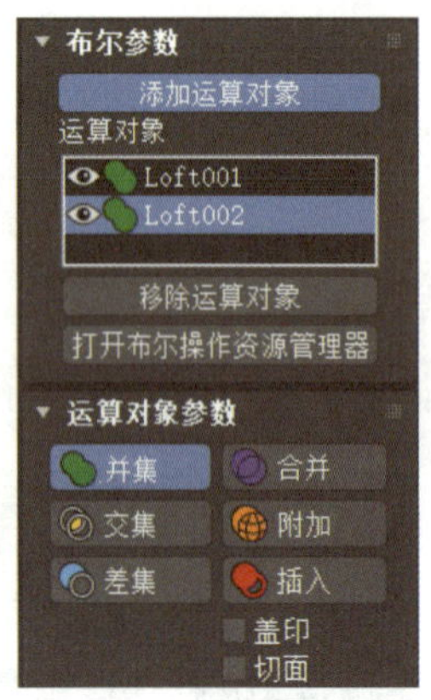

图 2-3-26　对“Loft001”和“Loft002”进行布尔运算

五、保存、导出模型

保存文件，选中布尔运算后的花瓶整体，执行导出文件操作（注意勾选“仅选定”复选框），为打印做准备。

项目三
渲染

任务 1　餐厅灯光效果渲染

1. 能叙述 3ds Max 2022 中灯光的种类及作用。
2. 能按要求完成常用灯光的基本参数设置。
3. 能完成室内场景布光的操作。

完成如图 3-1-1 所示餐厅灯光效果的制作。通过在模型场景中设置摄影机，调整渲染出图视角，结合场景中不同物体的自身特点为场景添加光源，照亮场景中的物体并为渲染输出烘托气氛。

图 3-1-1　餐厅灯光效果

一、灯光的种类及作用

1. 灯光的种类

3ds Max 2022 中包含四种类型的灯光，分别是“光度学”灯光（见图 3–1–2）、“标准”灯光（见图 3–1–3）、“VRay”灯光（见图 3–1–4，需用户自行下载插件并安装）和“Arnold”灯光（见图 3–1–5）。

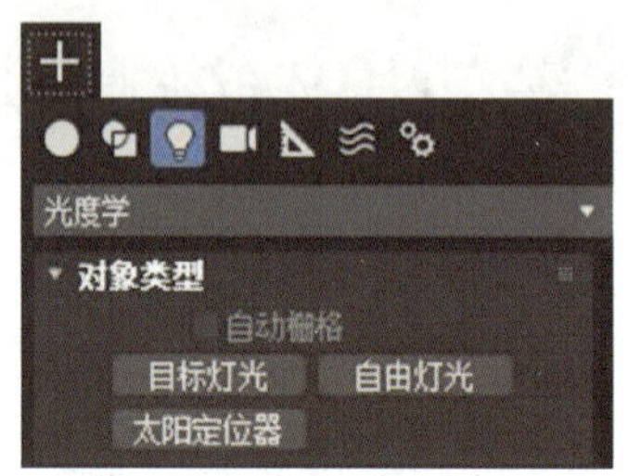

图 3–1–2 “光度学”灯光

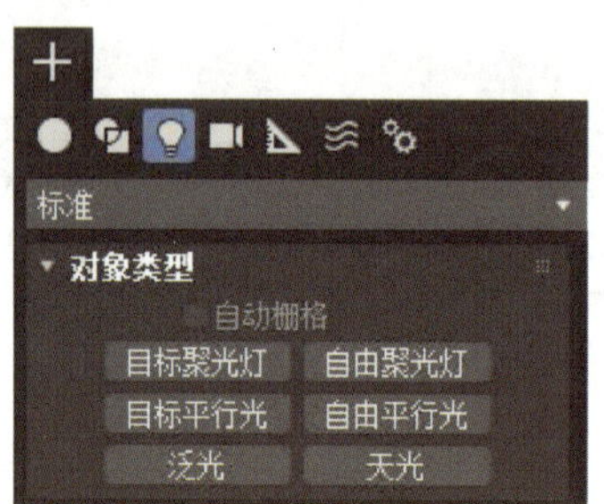

图 3–1–3 “标准”灯光

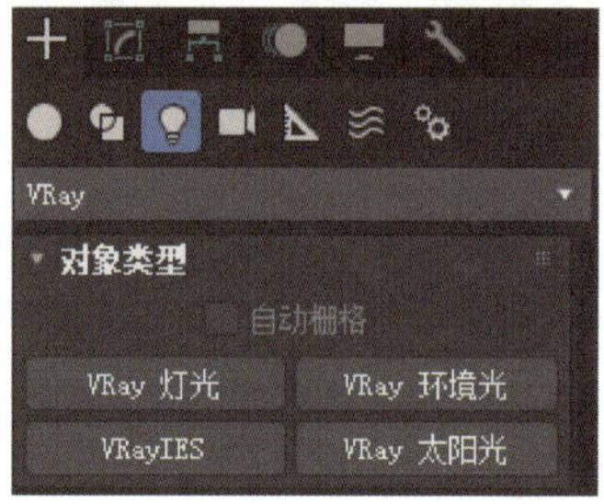

图 3–1–4 “VRay”灯光

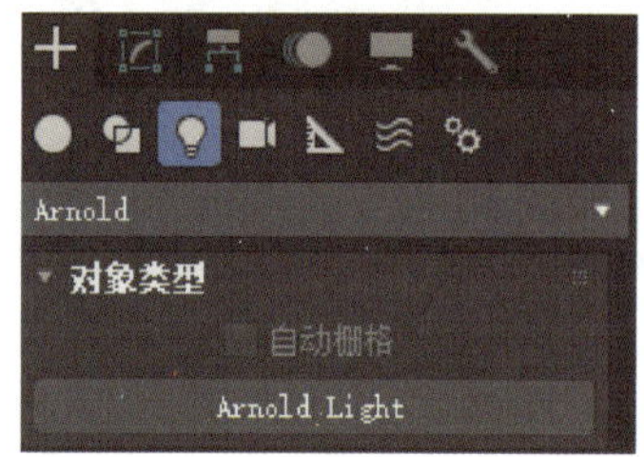

图 3–1–5 “Arnold”灯光

2. 灯光的作用

灯光的作用是让场景中的物体产生影子，呈现出三维立体效果，不同的灯光可以营造出不同的视觉效果，灯光种类及作用见表 3–1–1。

表 3–1–1 灯光种类及作用

灯光种类	灯光名称	灯光作用
“光度学”灯光	目标灯光	模拟筒灯、射灯、壁灯等
	自由灯光	模拟发光球、台灯等
	太阳定位器	模拟天空照明

续表

灯光种类	灯光名称	灯光作用
“标准”灯光	目标聚光灯	创建目标聚光灯
	自由聚光灯	创建自由聚光灯
	目标平行光	创建目标平行光
	自由平行光	创建自由平行光
	泛光	创建泛光
	天光	创建天光
“VRay”灯光	VRay 灯光	模拟室内环境的任何光源
	VRay 太阳光	模拟真实的室外太阳光
“Arnold”灯光	Arnold 灯光	创建 Arnold 灯光

二、常用灯光基本参数

1.“常规参数”卷展栏

常用灯光的“常规参数”卷展栏如图 3–1–6 所示。

（1）灯光属性

1）启用。控制是否开启灯光。

2）目标。勾选该复选框，可以开启目标灯光的目标点。

（2）阴影

1）启用。控制是否开启灯光的阴影效果。

2）使用全局设置。勾选该复选框，当前选定灯光投射的阴影将影响整个场景的阴影效果。

3）阴影类型列表。设置渲染器渲染场景时使用的阴影类型，如图 3–1–7 所示。

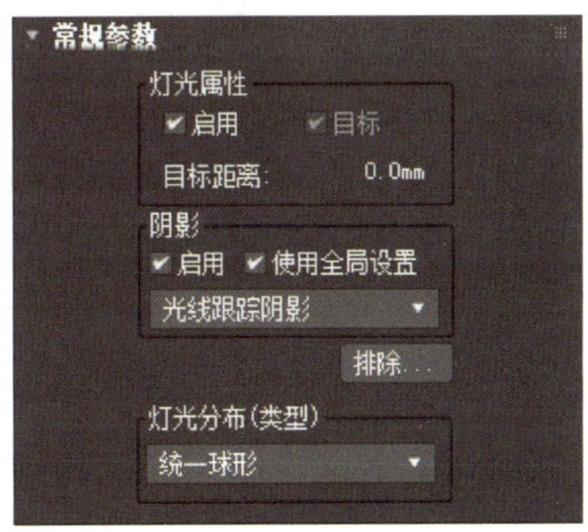

图 3–1–6 “常规参数”卷展栏

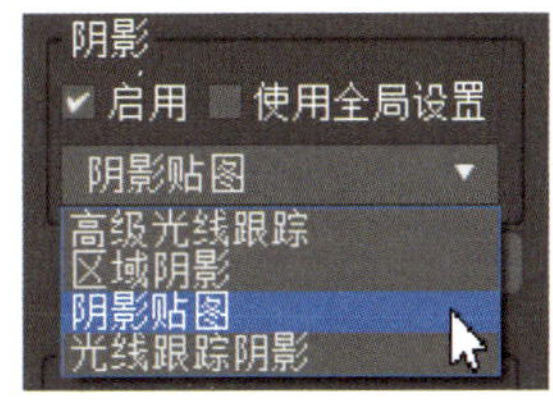

图 3–1–7 阴影类型列表

（3）排除。单击“排除...”按钮，可以弹出“排除 / 包含”对话框，将选定的对象排除于灯光之外，如图 3-1-8 所示。

（4）灯光分布（类型）。设置灯光的分布类型，如图 3-1-9 所示。

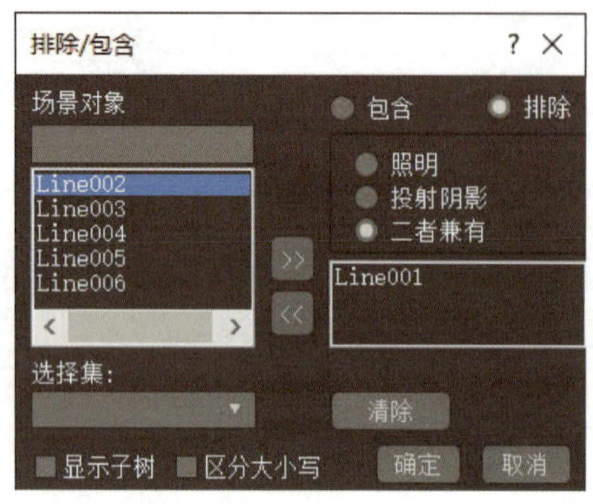

图 3-1-8 “排除 / 包含”对话框

图 3-1-9 灯光分布（类型）

2. “强度 / 颜色 / 衰减”卷展栏

“强度 / 颜色 / 衰减”卷展栏如图 3-1-10 所示。

（1）颜色

1）灯光。选择公用灯光类型。

2）开尔文。通过调整该数值来设置灯光的颜色。

（2）强度

1）lm（流明）。光通量单位，目前常用的 10 W LED 灯泡约有 1 000 lm 的光通量。

2）cd（坎德拉）。发光强度单位，为一光源在给定方向上单位立体角内的光通量。

3）lx（勒克斯）。照度单位，为主体表面单位面积上所得的光通量。

（3）暗淡

1）结果强度。用于显示暗淡所产生的强度。

2）暗淡百分比。用于降低灯光强度的“倍增”。

（4）远距衰减

1）使用。勾选该复选框，可以启用灯光的远距衰减。

2）显示。勾选该复选框，可以在视口中显示距离衰减的范围设置。

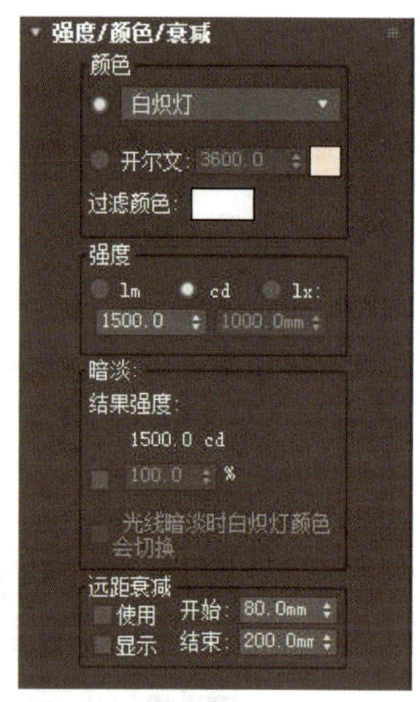

图 3-1-10 “强度 / 颜色 / 衰减”卷展栏

3）开始。灯光开始淡出的距离。

4）结束。灯光减为 0 时的距离。

3. “图形 / 区域阴影”卷展栏

“图形 / 区域阴影”卷展栏如图 3-1-11 所示。

（1）从（图形）发射光线。选择阴影生成的图形类型。

（2）灯光图形在渲染中可见。勾选该复选框后，如果灯光对象位于视野之内，灯光图形在渲染中会显示为自供照明的图形。

4. “阴影参数”卷展栏

“阴影参数”卷展栏如图 3-1-12 所示。

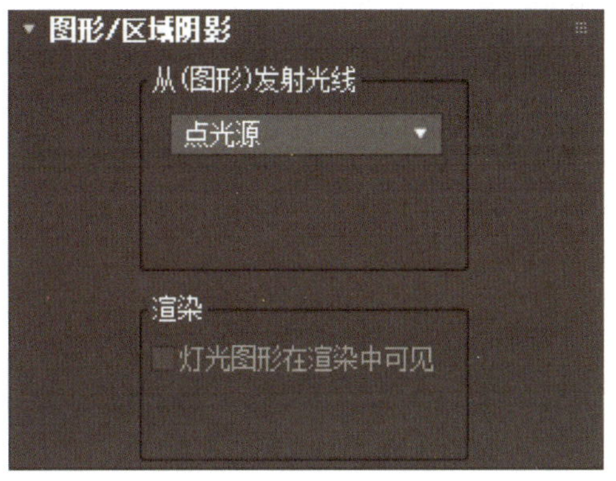

图 3-1-11 “图形 / 区域阴影”卷展栏

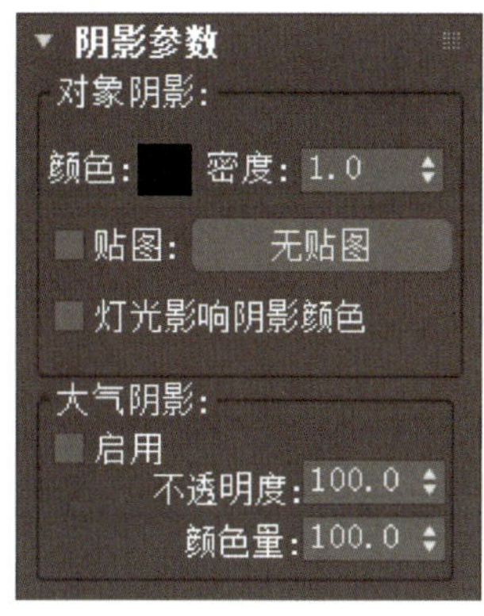

图 3-1-12 “阴影参数”卷展栏

（1）对象阴影

1）颜色。设置灯光阴影的颜色。

2）密度。设置灯光阴影的密度。

3）贴图。勾选该复选框后，灯光的阴影可以是贴图。

（2）大气阴影。勾选“启用”复选框后，有灯光穿过大气的投影效果。

5. “阴影贴图参数”卷展栏

“阴影贴图参数”卷展栏如图 3-1-13 所示。

（1）偏移。阴影离开物体的距离。

（2）大小。灯光阴影贴图的大小。

（3）采样范围。阴影内区域的平均数量。

6. “大气和效果”卷展栏

“大气和效果”卷展栏如图 3-1-14 所示。

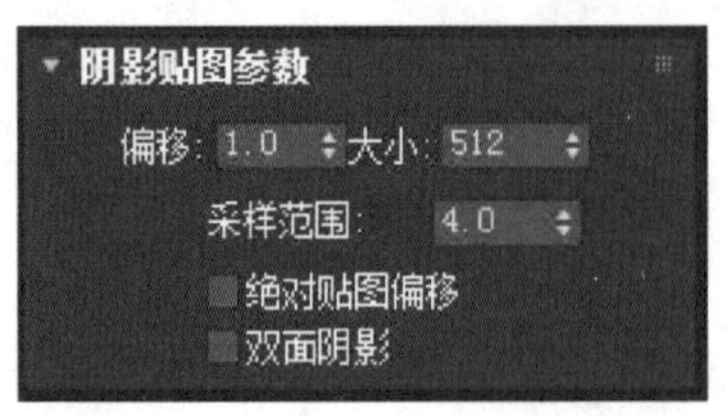

图 3-1-13 “阴影贴图参数”卷展栏

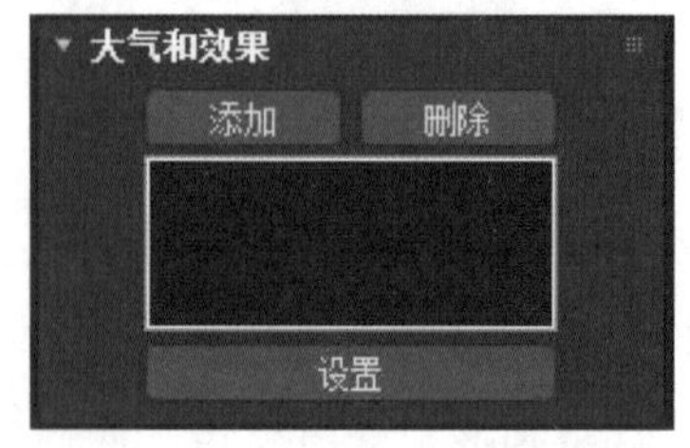

图 3-1-14 “大气和效果”卷展栏

（1）添加。单击“添加”按钮可以打开“添加大气或效果”对话框，将大气或渲染效果添加到灯光中。

（2）删除。在“大气和效果”列表中选择大气或效果，单击该按钮可以将其删除。

（3）设置。对“大气和效果”列表中的选项进行更多的设置。

7. “高级效果”卷展栏

“高级效果”卷展栏如图 3-1-15 所示。

（1）对比度。可以调整最亮区域和最暗区域的对比度，取值范围为 0 ~ 100，默认值为 0。

（2）柔化漫反射边。数值越小，反射区域边缘越柔和。

（3）漫反射。取消勾选该复选框，将不会渲染漫反射区域。

（4）高光反射。取消勾选该复选框，将不会渲染高光反射区域。

三、“VRay”灯光重要参数

1. “常规”卷展栏

“常规”卷展栏如图 3-1-16 所示。

（1）开。控制是否开启“VRay”灯光。

（2）长度。灯光的长度。

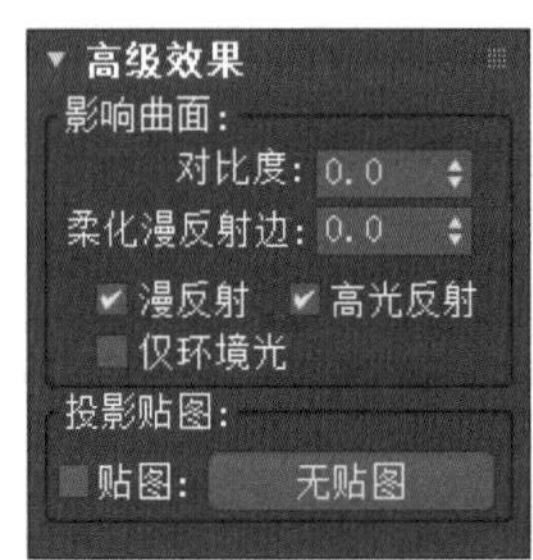

图 3-1-15 “高级效果”卷展栏

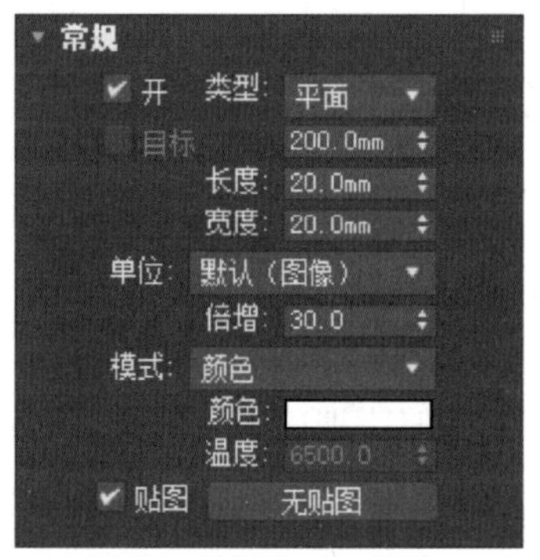

图 3-1-16 “常规”卷展栏

（3）宽度。灯光的高度。

（4）倍增。“VRay”灯光的强度。

2.“选项”卷展栏

“选项”卷展栏如图 3-1-17 所示。

（1）投射阴影。控制是否对物体的光照产生阴影。

（2）双面。勾选该复选框可以使正反面同时发光。

（3）不可见。勾选该复选框可以不显示光源的形状。

图 3-1-17 “选项”卷展栏

（4）遮挡其他灯光。控制其他灯光是否穿过当前发光体。

（5）影响漫反射。控制影响物体材质属性的漫反射。

（6）影响高光。控制影响物体材质属性的高光。

（7）影响反射。勾选该复选框后，灯光将对物体的反射区进行光照，影响物体反射。

（8）影响大气。加强光在雾气中的影响。

一、创建文件

打开本任务素材“餐厅 start.max”文件，观察各视口中物体模型的位置关系，打开效果如图 3-1-18 所示。

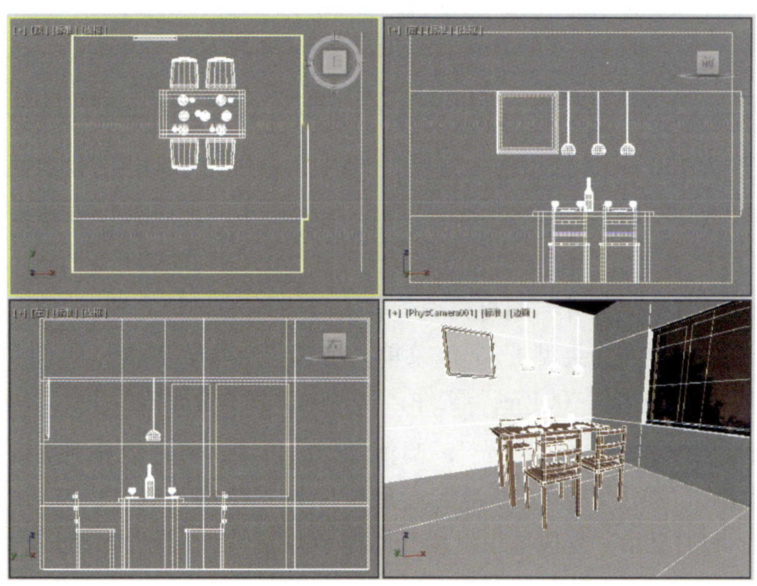

图 3-1-18　打开文件

提示

由于不同计算机的系统设置不同，素材源文件复制到其他计算机上可能会出现找不到贴图路径的问题，快速解决这个问题的方法如下：

选择“文件”→“参考”→“资源追踪...”→右击有问题贴图项→“设置路径...”→通过弹出的浏览窗口，找到提供的素材文件夹→“使用路径”。

二、布光及灯光参数设置

1. 在前视图中创建 1 个“VRay 灯光”（在“常规”卷展栏中设置灯光长度为 1 100 mm、宽度为 1 000 mm、倍增为 0.1；在“选项”卷展栏中取消勾选“投射阴影”复选框，勾选“不可见”复选框），即灯光 1，参数设置如图 3-1-19 所示，并适当调整灯光的位置。

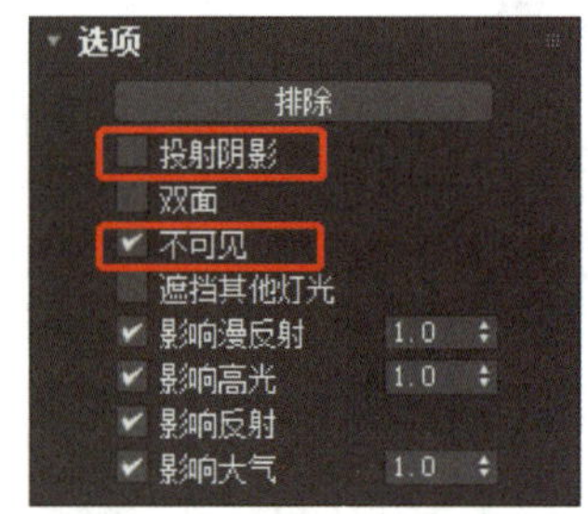

图 3-1-19　设置灯光 1 参数

2. 在顶视图中创建 1 个“VRay 灯光”（在“常规”卷展栏中设置灯光长度为 500 mm、宽度为 150 mm、倍增为 1.5；在“选项”卷展栏中勾选“投射阴影”和“不可见”复选框），即灯光 2，参数设置如图 3-1-20 所示。调整其位置到桌面以上，吊灯以下。

3. 在前视图中创建 1 个“目标灯光”作为墙壁画的射灯光源，展开“常规参数”卷展栏中的“灯光分布（类型）”下拉菜单，选择“光度学 Web”（见图 3-1-21），然后在通道中加载素材中的“001.ies”文件，其强度参数设置如图 3-1-22 所示。

4. 在顶视图中创建 3 个“泛光”，调整灯光的位置，将它们分别摆放到 3 个吊灯的球心位置（在“强度 / 颜色 / 衰减”卷展栏中设置倍增为 0.01，勾选“远距衰减”中的“使用”和“显示”复选框，设置开始为 80 mm、结束为 200 mm），参数设置如图 3-1-23 所示。

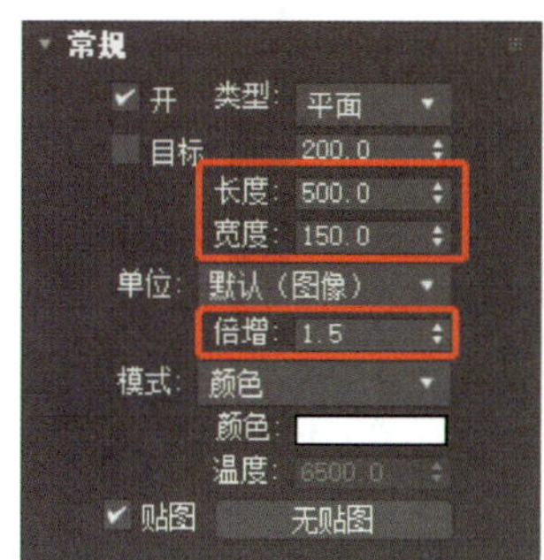

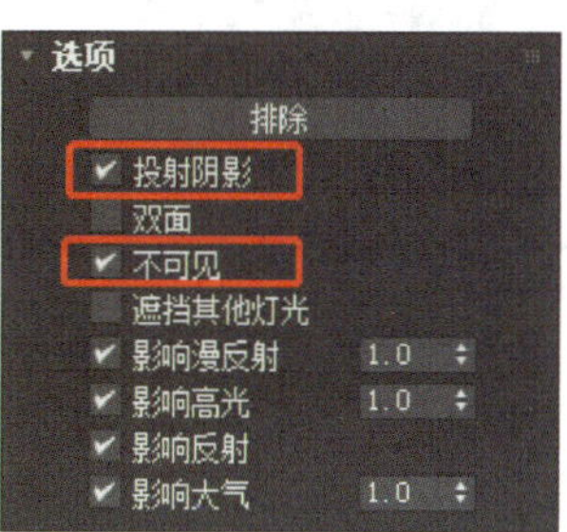

图 3-1-20　设置灯光 2 参数

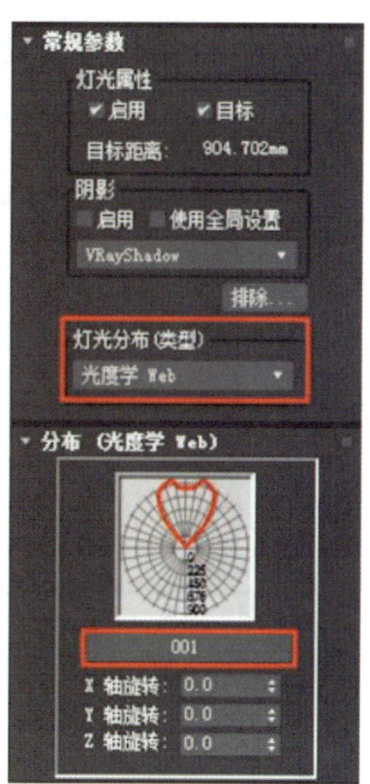

图 3-1-21　选择“光度学 Web”

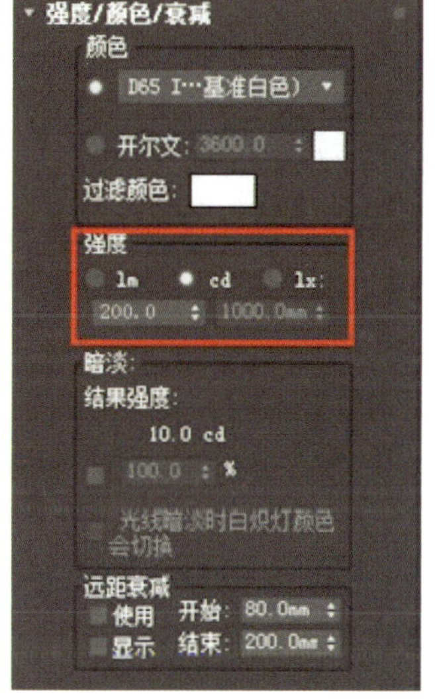

图 3-1-22　设置强度参数

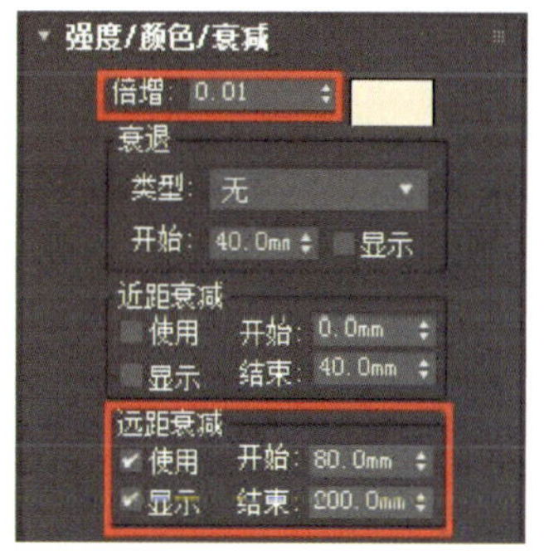

图 3-1-23　设置“泛光”灯参数

三、渲染及效果图保存

1. 按“F9”键测试渲染摄影机视图，如图 3-1-24 所示。

2. 单击渲染窗口上的快捷工具按钮，在弹出的对话框中选择保存类型为“*.jpg”，设置好文件名后单击“保存”按钮。

图 3-1-24　摄影机视图渲染窗口

提示

三点照明就是通过 3 个光源为场景提供照明，分别是主光源、背光源和辅光源。主光源是场景中最重要的光源，是场景中主要灯光的提供者，还是场景中投射阴影的主要灯光。背光源主要用于将对象从其他背景中分离出来，以展现更深的场景，亮度要小于主光源亮度的 1/2，一般不设置阴影。辅光源是主光源的补充，用来照亮主光源漏掉的黑色区域。

任务 2　儿童自行车材质渲染

学习目标

1. 能叙述 3ds Max 2022 中涉及的材质的种类及作用。
2. 能按要求完成常用材质的参数设置。
3. 能分析场景中物体各部分的材质，并恰当设置其参数。

完成如图 3-2-1 所示儿童自行车效果图的制作。通过对模型各部分零部件材质的分析，设置各零部件的材质参数并对应赋予模型。结合之前学过的灯光知识为场景添加光源，照亮场景中的物体并为渲染输出烘托气氛。

图 3-2-1　儿童自行车效果图

一、材质的作用及应用流程

1. 材质的作用

材质可以表现物体的颜色、质地、纹理、透明度和光泽等特性。通过材质的应用可以模拟现实世界中各种物体的外观。

2. 材质的应用流程

（1）打开“材质编辑器”。

（2）选择 1 个材质球，指定材质名称。

（3）选择材质类型。

（4）设置材质参数，设置漫反射颜色、光泽度及不透明度等。

（5）将材质应用于对象。

提示

在材质的应用过程中，有些特殊材质如金属、透明物体、凹凸物体、表面有图案物体等，需要进入贴图通道中进行设置。有的物体表面的图案是有方向的，这样的物体要在赋予它们材质前结合物体的形状对其应用 UV 贴图坐标。

二、材质编辑器

1.“材质编辑器”的打开方法

“材质编辑器”的打开方法有以下 3 种。

（1）菜单方式。单击“渲染”→“材质编辑器”→“精简材质编辑器...”，如图 3-2-2 所示。

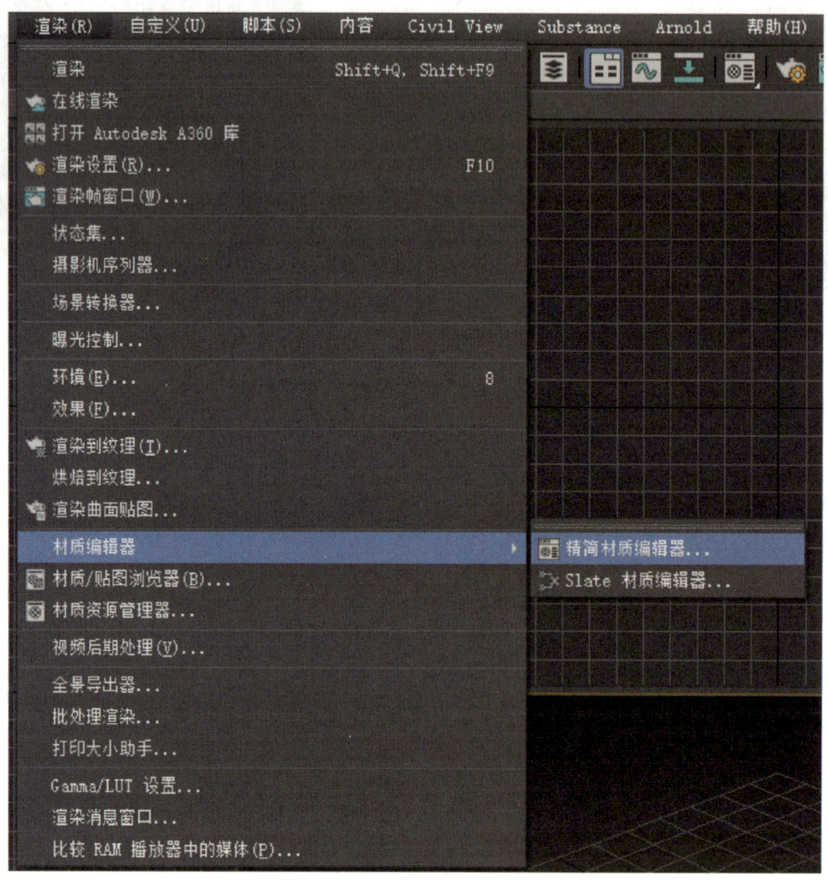

图 3-2-2 打开“材质编辑器”

（2）图标方式。单击主工具栏中的“材质编辑器”按钮。

（3）快捷键方式。在英文输入状态下按“M”键。

2.“材质编辑器”的组成

“材质编辑器”对话框包括菜单栏、材质示例窗、工具栏和参数控制区，如图 3-2-3 所示。

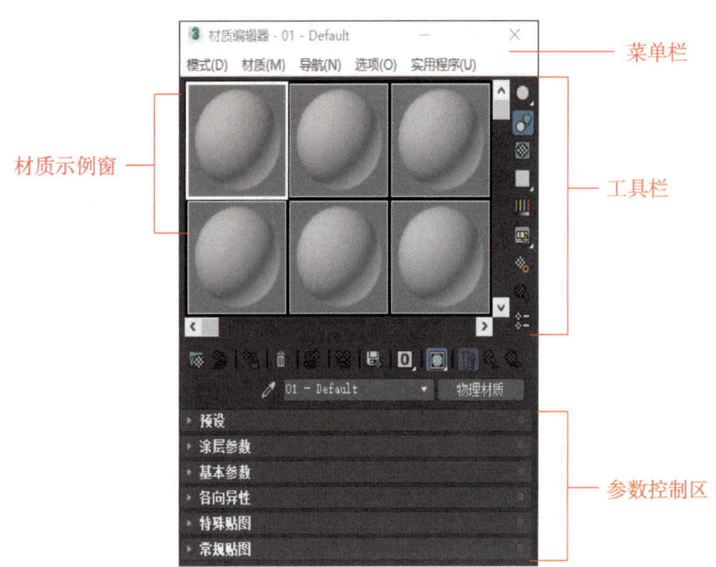

图 3-2-3 “材质编辑器”对话框

工具栏中重要工具的名称、图标及作用见表 3-2-1。

表 3-2-1　工具栏中重要工具的名称、图标及作用

名称	图标	作用
获取材质		打开“材质 / 贴图浏览器”对话框
将材质放入场景		更新已经应用于对象的材质
将材质指定给选定对象		将材质指定给选定的对象
重置贴图 / 材质为默认设置		删除已经修改过的所有属性
生成材质副本		在选定的示例图中创建当前材质的副本
使唯一		将实例化的材质设置为独立的材质
放入库		将当前材质保存到临时库中
材质 ID 通道		为后期制作设置唯一的 ID 通道
视图中显示明暗处理材质		在视图对象上显示 2D 材质贴图
显示最终结果		在实例图中显示应用的所有层次

续表

名称	图标	作用
转到父对象		从子对象返到它的父层级
转到下一个同级项		同一层级材质之间的跳转
采样类型		选择示例窗口显示类型：球体、圆柱体和立方体
背光		打开或关闭示例窗中的背景灯光
背景		在材质后面显示方格背景图，能够更好地观察带有反射和透明的材质
采样 UV 平铺		为示例窗的贴图设置 UV 平铺显示
视频颜色检查		检查当前材质中 NTSC 和 PAL 制式不支持的颜色
生成预览		用于产生、浏览和保存材质预览渲染
选项		打开“材质编辑器选项”对话框，可以启用材质动画、加载自定义背景、定义灯光亮度或颜色
按材质选择		选定场景中所有使用该材质的模型
材质 / 贴图导航器		打开“材质 / 贴图导航器”对话框，并显示当前材质所有图层

三、常用材质

1. 物理材质

物理材质的“预设”卷展栏如图 3-2-4 所示。

各预设的名称、作用及图示见表 3-2-2。

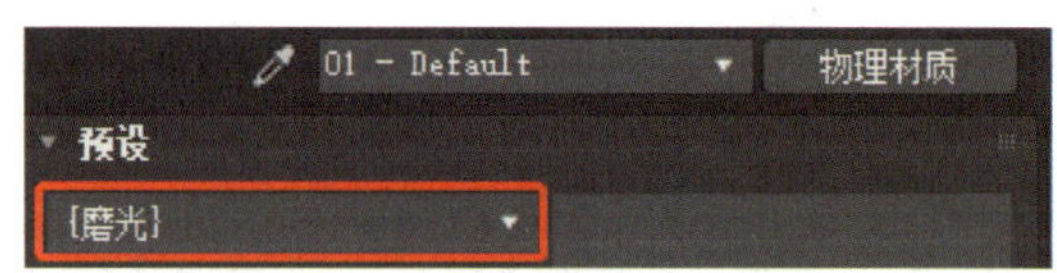

图 3-2-4 “预设”卷展栏

表 3-2-2　各预设的名称、作用及图示

类别	名称	作用	图示
磨光	光泽绘制	用于设置有光泽磨光的材质	
	缎子般绘制	用于设置有缎子般磨光的绘制材质	
	无光绘制	用于设置有无光磨光的绘制材质	
	油漆光泽的绘制	用于设置顶部有油漆涂层的绘制材质	
非金属材质	缎子般油漆的木材	用于设置有反射且粗糙度中等的缎子般磨光的木材	
	光滑油漆的木材	用于设置有强烈反射、低粗糙度的光滑磨光木材	

续表

类别	名称	作用	图示
非金属材质	粗糙水泥	设置用刷子或扫帚来磨光水泥，给予非常粗糙的外观	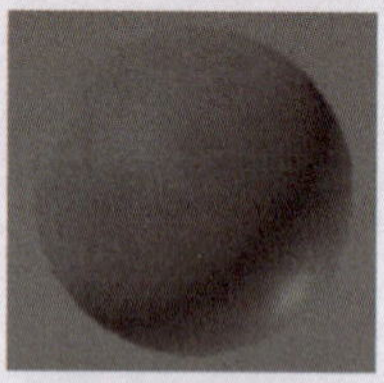
	精练水泥	设置有光泽反射的精练水泥	
	抛光花岗岩	设置抛光花岗岩台面材质	
	上光陶瓷	设置有光滑磨光的上光陶瓷	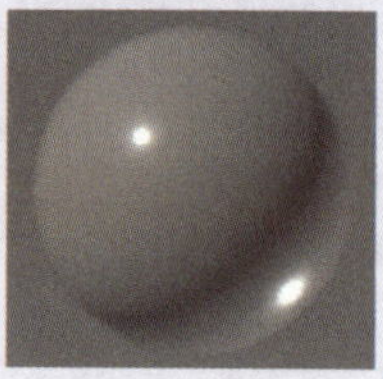
	光滑塑料	设置光滑磨光的塑料	
	无光塑料	设置无光、粗糙磨光的塑料	
	砖瓦	设置模拟真实砖瓦视觉效果的材质	

续表

类别	名称	作用	图示
非金属材质	橡皮	设置有非常微弱反射效果的深色橡皮	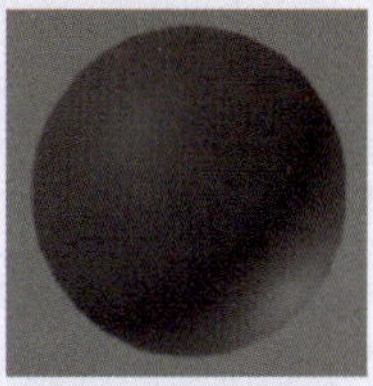
透明材质	玻璃 （薄几何体）	设置窗框玻璃被模拟为单一面，没有折射效果	
	玻璃 （实心几何体）	设置实心对象的折射玻璃，需要有相应定向法线的入射面和出射面	
	冻结玻璃 （物理）	设置实心对象的冻结玻璃，在对象内部模糊和散射光线	
金属	刷过的金属	设置刷过的金属表面，各向异性反射，刷子磨光的颗粒是由噪波贴图调制粗糙度而创建	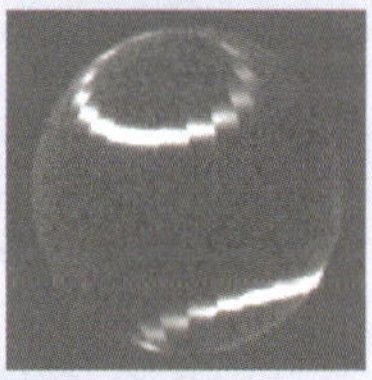
	抛光铝	设置有抛光磨光的铝表面	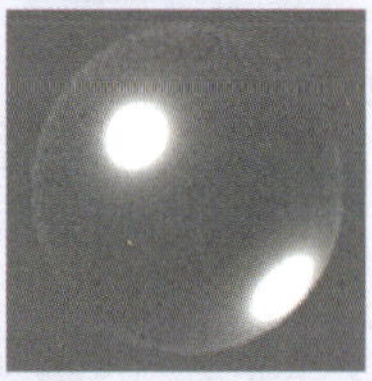
	无光铝	设置无抛光磨光的铝表面	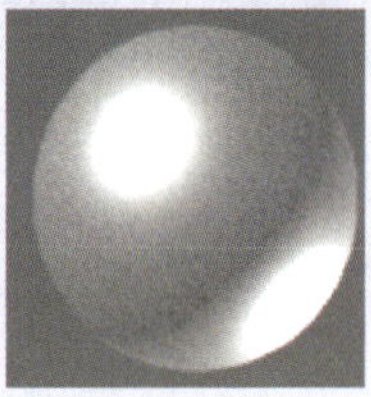

续表

类别	名称	作用	图示
金属	抛光铜	设置有高抛光磨光的铜材质	
	铜	设置普通的铜材质	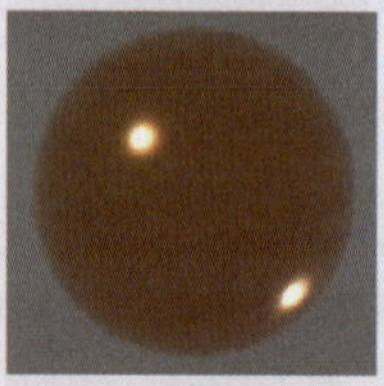
	脏铜	设置脏铜材质，并使用不同的粗糙度	
	古铜	设置非常旧和脏的铜材质	
	有式样的铜	设置有程序性刷子式样的铜材质	
	银	设置普通的银材质	
	缎面银	设置有缎子般磨光的银材质	

续表

类别	名称	作用	图示
金属	喷砂银	设置有喷砂磨光的银材质	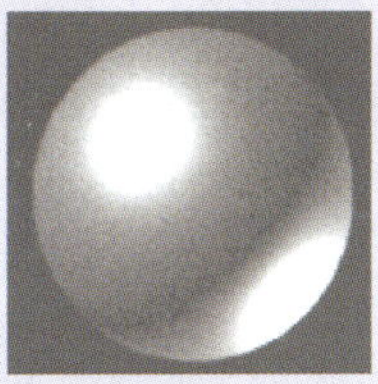
	抛光金	设置有高抛光磨光的金材质	
	金	设置普通的金材质	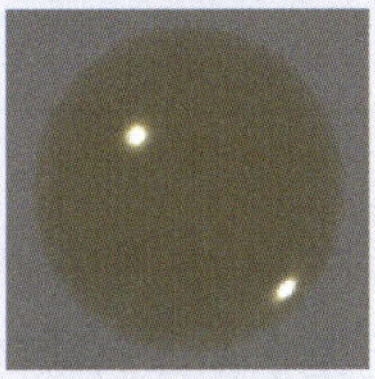
	缎面金	设置有缎子般磨光的金材质	
	无光金	设置有无光磨光的金材质	
特殊	红色跑车绘制	设置红色乳光跑车绘制，结合较强的透明涂层，演示反射颜色随自定义曲线的变化	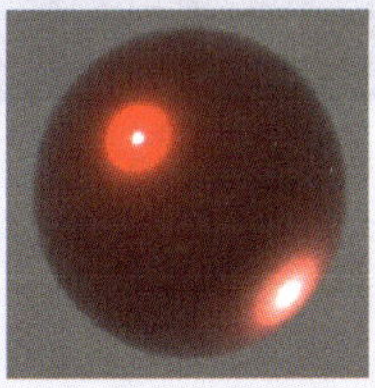

续表

类别	名称	作用	图示
特殊	蜡烛	设置蜡烛材质，有次表面散射	
	带番茄酱的热狗	演示使用彩色透明涂层来模拟热狗上的“番茄酱”材质	

2. Ink'n Paint（墨水油漆）材质

墨水油漆材质的参数面板如图 3-2-5 所示。

墨水油漆材质的参数及作用见表 3-2-3。

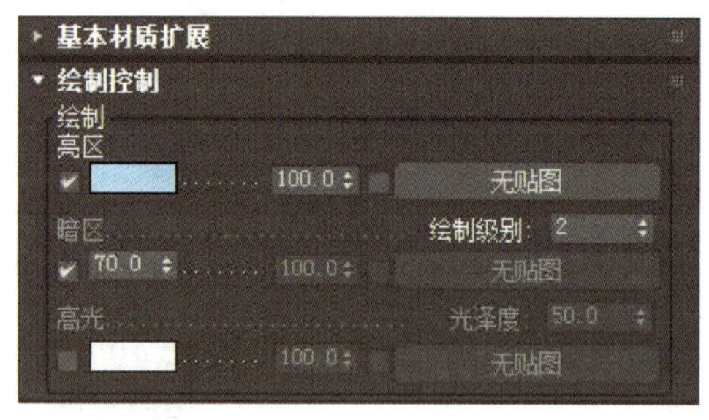

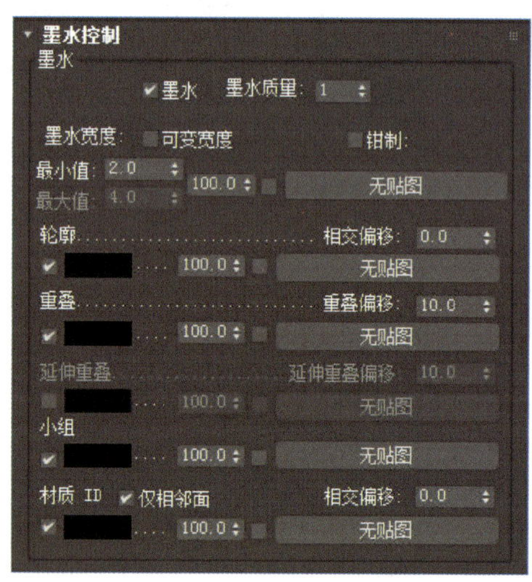

图 3-2-5　墨水油漆材质的参数面板

表 3-2-3　墨水油漆材质参数及作用

参数	作用
亮区	调整材质的固有颜色
暗区	控制材质的明暗度
绘制级别	调整颜色的色阶
高光	控制材质的高光区域
墨水	控制是否开启描边效果
墨水质量	控制边缘形状和采样值
墨水宽度	设置描边的宽度
最小值	设置墨水宽度的最小像素值
最大值	设置墨水宽度的最大像素值
可变宽度	勾选该复选框后，描边的宽度在最小值和最大值之间变化
轮廓	使物体外侧产生轮廓线
重叠	当物体自身相交时起作用
小组	勾画物体表面光滑组部分的边缘
材质 ID	勾画不同材质 ID 之间的边界

墨水油漆材质的渲染效果如图 3-2-6 所示。

3. 多维 / 子对象材质

“多维 / 子对象基本参数”卷展栏如图 3-2-7 所示。

多维 / 子对象基本参数及作用见表 3-2-4。

图 3-2-6　墨水油漆材质的渲染效果

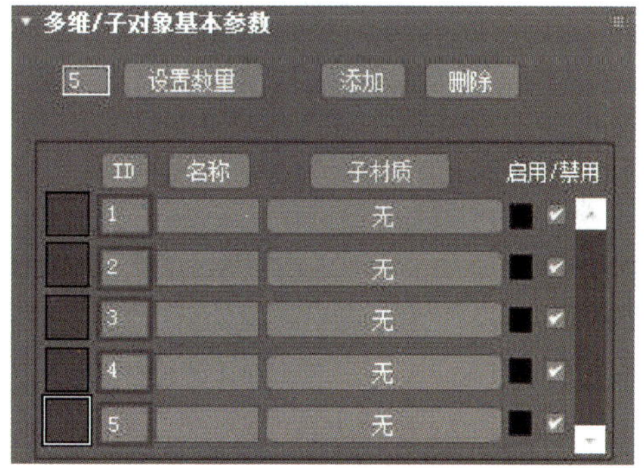

图 3-2-7　“多维 / 子对象基本参数”卷展栏

表 3-2-4　多维 / 子对象基本参数及作用

参数	作用
设置数量	打开“设置材质数量”对话框 设置材质数量 材质数量：10 确定 取消
添加	每单击 1 次该按钮可以添加 1 个子材质
删除	每单击 1 次该按钮可以删除 1 个子材质
ID	将子材质按其编号排序
名称	将子材质按其名称排序
子材质	将子材质按其“子材质”列名称排序
启用 / 禁用	启用或禁用子材质
材质 ID （“多边形”子层级状态下）	物体材质通道的标记号，用来和对应的物体面进行匹配

多维 / 子对象材质球如图 3-2-8 所示，多维 / 子对象贴图效果如图 3-2-9 所示。

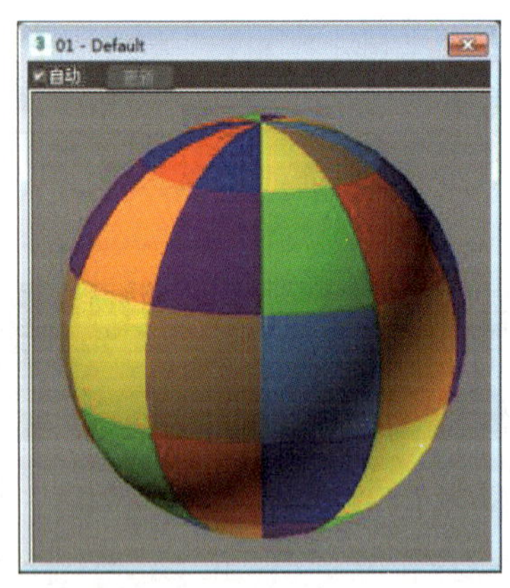

图 3-2-8　多维 / 子对象材质球

图 3-2-9　多维 / 子对象贴图效果

4. VRayMtl 材质

VRayMtl 材质的参数面板如图 3-2-10 所示。

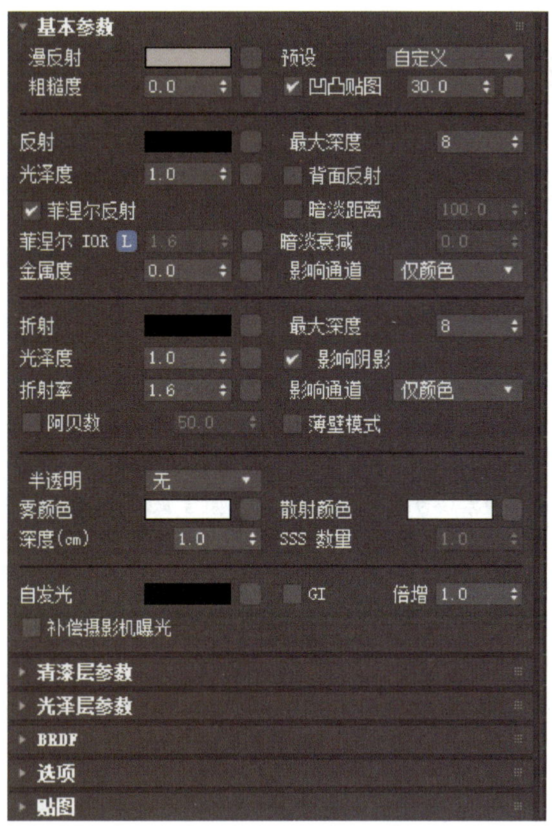

图 3-2-10　VRayMtl 材质的参数面板

VRayMtl 材质的重要参数及作用见表 3-2-5。

表 3-2-5　VRayMtl 材质的重要参数及作用

参数	作用
漫反射	决定物体表面的颜色
粗糙度	模拟物体表面粗糙程度，数值越大，粗糙效果越明显
凹凸贴图	模拟物体表面的凹凸程度，数值越大，凹凸效果越明显
预设	根据系统预设的材质选择相应选项即可
反射	用颜色的灰度来控制物体表面反射的强弱。颜色越白反射越强，颜色越黑反射越弱
光泽度	表示材质的光泽度大小。值为 0 表示非常模糊的反射效果。值为 1 时，将产生非常明显的完全反射
菲涅尔反射	勾选该复选框后，反射强度将由光线与物体表面的入射角决定，入射角越小，反射越强

续表

参数	作用
金属度	控制材质的反射效果，绝缘体为 0.0，金属为 1.0
最大深度	指反射次数，数值越大，效果越真实，渲染时间越长
折射	用颜色的灰度来控制折射效果。颜色越白，物体越透明，进入物体内部的折射光线越多。颜色越黑，物体越不透明，进入物体内部的折射光线越少
光泽度	物体的折射模糊程度，数值越小，模糊程度越高
折射率	透明物体的折射率
最大深度	物体对光线折射的最大次数
影响阴影	勾选该复选框后，透明物体将产生真实的阴影
半透明	半透明物体分为三类：无，体积（用于液体、玻璃、云彩等），SSS（用于皮肤、蜡、玉器等）
雾颜色	透明物体的颜色
深度	烟雾的浓度
散射颜色	可以附加着色 SSS 效果
SSS 数量	设置光线在物体内部的色散而呈现的半透明效果
自发光	设置自发光颜色
倍增	设置自发光的强度

一、打开文件

打开本任务素材“三轮车 start.max”文件。

二、电镀材质

1. 按“M”键打开“材质编辑器”。

2. 选择第 1 个材质球，将材质球名称改为“电镀”，明暗器基本参数选择“（M）金属”，如图 3-2-11 所示。

3. 单击“贴图”，在“贴图”卷展栏中勾选“反射”复选框，然后单击该项后面的“无贴图”按钮，如图 3-2-12 所示。

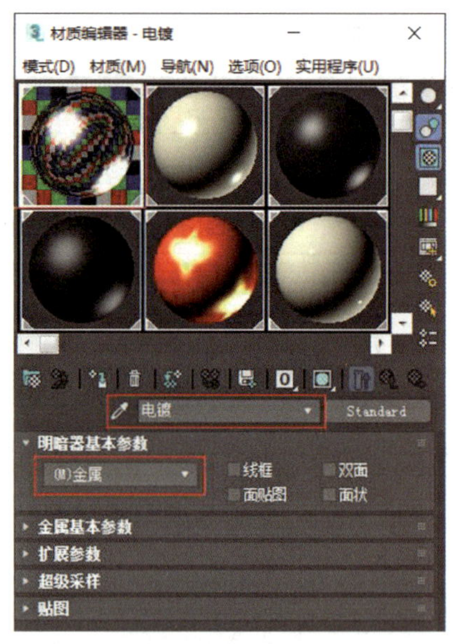

图 3-2-11　材质编辑器

4. 在弹出的“材质 / 贴图浏览器”对话框中双击“光线跟踪”。系统默认的反射数量是 10，我们可以结合场景中的实际需要调整反射数量的大小，如图 3-2-13 所示。

贴图

	数量	贴图类型
环境光颜色	100	无贴图
漫反射颜色	100	无贴图
高光颜色	100	无贴图
高光级别	100	无贴图
光泽度	100	无贴图
自发光	100	无贴图
不透明度	100	无贴图
过滤色	100	无贴图
凹凸	30	无贴图
✔ 反射	100	无贴图
折射	100	无贴图
置换	100	无贴图

图 3-2-12　“贴图”菜单

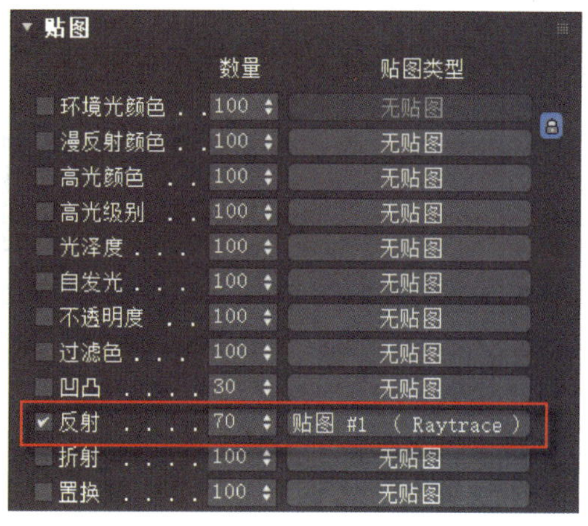

图 3-2-13　调整反射数量

5. 单击“材质编辑器”工具栏中的“转到父对象”按钮，将反射数量改为 70。

6. 选中场景中的车把及车铃等，然后单击“将材质指定给选定对象”按钮，将当前材质指定给选定的物体。

提示

在菜单栏中执行“自定义”→“自定义默认设置切换器”命令，可以切换不同的渲染器与用户界面方案。本案例中采用的选项如图 3-2-14 所示。

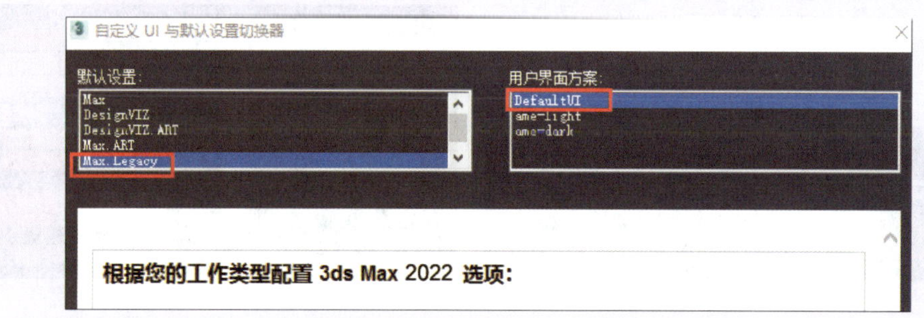

图 3-2-14　自定义默认设置切换器

三、塑料材质

1. 选择第 2 个材质球，将其改名为“塑料”，明暗器基本参数选择“（B）Blinn”，如图 3–2–15 所示，将漫反射颜色设置为红 241、绿 236、蓝 206。

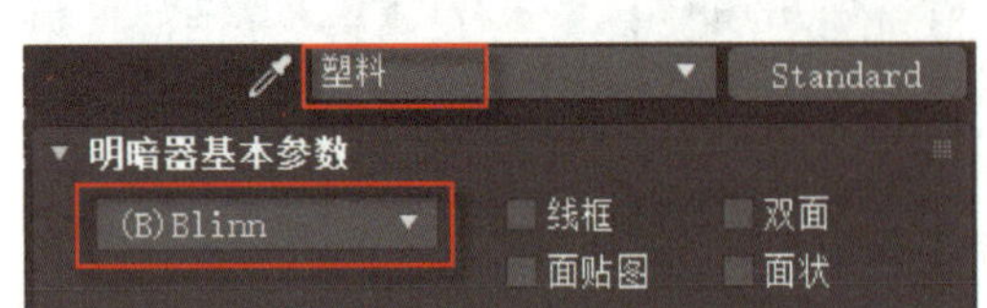

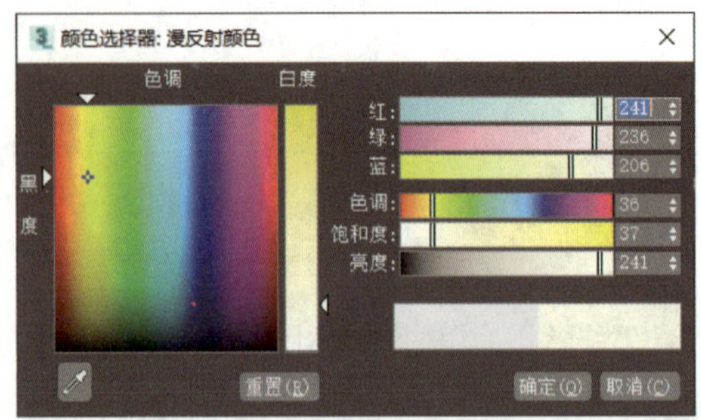

图 3–2–15 “Blinn”明暗器及漫反射颜色

2. 打开“Blinn 基本参数”卷展栏，在“反射高光”中设置高光级别为 80、光泽度为 50，如图 3–2–16 所示。

3. 选中场景中的车座和轮胎，单击“将材质指定给选定对象”按钮，将当前材质指定给选定的物体。

图 3–2–16 “反射高光”参数

四、电镀漆材质

1. 选择第 3 个材质球，将名称改为“车架”，明暗器基本参数选择“（ML）多层”，如图 3–2–17 所示。

2. 展开“多层基本参数”卷展栏，将漫反射颜色设置为红 255、绿 0、蓝 0，如图 3–2–18 所示。

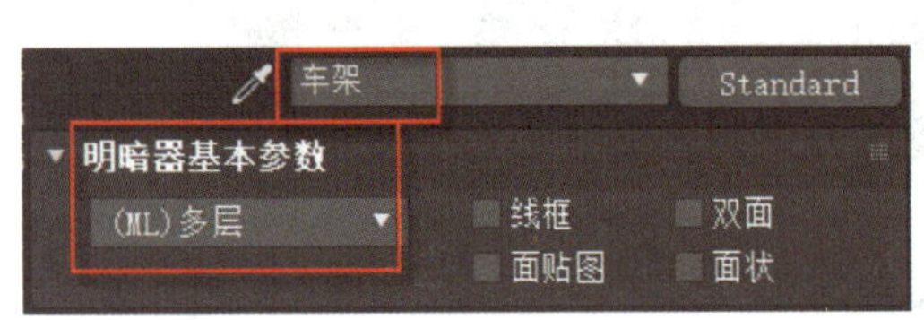

图 3–2–17 （ML）多层

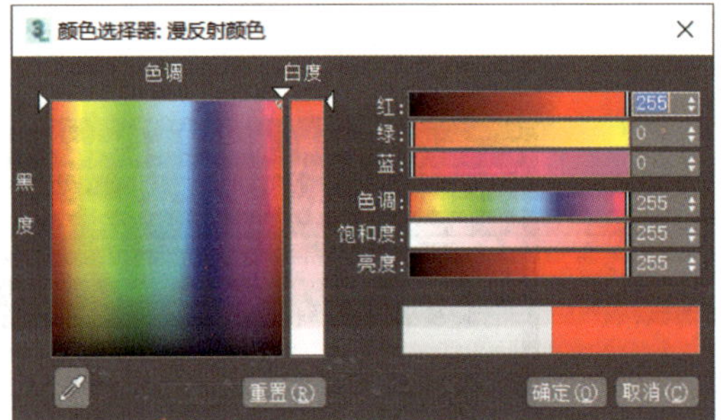

图 3–2–18 漫反射颜色

3. 将“第一高光反射层”的颜色设置为红 245、绿 209、蓝 67，如图 3–2–19 所示；然后设置级别为 200、光泽度为 80，如图 3–2–20 所示。

4. 在“多层基本参数”卷展栏中，将“第二高光反射层”的颜色设置为红 245、绿 225、蓝 111，如图 3-2-21 所示；然后设置级别为 200、光泽度为 80，如图 3-2-22 所示。

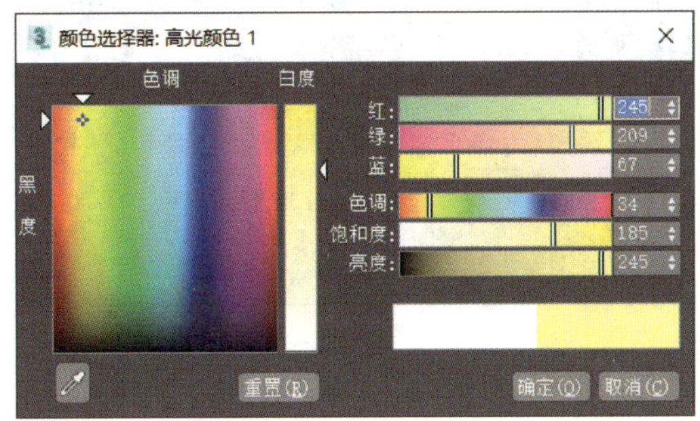

图 3-2-19 “第一高光反射层”颜色

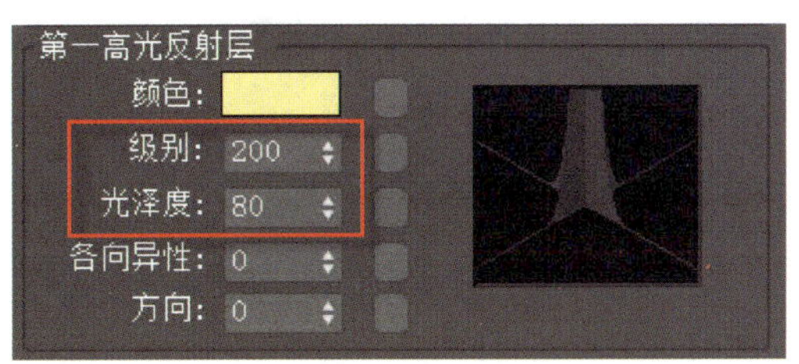

图 3-2-20 “第一高光反射层”参数

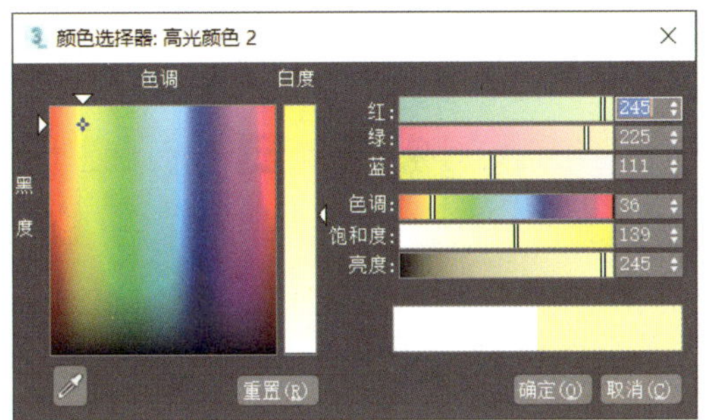

图 3-2-21 “第二高光反射层”颜色

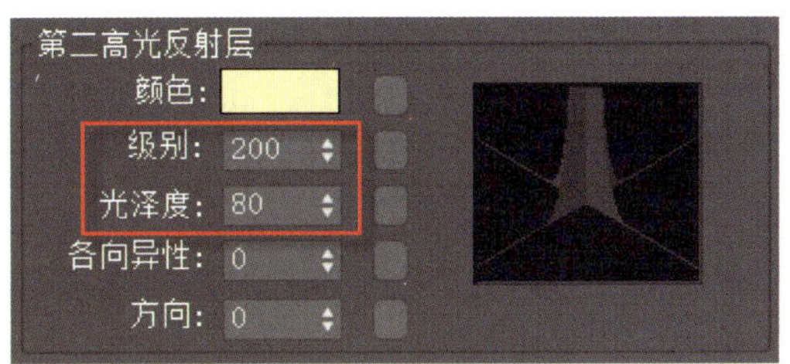

图 3-2-22 “第二高光反射层”参数

5. 选中场景中的车架，然后单击“将材质指定给选定对象”按钮，将当前材质指定给选定的物体。

五、硬塑材质

1. 选择第 4 个材质球，将其名称改为“脚蹬”，明暗器基本参数选择“(B) Blinn”，如图 3-2-23 所示。

2. 漫反射颜色设置为红 67、绿 67、蓝 67，如图 3-2-24 所示。

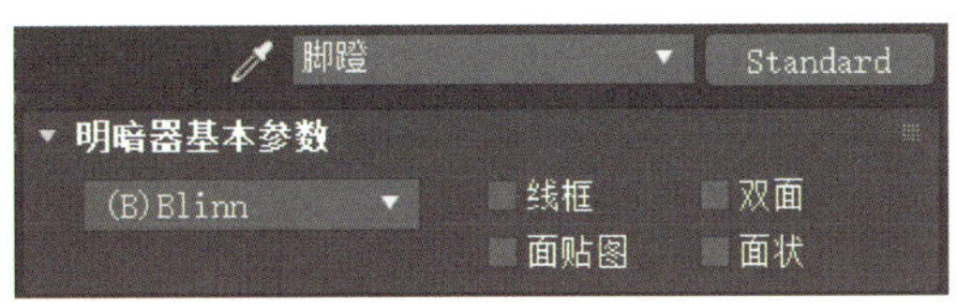

图 3-2-23 “Blinn”明暗器

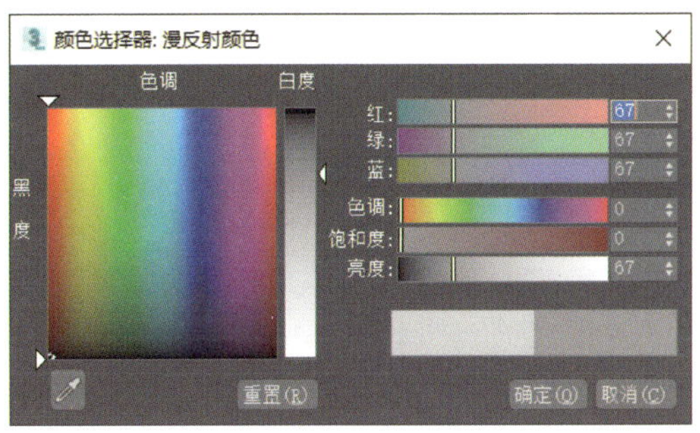

图 3-2-24 漫反射颜色

3. 打开“Blinn 基本参数”卷展栏，在“反射高光”中设置高光级别为 80、光泽度为 60，如图 3-2-25 所示。

4. 选中场景中的脚蹬，单击“将材质指定给选定对象”按钮，将当前材质指定给选定的物体。

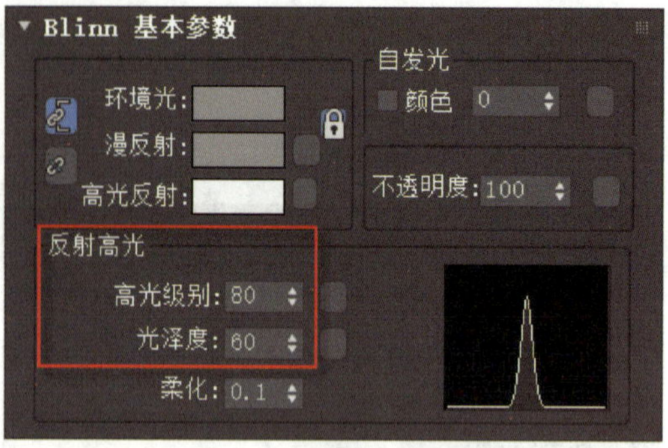

图 3-2-25 “反射高光”参数

六、漆面材质

1. 选择第 5 个材质球，将名称改为“挡板连接”，明暗器基本参数选择“（B）Blinn”。

2. 漫反射颜色设置为红 233、绿 135、蓝 29。

3. 在“反射高光”中设置高光级别为 80、光泽度为 50。

4. 选中场景中的挡板连接，单击“将材质指定给选定对象”按钮，将当前材质指定给选定的物体。

七、渲染及效果图保存

1. 执行菜单中的“文件”→“保存”命令。

2. 通过以上材质设置，场景中的所有物体都有了属于自己的材质，可以单击主工具栏中的“渲染产品”按钮，进行渲染输出。

3. 单击渲染窗口中的按钮，在弹出的“保存图像”对话框中选择保存类型为“*.jpg”，设置好文件名后单击“保存”按钮。

提示

在给场景中的物体指定材质前，可以先将场景中的物体分类成组，这样既能提高工作效率，又能减少材质球的浪费。

项目四
基础动画

任务 1　制作冰激凌融化动画

1. 能完成多边形对象的转换。
2. 能熟练使用“编辑多边形”中“插入”“挤出”“倒角”命令。
3. 熟悉修改器堆栈的位置、作用及各按钮功能。
4. 能叙述“FFD”修改器的作用，合理选用“FFD”修改器改变对象形状。
5. 能为对象加载“融化”修改器，并利用“融化”修改器改变模型形状使其更加逼真。

完成如图 4-1-1 所示的冰激凌融化动画效果。通过基本图形的创建，利用前面已学习过的“放样”命令，通过调整“缩放”“扭曲”参数，加载“FFD”修改器来创建冰激凌模型。通过设置自动关键点、“FFD”修改器、“融化”修改器的参数，完成冰激凌融化的动画效果。

图 4-1-1　冰激凌融化动画效果

一、多边形建模

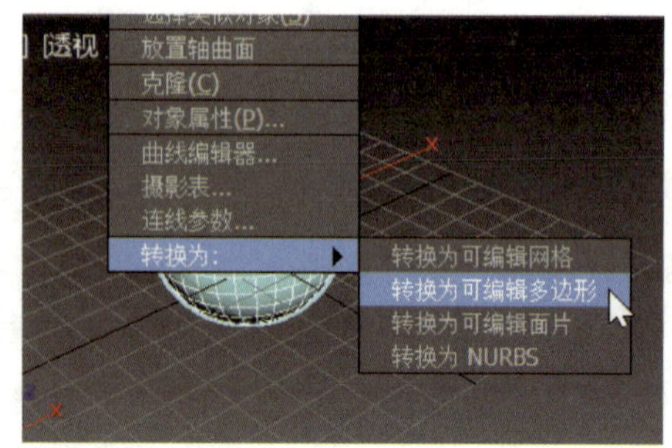

图 4-1-2　在视图中转换

多边形建模是 3ds Max 2022 高级建模中的一种，使用多边形建模可以进入对象的“顶点”“边”“边界”“多边形”和“元素”子级别下对其进行编辑。多边形物体不是直接创建出来的，而是通过塌陷方式制作出来的。将对象塌陷为多边形的方法主要有以下 3 种。

1. 右击要塌陷的对象，选择“转换为:”→“转换为可编辑多边形”，如图 4-1-2 所示。

2. 在“修改”面板中，右击“修改器列表”下面的对象名称，选择“可编辑多边形”，如图 4-1-3 所示。

3. 选中对象，在“修改器列表”中加载“编辑多边形”修改器，如图 4-1-4 所示。

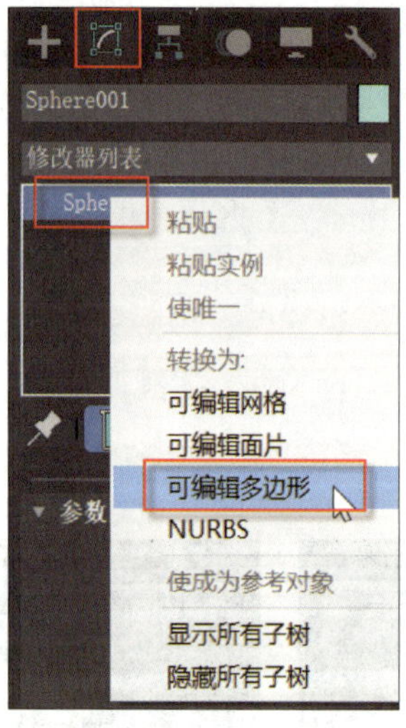

图 4-1-3　右击对象名称，选择“可编辑多边形”

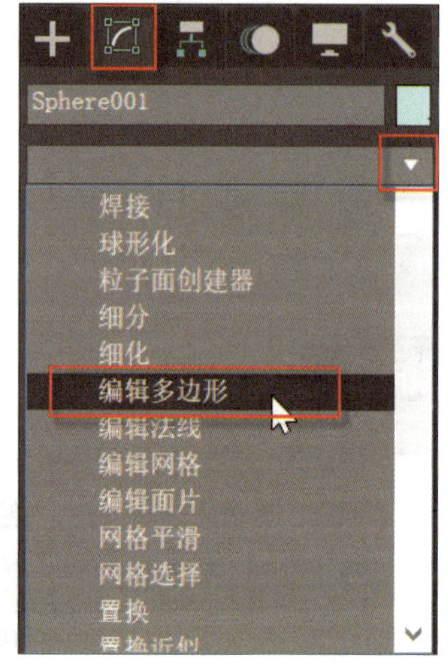

图 4-1-4　加载“编辑多边形”修改器

二、编辑多边形对象

1. “编辑多边形”修改器与“可编辑多边形”之间的区别

“编辑多边形”是一个修改器，具有修改器的所有属性，可以在修改器堆栈中调整

“编辑多边形”修改器和其他修改器的顺序以及灵活切换启用 / 禁用状态，还可以修改基本体的原始参数。“编辑多边形”修改器的操作模式分为模型和动画两种，可在“编辑修改器模式”卷展栏中切换。

转换为“可编辑多边形”是塌陷方式中的一种，塌陷后基础模型的原始参数不可以修改，这种方式可以节约系统资源。“可编辑多边形”比“编辑多边形”修改器增加了“细分曲面”和“细分置换”卷展栏。图 4-1-5a 所示为加载“编辑多边形”修改器后的修改器堆栈和各卷展栏，图 4-1-5b 所示为转换为“可编辑多边形”后的修改器堆栈和各卷展栏。

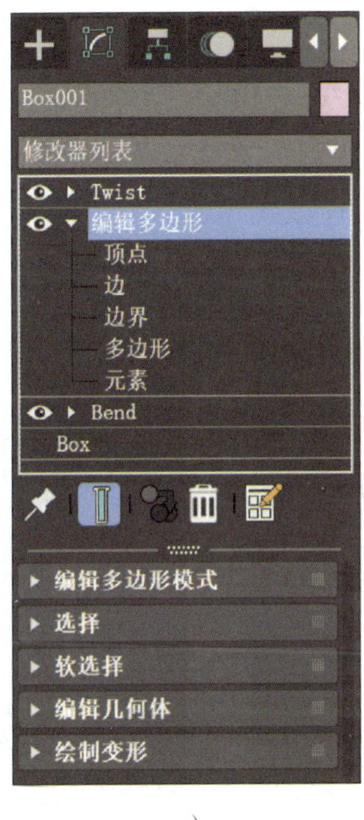

a）

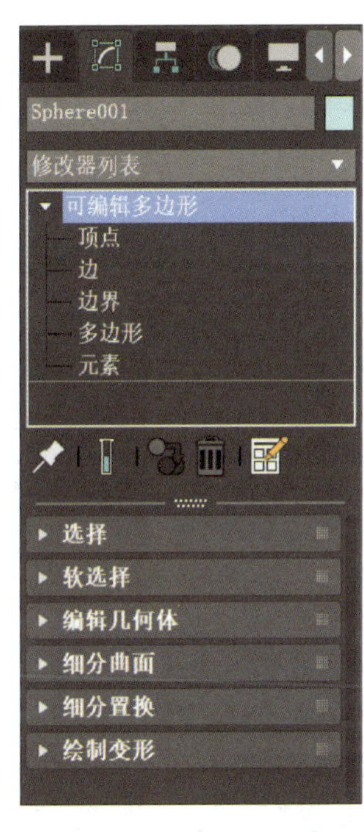

b）

图 4-1-5 “编辑多边形”和“可编辑多边形”的区别
a）“编辑多边形”修改器　b）转换为“可编辑多边形”

2. 子物体层级

多边形建模主要是对子物体层级的项目进行编辑，子物体层级在修改器堆栈中可以查看，分为“顶点”“边”“边界”“多边形”和“元素”。

（1）顶点。顶点是位于相应位置的点，它们用于定义构成多边形对象的其他子对象的结构。当移动或编辑顶点时，它们构成的几何体也会受影响。顶点也可以独立存在，这些孤立顶点可以用来构建其他几何体，但在渲染时，它们是不可见的。当定义为“顶点”子集时，可以选择单个或多个顶点，并且使用标准方法移动它们。

（2）边。边是连接两个顶点的直线，它可以形成多边形的边。边不能由两个及以

上多边形共享，若由两个多边形共享，则两个多边形的法线应相邻，如果不相邻，应卷起共享顶点的两条边。当定义为“边”子集时，可以选择一条或多条边，然后使用标准方法变换。

（3）边界。边界是网格的线性部分，通常可以描述为孔洞的边缘，它通常是多边形仅位于一面时的边序列。

（4）多边形。多边形是通过曲面连接的3条或多条边的封闭序列，提供“编辑多边形”对象的可渲染曲面。当定义为“多边形”子集时，可以选择单个或多个多边形，然后使用标准方法变换。

（5）元素。元素是单个网格对象。

三、“编辑多边形”和“可编辑多边形”的共有参数卷展栏

在选择了不同的子物体层级后，“可编辑多边形”的参数设置面板也会发生相应的变化。“编辑多边形”和“可编辑多边形”的共有参数卷展栏为“选择”卷展栏、“软选择”卷展栏和“编辑几何体”卷展栏，如图4-1-6所示。

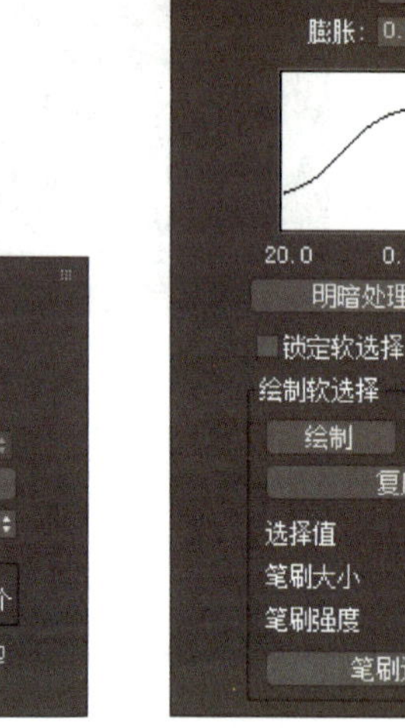

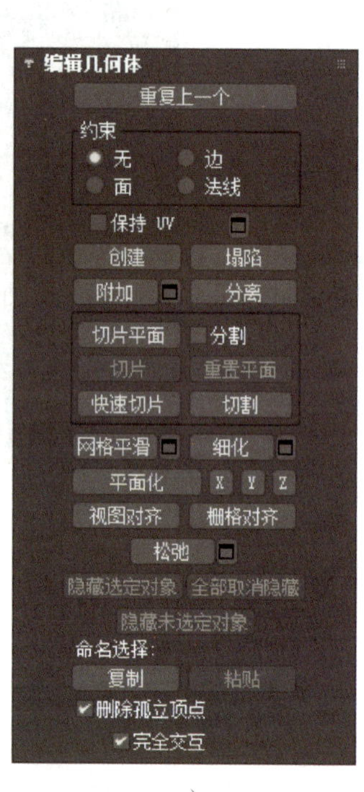

a）　　b）　　c）

图4-1-6　共有参数卷展栏
a）“选择”卷展栏　b）“软选择”卷展栏　c）“编辑几何体”卷展栏

1.“选择”卷展栏重要参数

（1）“顶点”按钮。用于访问“顶点”子对象层级。

（2）“边”按钮。用于访问“边”子对象层级。

（3）“边界”按钮。用于访问“边界”子对象层级，可从中选择构成网格中孔洞边框的一系列边。边界总是由仅在一侧有面的边组成，并均为完整循环。

（4）“多边形”按钮。用于访问“多边形”子对象层级。

（5）“元素”按钮。用于访问“元素”子对象层级，可从中选择对象中的所有连续多边形。

提示

多边形子集可以在修改器堆栈的树形结构中点选子集名称进行切换；也可以在“选择”卷展栏中点选图标进行切换；还可以用键盘上的数字进行切换，1 对应“顶点”，2 对应“边”，3 对应“边界”，4 对应“多边形”，5 对应“元素”。

（6）按顶点。该选项可以在除“顶点”级别外的其他 4 个级别中使用。勾选该复选框后，只有选择所用的顶点才能选择子对象。

（7）忽略背面。勾选该复选框后，只能选中法线指向当前视图的子对象，也就是框选目标时只能选中当前可见的目标。

（8）收缩。每单击一次该按钮，可将当前选择对象的范围向内减小一圈，如图 4–1–7 所示。

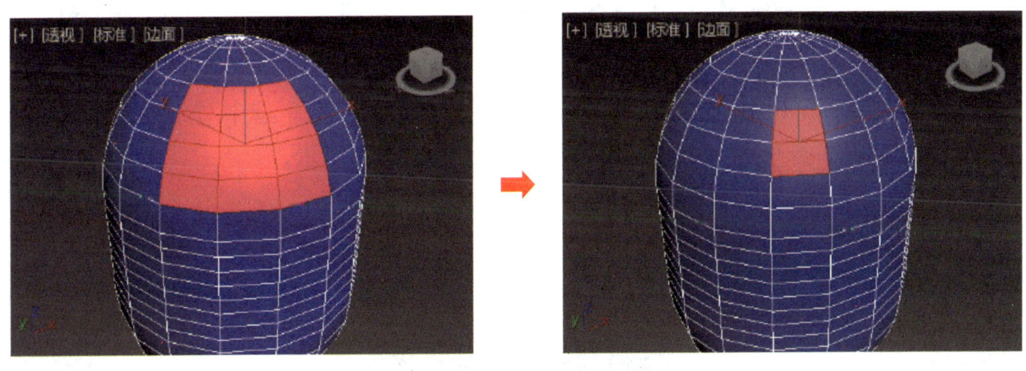

图 4–1–7　收缩

（9）扩大。与“收缩”相反，每单击一次该按钮，可将当前选择对象的范围向外增加一圈。各子集状态的“扩大”效果见表 4–1–1。

表 4-1-1　各子集状态的“扩大”效果

选择对象	扩大前	扩大后
多边形	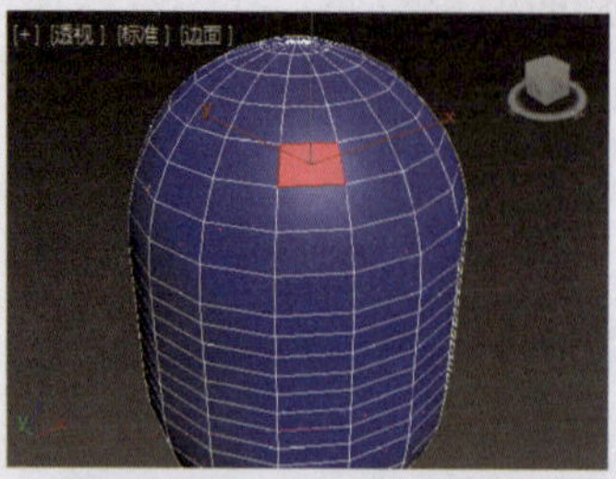 [+] [透视] [标准] [边面]	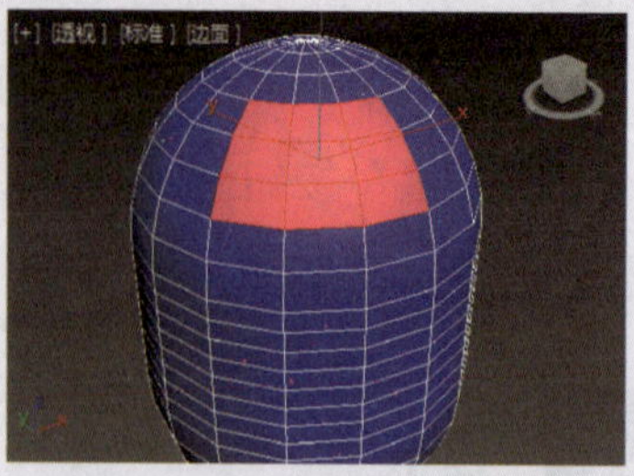 [+] [透视] [标准] [边面]
边	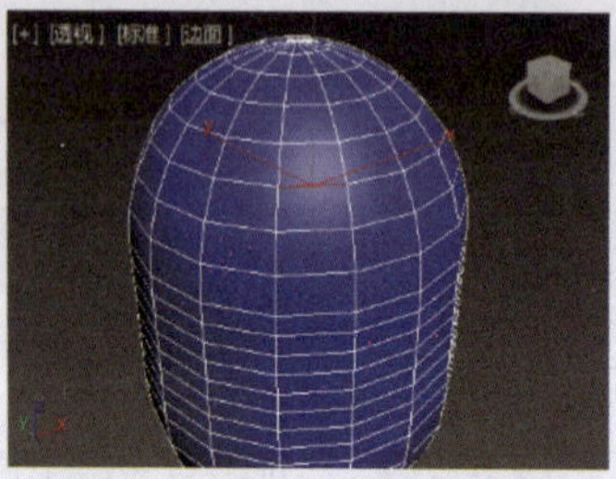 [+] [透视] [标准] [边面]	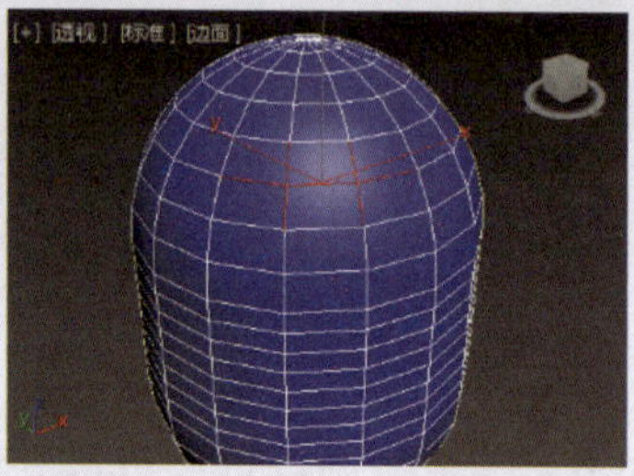 [+] [透视] [标准] [边面]
顶点	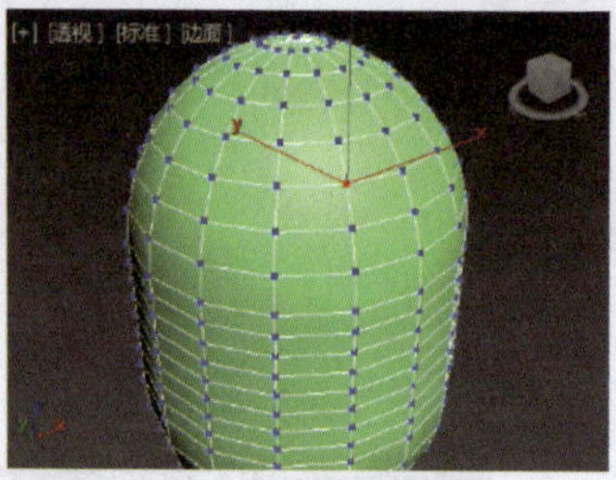 [+] [透视] [标准] [边面]	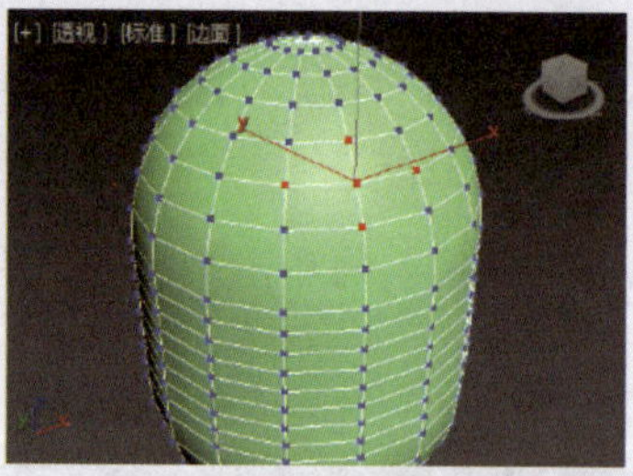 [+] [透视] [标准] [边面]

（10）环形。该工具只能在“边”和“边界”子集下使用。选中对象后，单击该按钮，可自动选择平行于当前对象的其他对象，如图 4-1-8 所示。

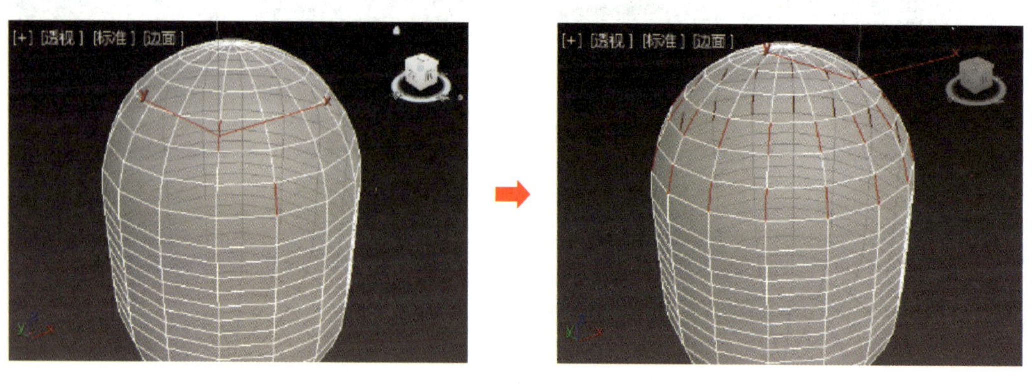

a）

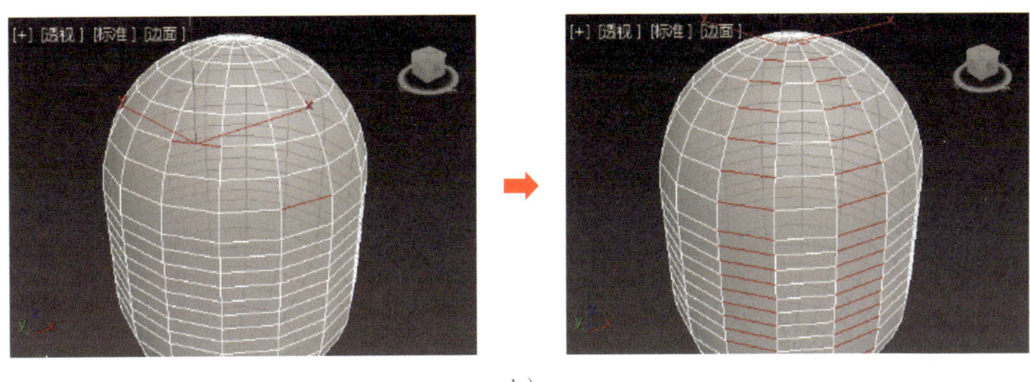

b）

图 4-1-8　环形

a）选择对象为竖列时　b）选择对象为横行时

（11）循环。该工具同样只能在“边”和“边界”子集下使用。选中对象后，单击该按钮，可自动选择与当前对象在同一曲线上的其他对象，如图 4-1-9 所示。

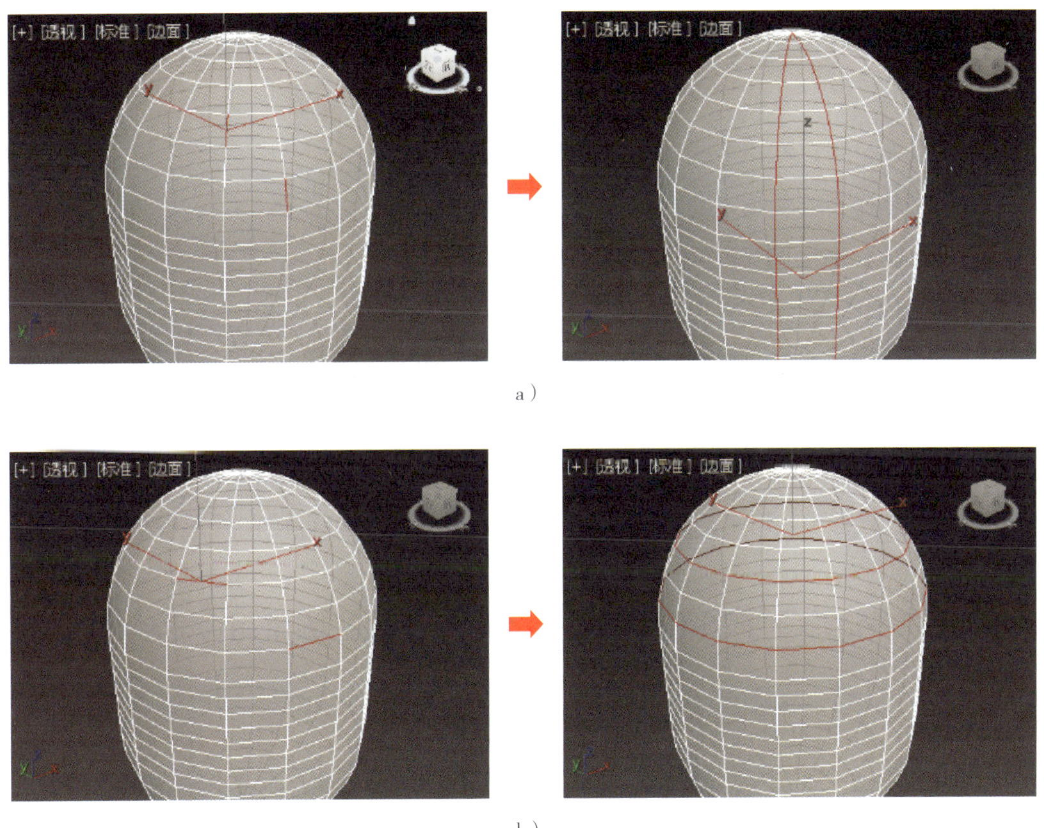

a）

b）

图 4-1-9　循环

a）选择对象为竖列时　b）选择对象为横行时

2. “软选择”卷展栏重要参数

（1）使用软选择。控制是否开启“软选择”功能。“软选择”以选中的子对象为中心向四周扩散，以放射状方式选择子对象。在对选择的部分子对象进行变换时，可以让子对象以平滑的方式进行过渡。

（2）影响背面。勾选该复选框后，那些与选定对象法线方向相反的子对象也会受到相同的影响。

（3）衰减。用以定义影响区域的范围，默认值为 20 mm。“衰减”数值越高，软选择的范围越大。

（4）收缩。设置区域的相对突出度。

（5）膨胀。设置区域的相对丰满度。

3. “编辑几何体”卷展栏重要参数

（1）创建。创建新的几何体。

（2）塌陷。用于访问“边”子对象级别。

（3）附加。使用该工具可以将场景中的其他对象加到选定的可编辑多边形中。

（4）分离。将选定的子对象作为单独的对象或元素分离出来。

（5）切割。可以在一个或多个多边形上创建出新的边。

（6）网格平滑。使选定的对象产生平滑效果。

（7）细化。增加局部密度，从而方便处理对象的细节。

（8）平面化。强制所有选定的子对象变为共面。

（9）视图对齐。使对象中的所有顶点与活动视图所在的平面对齐。

（10）栅格对齐。使选定对象中的所有顶点与活动视图所在的栅格平面对齐。

（11）删除孤立顶点。勾选该复选框后，选择连续子对象时会删除孤立顶点。

（12）完全交互。勾选该复选框后，如果更改数值，将直接在视图中显示最终的结果。

四、“多边形”子集下“编辑多边形”卷展栏的常用命令

1. 挤出

可将多边形面拉出一个高度。如果要精确设置挤出的高度，可以单击右面的“设置”按钮，然后在视图中的“挤出多边形”对话框“高度”中输入数值并单击“确定”按钮，高度为负值时，多边形向物体内部凹陷。挤出类型如图 4-1-10 所示，分为“组”“局部法线”和“按多边形”3 种，默认类型为“组”。选中如图 4-1-11 所示的多边形，按选择类型和高度正负值分类，“挤出”效果见表 4-1-2。

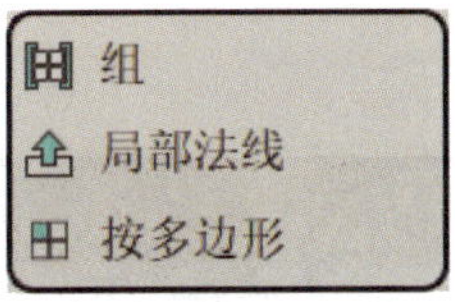

组
局部法线
按多边形

图 4-1-10　挤出类型

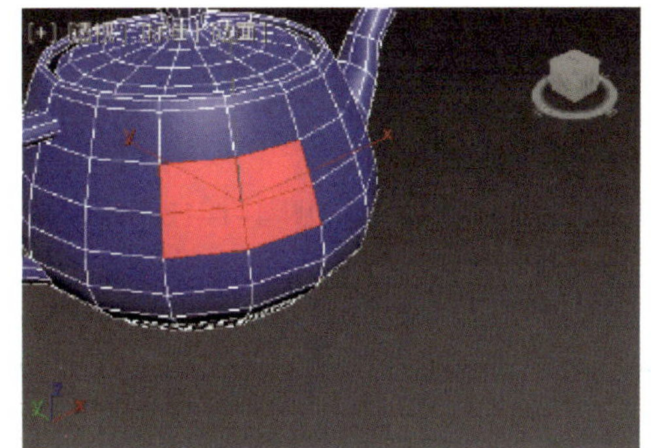

图 4-1-11　选中多边形

表 4-1-2　“挤出”效果

选择类型	高度值为正值	高度值为负值
组	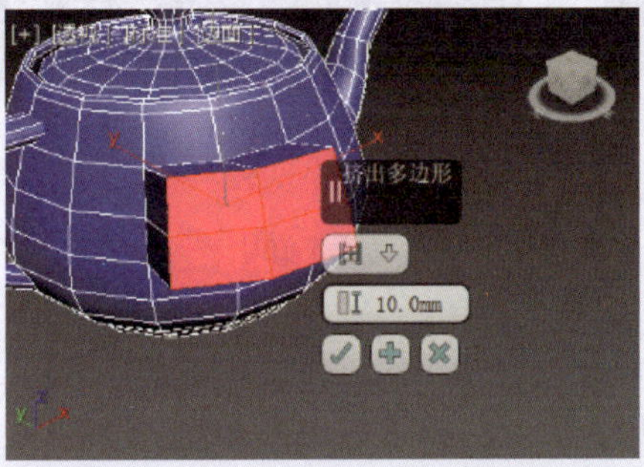	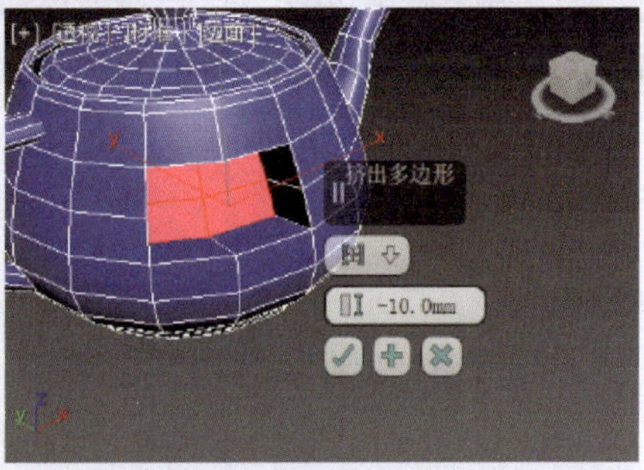
局部法线	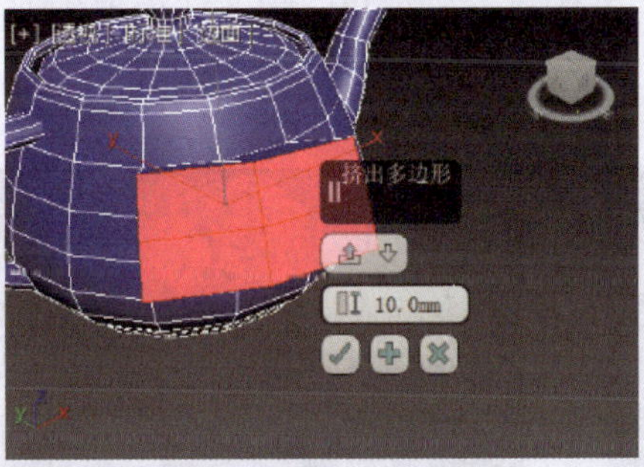	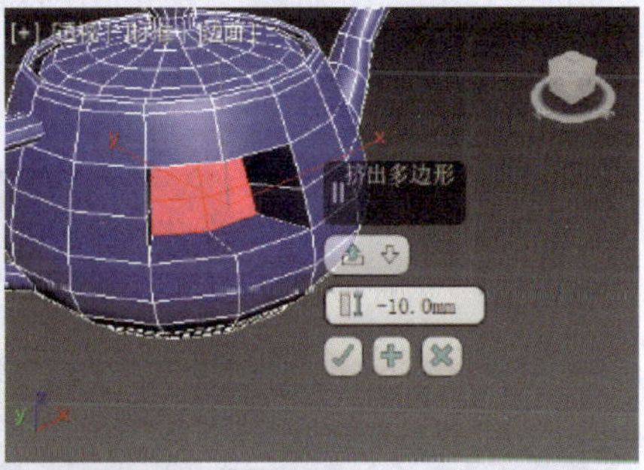
按多边形	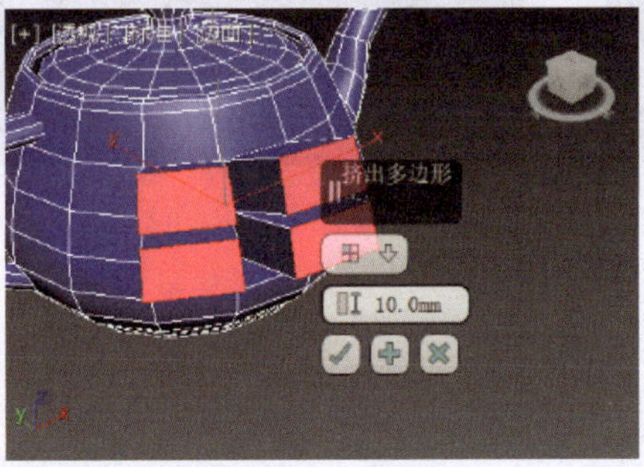	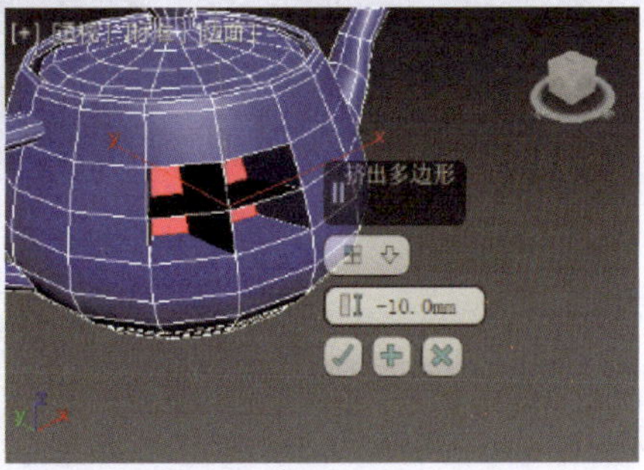

2. 倒角

可挤出多边形，同时对多边形进行倒角。单击右面的“设置”按钮■，在弹出的对话框中可设置“高度”和“轮廓”参数，“高度”参数类型同“挤出”，“轮廓”值为负值时挤出面小于原面，如图 4–1–12a 所示；“轮廓”值为正值时挤出面大于原面，如图 4–1–12b 所示；“轮廓”值为 0 时效果同“挤出”。

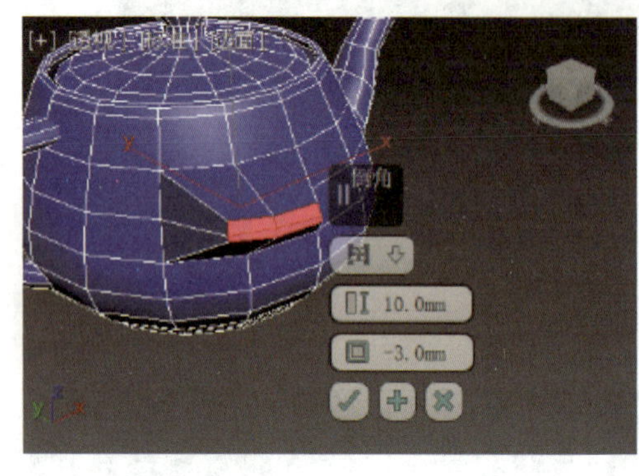

a）

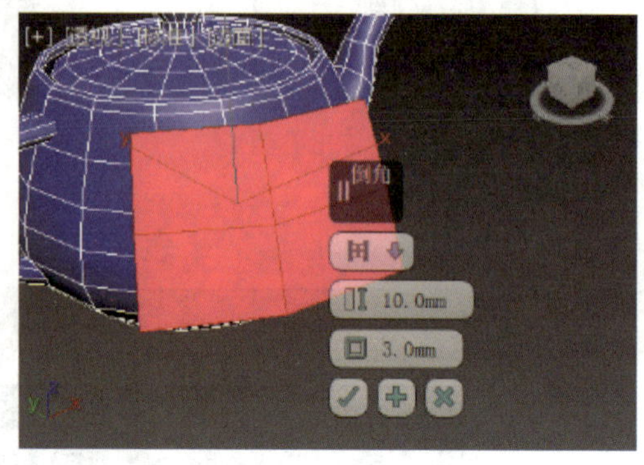

b）

图 4–1–12 倒角

a）“轮廓”值为负值时 b）“轮廓”值为正值时

3. 插入

执行没有高度的倒角操作，即在选定多边形的平面内执行缩小面操作，可以单击右面的“设置”按钮■，在弹出的对话框中设置“数量”值，该值最小为 0，“组”类型和“按多边形”类型的插入分别如图 4–1–13a、b 所示。

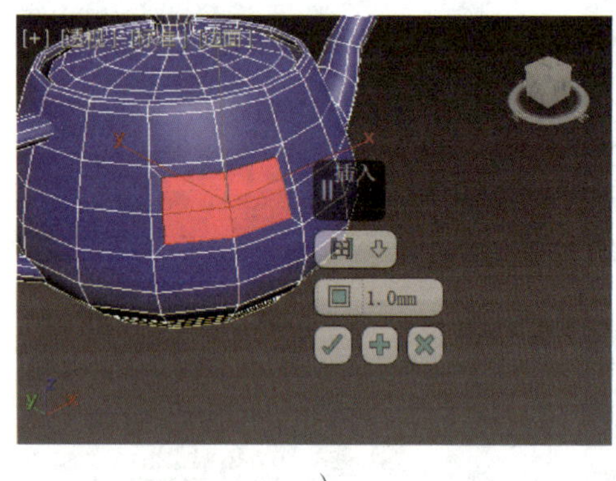

a）

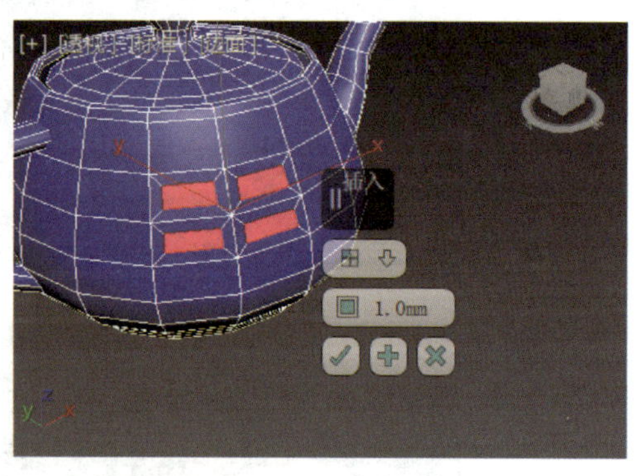

b）

图 4–1–13 插入

a）“组”类型 b）“按多边形”类型

提示

因为“插入”命令的“数量”值最小为0，所以只能插入小于或等于原面大小的多边形。如果需要插入大于原面大小的多边形，可以选择“倒角”命令，设置“高度”为0、“轮廓”为正值（“组”或“局部法线”状态）。

五、“边”子集下“编辑边”卷展栏常用命令

1. 切角

可为多边形选定边（见图4–1–14a）进行切角或圆角处理，从而生成平滑的棱角，如图4–1–14所示。

切角参数中，“边切角量”4.0mm控制切角大小，“分段”1为默认的1时切得平面，大于1时切得圆弧面，并且数值越大圆弧越光滑；“打开切角”使切角处不封闭。各参数效果如图4–1–14所示。

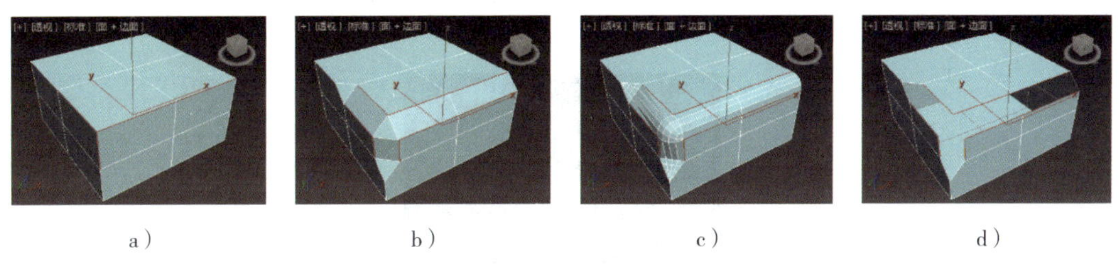

a）　b）　c）　d）

图4–1–14　切角

a）选定边　b）切角分段为1　c）切角分段大于1　d）打开切角

2. 连接

可以在每对选定边之间创建新边，可用于创建或细化边循环。例如，选择一对横向的边，则可以在竖向上生成新边（见图4–1–15a）；选择多条边，则可以在多条边中都生成新边（见图4–1–15b）。

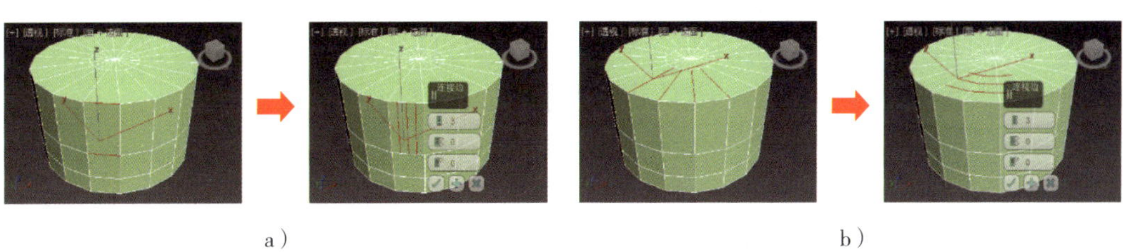

a）　b）

图4–1–15　连接

a）一对边　b）多条边

3. 利用所选内容创建新图形

可以将选定的边创建为样条线图形。选择边以后，单击“利用所选内容创建新图形”按钮，弹出“创建图形”对话框，生成图形有“平滑”和“线性”两种类型，如图 4–1–16 所示。

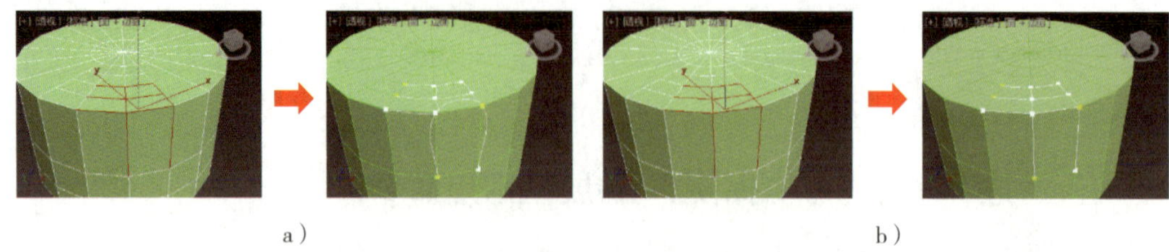

a） b）

图 4-1-16 利用所选内容创建新图形
a）“平滑”类型 b）“线性”类型

六、修改器堆栈

1. 修改器堆栈的位置及作用

修改器堆栈工具位于右侧“修改”面板，是编辑、改变模型几何形状及属性的命令。修改器堆栈如图 4–1–17 所示，是 3ds Max 2022 的重要组成部分。

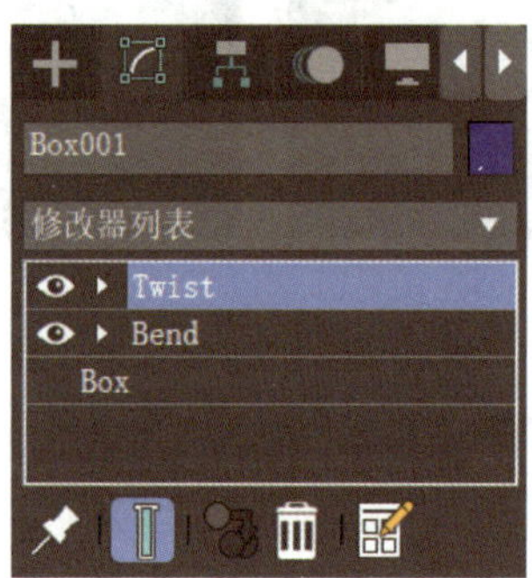

图 4-1-17 修改器堆栈

2. 修改器堆栈按钮

（1）“锁定堆栈”按钮。将堆栈和“修改”面板的所有控件锁定到选定对象的堆栈中。即便在选择视图中的另一个对象之后，也可以继续对锁定堆栈的对象进行编辑。单击图标可切换两种状态，默认状态为（关闭）。

（2）“显示最终结果开 / 关切换”按钮。在选定对象上显示（或不显示）整个堆栈的效果。如果堆栈中有两个以上修改器，当此开关为（关闭）状态时，场景中的对象只显示选中修改器之下的修改效果；当此开关为（打开）状态时，可显示堆栈中所有修改器的修改效果。单击开关图标可切换两种状态，默认状态为（打开）。

（3）“使唯一”按钮。将关联的对象修改为独立对象，这样可以对选择集中的对象单独进行操作（场景中有选择集时才可以使用，没有选择集时为状态）。

（4）“从堆栈中移除修改器”按钮。删除当前修改器并清除该修改器引发的更改。

（5）“配置修改器集”按钮。单击该按钮，弹出如图 4–1–18 所示的下拉列表，用于配置在“修改”面板中显示和选择修改器的方法。

（6）修改器启用状态/禁用状态。每个修改器前都有一个眼睛图标，当图标为（亮色）状态时表示该修改器是启用的；当图标为（灰暗）状态时表示该修改器被禁用了。单击眼睛图标可切换两种状态。

配置修改器集
显示按钮
显示列表中的所有集
>选择修改器
面片/样条线编辑
网格编辑
动画修改器
UV 座标修改器
缓存工具
细分曲面
自由形式变形
参数化修改器
曲面修改器
转化修改器
光能传递修改器

图 4–1–18 “配置修改器集”下拉列表

七、加载修改器的方法

选择对象后，进入右侧“修改”面板，单击“修改器列表”后的三角按钮，在下拉菜单中选择需要加载的修改器，并对相应参数进行设置，即可得到所需模型，如图 4–1–19 所示。

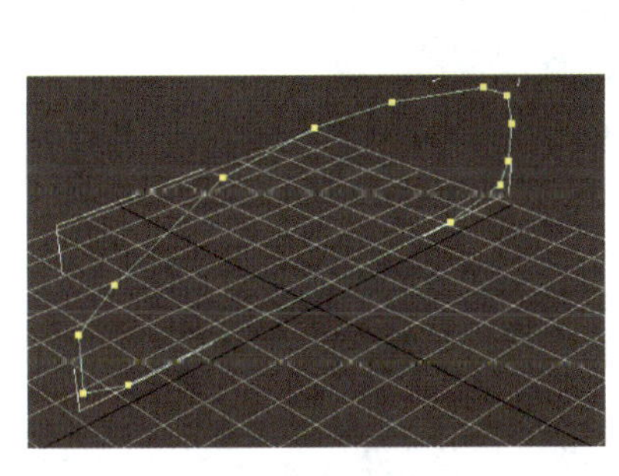

a）

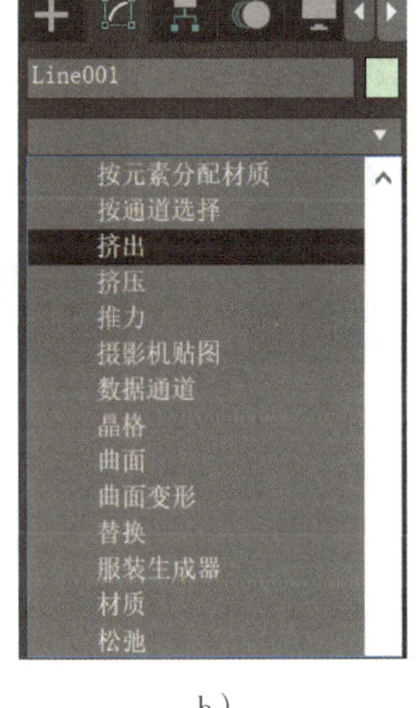

b）

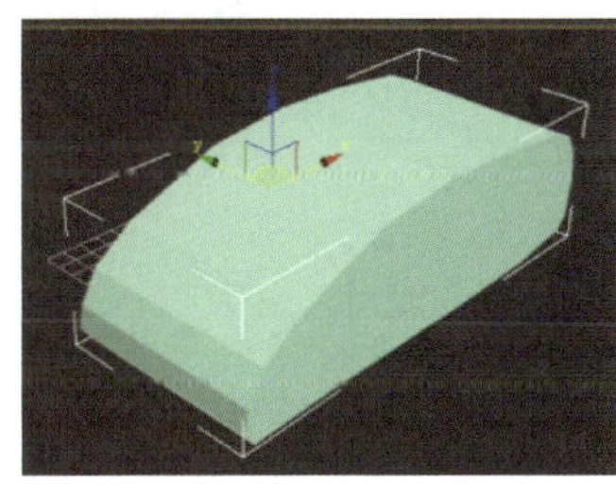

c）

图 4–1–19　加载修改器的方法
a）选择对象　b）选择修改器　c）生成模型

提示

修改器也可以在上方菜单栏中的“修改器”菜单下加载。

八、“FFD”修改器

1.“FFD”修改器的作用

“FFD”是“自由变形”的英文缩写，“FFD”修改器即“自由变形”修改器，它使用晶格框包围住选中的几何体，然后通过调整晶格的控制点来改变封闭几何体的形状。

2.“FFD”修改器的种类

“FFD”修改器包含 5 种类型，分别是“FFD 2×2×2”修改器、“FFD 3×3×3”修改器、“FFD 4×4×4”修改器、“FFD（长方体）”修改器和“FFD（圆柱体）”修改器。

3.“FFD”修改器的常用参数

“FFD”修改器的参数卷展栏分为两类，这里以“FFD（长方体）”修改器为例介绍参数卷展栏，如图 4-1-20 所示。

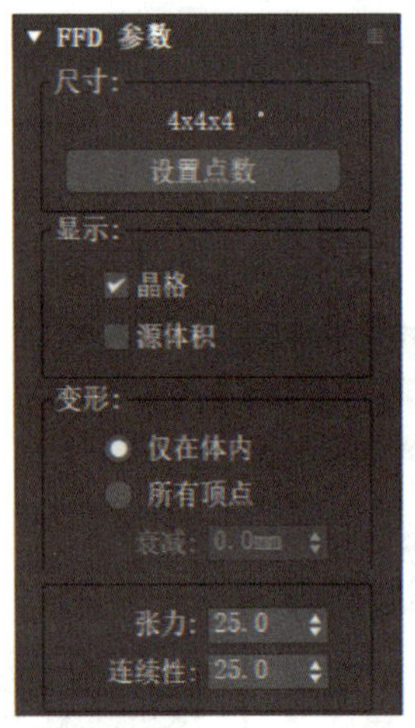

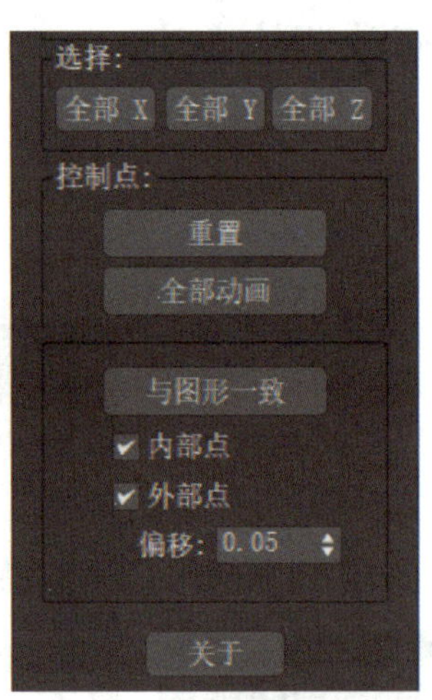

图 4-1-20 “FFD（长方体）”修改器的参数卷展栏

（1）尺寸

1）点数。晶格中的控制点数目，长方体默认为 4×4×4，圆柱体默认为 4×6×4。

2）设置点数。单击可弹出“设置 FFD 尺寸”对话框，如图 4-1-21 所示，可以在该对话框中设置控制点的数目。

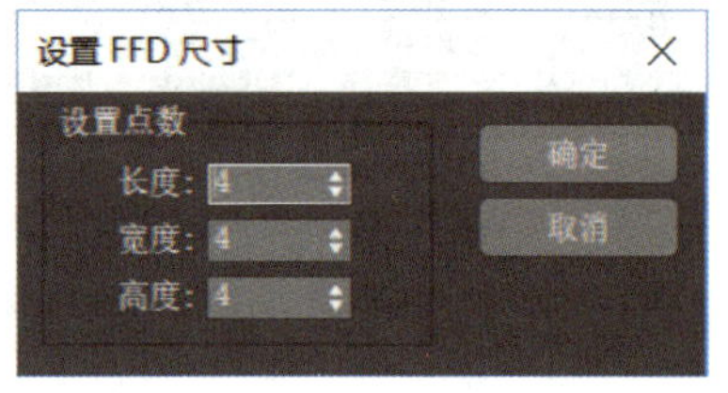

图 4-1-21 “设置 FFD 尺寸”对话框

（2）显示

1）晶格。勾选该复选框，可以将连接控制点的线条形成栅格，默认为勾选。

2）源体积。勾选该复选框，可以将控制点和晶格以未修改的状态显示出来，默认为不勾选。

（3）变形

1）仅在体内。只有位于源体积内的顶点会变形，默认为开。

2）所有顶点。源体积内外的顶点都会变形，默认为关。

3）衰减。决定 FFD 效果减为 0 时离晶格的距离，仅在“所有顶点”状态下可设置。

（4）张力 / 连续性。调整变形样条线的张力和连续性。晶格和控制点代表着控制样条线的结构。

（5）选择。选中沿 *X*、*Y* 或 *Z* 轴指定的局部维度的所有控制点，可以选一个方向的维度，也可以同时选中两个及以上方向的维度。

（6）控制点

1）重置。将所有控制点恢复到初始位置。

2）全部动画。设置控制器动画时，使控制点在轨迹视图中可见。

（7）与图形一致。在对象中心控制点位置之间沿直线方向来延长线条，可以将每一个 FFD 控制点移到修改对象的交叉点上。

（8）内部点。勾选该复选框后，可以仅控制受“与图形一致”影响的对象内部的点。

（9）外部点。勾选该复选框后，可以仅控制受“与图形一致”影响的对象外部的点。

（10）偏移。控制点偏移对象曲面的距离。

九、“融化”修改器

1.“融化”修改器的作用

“融化”修改器可以将实际融化效果应用到对象上，包括可编辑面片和 NURBS 对象，同样也包括传递到堆栈的子对象选择。选项包括边的下沉、融化时的扩散以及可自定义的物质集合。

2.“融化”修改器的常用参数

“融化”修改器的“参数”卷展栏如图 4-1-22 所示。

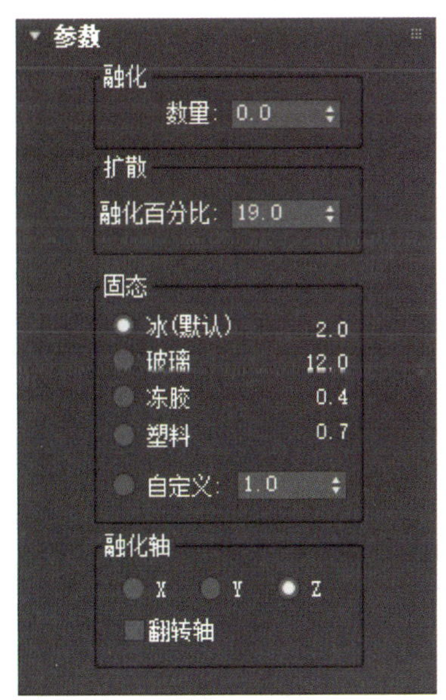

图 4-1-22 “融化”修改器的“参数”卷展栏

（1）数量。指定衰退程度，或者应用于 Gizmo 变形器上的融化效果，从而影响对象，范围为 0～1 000。

（2）融化百分比。指融化对象的扩散百分比。

（3）固态。决定融化对象中心的相对高度。固态值稍低的物质（如冻胶）在融化时中心下陷得较多。

该组为物质的不同类型提供多个预设值，同时也包括“自定义”微调器，可以设置用户自己的固态值。

1）冰（默认）。默认固态设置。

2）玻璃。使用高固态值来模拟玻璃。

3）冻胶。产生在中心处显著下垂的效果。

4）塑料。产生在中心处稍微下垂的效果。

5）自定义。将固态值设置为 0.2 ~ 30 间的任何值。

（4）融化轴。产生融化效果的轴（对象的局部轴 *X/Y/Z*）。

（5）翻转轴。通常融化沿着指定轴从正向向负向发生，勾选该复选框可以反转方向。

一、创建文件

打开软件，在菜单栏上执行“文件”→“保存”命令，选择保存路径并命名文件，保存类型采用默认设置。检查文件，确定单位设置为 mm。

二、制作冰激凌

1. 绘制图形

（1）在顶视图绘制一个圆，半径为 400 mm，将对象重命名为“圆”。

（2）在顶视图绘制一个星形，设置半径 1 为 400.0 mm，半径 2 为 300.0 mm，点为 6，如图 4-1-23 所示，将对象重命名为“星形”。

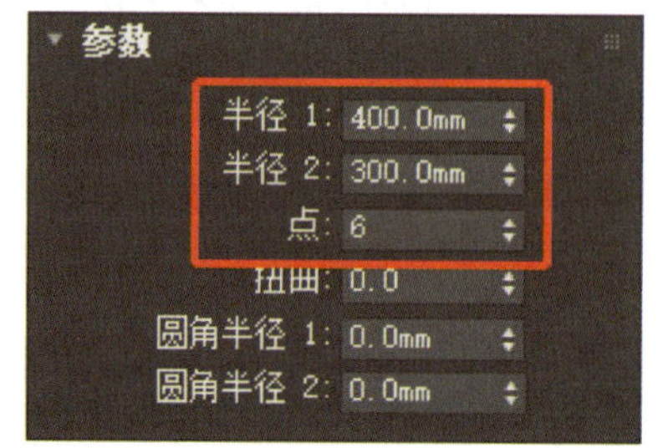

图 4-1-23　星形的参数值

（3）在前视图绘制一个矩形，长度为 1 000.0 mm，宽度为 200.0 mm。右击矩形对象，选择“转换为”→“转换为可编辑样条线”，在右侧“修改”面板中的“可编辑样条线”中选择“线段”，选中如图 4-1-24 所示的 1、2、3 条边，按“Del”键删除，将保留的第 4 条边重命名为“线条 1”。

2. 制作冰激凌奶油

（1）通过“放样”制作奶油雏形。选中“圆”对象，在右侧命令面板中选择“创建”→“几何体”→“复合对象”→“放样”，如图 4-1-25 所示。在“蒙皮参数”卷展栏中设置“路径步数”为 60，如图 4-1-26a 所示，在“创建方法”卷展栏中，选择

"获取路径"，如图 4-1-26b 所示，拾取"线条 1"对象。在"路径参数"卷展栏中设置"路径"为 20，如图 4-1-26c 所示，在"创建方法"卷展栏中，选择"获取图形"按钮，在顶视图中拾取"星形"对象，得到图 4-1-27 所示的效果，将放样后对象重命名为"奶油"。

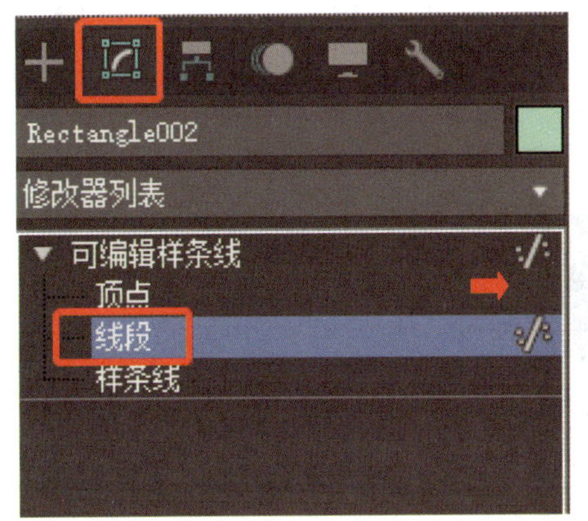

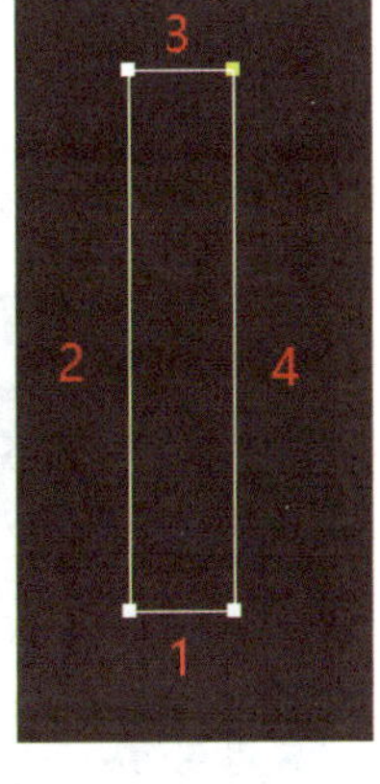

图 4-1-24 编辑样条线

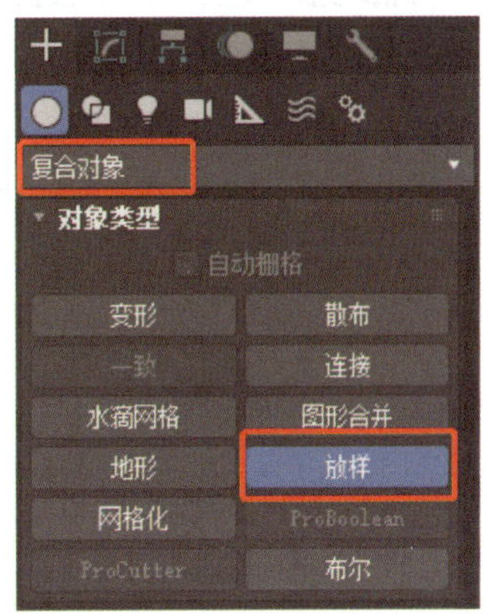

图 4-1-25 "放样"选项

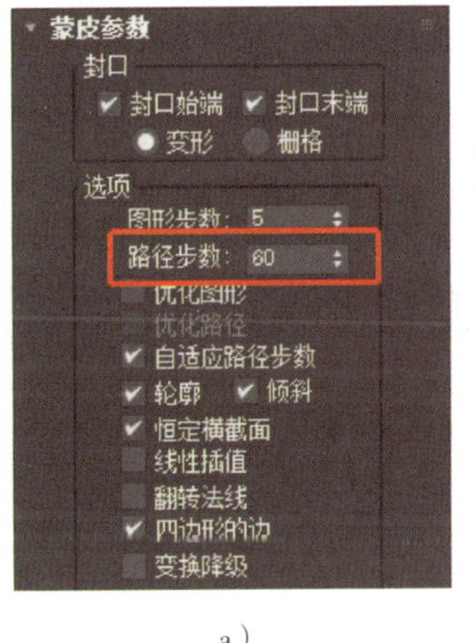

a）

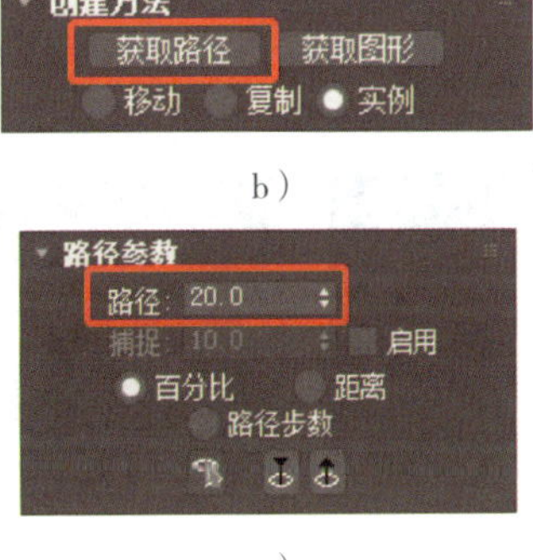

b）

c）

图 4-1-26 设置"放样"参数

a）设置"路径步数" b）获取路径 c）设置"路径"

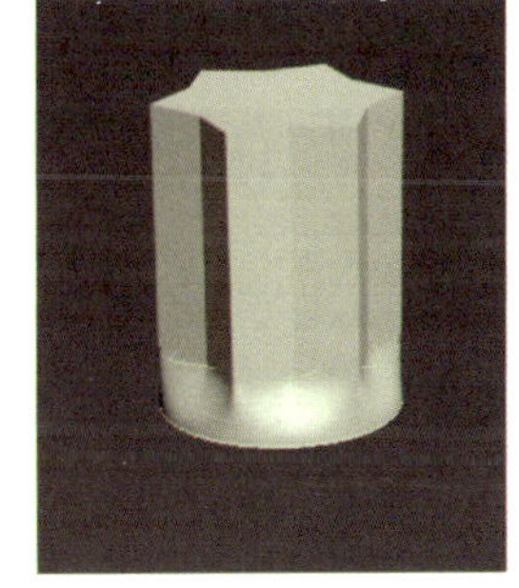

图 4-1-27 放样后的效果

（2）修改奶油雏形的"缩放"参数。选择"奶油"对象，单击右侧"修改"面板，在"变形"卷展栏中，单击"缩放"按钮，如图 4-1-28 所示，弹出"缩放变形"窗口，如图 4-1-29a 所示，将控制点 2 的位置向下拖动到"0"的位置，如图 4-1-29b 所示，得到图 4-1-30 所示的效果。

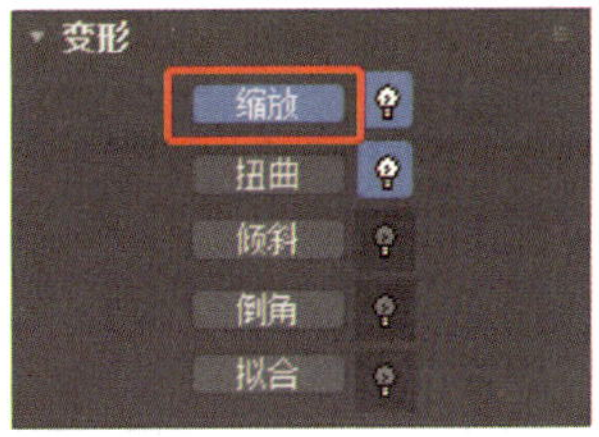

图 4-1-28 "变形"卷展栏

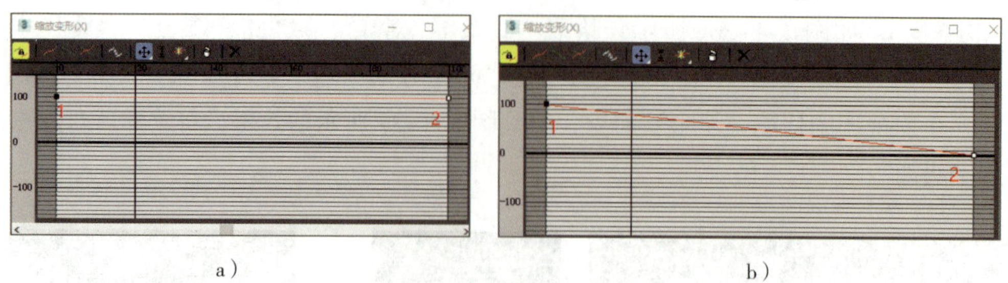

a）　　　　b）

图 4-1-29　调整“缩放”参数

a）弹出“缩放变形”窗口　b）拖动控制点 2 向下到“0”的位置

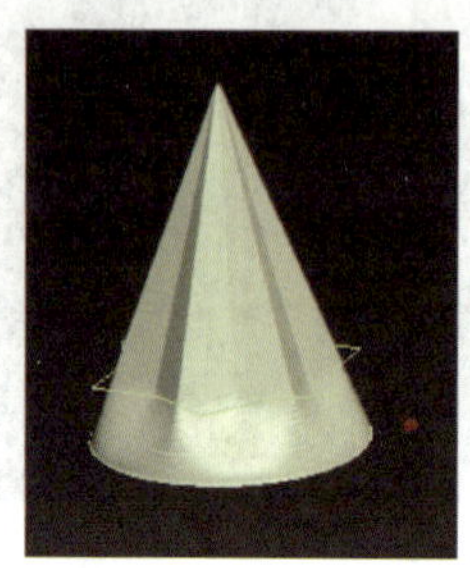

图 4-1-30　缩放后的效果

（3）修改奶油锥形的“扭曲”参数。在“变形”卷展栏中单击“扭曲”按钮，弹出“扭曲变形”窗口，如图 4-1-31a 所示，向上拖动控制点 1 到“300”的位置，如图 4-1-31b 所示，得到图 4-1-32 所示的效果。

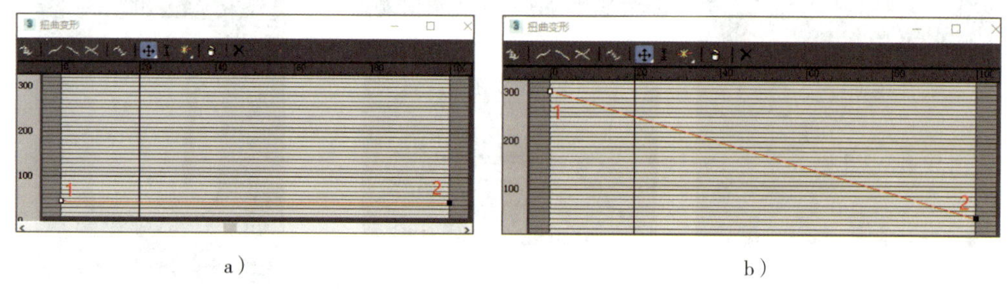

a）　　　　b）

图 4-1-31　调整“扭曲”参数

a）弹出“扭曲变形”窗口　b）拖动控制点 1 向上到“300”的位置

（4）通过修改器调整奶油的形状。选中“奶油”对象，在右侧“修改”面板的“修改器列表”中选择“FFD（长方体）”，在“FFD 参数”中单击“设置点数”按钮，在弹出的对话框中设置“长度”“宽度”“高度”值均为 6，如图 4-1-33 所示。在“FFD（长方体）”中选择“控制点”子集，如图 4-1-34a 所示。在前视图中，选择图 4-1-34b 所示的控制点，通过“选择并旋转”工具调整奶油的形状，依次选择其他控制点进行调整，如图 4-1-35 所示。

图 4-1-32　设置扭曲后的效果

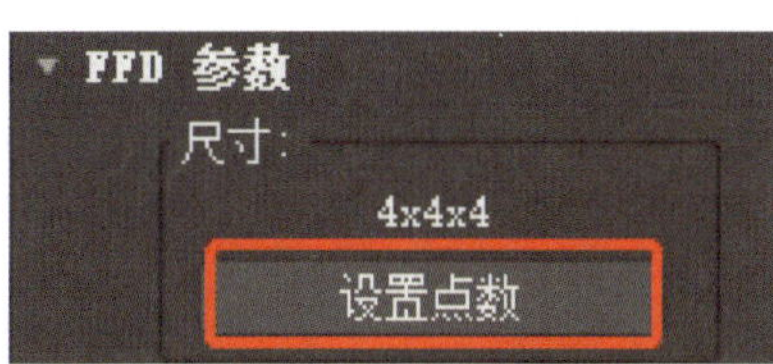

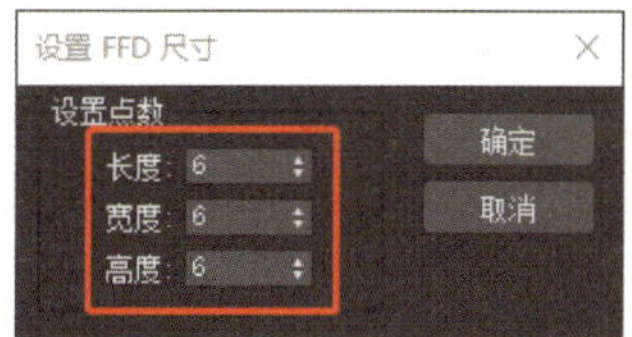

图 4-1-33　设置 FFD 参数

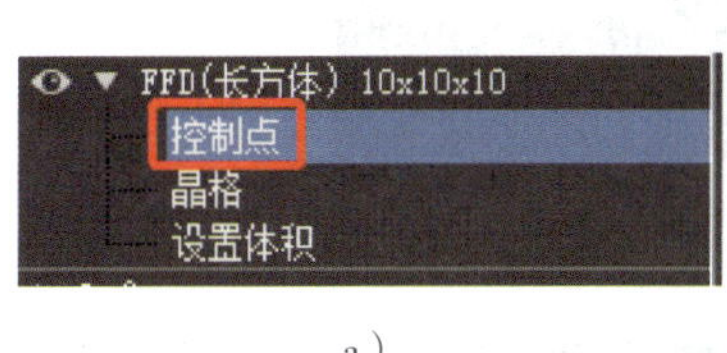

a）

b）

图 4-1-34　选择控制点

a）在“FFD（长方体）”中选择“控制点”子集　b）在前视图中选择控制点

图 4-1-35　调整控制点后的奶油效果

3. 制作冰激凌蛋筒

（1）制作蛋筒雏形。重复奶油雏形制作的“放样”步骤 1 和“变形”步骤 2，得到图 4-1-36 所示的效果。在“缩放变形”窗口中，选择“插入角点”工具，在曲线上单击插入角点 3、角点 4，如图 4-1-37 所示，在“缩放变形”窗口中，单击“移动控制点”按钮，调整点 3、点 4 的位置，得到蛋筒效果，将对象重命名为“蛋筒”。

图 4-1-36　放样得到蛋筒模型

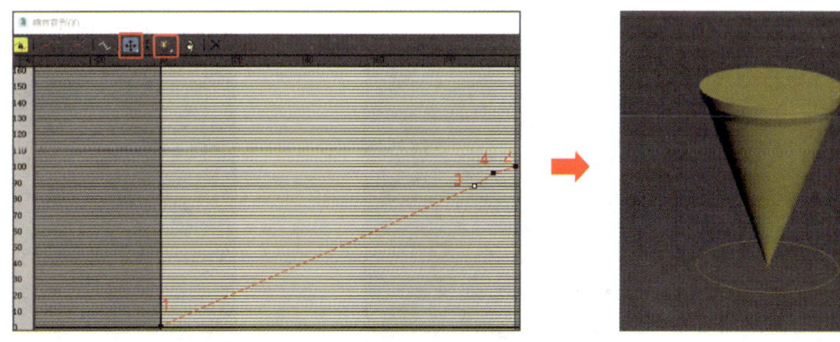

图 4-1-37　调整缩放变形及效果

（2）通过“可编辑多边形”调整蛋筒的形状。右击“蛋筒”对象，选择“转换为”→“转换为可编辑多边形”→“多边形”子集，选择图 4-1-38 所示的多边形区域，在“编辑多边形”卷展栏中单击“插入”选项右边的“设置”按钮，设置“插入数量”为 50 mm，如图 4–1–39 所示，再在“编辑多边形”卷展栏中单击“挤出”选项右边的“设置”按钮，设置“挤出多边形高度”为 –100 mm，如图 4–1–40 所示，得到蛋筒效果。

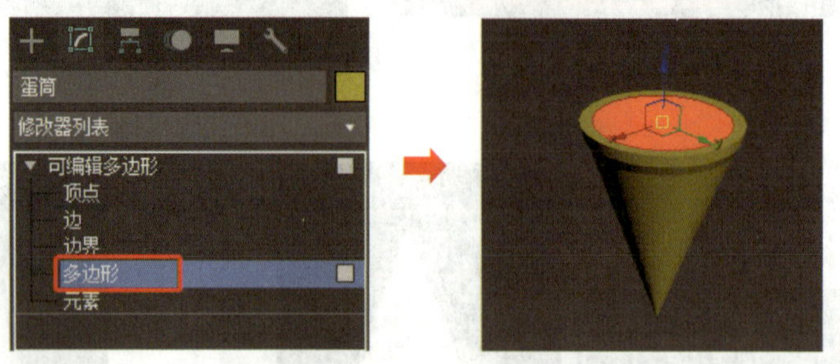

图 4–1–38　选择多边形区域

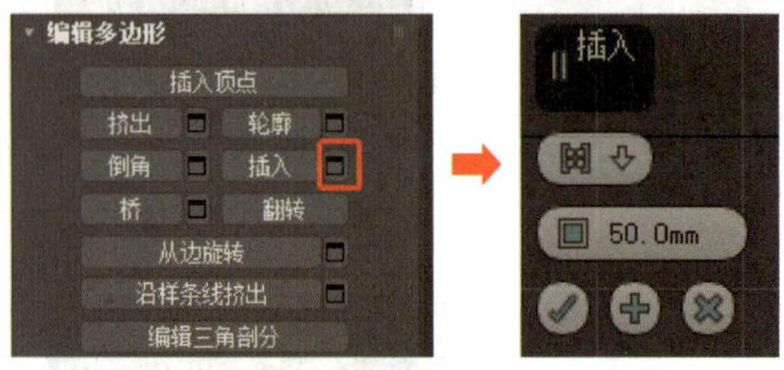

图 4–1–39　设置“插入”参数

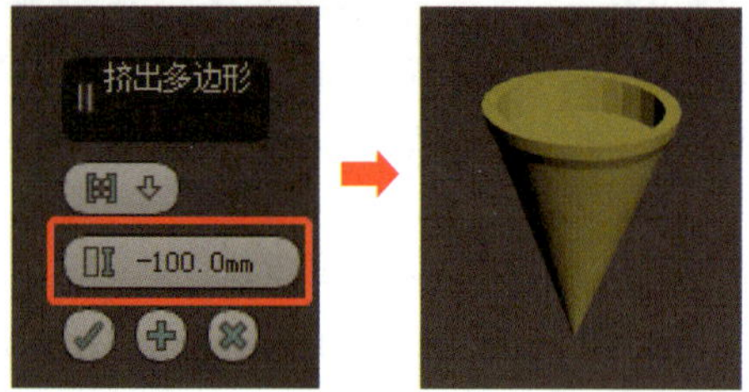

图 4–1–40　设置“挤出”参数及效果

4. 对齐对象

选择“奶油”对象，更改颜色为奶黄色，单击“对齐”工具按钮，再选择“蛋筒”对象，在弹出的对话框中选择图 4–1–41a 所示的选项，再次重复对齐操作，在对话框中选择图 4–1–41b 所示的选项，得到图 4–1–42 所示的效果。

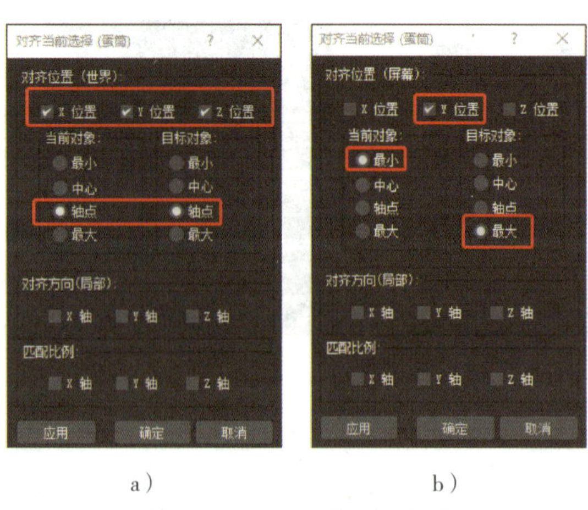

a）　　　　b）

图 4–1–41　设置对齐选项

a）选择“X 位置”“Y 位置”“Z 位置”　b）选择“Y 位置”

图 4–1–42　设置对齐后的效果

三、制作冰激凌融化动画

1. 为“奶油”对象加载“FFD 4×4×4”修改器，如图 4–1–43 所示。

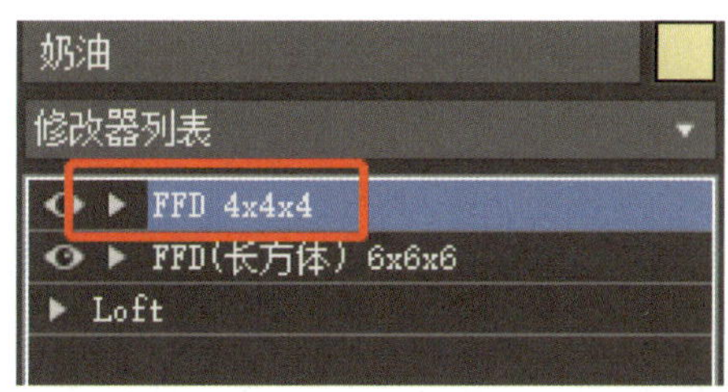

图 4-1-43　加载“FFD 4×4×4”修改器

2. 为“奶油”对象加载“融化”修改器。

3. 调整“奶油”对象第 30 帧的形状。选择“奶油”对象，单击“自动关键点”按钮，拖动时间滑块至第 30 帧处，在“FFD 4×4×4”修改器中选择“控制点”，在前视图中选择如图 4–1–44a 所示的控制点，利用“选择并移动”工具沿 *Y* 轴方向向下拖动，得到图 4–1–44b 所示的效果。在“融化”修改器设置“融化百分比”为 30.0，“融化轴”为 *Y*，如图 4–1–45 所示，再次单击“自动关键点”按钮。

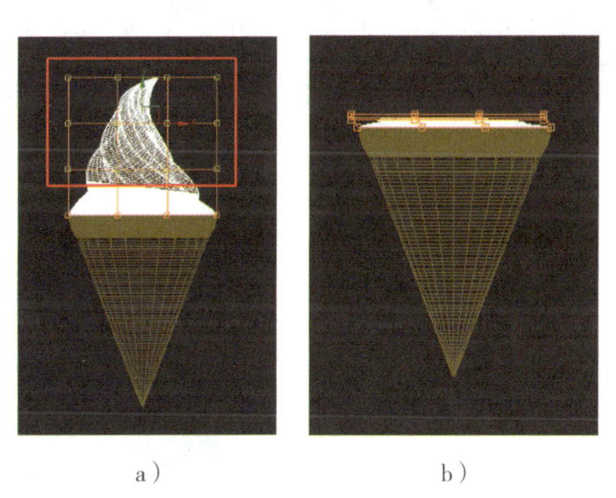

a）　　b）

图 4-1-44　设置第 30 帧处的“FFD 4×4×4”修改器参数
a）在前视图中选择控制点　b）沿 *Y* 轴方向向下拖动

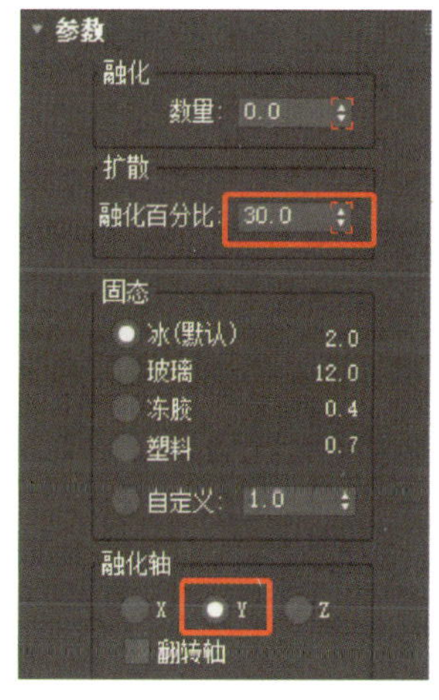

图 4-1-45　设置第 30 帧处的“融化”修改器参数

4. 设置“时间配置”参数。设置帧速率为 PAL、动画结束时间为 40，单击“确定”按钮。

5. 预览动画效果。单击“播放动画”按钮，预览动画效果。

6. 保存、导出动画

保存文件并导出 AVI 格式的视频文件。

任务 2　制作翻书动画

1. 能设置对象的调整轴。
2. 能完成曲线编辑器的常用操作。
3. 能为对象加载“壳”修改器，熟悉该修改器的作用。
4. 能为对象加载“弯曲”修改器，熟悉该修改器的作用。
5. 能为对象加载“噪波”修改器，熟悉该修改器的作用。
6. 能使用编辑修改器中的“塌陷”功能。

完成如图 4–2–1 所示的翻书动画效果。通过基本图形的创建，调整对象的轴心，为对象加载“壳”修改器、“弯曲”修改器，为修改器添加“塌陷”效果，通过调整修改器参数与曲线编辑器参数制作翻书动画效果。

图 4–2–1　翻书动画效果

一、“层次”命令面板中“轴”选项常用参数

单击“层次”面板中的“轴”选项，如图 4–2–2 所示，主要用来调整层次中对象的轴点。

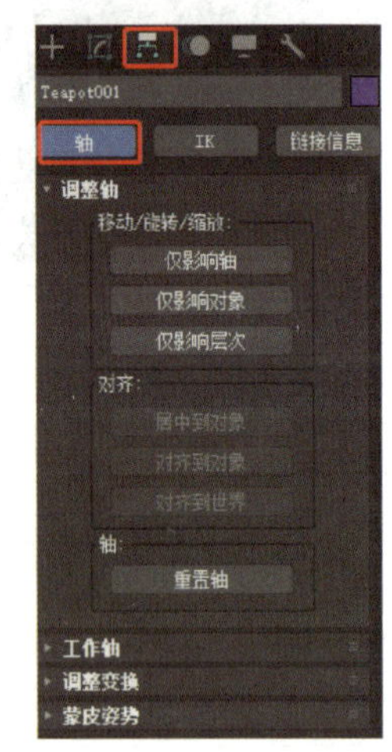

图 4–2–2　“层次”面板中的“轴”选项

1. “调整轴”卷展栏重要参数

（1）仅影响轴。变换仅影响选定对象的轴点。如修改茶壶对象的轴点为壶嘴，可以先选中茶壶对象，单击“层次”面板，选择“轴”选项，在“调整轴”卷展栏中选择“仅影响轴”选项，利用“选择并移动”工具调整轴点到壶嘴处，如图 4–2–3 所示。

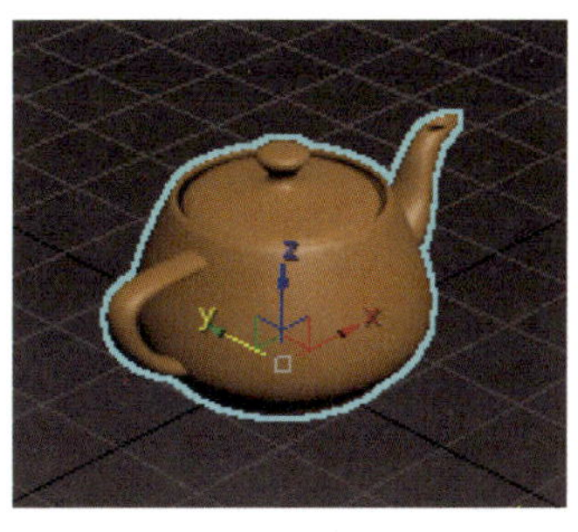
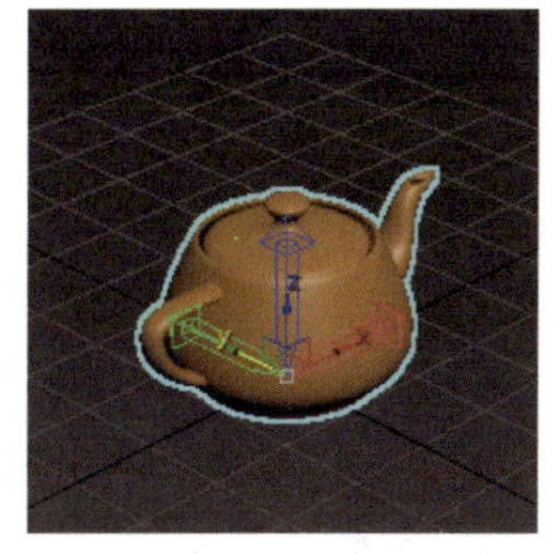
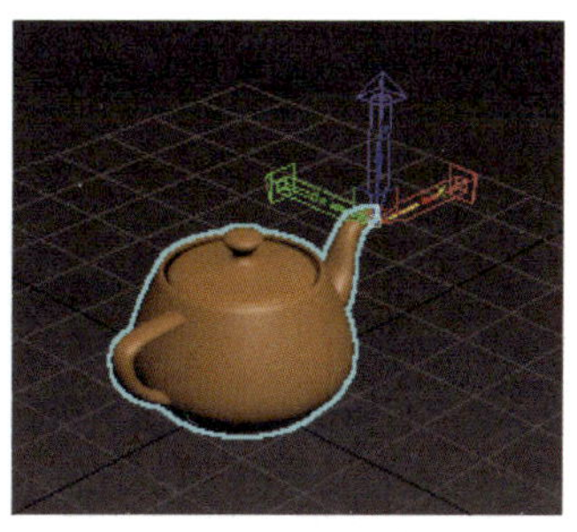

图 4-2-3　通过“仅影响轴”调整对象的轴点

调整结束后，再次单击“仅影响轴”选项。

（2）仅影响对象。变换仅影响选定对象（而不影响轴点）。如前面修改茶壶对象的轴点为壶嘴，在“调整轴”卷展栏中选择“仅影响对象”选项，利用“选择并移动”工具调整茶壶的壶嘴到轴点处。调整结束后，再次单击“仅影响对象”选项。

（3）仅影响层次。仅适用于“旋转”和“缩放”工具。通过旋转或缩放轴点的位置，而不是旋转或缩放轴点本身，它可以将旋转或缩放应用于层次。在场景中创建两个茶壶对象并进行组合，如图 4-2-4a 所示，在“调整轴”卷展栏中选择“仅影响层次”选项，利用“选择并缩放”工具，沿 *X*、*Y*、*Z* 轴缩放后得到图 4-2-4b 所示的效果，利用“选择并旋转”工具，沿 *Y* 轴旋转可以得到图 4-2-4c 所示的效果。

a）
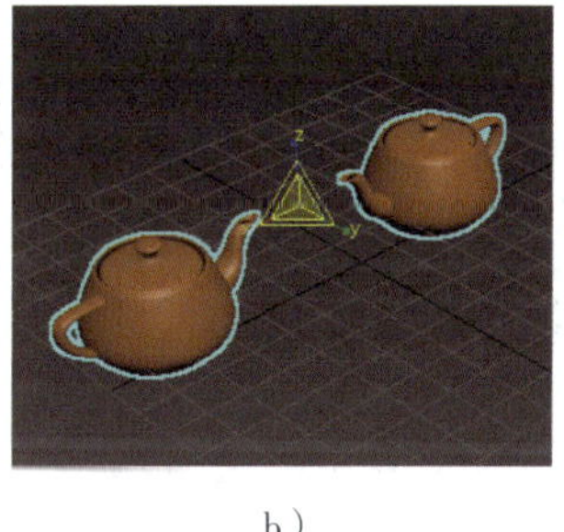
b）

c）

图 4-2-4　通过“仅影响层次”调整对象的轴点
a）创建两个茶壶对象并组合　b）沿 *X*、*Y*、*Z* 轴缩放　c）沿 *Y* 轴旋转

提示

不能对“调整轴”卷展栏上的功能设置动画。调整任意帧上的某个对象的轴将在整个动画中更改该对象的轴。更改完成后，需再次单击“仅影响轴”或“仅影响对象”或“仅影响层次”选项结束轴调整。

（4）居中到对象。将轴移至其对象的中心。

（5）对齐到对象。旋转轴，使其与对象的变换矩阵轴对齐。

（6）对齐到世界。旋转轴，使其与世界坐标轴对齐。

（7）居中到轴。将对象的中心移至其轴位置。

（8）对齐到轴。旋转对象，使其变换矩阵轴与轴对齐。

（9）重置轴。将轴点重置为最初创建对象时轴点的位置和方向。

提示

重置轴不受“仅影响轴”和“仅影响对象”选项状态的影响。

2. “工作轴”卷展栏重要参数

（1）编辑工作轴。选择此选项后，工作轴在场景中可见，如图 4-2-5a 所示，并允许对其进行变换。如将茶壶对象的世界坐标 *X*、*Y*、*Z* 均设置为 0，可在“工作轴”卷展栏中选择“编辑工作轴”，利用“选择并移动”工具调整坐标轴至图 4-2-5b 所示的位置，再次单击“编辑工作轴”选项。重新设置茶壶对象的世界坐标，将 *X*、*Y*、*Z* 均设置为 0，茶壶对象自动移动到图 4-2-5c 所示的位置。

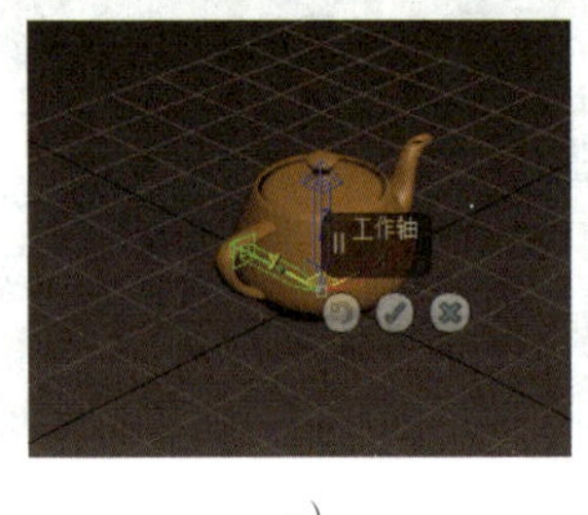

a）

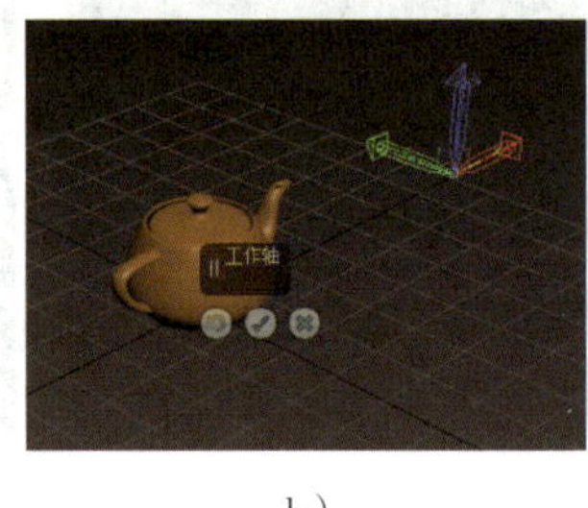

b）

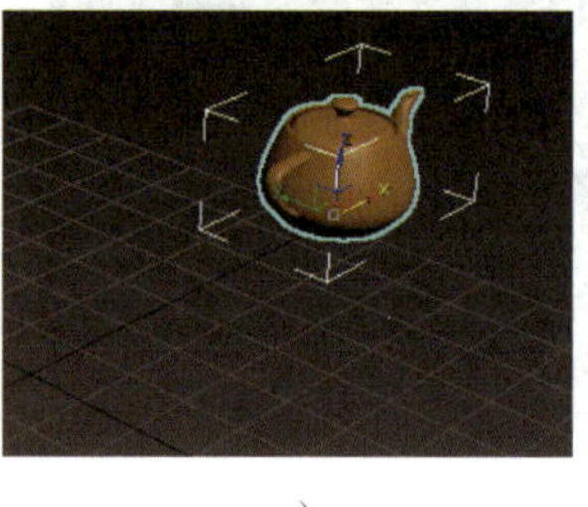

c）

图 4-2-5　通过“编辑工作轴”调整坐标轴位置

a）在场景中显示工作轴　b）调整坐标轴至所示位置　c）茶壶对象自动移动到所示位置

（2）使用工作轴。启用时，可以变换与工作轴有关的当前选择（对象或子对象）。

（3）对齐到视图。重新确定工作轴的方向，使 *XY* 平面与活动视图平面平行，*X* 轴和 *Y* 轴与视口边缘平行。选中图 4-2-5c 所示的对象，在“工作轴”卷展栏中选择“使用工作轴”和“对齐到视图”选项后，得到图 4-2-6 所示的效果。

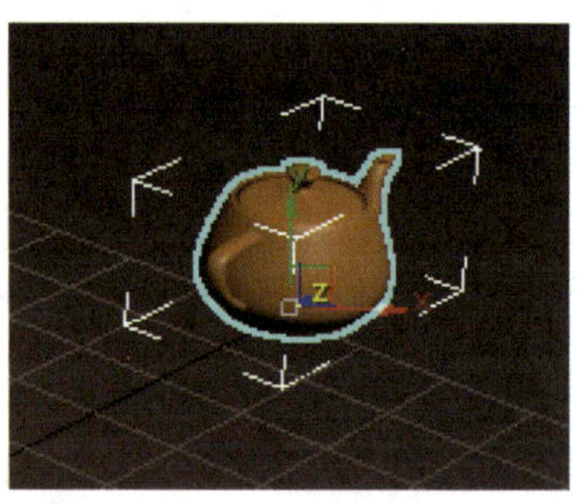

图 4-2-6　“对齐到视图”效果

（4）重置。移动工作轴至选定对象的轴位置。

（5）（把轴放置在）视图。在屏幕空间放置工作轴，并且平行于屏幕，与轴的原始位置相交。选中图 4-2-5c 所示的对象，在“工作轴”卷展栏中选择“编辑工作轴”和“对齐到视图”选项，如图 4-2-7a 所示，在透视图中单击移动工作轴位置，如图 4-2-7b 所示，调整茶壶对象的世界坐标值至 *X*、*Y*、*Z* 均为 0，得到图 4-2-7c 所示的效果。

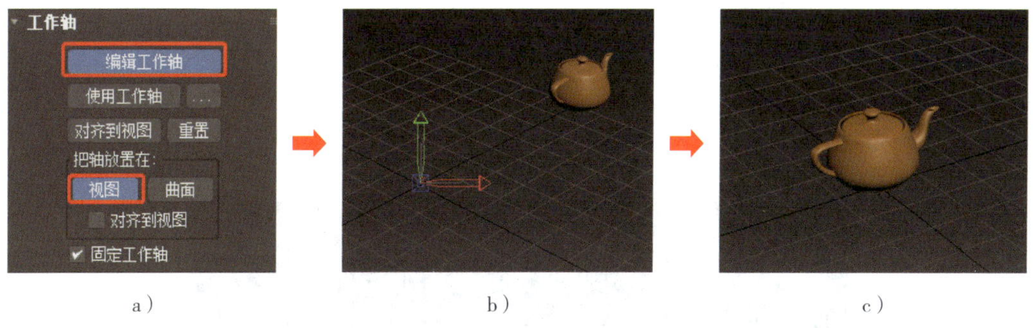

a）　　b）　　c）

图 4-2-7　“把轴放置在视图”效果

a）对齐到视图　b）单击移动工作轴位置　c）调整世界坐标值至 *X*、*Y*、*Z* 均为 0

（6）（把轴放置在）曲面。在单击选中的曲面上放置工作轴，如图 4-2-8 所示。

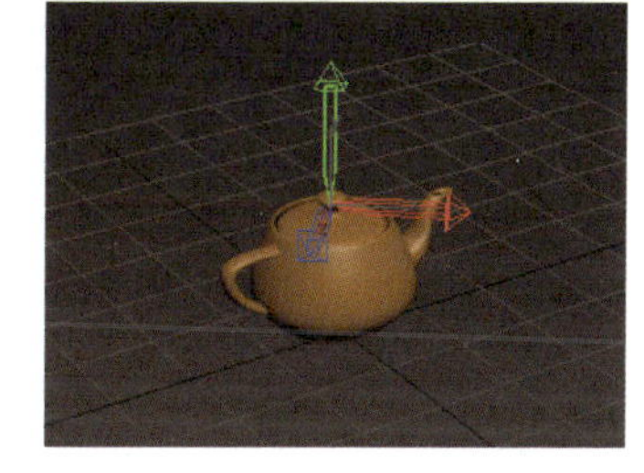

图 4-2-8　“把轴放置在曲面”效果

3.“调整变换”卷展栏重要参数

（1）不影响子对象。将变换限制于选定对象及其轴，而不是其子对象。

（2）变换。重置对象局部轴坐标的方向，使其与世界坐标系对齐，而不考虑对象的当前方向，如图 4-2-9 所示。变换不会影响子对象。

（3）缩放。重置变换矩阵中的缩放值，以反映对象的新比例。

图 4-2-9　重置对象局部轴坐标的方向

二、曲线编辑器

曲线编辑器是一种轨迹视图模式，可用于处理在图形上表示为函数曲线的运动。使用曲线上的关键点及其切线控制柄，可以轻松查看和控制场景中各个对象的运动和动画效果。

1. 打开曲线编辑器

以下三种方法均可以打开图 4–2–10 所示的曲线编辑器窗体。

（1）单击工具栏中的“曲线编辑器”按钮。

（2）在视口窗格中右击对象，选择“曲线编辑器”。

（3）在菜单栏中依次单击“图形编辑器”→“轨迹视图 – 曲线编辑器”。

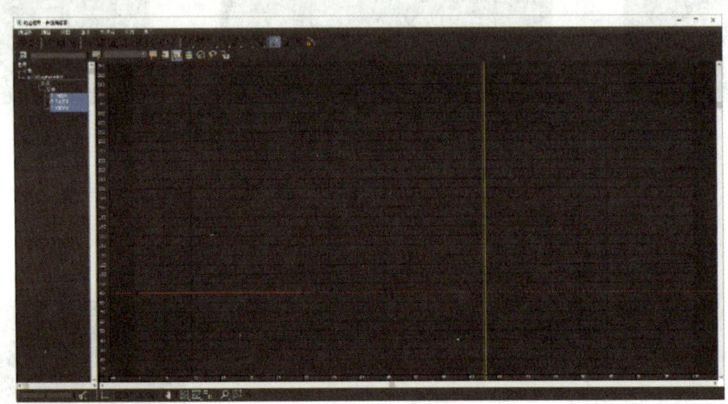

图 4–2–10　曲线编辑器窗体

2. 曲线编辑器常用功能

（1）调整关键帧。选择图 4–2–11 所示的关键点，沿水平方向左右移动鼠标指针表示关键帧的移动，沿垂直方向上下移动鼠标指针表示调整参数值。此外，也可以通过图 4–2–11 所示左下角方框处调整参数值。例如设置一个物体旋转 360° 后，如图 4–2–12 所示，预览动画，再在曲线编辑器中调整第 0 帧处的参数值为“0”，预览动画，即可发现区别。

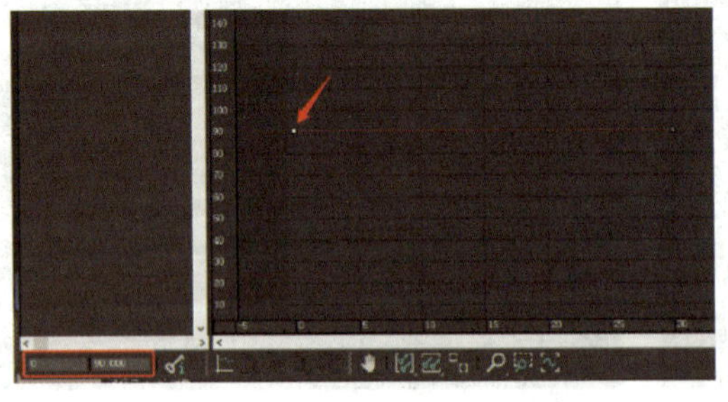

图 4–2–11　调整关键帧

图 4–2–12　设置物体旋转 360°

（2）调整运动曲线类型。在图 4–2–11 所示界面中，框选第 0 ~ 30 帧，单击工具栏中对应的运动曲线类型，如图 4–2–13 所示，预览动画，观察区别。

图 4–2–13　调整运动曲线类型

（3）添加 / 移除关键点。在图 4–2–11 所示界面中，在第 15 帧处右击，选择“添加 / 移除关键帧”，单击曲线，即可添加关键点，调整关键点的位置与对应的参数值，如图 4–2–14 所示，预览动画效果。

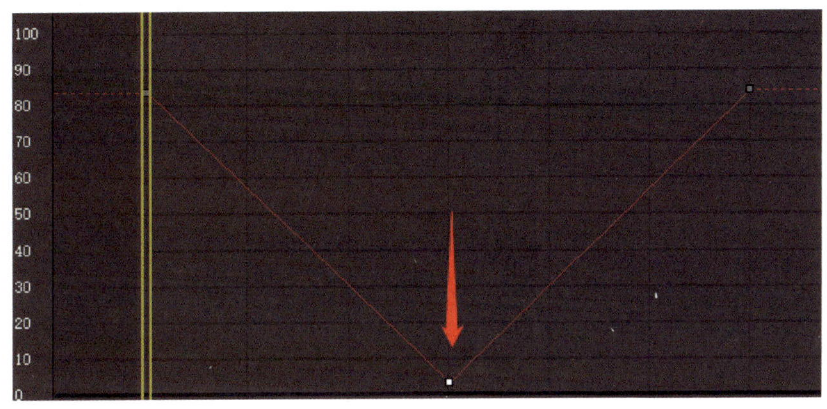

图 4–2–14　添加关键点

提示

按住“Shift”键单击关键点可移除关键点。

（4）调整超出范围类型。用于指定动画对象在定义的关键点范围之外的行为方式。单击“编辑”→“控制器”→“超出范围类型”，弹出“参数曲线超出范围类型”对话框，如图 4–2–15 所示，从选项中进行选择以重复动画。

提示

单击对应类型下方左箭头可指定动画关键点范围之前的行为，单击右箭头可指定该范围之后的行为。

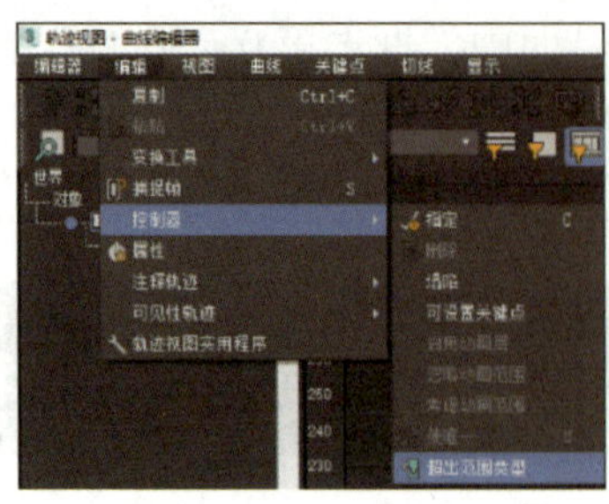

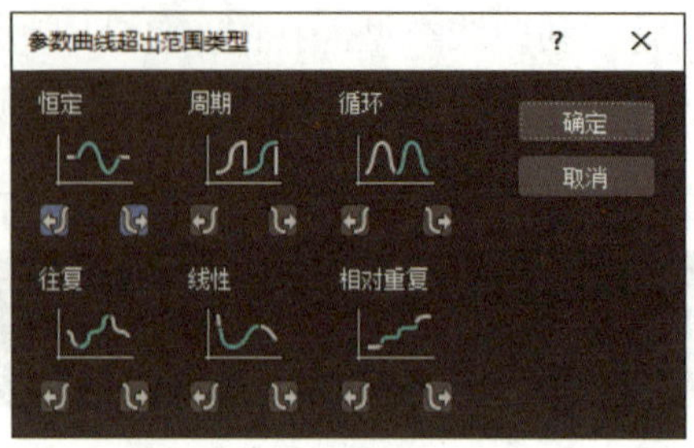

图 4-2-15　设置参数曲线超出范围类型

对话框中各选项的含义如下。

1）恒定。在范围的第一个关键点之前或最后一个关键点之后不再使用动画效果，恒定是默认的超出范围类型。

2）周期。在一个范围内重复相同的动画。如果第一个关键点和最后一个关键点的值不同，动画会从最后一个关键点到起始关键点显示出一个突然的“跳跃”效果。

3）循环。在范围内重复相同的动画。通过在范围内的最后一个关键点和第一个关键点之间进行插值来创建平滑的循环。

4）往复。在范围内重复动画时，在向前和向后之间交替。

5）线性。动画以恒定速度进入和离开指定范围。

6）相对重复。在一个范围内重复相同的动画，但是每个重复会根据范围末端的值有一个偏移。

（5）应用增强和减缓曲线。“应用增强曲线”和“应用减缓曲线”创建专用轨迹，这些轨迹可修改现有动画轨迹的强度或计时，而无须更改原始轨迹。在菜单栏上单击“曲线”，选择“应用增强曲线”或“应用减缓曲线”，如图 4-2-16 所示。

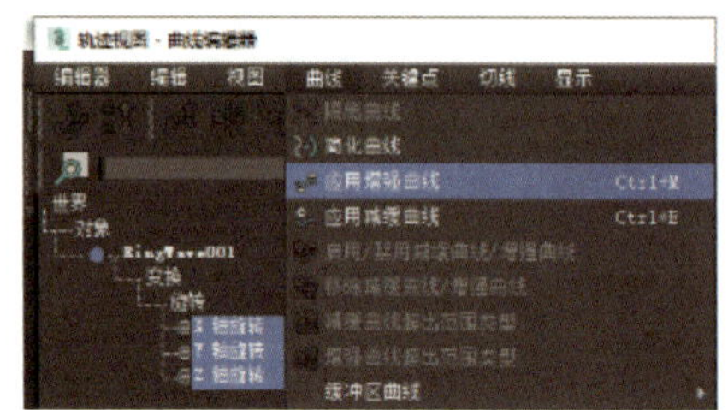

图 4-2-16　应用增强和减缓曲线

增强曲线会将原始轨迹的值向上调或向下调，调整增强曲线会提高或降低原始轨迹的“强度”。减缓曲线会左右移动原始轨迹的时间，调整减缓曲线将更改时间。

三、“壳”修改器

1. “壳”修改器的作用

“壳”修改器可以使面生成一个壳物体，在壳的内、外侧都可以设一个表面，二维、三维对象均可应用。

2. “壳”修改器的常用参数

“壳”修改器的“参数”卷展栏如图 4-2-17 所示。

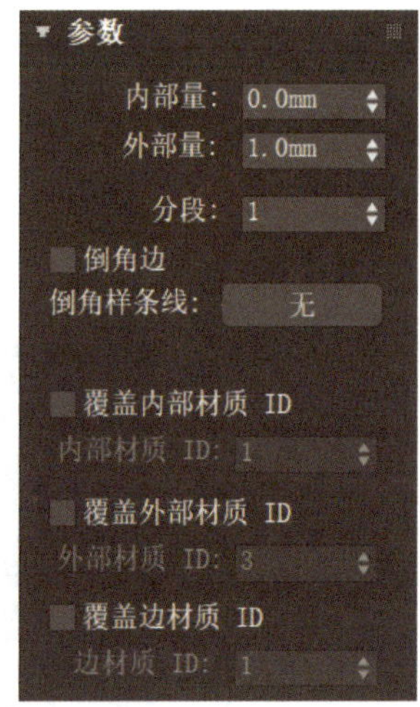

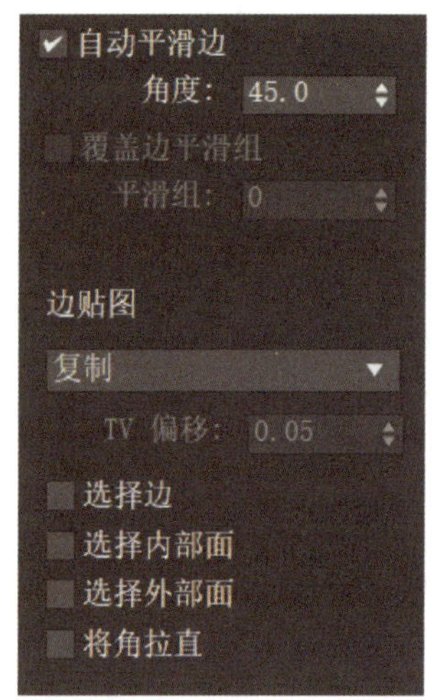

图 4-2-17 “壳”修改器的“参数”卷展栏

（1）内部量。向内抽壳的深度，默认值为 0.0 mm。

（2）外部量。向外抽壳的深度，默认值为 1.0 mm。

（3）分段。将内、外壳总厚细分的段数，默认值为 1。

（4）倒角边。勾选后，指定倒角样条线，3ds Max 2022 会使用样条线定义边的剖面和分辨率，默认为不勾选状态。

（5）覆盖内部材质 ID。使用“内部材质 ID”为所有内部曲面多边形指定材质 ID。

（6）覆盖外部材质 ID。使用“外部材质 ID”为所有外部曲面多边形指定材质 ID。

（7）覆盖边材质 ID。使用“边材质 ID”为所有新边多边形指定材质 ID。

（8）自动平滑边。使用“角度”参数，应用自动和基于角平滑到边面。取消勾选此复选框后，不再应用平滑，默认为勾选。

（9）角度。在边面之间指定最大角，该边面由“自动平滑边”平滑。只在勾选“自动平滑边”复选框之后可用。

（10）覆盖边平滑组。使用“平滑组”设置，用于为新边多边形指定平滑组。只在未勾选“自动平滑边”复选框时可用。

（11）边贴图。指定应用新边的纹理贴图类型。

（12）TV 偏移。确定边的纹理顶点间隔。

（13）选择边。选择边，从其他修改器的堆栈上传递此选择。

（14）选择内部面。选择内部面，从其他修改器的堆栈上传递此选择。

（15）选择外部面。选择外部面，从其他修改器的堆栈上传递此选择。

（16）将角拉直。调整角顶点以维持直线边。

四、“弯曲”修改器

1. “弯曲”修改器的作用

“弯曲”修改器可以使对象产生一个自身弯曲效果。

2. “弯曲”修改器的常用参数

“弯曲”修改器的“参数”卷展栏如图 4-2-18 所示。

（1）弯曲角度。指定对象自身的弯曲角度，默认值为 0。

（2）弯曲方向。在垂直弯曲的平面上弯曲的方向，默认值为 0，为 *X* 轴正方向，正值为顺时针角度，负值为逆时针角度。

（3）弯曲轴。对象自身在 *X* 轴、*Y* 轴或 *Z* 轴方向上产生弯曲，默认为 *Z* 轴。

（4）限制

1）限制效果。勾选该复选框可以限制弯曲效果，默认为不限制。

2）上限。沿着“弯曲轴”的正向限制弯曲效果的边界，数值大于等于 0。

3）下限。沿着“弯曲轴”的负向限制弯曲效果的边界，数值小于等于 0。

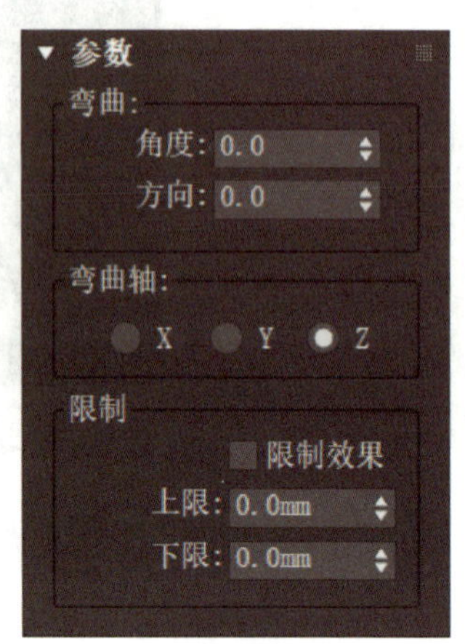

图 4-2-18 “弯曲”修改器的“参数”卷展栏

五、“噪波”修改器

1. “噪波”修改器的作用

“噪波”修改器是可以使对象表面凸起、破碎的工具，可以应用在任何类型的对象上。

2. “噪波”修改器的常用参数

“噪波”修改器的“参数”卷展栏如图 4-2-19 所示。

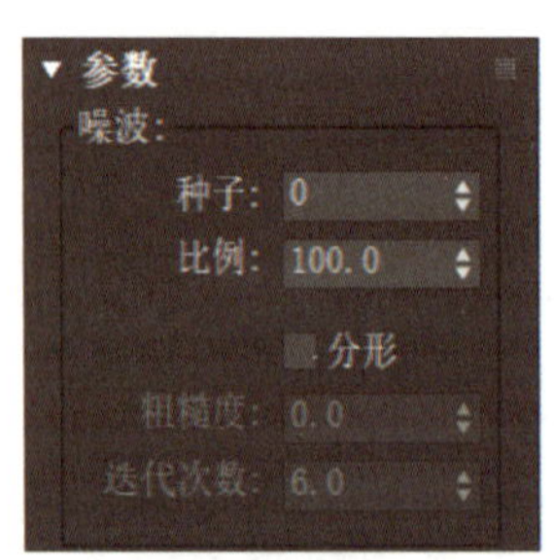

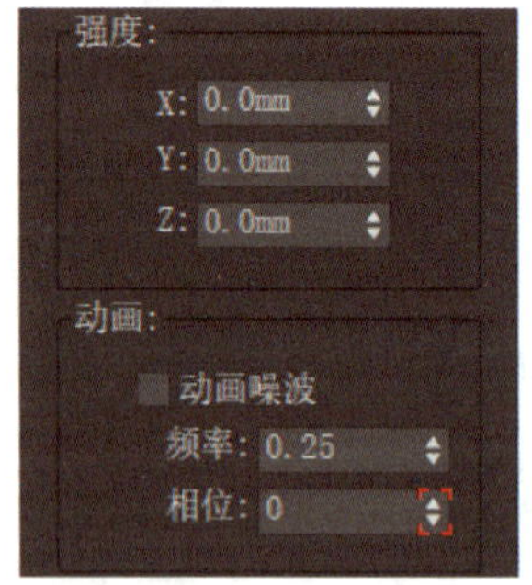

图 4-2-19 “噪波”修改器的“参数”卷展栏

（1）种子。从设置的数值中生成一个随机起始点。该参数在创建地形时非常有用，因为每种设置都可以生成不同的效果。

（2）比例。噪波影响的大小（不是强度）。较大的值可以产生平滑的噪波，较小的值可以产生锯齿现象非常严重的噪波。

（3）分形。控制是否产生分形效果。勾选该复选框后，下面的“粗糙度”和“迭代次数”数值才可以设置，默认设置为不勾选。

（4）粗糙度。决定分形变化的程度。

（5）迭代次数。控制分形功能所使用的迭代数目。

（6）强度 *X*/*Y*/*Z*。设置噪波在 *X*/*Y*/*Z* 坐标轴上的强度（至少为其中一个坐标轴输入强度数值）。

六、“塌陷”相关命令

右击修改器项目，会弹出“编辑修改器”菜单，菜单中包括一些对修改器进行编辑的常用命令，如图 4-2-20 所示。

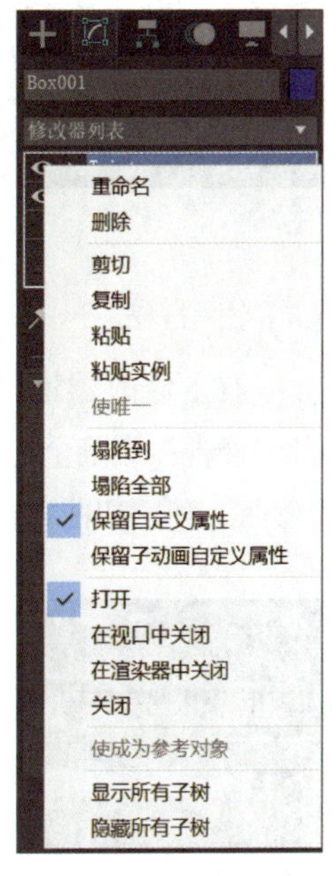

图 4-2-20 “编辑修改器”菜单

“塌陷”相关命令可以将物体转换为可编辑网格，并删除其所有的修改器，这样可以简化对象，并节约内存，但执行“塌陷”相关命令之后就不能再对修改器参数进行修改了。使用“塌陷到”命令，只塌陷到当前选择的修改器（修改器堆栈中此修改器以下的修改器被删除，此修改器以上的修改器不变）；使用“塌陷全部”命令，整个修改器堆栈中的修改器全部被删除，对象变为可编辑网格。

图 4-2-21 所示对象是在长方体上依次添加了“扭曲”“弯曲”和“晶格”3 个修改器。下面以此为例对修改器进行“塌陷”操作，此处介绍两种方法。

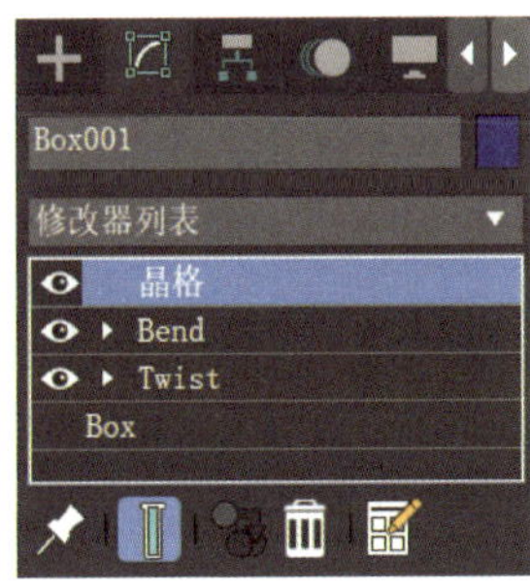

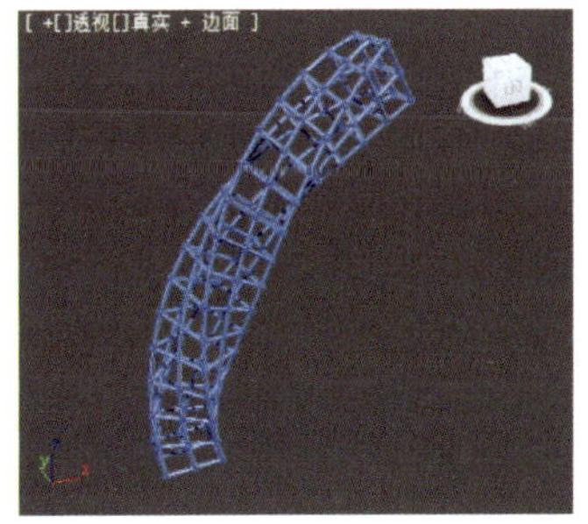
图 4-2-21　为长方体加载 3 个修改器

1. 方法一

右击修改器堆栈中的“弯曲”修改器（Bend），在菜单中选择“塌陷到”命令，弹出“警告：塌陷到”对话框，单击“是”按钮后，“弯曲”和“扭曲”修改器被塌陷，编辑对象变为“可编辑网格”，如图 4-2-22 所示。

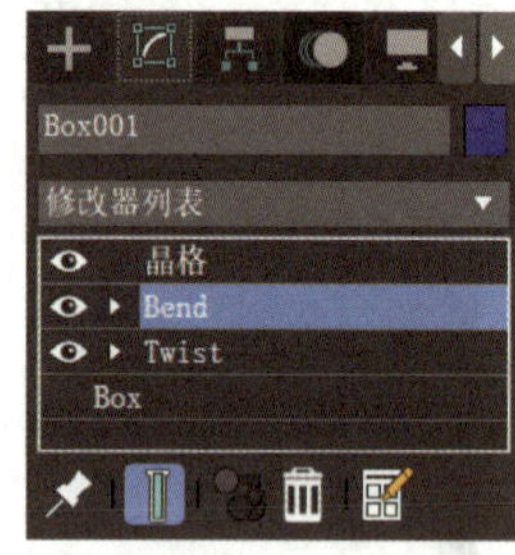

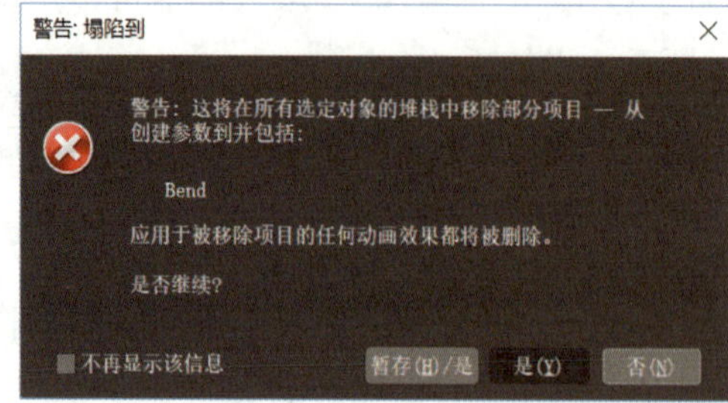

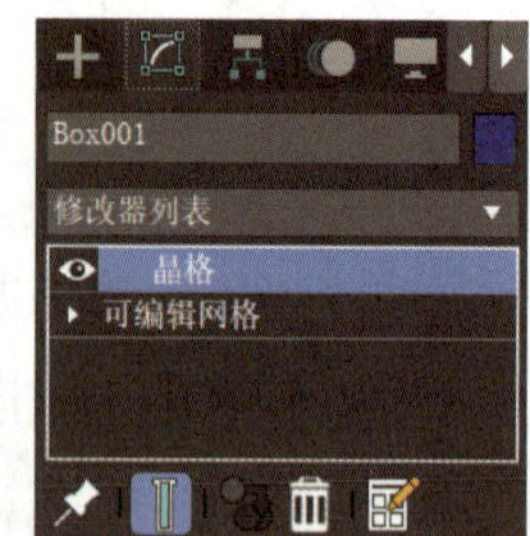

图 4-2-22　塌陷部分修改器

2. 方法二

右击修改器堆栈中的“弯曲”修改器（Bend），在菜单中选择“塌陷全部”命令，弹出“警告：塌陷全部”对话框，单击“是”按钮后，修改器堆栈中的所有修改器（“晶格”“弯曲”和“扭曲”修改器）均被塌陷，编辑对象变为“可编辑网格”，如图 4-2-23 所示。

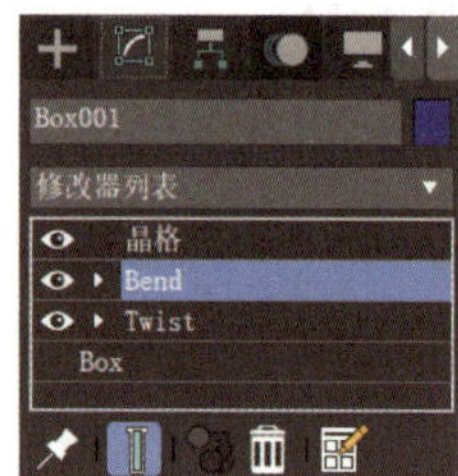

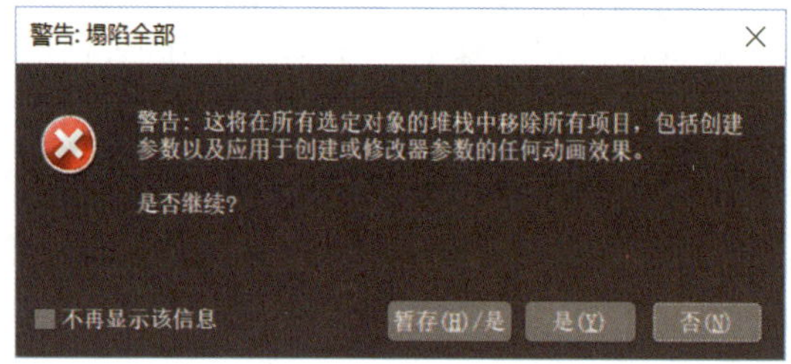

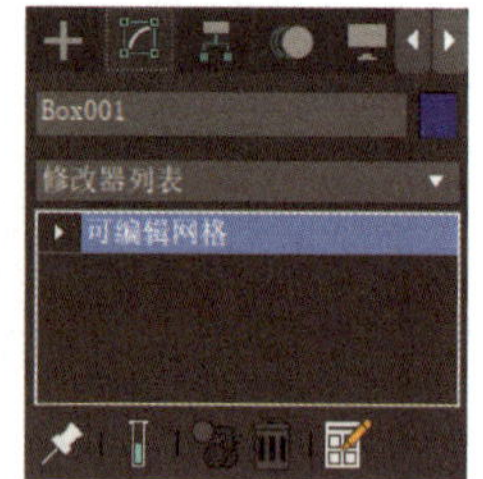

图 4-2-23　塌陷全部修改器

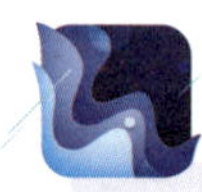

提示

右击任意修改器选择“塌陷全部”，效果相同。如果单击“暂存/是”按钮，则对象状态保存到“暂存”缓冲区，然后才执行塌陷命令，执行“编辑/取回”命令可以恢复到塌陷前的状态。

一、创建文件

打开软件，在菜单栏上执行“文件”→“保存”命令，选择保存路径并为文件命名，保存类型采用默认设置。检查文件，确定单位设置为 mm。

二、制作书本

1. 制作书页

（1）创建书页。在右侧命令面板处依次单击“创建”→“几何体”→“标准基本体”→“平面”，在顶视图中绘制一个平面，在“参数”卷展栏中设置长度为 320 mm、宽度为 240 mm、长度分段为 32、宽度分段为 24，如图 4-2-24 所示，将对象重命名为“书页 1”。

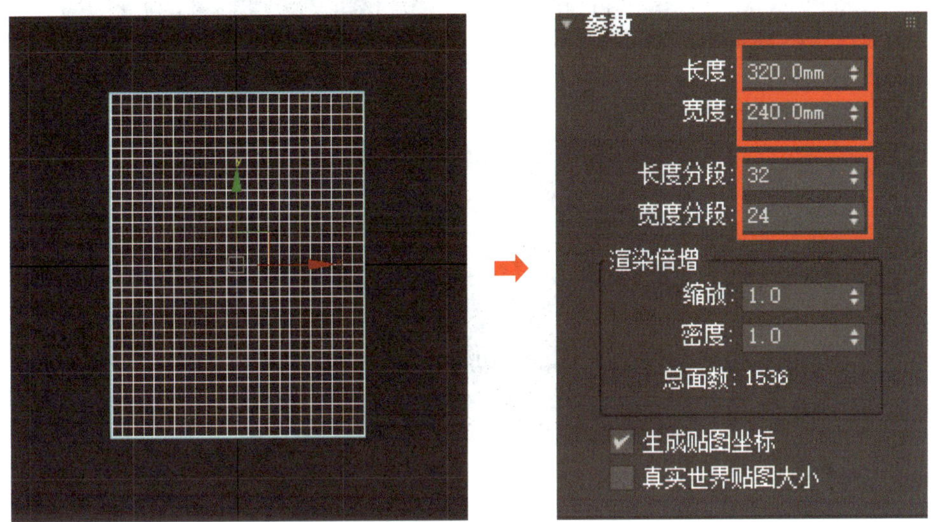

图 4-2-24　设置书页参数

（2）调整“书页 1”的位置。选中“书页 1”对象，修改绝对坐标值 *X* 为 0 mm、*Y* 为 0 mm、*Z* 为 0 mm，如图 4-2-25 所示。

图 4-2-25　书页绝对坐标值

（3）调整“书页 1”的轴点。选中“书页 1”对象，在右侧面板中依次单击“层次”→“轴”→“仅影响轴”，在顶视图中将“书页 1”对象轴点坐标平移至左端中点处，如图 4-2-26 所示，然后再次单击“仅影响轴”选项结束调整轴。

2. 制作封面

（1）在右侧面板中依次单击“创建”→“图形”→“样条线”→“线”，在前视图中绘制如图 4-2-27 所示的样条线，将对象重命名为“封面”。

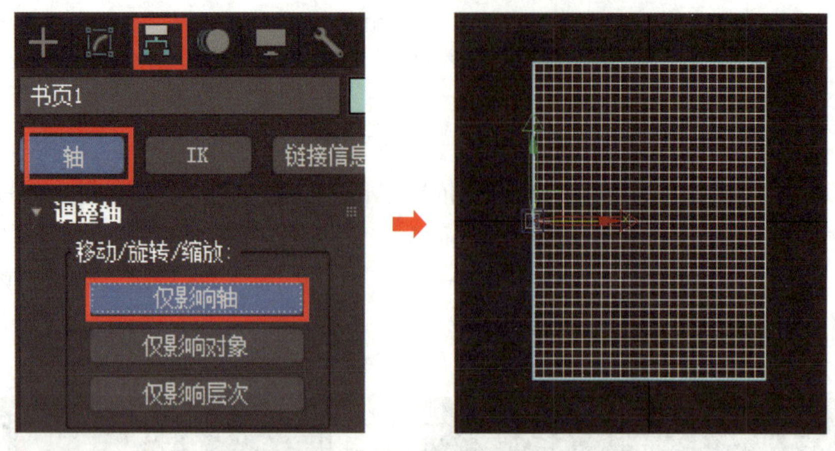

图 4-2-26　调整“书面 1”的轴点

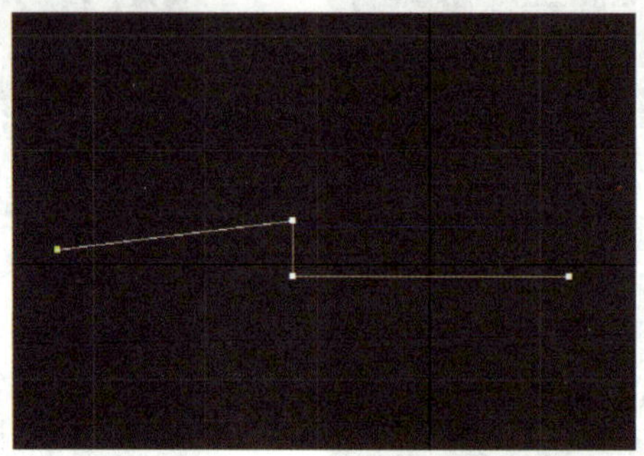
图 4-2-27　“封面”样条线

（2）为“封面”对象加载“挤出”修改器。选中“封面”对象，在右侧面板中单击“修改”按钮，在“修改器列表”中选择“挤出”，在“参数”卷展栏中设置“数量”为 340 mm，效果如图 4-2-28 所示。

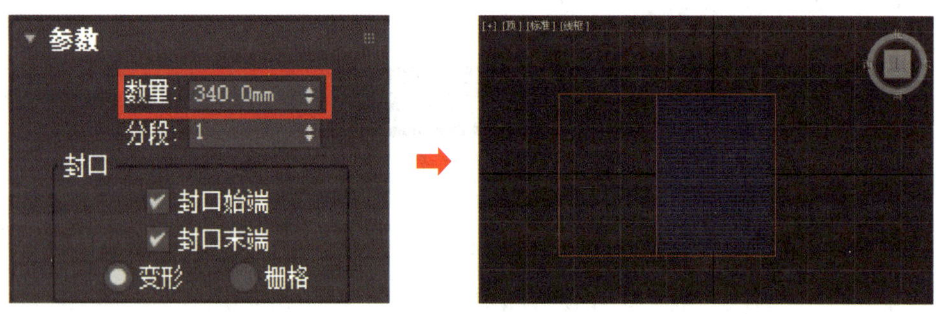

图 4-2-28　为“封面”对象加载“挤出”修改器

（3）为“封面”对象加载“壳”修改器。选中“封面”对象，在右侧面板中单击“修改”按钮，在“修改器列表”选择“壳”，在“参数”卷展栏中设置“外部量”为 10 mm，效果如图 4-2-29 所示。

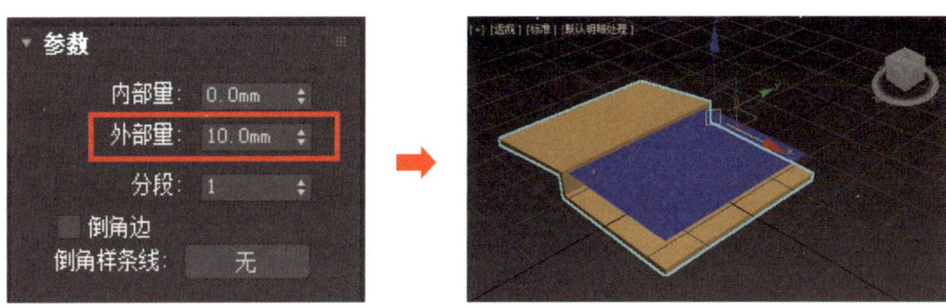

图 4-2-29　为“封面”对象加载“壳”修改器

（4）为“封面”对象加载“四边形网格化”修改器。选中“封面”对象，在右侧面板中单击“修改”按钮，在“修改器列表”选择“四边形网格化”，在“参数”卷展栏中设置“四边形大小 %”为 8.0，效果如图 4-2-30 所示。

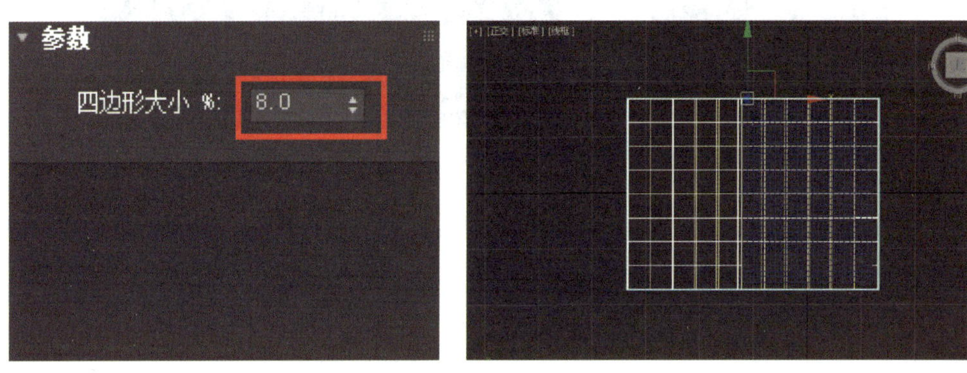

图 4-2-30　为“封面”对象加载“四边形网格化”修改器

（5）对封面对象执行“塌陷”操作。右击修改器堆栈中的“四边形网格化”修改器，在菜单中选择“塌陷全部”命令，编辑对象变为“可编辑网格”。

（6）为“封面”添加挤出效果。将“塌陷”后得到的“可编辑网格”切换到“多边形”子集，在顶视图中选择如图 4-2-31 所示多边形，在“编辑多边形”卷展栏中单击“倒角”右边的“设置”箭头，设置倒角为 20 mm，继续单击“挤出”右边的“设置”箭头，设置挤出为 –4 mm。

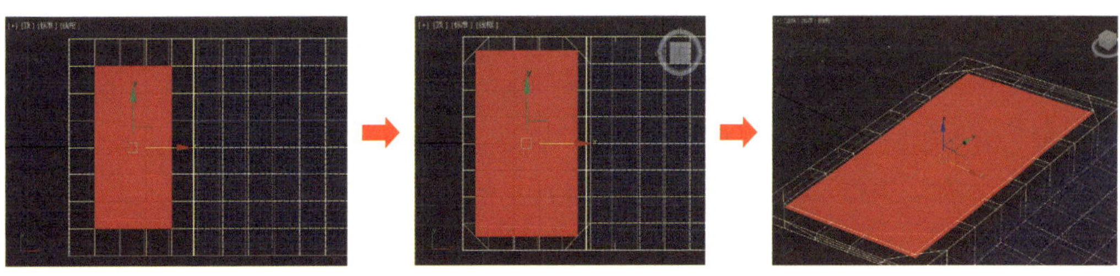

图 4-2-31　设置“倒角”与“挤出”

三、制作翻书动画

1. 为“书页 1”对象加载“弯曲”修改器。选中“书页 1”对象，在右侧面板中单击“修改”按钮，在“修改器列表”选择“弯曲”。

2. 调整“书页 1”在第 0 帧处的“弯曲”参数。选择“书页 1”对象，在“参数”卷展栏中设置弯曲“角度”为 0，“弯曲轴”选择“X”，限制“上限”为 150 mm，如图 4-2-32 所示。

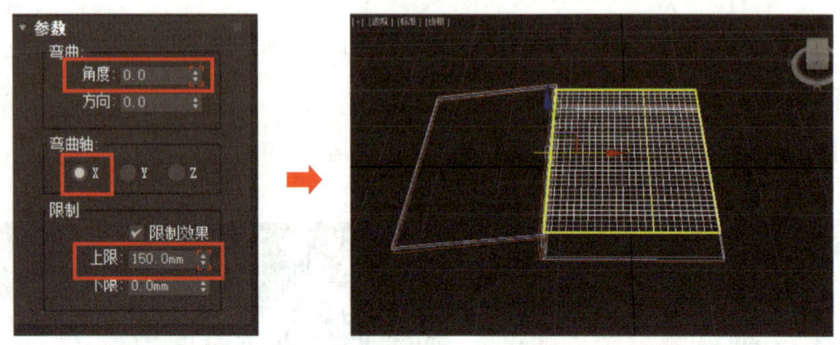

图 4-2-32　设置第 0 帧处的弯曲参数

3. 调整“书页 1”第 25 帧的参数。单击“自动关键点”按钮，拖动时间滑块至第 25 帧处，重复步骤 2 修改“弯曲”参数，设置弯曲“角度”为 -190，“弯曲轴”选择“X”，限制“上限”为 35 mm，如图 4-2-33 所示。设置完成后，再次单击“自动关键点”按钮。

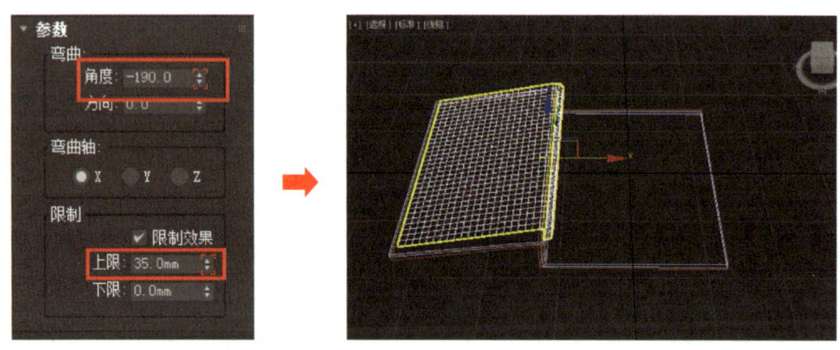

图 4-2-33　设置第 25 帧处的弯曲参数

4. 复制书页对象。在前视图中，选中“书页 1”，利用“选择并移动”工具，按住 Shift 键，沿 *Y* 轴向下移动一段距离，弹出“克隆选项”窗口，在对话框中选择“复制”按钮，“副本数”选择“4”，得到图 4-2-34 所示效果。

5. 由上至下依次将复制的书页更名为“书页 2”~“书页 5”。

6. 将时间滑块移动至第 0 帧处，设置“书页 2”的弯曲参数中的“上限”为

170 mm，“书页 3”的弯曲参数中的“上限”为 190 mm，“书页 4”的弯曲参数中的“上限”为 210 mm，“书页 5”的弯曲参数中的“上限”为 230 mm，如图 4–2–35 所示。

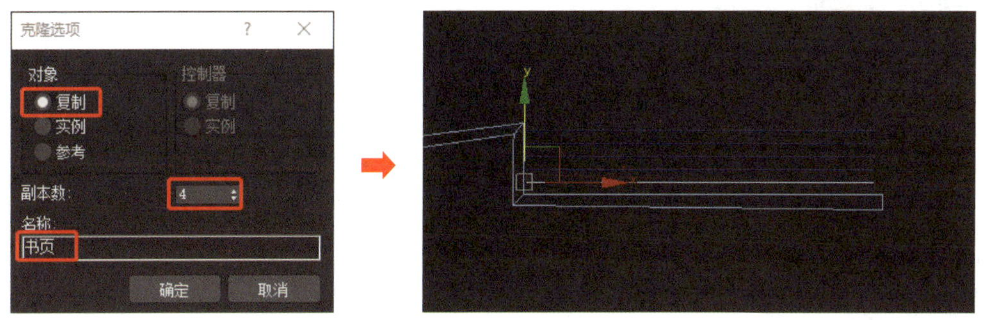

图 4–2–34　克隆书页及效果

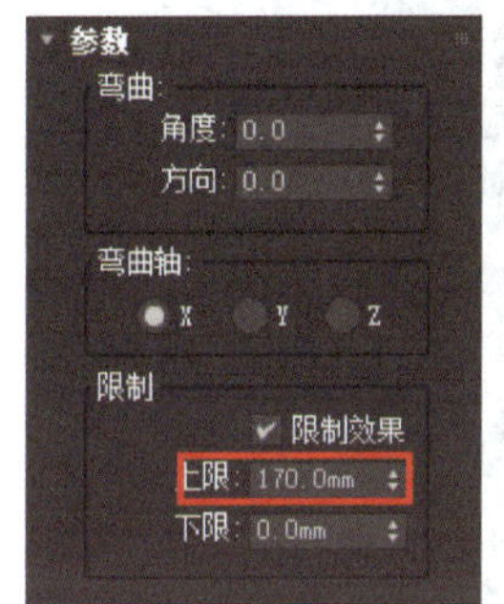

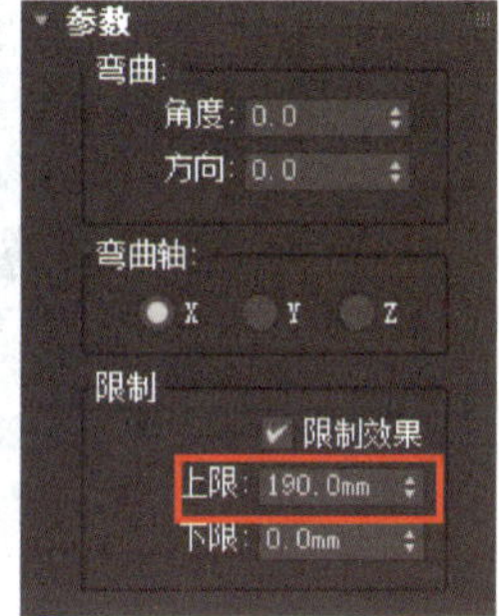

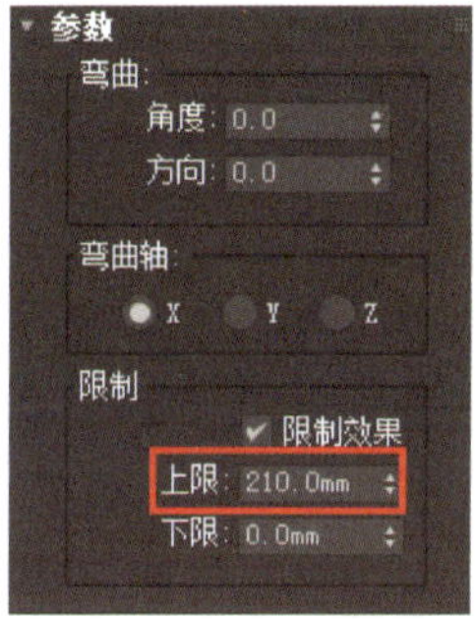

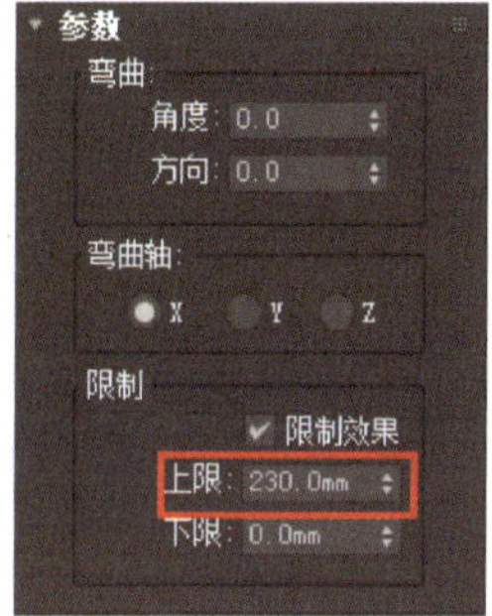

图 4–2–35　设置“书页 2”~“书页 5”弯曲上限

7. 设置时间配置参数。设置帧速率为 PAL、动画结束时间为 150，如图 4–2–36 所示。

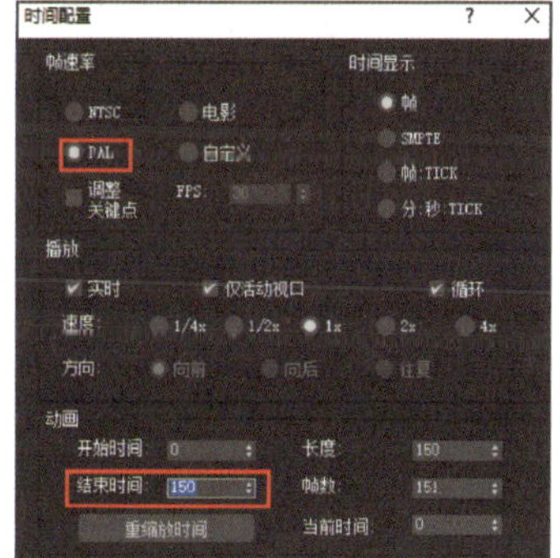

图 4–2–36　修改时间配置

8. 调整“书页 2”~“书页 5”的时间滑块。选中“书页 2”，框选第 0 ~ 25 帧的时间滑块，移动到第 30 帧处，重复以上步骤，依次调整“书页 3”~“书页 5”的时间滑块，分别位于第 30 ~ 55 帧、第 60 ~ 85 帧、第 90 ~ 115 帧、第 120 ~ 145 帧。

9. 预览动画效果。单击“播放动画”按钮，预览动画效果。

四、保存、导出动画

保存文件并导出 AVI 格式的视频文件。

任务 3　制作红旗飘动动画

1. 能完成风的创建、使用与参数设置。
2. 能为对象加载“Cloth”修改器，熟悉该修改器的作用。
3. 能叙述“模拟”渲染动画的原理。

完成如图 4-3-1 所示的红旗飘动动画效果。通过“标准基本体”中的“平面”“圆柱体”“球”对象制作模型，使用“空间扭曲”中的“风”创建风力，为对象加载“Cloth”修改器并进行参数设置，完成红旗飘动的效果。

图 4-3-1　红旗飘动动画效果

一、空间扭曲

1. 空间扭曲的作用

空间扭曲可以为场景中的对象提供各种“力场”效果。单击右侧命令面板“创建”→“空间扭曲”→“力”，出现图 4-3-2 所示的界面。某些空间扭曲可以生成波浪、涟漪或爆炸效果，使对象几何体发生变形。其他的空间扭曲专门用于粒子系统，可以模拟各种自然效果，如随风飘动的雪雨或瀑布中若隐若现的岩石。要让对象受空间扭曲的影响，可以将该对象绑定到空间扭曲。除非对象绑定到空间扭曲，否则空间扭曲不会对其产生任何影响。

图 4-3-2　“空间扭曲”选项

2. “风”对象的应用

（1）“风”对象的作用。“风”对象可以模拟风吹动粒子系统所产生的粒子的效果。风力具有方向性，顺着风力箭头方向运动的粒子呈加速状，逆着箭头方向运动的粒子呈减速状。

（2）创建“喷射”粒子系统。在右侧命令面板依次单击“创建”→“几何体”→“粒子系统”→“喷射”，如图 4–3–3 所示，在顶视图中拖动鼠标，设置如图 4–3–4 所示的粒子参数。调整粒子的位置，拖动时间尺，得到图 4–3–5 所示的效果。

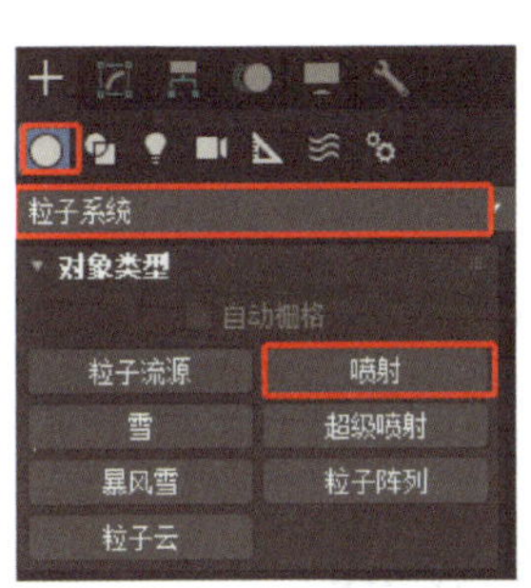

图 4–3–3　创建“粒子系统”对象

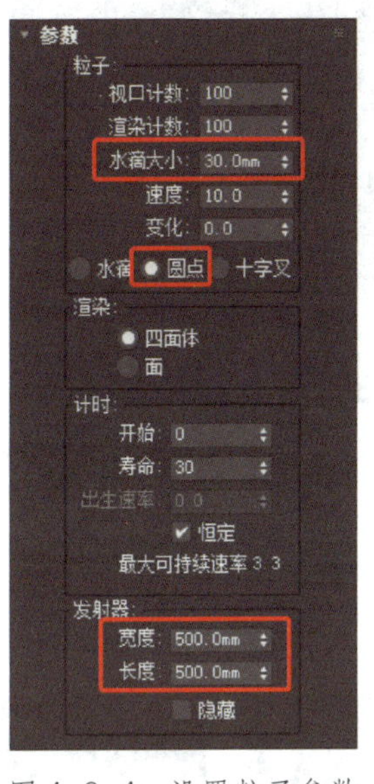

图 4–3–4　设置粒子参数

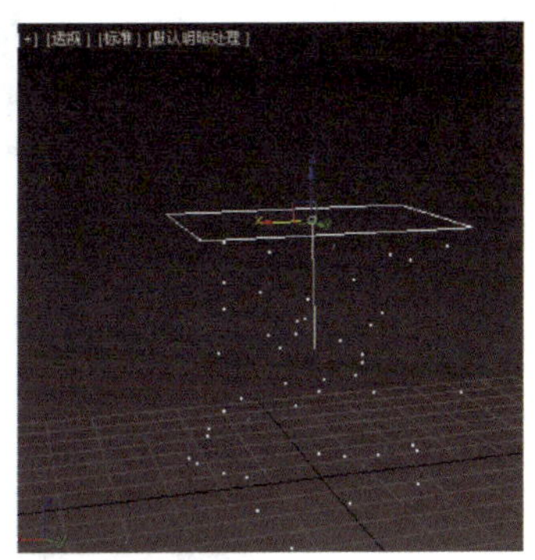

图 4–3–5　“喷射”粒子效果

（3）创建“风”对象。在右侧命令面板依次单击“创建”→“空间扭曲”→“力”→“风”，在左视图中拖动鼠标，创建“风”对象。在视图中调整“风”对象的位置，如图 4–3–6 所示。

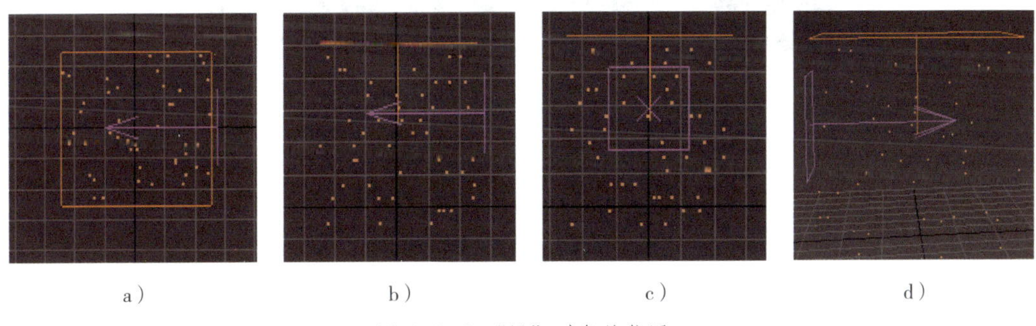

a）　b）　c）　d）

图 4–3–6　“风”对象的位置

a）顶视图　b）前视图　c）左视图　d）透视视图

（4）空间绑定。单击主工具栏中的“绑定到空间扭曲”按钮，如图 4–3–7 所示。在透视视图中单击粒子对象，拖动鼠标向“风”对象移动会出现一条连接线，再拾取“风”对象，如图 4–3–8 所示。

图 4-3-7 “绑定到空间扭曲”按钮

图 4-3-8 粒子对象与“风”对象进行空间绑定

（5）设置“风”对象参数。选择“风”对象，在“参数”卷展栏中分别设置如图 4-3-9a 和 4-3-9b 所示的参数，单击“播放动画”按钮即可预览动画效果的区别。

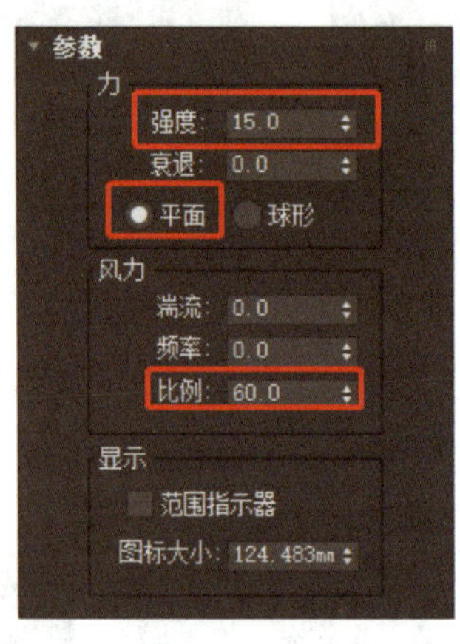

a）

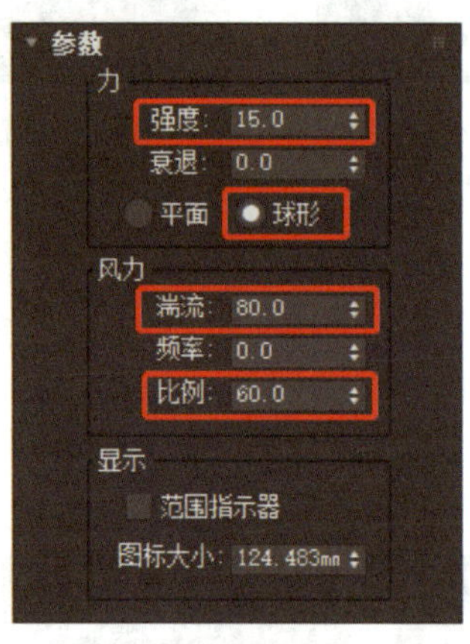

b）

图 4-3-9 设置“风”对象参数

a）风力效果为平面　b）风力效果为球形

1）强度。增加“强度”值会增加风力效果。小于 0.0 的强度会产生吸力，它会排斥以相同方向运动的粒子，而吸引以相反方向运动的粒子。强度为 0.0 时，风力扭曲无效。

2）衰退。增加“衰退”值会导致风力强度从风力扭曲对象的所在位置开始随距离的增加而减弱。

3）平面。风力效果垂直于贯穿场景的风力扭曲对象所在的平面。

4）球形。风力效果为球形，在风力扭曲对象上居中。

5）湍流。使粒子在被风吹动时随机改变路线。该数值越大，湍流效果越明显。

6）频率。当其值大于 0.0 时，会使湍流效果随时间呈周期变化。

7）比例。缩放湍流效果。当“比例”值较小时，湍流效果会更平滑、更规则。当“比例”值增加时，紊乱效果会变得更不规则、更混乱。

提示

当“风”为平面时，箭头的方向即为风力的方向。在上述案例中，可以通过“选择并旋转”按钮调整“风”对象的箭头指向，预览动画效果即可看到区别。

二、“Cloth”修改器

1. “Cloth”修改器的作用

“Cloth”修改器即布料修改器，主要功能是模拟布料物体与冲突物体之间的真实物理作用效果，从而方便布料模型的制作。

2. “Cloth”修改器的应用

下面结合实例说明“Cloth”修改器的应用方法。

（1）在顶视图中绘制一个长方体和一个平面，设置长方体和平面的参数如图 4-3-10 所示。

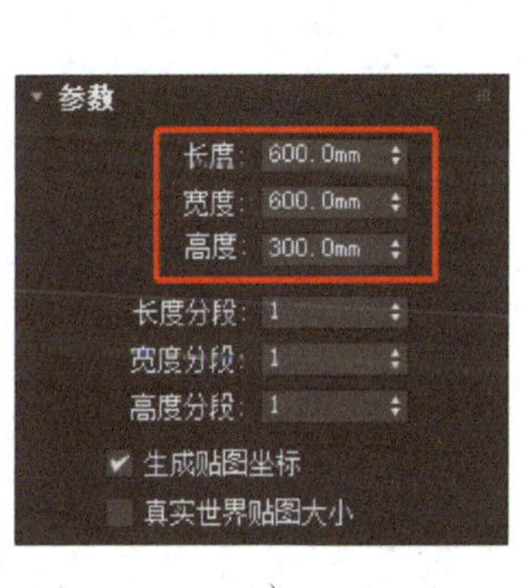

a）

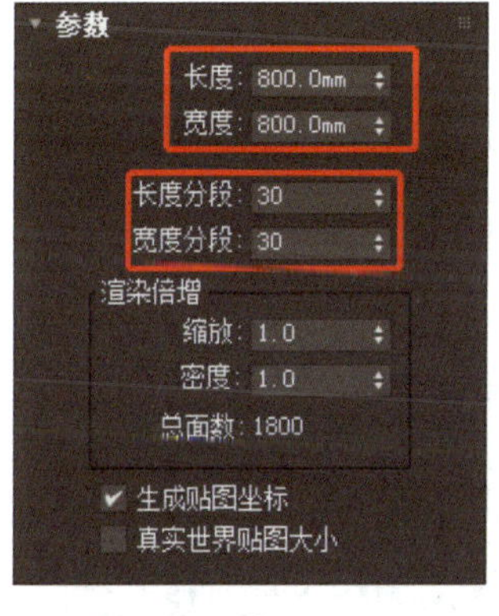

b）

图 4-3-10　设置长方体和平面的参数
a）长方体的参数　b）平面的参数

（2）调整平面的位置至长方体之上，如图 4-3-11 所示。

（3）选择平面和长方体对象，在右侧命令面板中单击“修改”按钮，再单击“修改器列表”，选择“Cloth”，如图 4-3-12 所示。

图 4-3-11　调整平面的位置

图 4-3-12　“Cloth” 修改器

（4）设置“Cloth”修改器参数。在“对象”卷展栏中，单击“对象属性”按钮，如图 4-3-13 所示，弹出“对象属性”对话框。选择平面对象“Plane001”，勾选“布料”选项，设置“U 弯曲”与“V 弯曲”值，如图 4-3-13a 所示，选择长方体对象“Box001”，勾选“冲突对象”选项，如图 4-3-13b 所示，单击“确定”按钮。

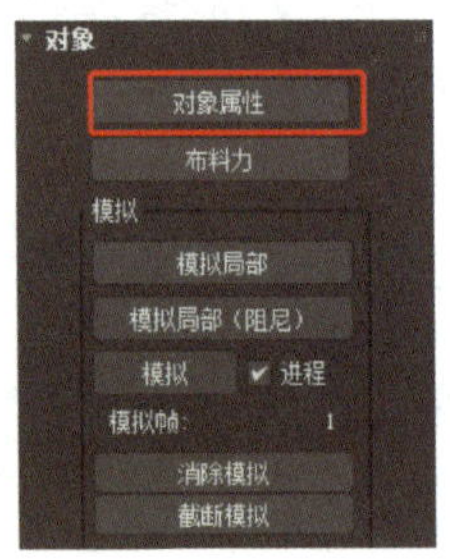

a）

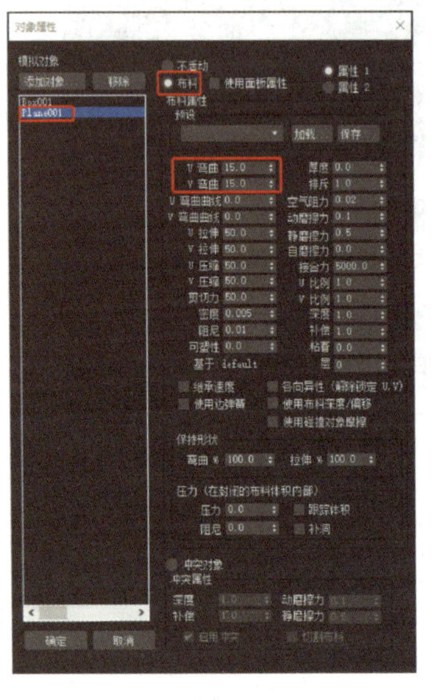

b）

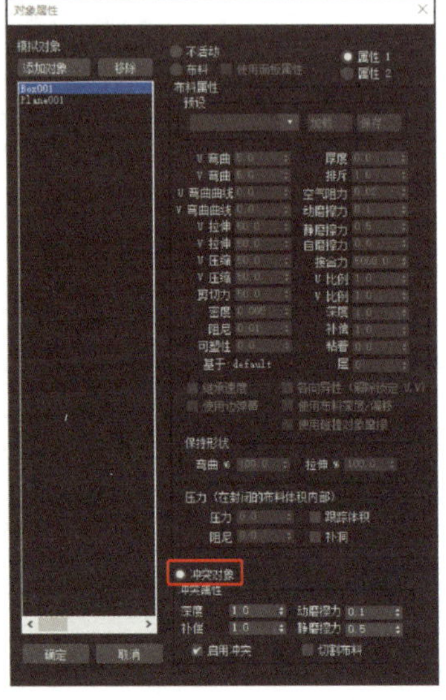

c）

图 4-3-13　设置“对象属性”

a）“对象”卷展栏　b）设置“U 弯曲”与“V 弯曲”值　c）勾选“冲突对象”

（5）模拟生成动画。在“对象”卷展栏单击“模拟”选项，如图 4–3–14 所示，会显示模拟进程。模拟进程结束后，单击“播放动画”按钮可以预览动画效果，如图 4–3–15 所示。

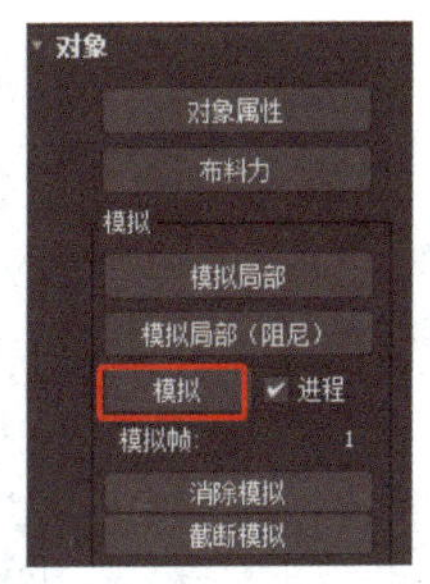

图 4–3–14 模拟生成动画

图 4–3–15 动画效果

3. “Cloth”修改器的常用参数

（1）对象属性。用于打开“对象属性”对话框，在其中可定义要包含在模拟中的对象，确定这些对象是布料还是冲突对象，以及与其关联的参数。

（2）布料力。模拟添加类似风的力（即场景中的空间扭曲）。单击“布料力”以打开“力”对话框。选择“场景中的力”添加到“模拟中的力”，该力就将影响到模拟中的所有布料对象。

（3）模拟局部。不创建动画，开始模拟进程。

（4）模拟局部（阻尼）。与“模拟局部”相同，但是为布料添加了大量的阻尼。

（5）模拟。在激活的时间段上创建模拟，会在每帧处以模拟缓存的形式创建模拟数据。模拟的参数可以在“模拟参数”卷展栏中进行详细设置。

（6）消除模拟。删除当前的模拟。这将删除所有布料对象的高速缓存，并将“模拟帧”数设置回 1。

（7）截断模拟。删除模拟在当前帧之后创建的动画。

提示

在模拟的过程中，如果想取消模拟，可以按“Esc”键结束。

4. “Cloth”修改器子集

“Cloth”修改器中有四个子集，分别为“组”“面板”“接缝”“面”，如图 4–3–16 所示。

（1）“组”子集。在该子集下，“Cloth”模拟组成部分的所有选中对象显示时，其顶点均为可见，以便选中相应的顶点。设定组后，其他选项才显示为可用，如图 4–3–17 所示。创建组的主要目的是将其约束到曲面、冲突对象或其他布料对象。

图 4-3-16 “Cloth”修改器子集

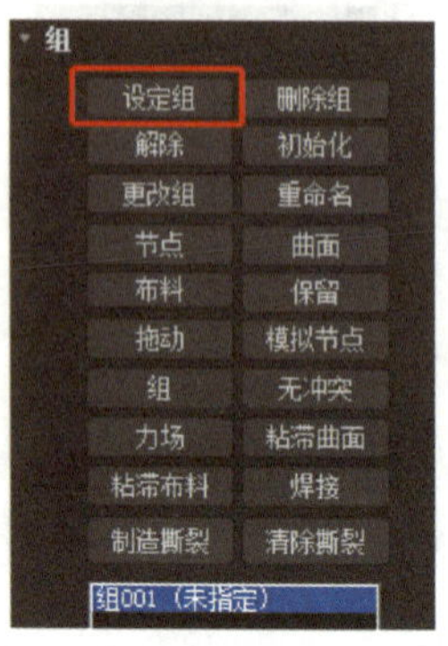

图 4-3-17 “组”子集

（2）“面板”子集。该子集用于设置对象的布料参数。默认设置下，选项为不可用，需要先在“对象属性”对话框中选中“布料”“使用面板属性”，如图 4–3–18 所示，才能在“面板”子集下设置对象的布料参数，如图 4–3–19 所示。

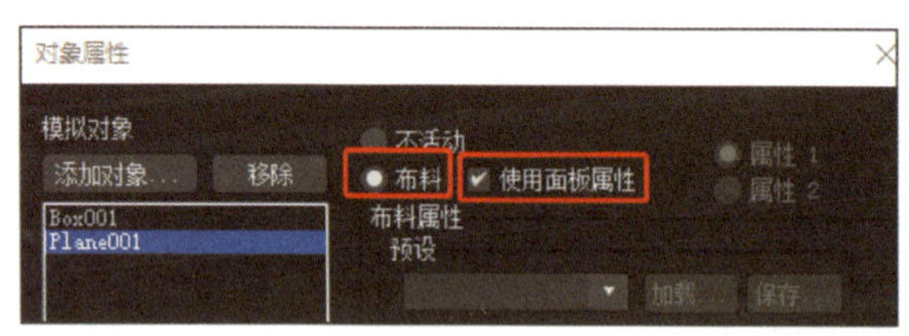

图 4-3-18 设置“对象属性”

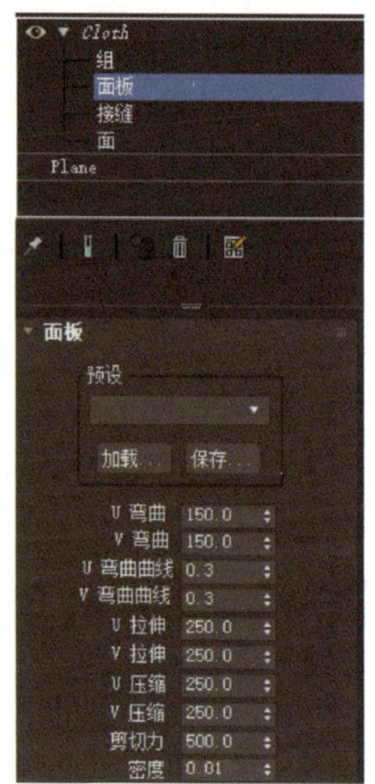

图 4-3-19 “面板”子集

（3）“接缝”子集。该子集用于定义接缝的属性。

（4）“面”子集。该子集主要用于启用布料对象的交互拖放，如图 4–3–20 所示。

1）“模拟局部”。开始布料的局部模拟。为了和布料能够实时交互反馈，必须启用此按钮。

2）“动态拖动！”。可以在进行局部模拟时拖动选定的面。

3）“动态旋转！”。可以在进行局部模拟时旋转选定的面。

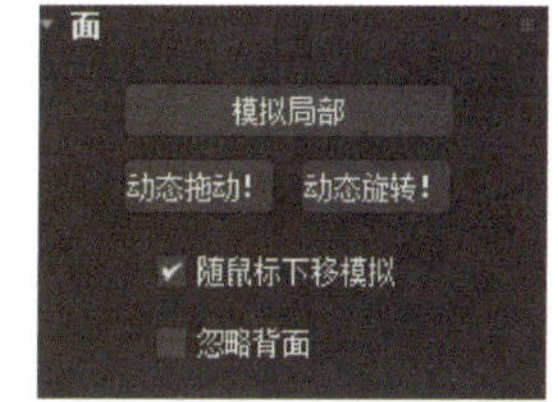

图 4-3-20　“面”子集

一、创建文件

打开软件，在菜单栏上执行“文件”→“保存”命令，选择保存路径并为文件命名，保存类型采用默认设置。

二、制作旗帜飘动

1. 制作旗帜

依次单击右侧命令面板中的“创建”→“几何体”→“标准基本体”→“平面”，在前视图绘制一个平面，设置长度为 1 280 mm、宽度为 1 920 mm、长度分段与宽度分段均为 100，如图 4-3-21 所示，设置平面的颜色为红色，将平面重命名为“红旗”。

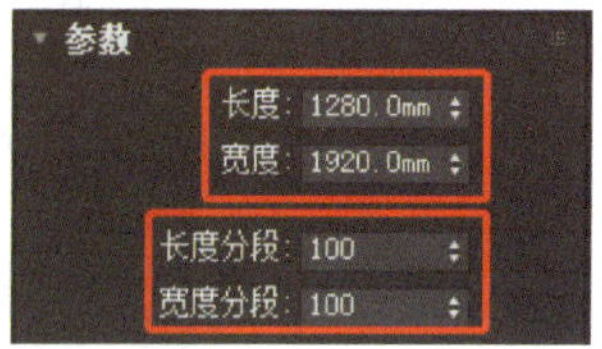

图 4-3-21　设置旗帜参数

2. 制作风力

依次单击右侧命令面板的“创建”→“空间扭曲”→“风”，在左视图中按住鼠标左键拖动绘制风力，在“参数”卷展栏中设置“力”的强度为 30，“风力”的湍流、频率均设置为 0.1，如图 4-3-22 所示，将对象重命名为“风”。利用工具栏中的“选择并移动”工具，调整“风”对象的位置与“红旗”对象平行，前视图效果如图 4-3-23 所示。

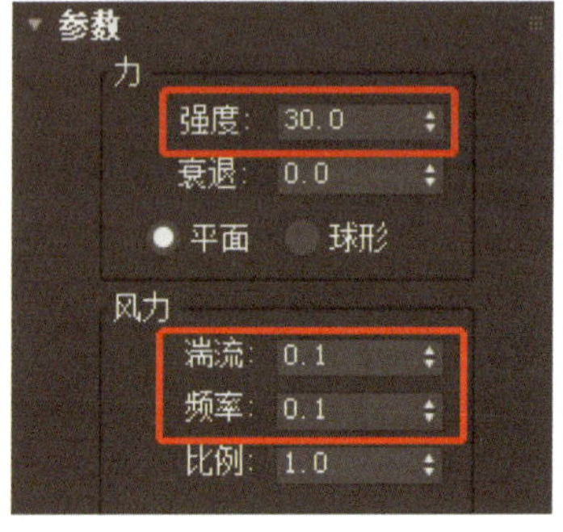

图 4-3-22　设置风力参数

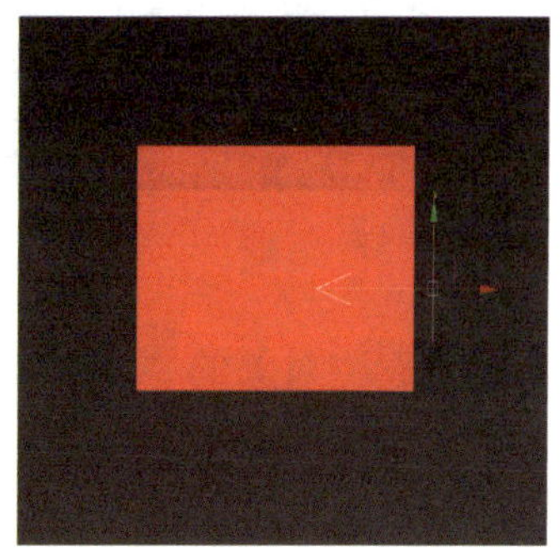

图 4-3-23　前视图效果

3. 制作旗帜飘动效果

（1）为“红旗”对象加载“Cloth”修改器。选中“红旗”对象，在右侧面板中单击“修改”按钮，在“修改器列表”中选择“Cloth”。

（2）设置“红旗”对象的固定点。单击“Cloth”前的三角形，选择“组”子集，如图 4–3–24 所示。在前视图里按住鼠标左键拖动选中图 4–3–25 所示的定位点，在右侧的“组”卷展栏中选择“设定组”选项，在弹出的对话框中输入“组名称”为“旗帜固定”，单击“确定”按钮，如图 4–3–26 所示。在右侧的“组”卷展栏中选择“保留”选项。

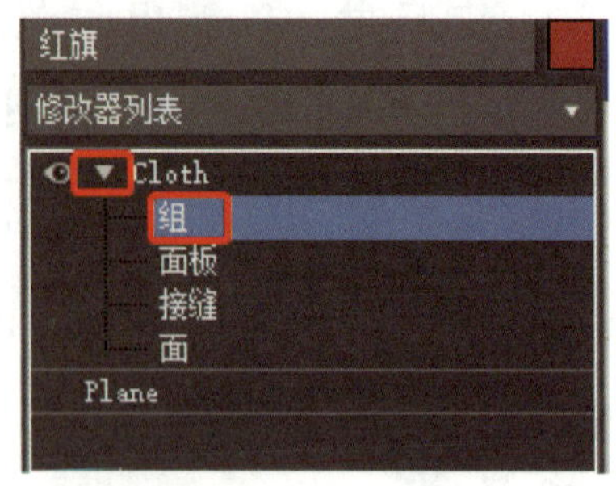

图 4–3–24　选择“组”子集

图 4–3–25　选择旗帜的固定点

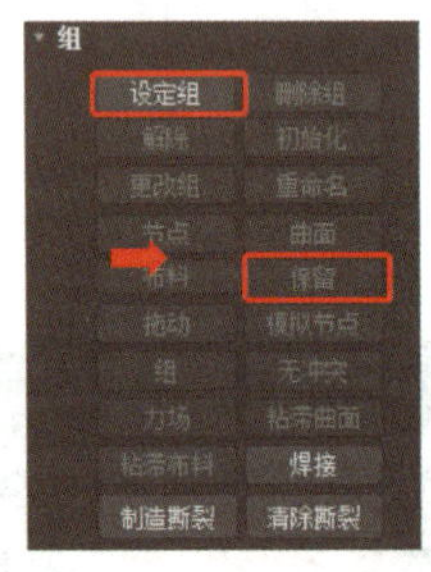

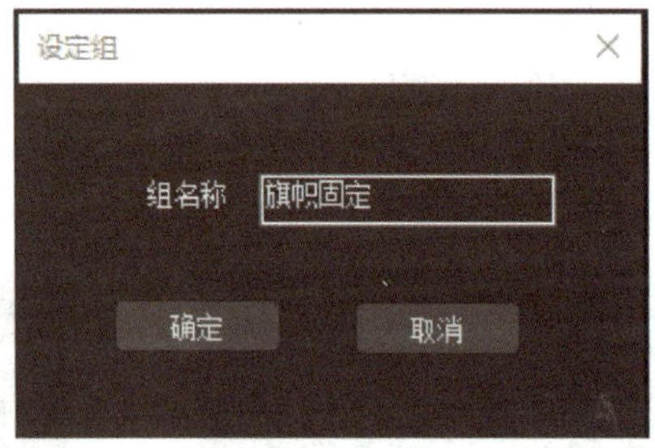

图 4–3–26　设置固定点的组名称与保留

（3）设置“红旗”对象的“对象属性”参数。选中“红旗”对象，在“对象”卷展栏中选择“对象属性”选项，如图 4–3–27 所示，弹出“对象属性”对话框，在“模拟对象”中选择“红旗”，单击“布料”按钮，设置“布料属性”中的“U 弯曲”和“V 弯曲”均为“0.1”，如图 4–3–28 所示，单击“确定”按钮。

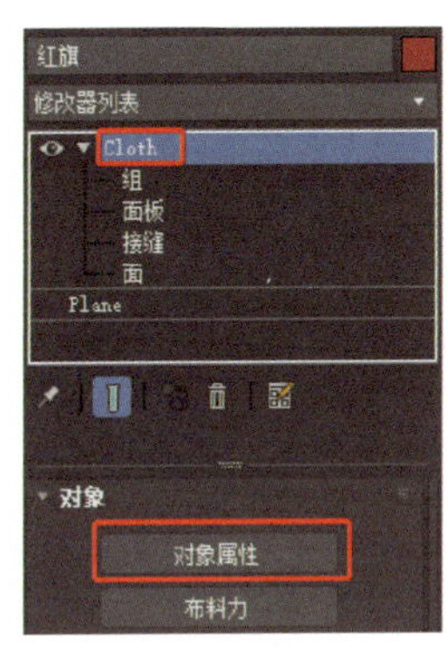

图 4-3-27 选择“对象属性”

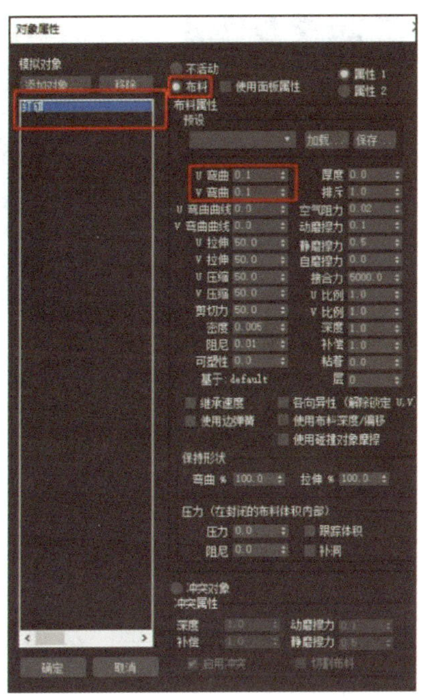

图 4-3-28 设置“对象属性”的参数

（4）设置“红旗”对象的“布料力”参数。选中“红旗”对象，在“对象”卷展栏中选择“布料力”选项，如图 4-3-29 所示，弹出“力”对话框，选中“场景中的力”中的“风”，单击“>”符号，将“风”添加到“模拟中的力”选项中，如图 4-3-30 所示。

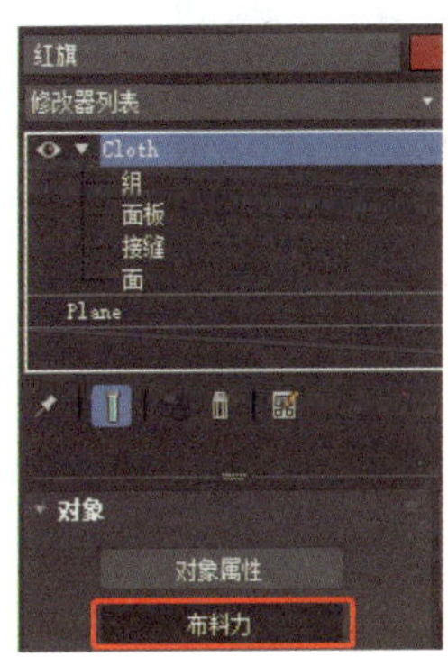

图 4-3-29 选择“布料力”

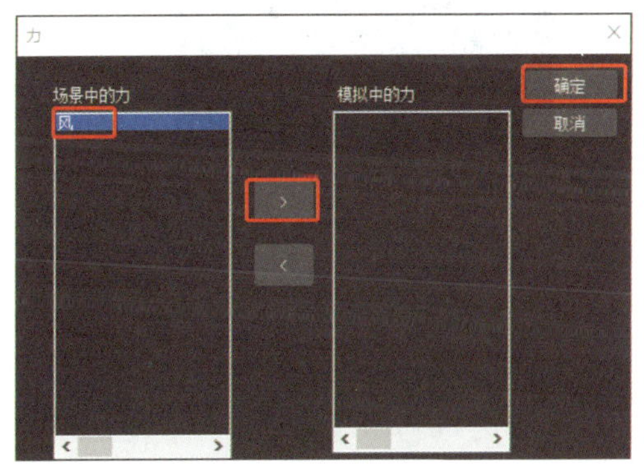

图 4-3-30 设置“力”对话框中的参数

（5）设置“红旗”对象的“模拟”参数。选中“红旗”对象，在“对象”卷展栏中选择“模拟”选项，如图 4-3-31 所示，弹出“Cloth”的渲染进度对话框，如图 4-3-32 所示。待渲染完成后，单击时间控制按钮中的“播放动画”按钮▶，即可预览动画效果。

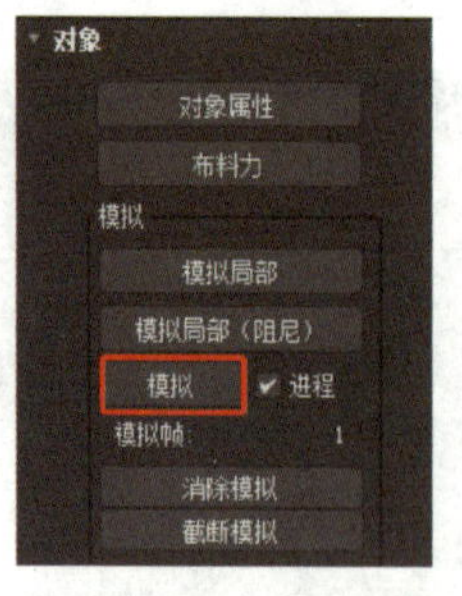

图 4-3-31　选择“模拟”

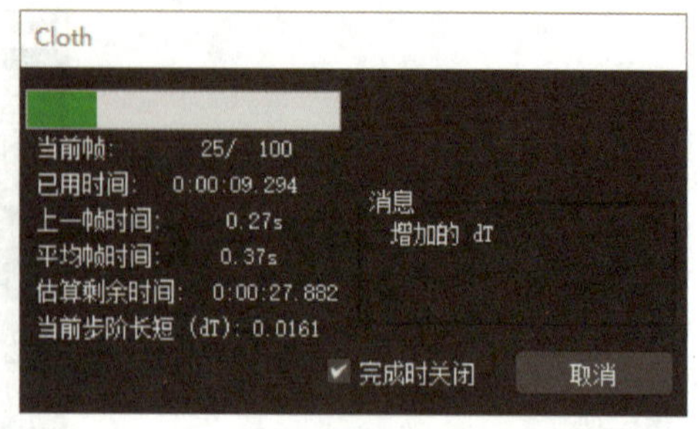

图 4-3-32　“Cloth”渲染进度对话框

三、制作旗杆

1. 绘制旗杆主体。依次单击右侧命令面板中的“创建”→“几何体”→“标准基本体”→“圆柱体”，在顶视图中绘制一个圆柱体，设置半径为 100 mm，高度为 10 000 mm，如图 4-3-33 所示。将圆柱体重命名为“旗杆”。

2. 绘制旗杆顶部的限位器。依次单击右侧命令面板中的“创建”→“几何体”→“标准基本体”→“球”，在顶视图中绘制一个球，设置“半径”为 150 mm，如图 4-3-34 所示，将球重命名为“限位器”。

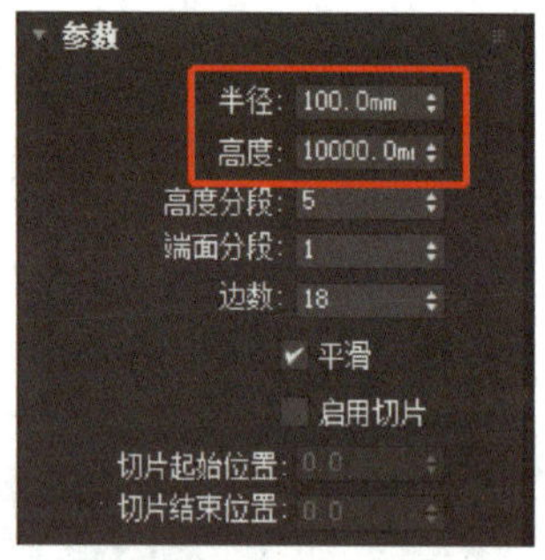

图 4-3-33　设置旗杆参数

图 4-3-34　绘制旗杆顶部限位器

3. 调整限位器位置。选择“限位器”对象，单击工具栏上的“对齐”按钮，选择“旗杆”对象，在弹出的对话框中勾选“X 位置”“Y 位置”“Z 位置”复选框，如图 4-3-35 所示。再利用“选择并移动”工具调整“限位器”对象位于“旗杆”顶部，如图 4-3-36 所示。

四、调整红旗的位置

选择“红旗”对象，利用“选择并移动”工具，将“红旗”调整到“旗杆”顶部，如图 4-3-37 所示。

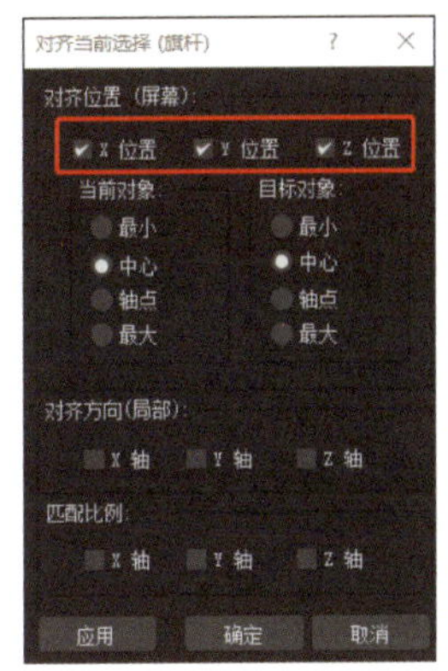

图 4-3-35　设置对齐参数

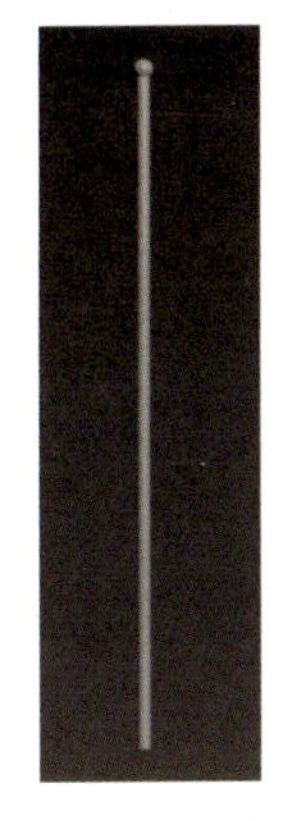

图 4-3-36　限位器的位置

图 4-3-37　调整红旗的位置

五、设置“时间配置”参数

单击动画控制区的“时间配置”按钮，设置帧速率为 PAL、动画开始时间为 0、结束时间为 100，单击“确定”按钮。

六、预览动画效果

单击时间控制按钮中的“播放动画”按钮，预览动画效果。

七、保存、导出动画

保存文件并导出 AVI 格式的视频文件。

任务 4　制作汽车小摆件动画

1. 能为对象加载“柔体”修改器，熟悉该修改器的作用。
2. 能为对象加载“毛发”修改器，熟悉该修改器的作用。
3. 能完成弹簧的创建与各参数的设置。

完成如图 4-4-1 所示的汽车摆件动画效果。通过“标准基本体”中的“球体”“圆柱体”和“动力学对象”中的“弹簧”制作模型，使用“可编辑多边形”编辑创建的对象，为对象加载“壳”“柔体”修改器，通过弹簧的参数设置及自动关键帧、曲线编辑器的设置，完成汽车摆件的动画效果。

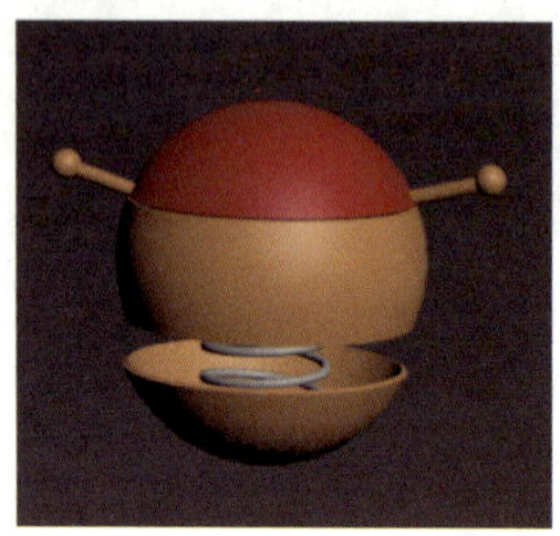
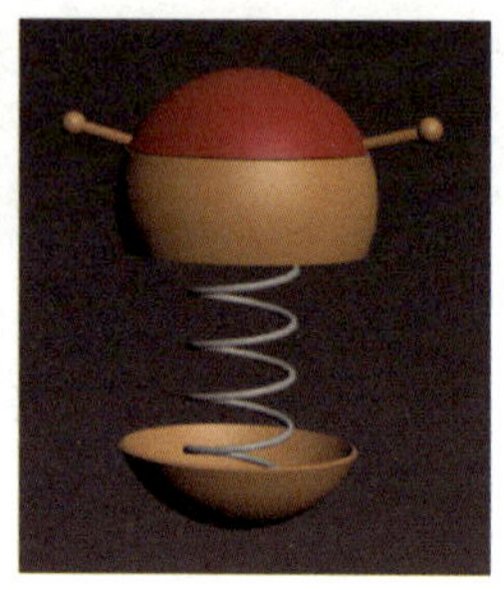

图 4-4-1　汽车摆件动画效果

一、“柔体”修改器

1.“柔体”修改器的作用

“柔体”修改器使用对象顶点之间的虚拟弹力线模拟软体动力学，可通过设置弹力线的刚度有效控制顶点之间相互接近、拉伸以及控制它们可移动的距离，如舌头的摆动、触须的摆动等。

2.“柔体”修改器的应用

下面结合实例说明“柔体”修改器的应用方法。

（1）在顶视图绘制一个球体，设半径为 200 mm，右击球体，选择“转化为”→“可编辑多边形”。选择“可编辑多边形”的“顶点”子集，在左视图中选择图 4-4-2 所示的红色顶点，在修改器列表中选择“柔体”。

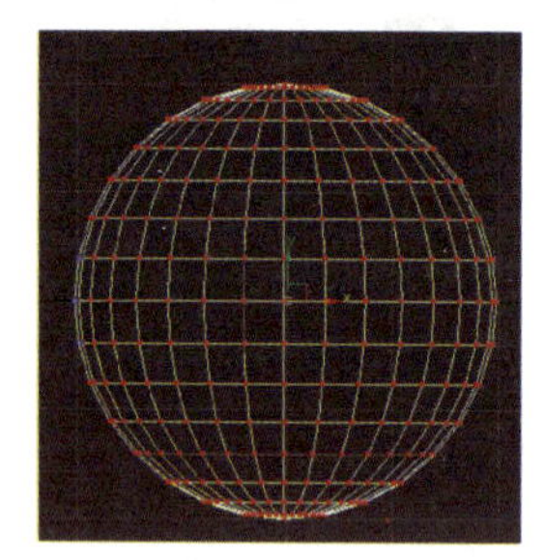

图 4-4-2　选择顶点

（2）在右侧面板中依次单击“创建”→“空间扭曲”→“风”，在前视图中绘制一个“风”对象，按图 4-4-3 所示设置参数，调整位置，如图 4–4–4 所示。

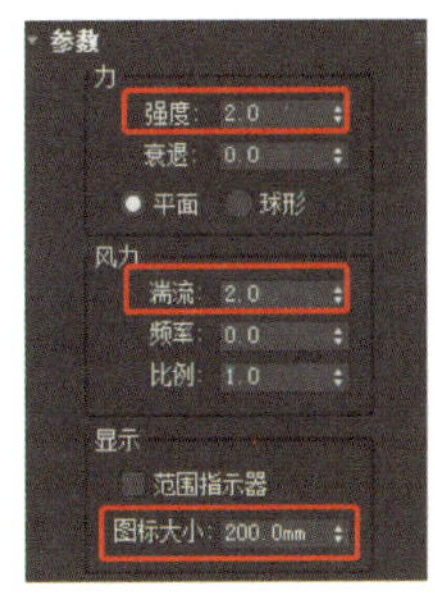

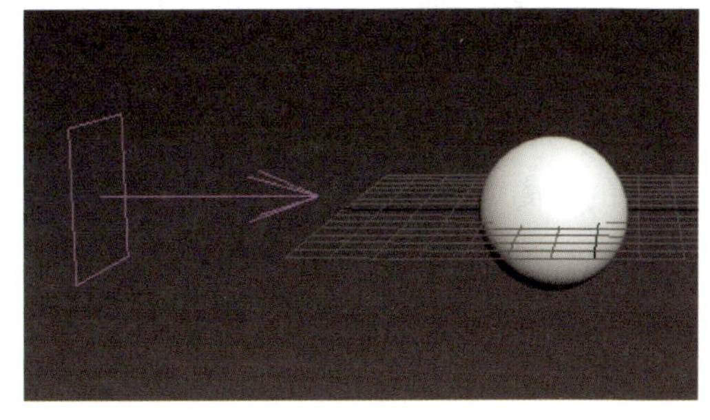

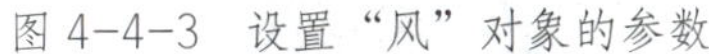
图 4–4–3　设置“风”对象的参数

图 4–4–4　调整对象的位置

（3）在“柔体”修改器中选择“权重和弹力线”子集，在“参数”卷展栏中设置柔软度为 1.0、强度为 3.0、采样为 2，如图 4–4–5a 所示，在“力和导向器”卷展栏中单击“添加”按钮，如图 4–4–5b 所示，选择“风”对象，将风添加到“力”中。

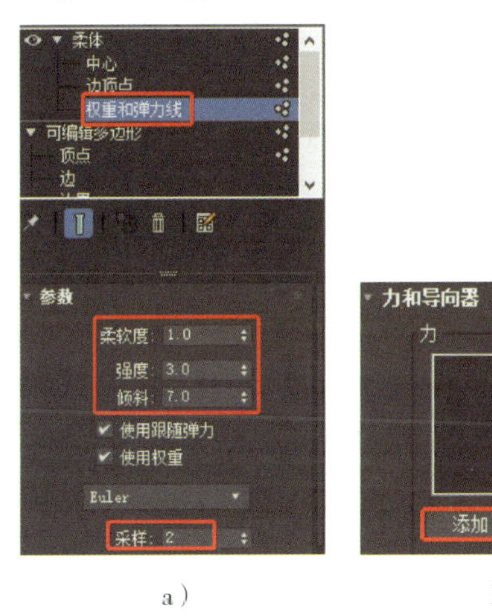

a）　　b）

图 4–4–5　设置“柔体”参数

a）在“参数”卷展栏中设置参数　b）在“力和导向器”卷展栏中添加“风”对象

（4）单击“播放动画”按钮，预览动画效果，如图 4–4–6 所示。

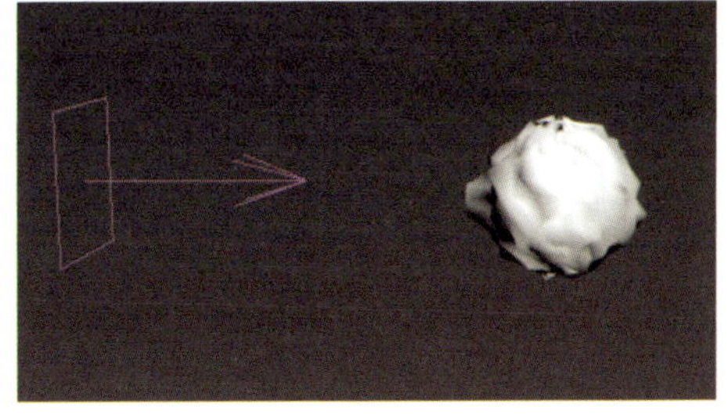

图 4–4–6　动画效果

3. “柔体”修改器的常用参数

（1）“柔体”修改器的子集。“柔体”修改器有“中心”“边顶点”和“权重和弹力线”三个子集。

1）中心。在视口中移动图 4-4-7 所示的中心点以设置效果中心，柔体效果随中心与顶点之间的距离增大而增强。

2）边顶点。在视口中选择顶点（见图 4-4-8），控制柔体效果的衰减和方向。选定顶点的柔体效果小于未选择顶点的柔体效果。

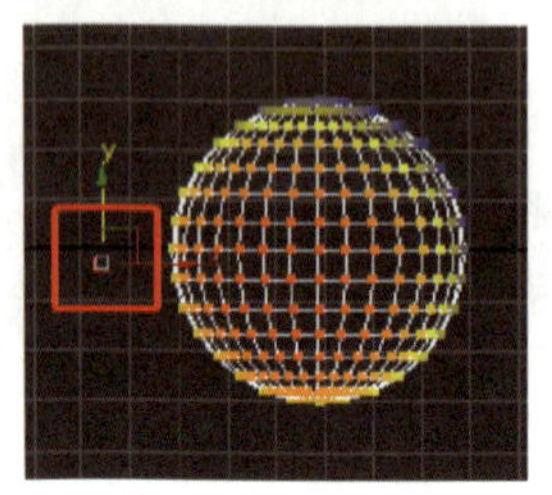
图 4-4-7 设置“柔体”中心点

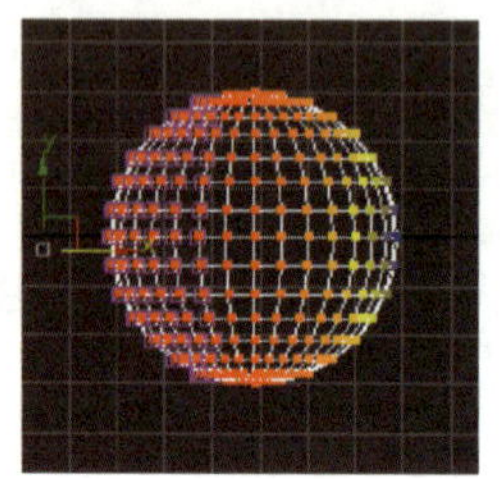
图 4-4-8 设置“柔体”边顶点

3）权重和弹力线。选择或取消选择顶点以便在“权重和绘制”卷展栏和“高级弹力线”卷展栏上进行后续操作。

提示

在“权重和弹力线”选择处于活动状态时，则仅影响选中的顶点。

（2）“参数”卷展栏各参数作用

1）柔软度。设置柔体量和弯曲量。

2）强度。设置跟随弹力的整体弹力强度，范围为 0.0 ~ 100.0，100.0 代表刚体。

3）倾斜。为跟随弹力设置对象停止移动的时间。

4）使用跟随弹力。启用时会启用跟随弹力，强制对象恢复为其原始形状。

提示

对于“柔体”模拟，如果希望对象受力和导向器的影响，需要禁用“使用跟随弹力”和“使用权重”选项。

5）使用权重。启用时，“柔体”识别为对象顶点分配的不同权重，相应地应用不同的变形量。

6）解算器类型。从下拉列表中为模拟选择一个解算器。三个选项分别为“Euler”“中点”和“Runge-Kutta4”。

7）采样。每帧中按相等时间间隔运行“柔软度”模拟的次数。采样越多，模拟越精确和稳定。

（3）“权重和绘制”卷展栏（见图 4-4-9）各参数作用

1）强度。值越高，更改权重的速度越快。

2）半径。以世界单位数设置笔刷大小。

3）羽化。设置从笔刷中心到其边缘的强度衰减。

4）绝对权重。启用该设置可为选定顶点指定绝对权重。

5）顶点权重。为选定顶点指定权重。

（4）“力和导向器”卷展栏（见图 4-4-10）作用。通过该卷展栏，可将“力”类别中的空间扭曲添加到“柔体”修改器，可将“导向板”“导向器”“导向球”应用于“柔体”修改器的导向器。

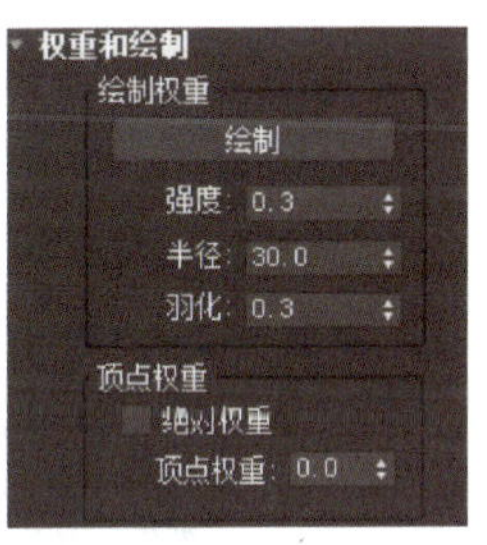

图 4-4-9 “权重和绘制”卷展栏

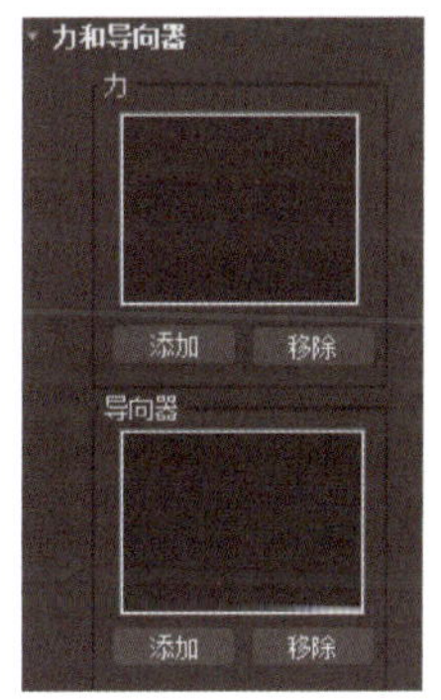

图 4-4-10 “力和导向器”卷展栏

（5）“高级参数”卷展栏（见图 4-4-11）各参数作用

1）参考帧。设置“柔体”开始模拟的第一帧。

2）结束帧。启用时，设置“柔体”生效的最后一帧。

3）影响所有点。强制“柔体”忽略堆栈中的所有子对象选择并对整个对象应用它本身。

（6）“高级弹力线”卷展栏（见图 4-4-12）各参数作用

1）添加弹力线。为对象添加一条或多条弹力线。

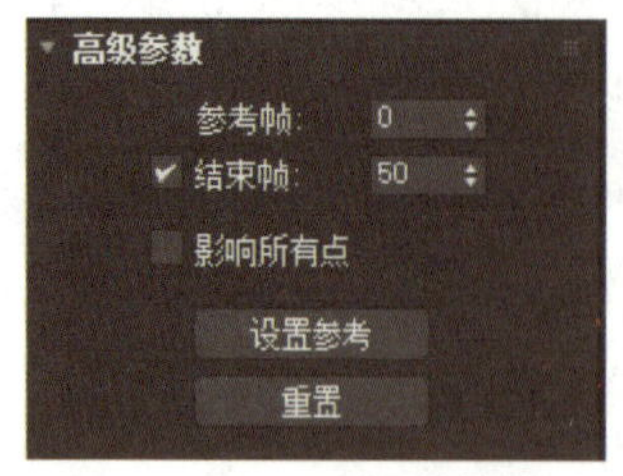

图 4-4-11 “高级参数”卷展栏

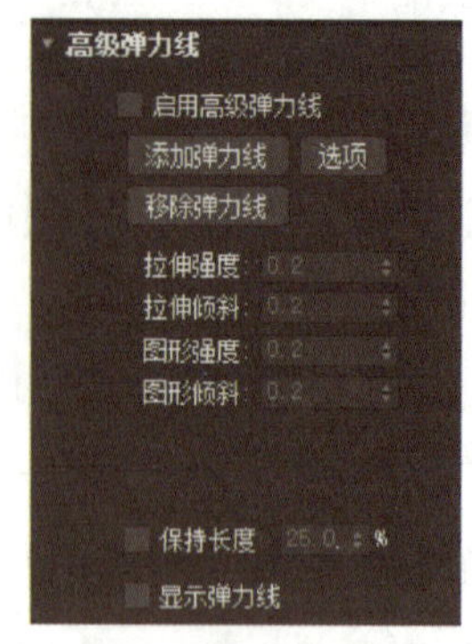

图 4-4-12 “高级弹力线”卷展栏

提示

“添加弹力线”后不能撤销此操作。要删除现有弹力线，应选择端点，然后单击“移除弹力线”按钮。

2）选项。打开用于确定如何使用“添加弹力线”功能的对话框。

3）移除弹力线。删除已选中两端顶点的所有弹力线。

4）拉伸强度。确定边弹力线的强度；强度越高，弹力线之间可以变化的距离越小。

5）拉伸倾斜。确定边弹力线的倾斜；强度越高，边弹力线之间的角度变化越小。

6）图形强度。确定图形弹力线的强度；强度越高，弹力线之间可以变化的距离越小。

7）图形倾斜。确定图形弹力线的倾斜；强度越高，弹力线之间的角度变化越小。

二、“毛发”修改器

1. “毛发”修改器的作用

在修改器列表中选择“Hair 和 Fur（WSM）”选项可加载“毛发”修改器，如图 4-4-13 所示。该修改器可应用于要生长类似毛发物体的任意对象，如头发、小草、地毯等。

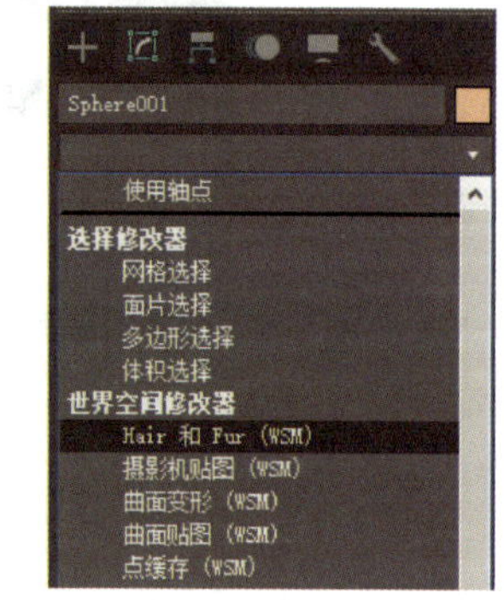

图 4-4-13 “毛发”修改器

2. “毛发”修改器的应用

下面结合实例说明“毛发”修改器的应用方法。

（1）在顶视图中绘制一个球体，设半径为 200 mm。

（2）选择球体对象，在修改器列表中选择“Hair 和 Fur（WSM）”选项，如图 4-4-14 所示，选择“多边形”子集，在前视图中框选图 4-4-15 所示的多边形，单击“多边形”子集右边的方框，得到图 4-4-16 所示的效果。

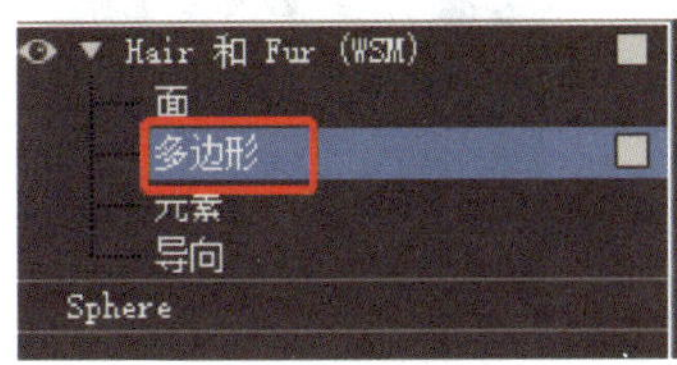

图 4-4-14　“多边形”子集

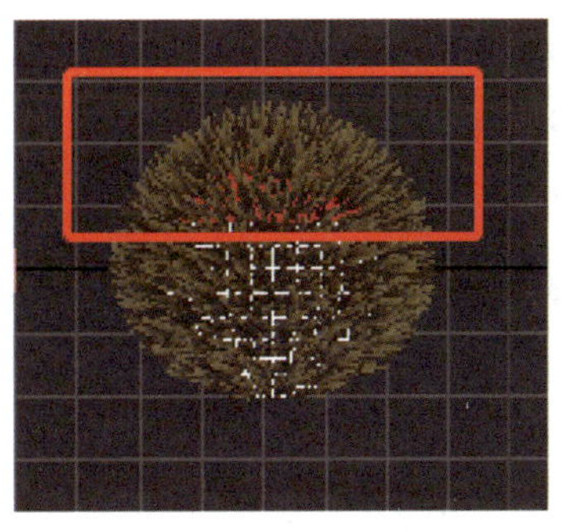
图 4-4-15　选择生长头发的多边形区域

图 4-4-16　头发填充的初始效果

（3）设置“毛发”修改器的“常规参数”，如图 4-4-17 所示。

（4）设置“毛发”修改器的“材质参数”，其中“梢颜色”与“根颜色”均为黑色，如图 4-4-18 所示。

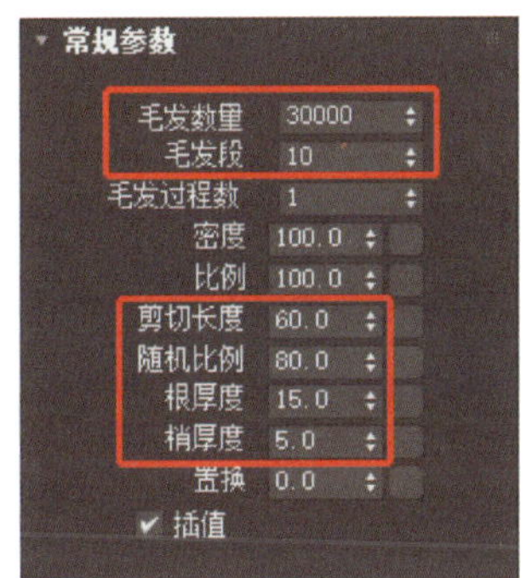

图 4-4-17　设置“常规参数”

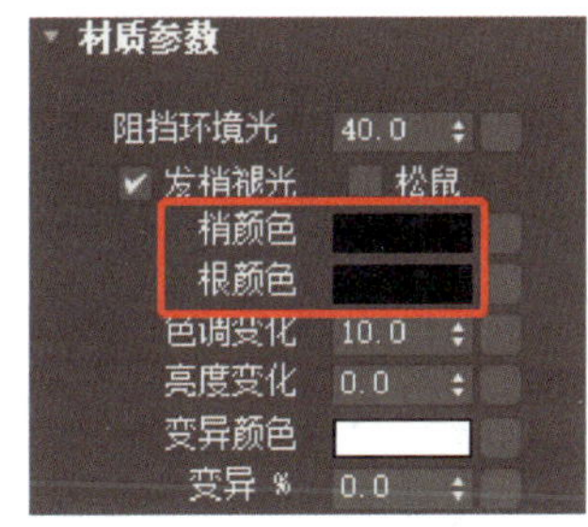

图 4-4-18　设置“材质参数”

（5）设置“毛发”修改器的显示参数，百分比为 100.0，最大毛发数为 30 000，如图 4-4-19a 所示，最终显示效果如图 4-4-19b 所示。

a）

b）

图 4-4-19　“显示”设置值与最终显示效果
a）设置“显示”参数　b）最终显示效果

3.“毛发”修改器的常用参数

（1）“设计”卷展栏作用。该卷展栏提供各种设计“发型”的按钮，单击对应按钮可开始设计相应“发型”，完成设计后，单击“完成设计”按钮，如图 4-4-20 所示。

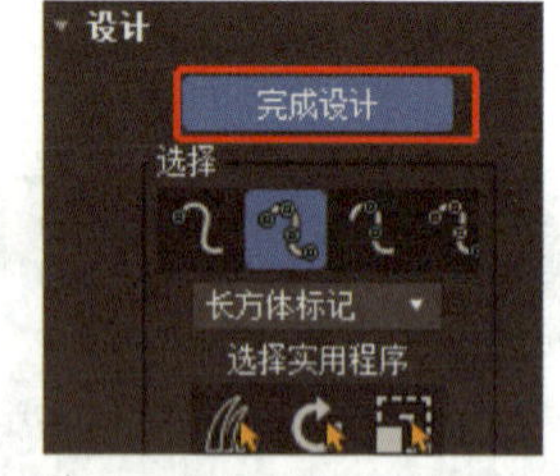

图 4-4-20 “设计”卷展栏

（2）“常规参数”卷展栏各参数作用

1）发数量。设置头发总数。

2）头发段。设置每根毛发的段数。段数越多，卷发看起来就越自然。

3）头发过程数。设置透明度。

4）剪切长度。用来控制头发长度。

5）随机比例。将随机比例引入到渲染的头发中。值随大，随机性越大。

6）根厚度。控制发根的厚度。

7）梢厚度。控制发梢的厚度。

（3）“材质参数”卷展栏各参数作用

1）阻挡环境光。控制照明模型的环境 / 漫反射影响的偏差。

2）梢颜色。设置距离生长对象曲面最远的毛发梢部的颜色。

3）根颜色。设置距离生长对象曲面最近的毛发根部的颜色。

4）色调变化。设置毛发颜色变化的量。

5）值变化。设置毛发亮度变化的量。

6）变异颜色。设置变异毛发的颜色。

（4）“卷发参数”卷展栏各参数作用

1）卷发根。控制头发在其根部的置换。

2）卷发梢。控制毛发在其梢部的置换。

3）卷发动画。设置波浪运动的幅度。

（5）“显示”卷展栏各参数作用

1）显示导向。开启之后，在视口中使用色样中所示颜色显示导向标识。

2）覆盖。禁用之后，3ds Max 2022 使用与其渲染颜色近似的颜色显示毛发。开启之后，则使用色样中所示颜色显示头发。

3）百分比。在视口中显示的毛发数量的百分比。

4）最大头发数。无论百分比设为多少，在视口中显示的最大毛发数。

三、动力学对象

1. 动力学对象的作用

动力学对象中包含弹簧和阻尼器两个对象，如图 4–4–21 所示。弹簧对象是一个螺旋弹簧，可用于模拟动画中的柔性弹簧，可以指定弹簧的直径和长度、圈数以及其线框的直径和形状。阻尼器对象包含一个底座、主机架、活塞，以及一个可选的套管。活塞可以在主机架中滑动，提供不同的高度。两个对象的使用方法类似。

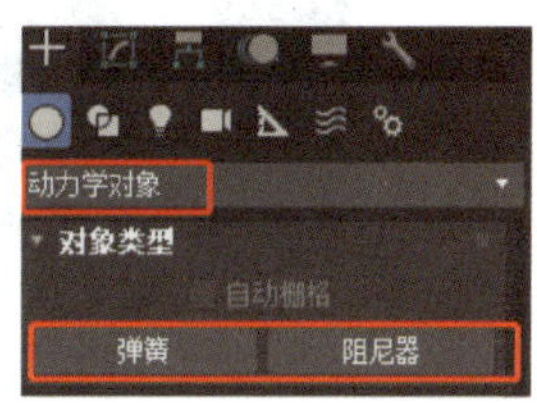

图 4–4–21　动力学对象

2. 弹簧对象的应用

下面结合实例说明弹簧对象的应用方法。

（1）在左视图中绘制一个弹簧对象，在“公用弹簧参数”选项中设置直径为 200 mm，圈数为 10.0，在“线框形状”选项中设置直径为 10 mm，如图 4–4–22 所示。

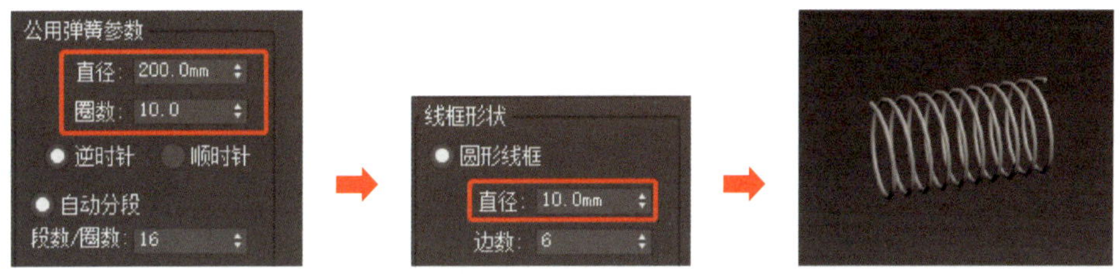

图 4–4–22　弹簧对象的参数设置

1）直径。设置在线框中心测量的弹簧直径。

2）圈数。设置弹簧中的圈数。

3）自动分段。选择此选项时，可以强制弹簧的每圈都包含相同的段数。

4）段数 / 圈数。指定弹簧每圈的段数。

5）圆形线框。为弹簧指定圆形线框。

6）直径。设置线框的直径。

7）边数。设置构成横截面的边数。

（2）在顶视图中绘制两个长方体，设置长度为 300 mm、宽度为 200 mm、高度为 400 mm。调整位置分别位于弹簧的左、右两侧，如图 4–4–23 所示。

（3）在前视图中调整左侧长方体对象的轴点至右侧，右侧长方体对象的轴点至左侧，如图 4–4–24 所示。

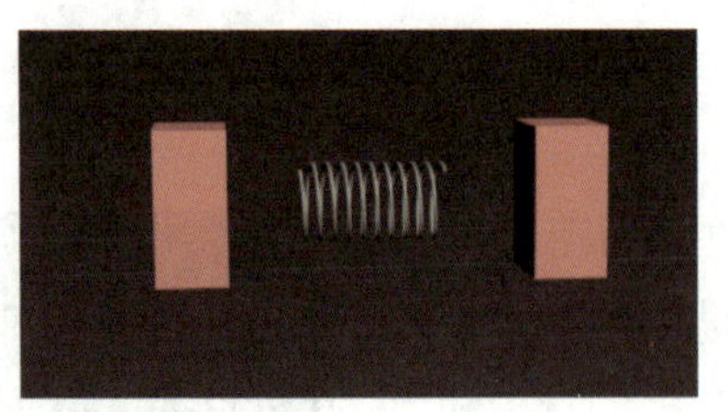
图 4-4-23　绘制长方体对象

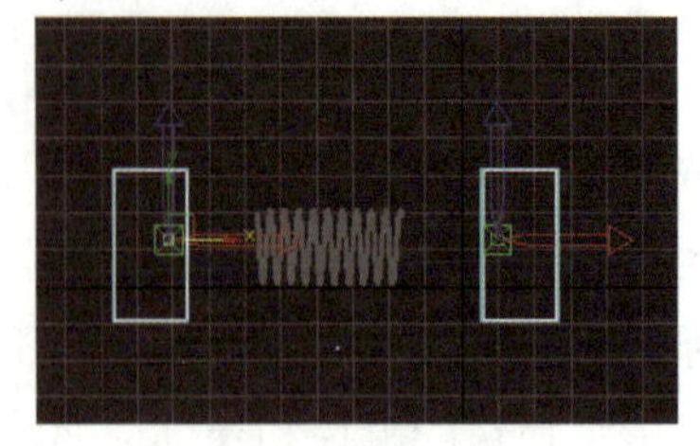
图 4-4-24　调整长方体对象的轴点

提示

对象的轴点位置是弹簧做对象绑定后，弹簧顶部与底部的支点。

（4）选择弹簧对象，在右侧面板中单击“修改”按钮，在“弹簧参数”卷展栏中选择“绑定到对象轴”，在“绑定对象”选项中选择“拾取顶部对象”，单击左侧长方体对象，再选择“拾取底部对象”，然后单击右侧长方体对象，如图 4-4-25 所示。

弹簧对象的常用参数含义如下：

1）自由弹簧。弹簧不绑定到其他对象或不在动力学模拟中使用时，选择此选项。

2）绑定到对象轴。将弹簧绑定到两个对象时选择此选项。

3）高度。用于设置弹簧未绑定时的直线高度或长度。

（5）选择两个长方体对象，利用“选择并移动”工具调整位置即可发现弹簧随物体的运动发生对应变化，如图 4-4-26 所示。

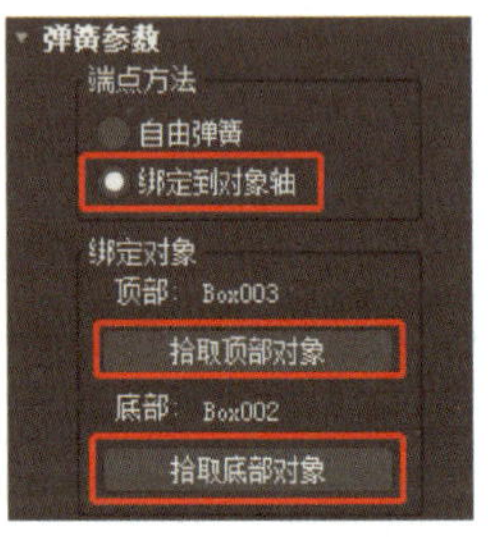

图 4-4-25　将弹簧对象绑定到对象轴

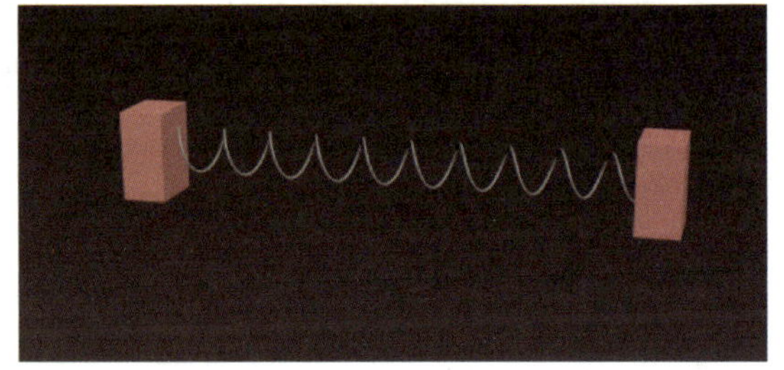
图 4-4-26　调整绑定对象的位置效果

提示

弹簧线框横截面有三种，分别是圆形、长方形和 D 截面，设置不同的横截面可以得到不同的弹簧外观。

一、创建文件

打开软件，执行“文件”→“保存”命令，选择保存路径并为文件命名，保存类型采用默认设置。

二、制作汽车摆件

1. 制作摆件底部

（1）绘制球体。依次单击右侧命令面板中的“创建”→“几何体”→“标准基本体”→“球体”，在顶视图绘制一个球体，设半径为 600 mm、分段为 32，如图 4-4-27 所示，设置球体的颜色为黄色，将对象重命名为“球 1”。

图 4-4-27　绘制球体

（2）制作摆件底部。右击“球 1”对象，选择“转化为”→“转化为可编辑多边形”选项，按住“Shift”键拖动“球 1”，复制出“球 2”。选择“球 1”对象，在右侧“可编辑多边形”中选择“多边形”子集，在前视图中选择图 4-4-28 所示的红色区域，单击“Del”键，将对象重命名为“底部”。

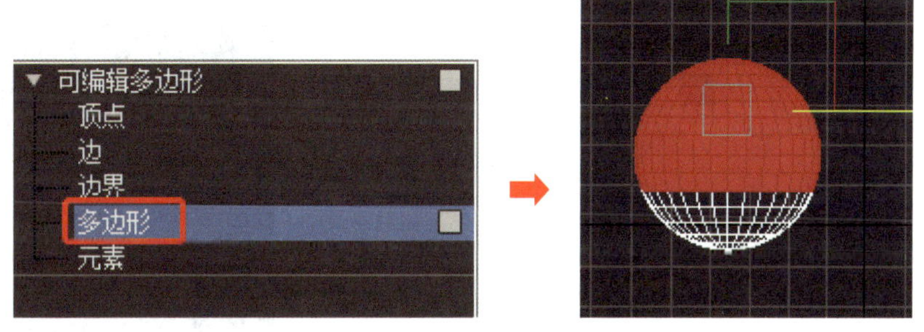

图 4-4-28　“多边形”子集选区

（3）为“底部”对象加载“壳”修改器。选中“底部”对象，在右侧面板中单击“修改”按钮，在“修改器列表”中选择“壳”，得到图 4-4-29 所示的效果。

2. 制作摆件顶部

（1）选择“球 2”对象，在右侧“可编辑多边形”中选择“多边形”子集，在前视图中选择图 4-4-30 所示的红色区域，单击“Del”键，将对象重命名为“顶 1”。按住

“Shift”键拖动“顶 1”，复制出“顶 2”。

图 4-4-29　为“底部”对象加载“壳”修改器后效果

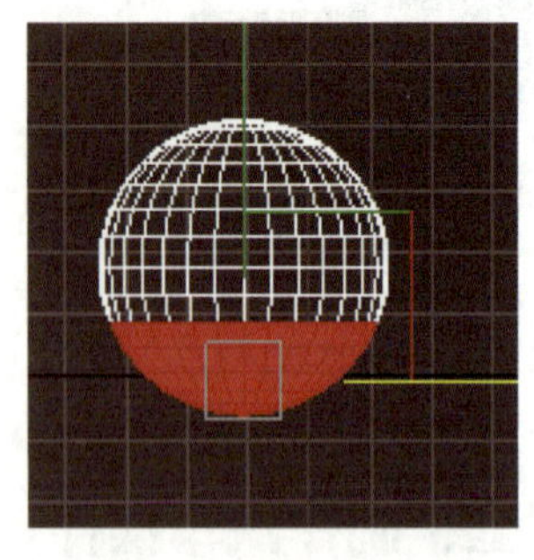

图 4-4-30　对象的多边形子集选区

（2）选择“顶 1”对象，重复步骤（1），设置对象颜色为红色，得到图 4-4-31a 所示效果。选择“顶 2”对象，重复步骤（1），得到图 4-4-31b 所示效果。

a）

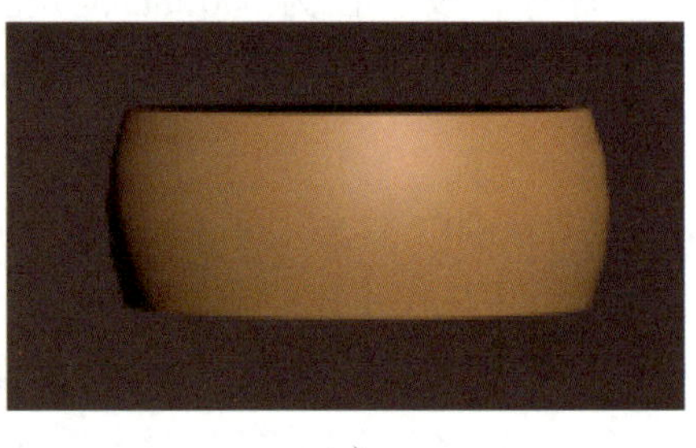

b）

图 4-4-31　删除选定区域后的效果

a）删除“顶 1”选定多边形后的效果　b）删除“顶 2”选定多边形后的效果

（3）分别选择“顶 1”对象、“顶 2”对象，在右侧面板中单击“修改”按钮，在“修改器列表”中选择“壳”，调整“顶 1”“顶 2”的位置，得到图 4-4-32 所示的效果。

图 4-4-32　对象加载“壳”修改器后效果

（4）制作顶部触须。依次单击右侧命令面板中的“创建”→“几何体”→“标准基本体”→“圆柱体”，在顶视图绘制一个圆柱体，在“参数”卷展栏中设置半径为 30 mm、高度为 300 mm，依次单击右侧命令面板中的“创建”→“几何体”→“标准基本体”→“球体”，在顶视图绘制一个球体，在参数卷展栏中设置半径为 60 mm，利用工具栏中“选择并移动”按钮和“选择并旋转”按钮调整圆柱体和球体的位置，如图 4-4-33 所示。选择圆柱体和球体，在工具栏中选择“镜像”按钮，设置如图 4-4-34 所示的参数，调整镜像后的圆柱体和球体位置，如图 4-4-35 所示。

图 4-4-33　调整对象的位置

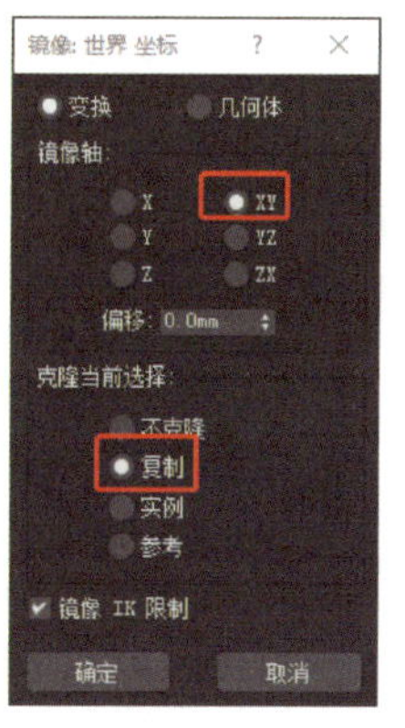

图 4-4-34　设置“镜像”参数

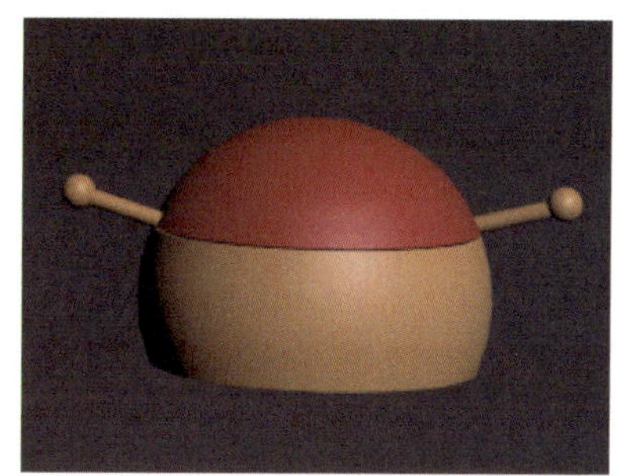

图 4-4-35　调整镜像后对象的位置

（5）组合对象。选择图 4-4-35 所示的所有对象，执行菜单栏中的“组”→“组...”命令，输入组名“顶部”。

（6）为“顶部”对象加载“柔体”修改器。选中“顶部”对象，在右侧面板中单击“修改”按钮，在“修改器列表”中选择“柔体”，在“参数”卷展栏中设置如图 4-4-36 所示的参数值。

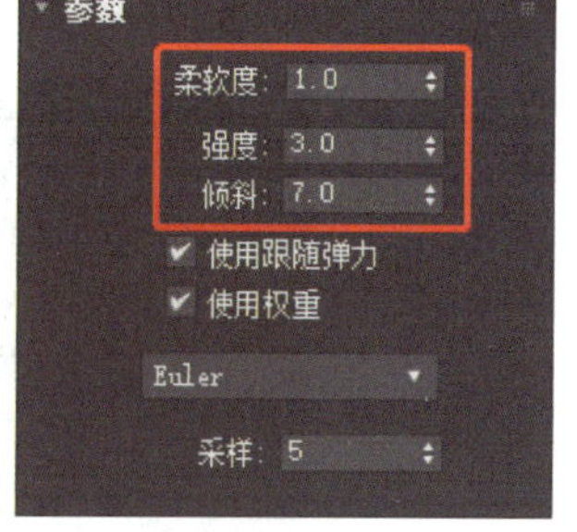

图 4-4-36　“柔体”修改器参数

3. 制作弹簧

（1）绘制弹簧。依次单击右侧命令面板中的“创建”→“几何体”→“动力学对象”→“弹簧”，在顶视图中绘制弹簧，在右侧“参数”卷展栏中设置如图 4-4-37 所示的参数值，设置颜色为灰色，将对象重命名为“弹簧”，得到图 4-4-37 所示的效果。

图 4-4-37　弹簧的参数设置与效果

（2）绑定弹簧顶部与底部。选择“弹簧”对象，在右侧参数卷展栏中设置“弹簧参数”为“绑定到对象轴”，如图 4-4-38 所示，单击“拾取顶部对象”按钮，选择“顶部”对象，单击“拾取底部对象”按钮，选择“底部”对象。

（3）调整弹簧顶部与底部的轴。选择“底部”对象，单击命令面板的“层次”按钮，在“参数”卷展栏中单击“仅影响轴”按钮，如图 4-4-39a 所示，在前视图中调整轴至“底部”对象底部，如图 4-4-39b 所示，再次单击“仅影响轴”按钮。

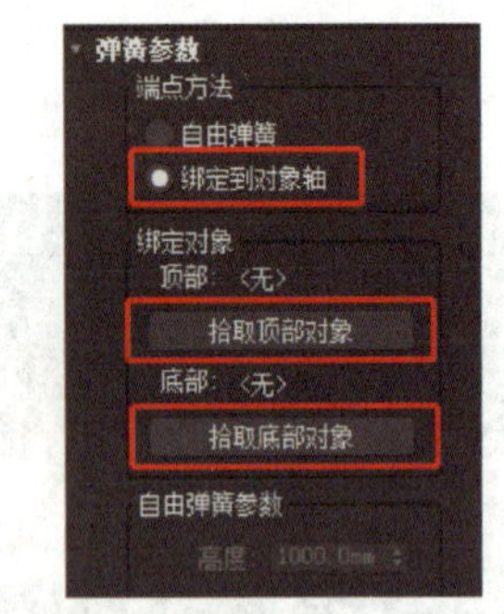

图 4-4-38　设置弹簧绑定对象

三、制作汽车摆件动画

1. 设置第 0 帧位置。利用“选择并移动”工具调整“顶部”“弹簧”“底部”对象的位置，如图 4-4-40 所示，单击“自动关键点”按钮。

2. 设置第 25 帧位置。选择“顶部”对象，拖动时间滑块至第 25 帧处，利用“选择并移动”工具沿 Z 方向向上拖动至图 4-4-41 所示的位置。

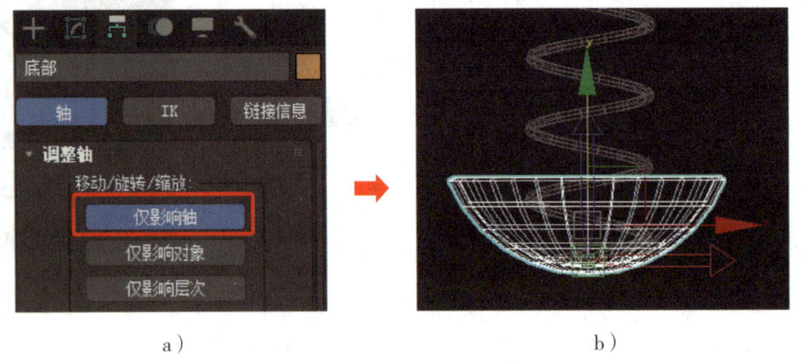

a）　　b）

图 4-4-39　调整“底部”对象的轴点位置

a）在“参数”卷展栏中选择“仅影响轴”　b）在前视图中调整轴至“底部”对象底部

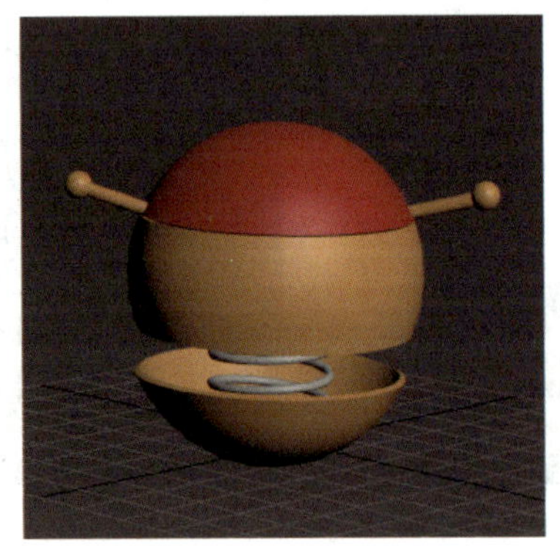
图 4-4-40　设置第 0 帧关键点的位置

图 4-4-41　设置第 25 帧关键点的位置

3. 设置曲线编辑器参数。选择“顶部”对象，单击工具栏中的“曲线编辑器”按钮，在弹出的“轨迹视图－曲线编辑器”窗口中，执行“编辑”→“控制器”→“超出范围类型”命令，选择“往复”选项，如图 4-4-42 所示，单击“确定”按钮。

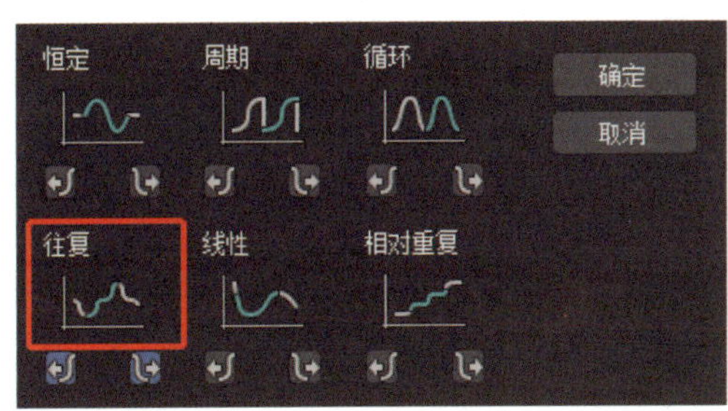

图 4-4-42　选择动画时间超出范围类型

4. 设置“时间配置”参数。设置帧速率为 PAL、动画结束时间为 100，单击“确定”按钮。

5. 单击“播放动画”按钮，预览动画效果。

四、保存、导出动画

保存文件并导出 AVI 格式视频文件。

项目五
路径动画

任务1　制作蝴蝶飞舞动画

1. 能为对象加载“UVW贴图”修改器，并熟悉该修改器的作用。
2. 能为对象加载“车削”修改器，并熟悉该修改器的作用。
3. 能完成对象的动画约束与参数设置。
4. 能使用虚拟对象。

完成如图5-1-1所示的蝴蝶飞舞动画效果。通过绘制样条线，给样条线加载“UVW贴图”将线改为面，利用“车削”修改器完成线改体的创建，生成蝴蝶模型；

图5-1-1　蝴蝶飞舞动画效果

利用虚拟对象与动画约束中的“路径约束”，通过调整曲线编辑器参数，完成蝴蝶沿路径飞舞的动画。

一、“UVW 贴图”修改器

1. “UVW 贴图”修改器的作用

通过将贴图坐标应用于对象，“UVW 贴图”修改器控制在对象曲面上如何显示贴图材质和程序材质。贴图坐标指定如何将位图投影到对象上。*UVW* 坐标系与 *XYZ* 坐标系相似。位图的 *U* 轴和 *V* 轴对应于 *X* 轴和 *Y* 轴。对应于 *Z* 轴的 *W* 轴一般仅用于程序贴图。

2. “UVW 贴图”修改器的应用

下面结合实例说明“UVW 贴图”修改器的应用方法。

（1）在前视图中绘制一个平面，设置长度为 400 mm、宽度为 750 mm、长度分段与宽度分段均为 4。在顶视图中绘制一个球体和一个长方体。

（2）选择平面对象，在修改器列表中选择“UVW 贴图”选项，如图 5-1-2 所示。

（3）将素材文件夹中的“国画 .png”文件拖到平面对象上，得到图 5-1-3 所示的贴图效果。

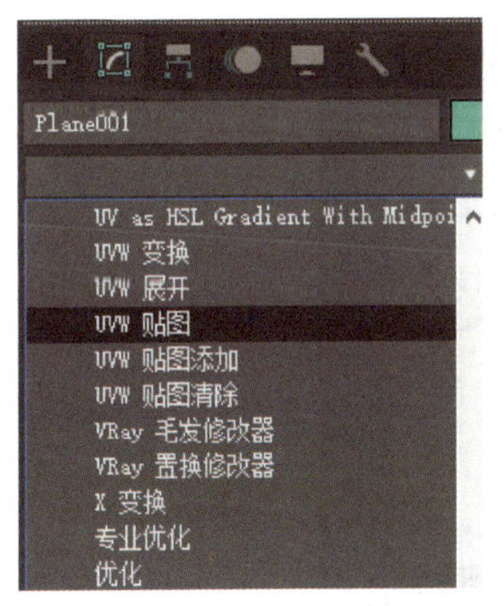

图 5-1-2　“UVW 贴图”修改器

图 5-1-3　UVW 贴图效果

（4）在“UVW 贴图”修改器的“参数”卷展栏中，将宽度调整为 375 mm，如图 5-1-4 所示，选择“UVW 贴图”的“Gizmo”子集，沿 *X* 轴方向向左拖动，如图 5-1-5 所示，使贴图的左边界与平面的左边界对齐，可得到图 5-1-6 所示的效果。

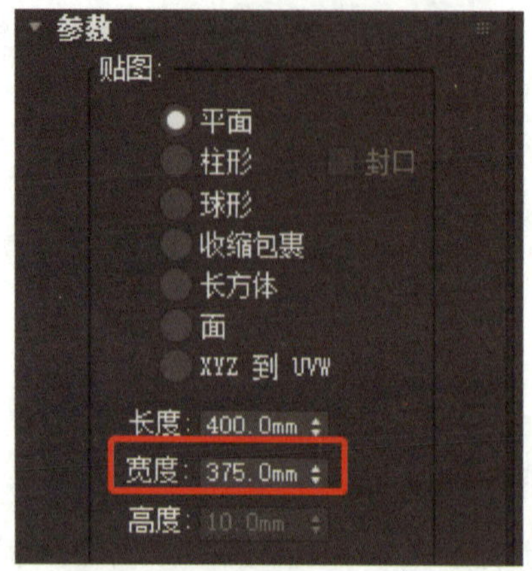

图 5-1-4　调整贴图的宽度

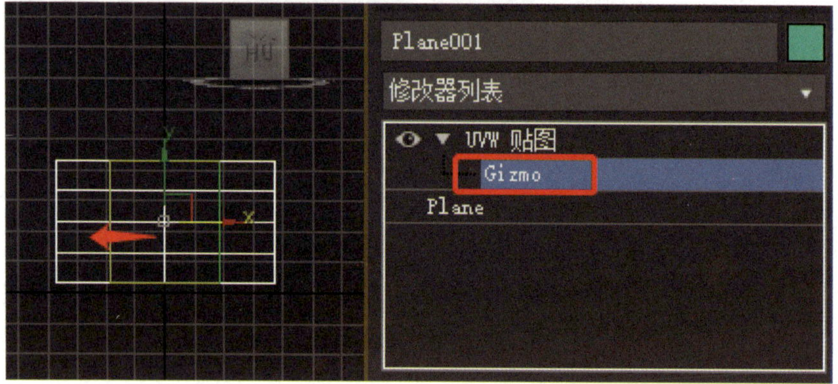

图 5-1-5　选择“Gizmo”子集并调整贴图的位置

图 5-1-6　调整贴图位置后的效果

（5）重复以上步骤，在“UVW 贴图”的“参数”卷展栏中，分别选择“球体”“长方体”选项，为球体与长方体对象添加图 5-1-7 所示的贴图效果。

a）

b）

图 5-1-7　球体与长方体对象贴图效果
a）"球体"贴图效果　b）"长方体"贴图效果

3. "UVW 贴图"修改器的常用参数

（1）"贴图"组。该组用于确定所使用贴图坐标的类型。如图 5-1-8 所示，区域 1 用于选择贴图投影到对象上的方式，区域 2 用于设置贴图的尺寸，区域 3 用于设置贴图的 *U*、*V*、*W* 三个方向的平铺比例。

（2）"对齐"组。该组用于翻转贴图 Gizmo 的对齐为 *X*、*Y*、*Z* 轴，还可以用于设置 Gizmo 的对齐方式，如图 5-1-9 所示。

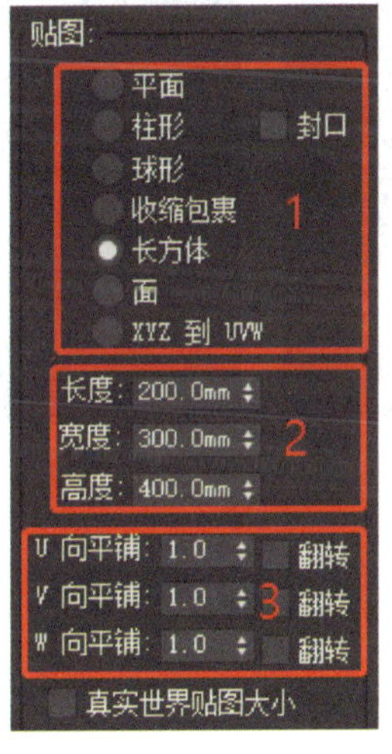

图 5-1-8　"贴图"组

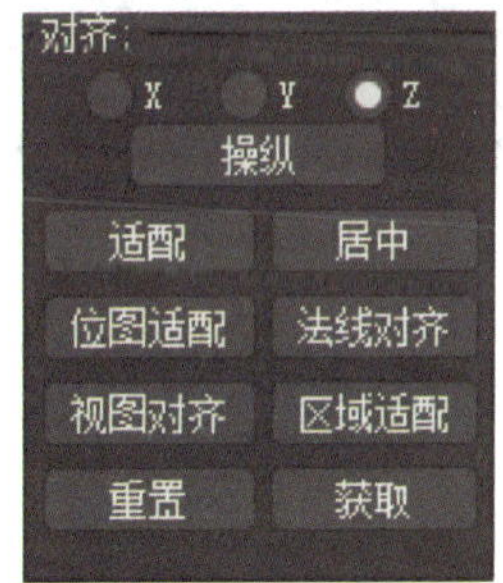

图 5-1-9　"对齐"组

二、"车削"修改器

1. "车削"修改器的作用

"车削"修改器用于将图形（闭合或不闭合）围绕某根轴旋转，以产生实体模型。

2. “车削”修改器的应用

下面结合实例说明“车削”修改器的应用方法。

（1）在前视图中绘制图 5-1-10 所示的样条线。

（2）为样条线加载“车削”修改器，在“参数”卷展栏中设置度数为 360，选择“轴”子集，如图 5-1-11 所示，拖动轴沿 X 方向向右移动，如图 5-1-12 所示，得到葫芦模型。

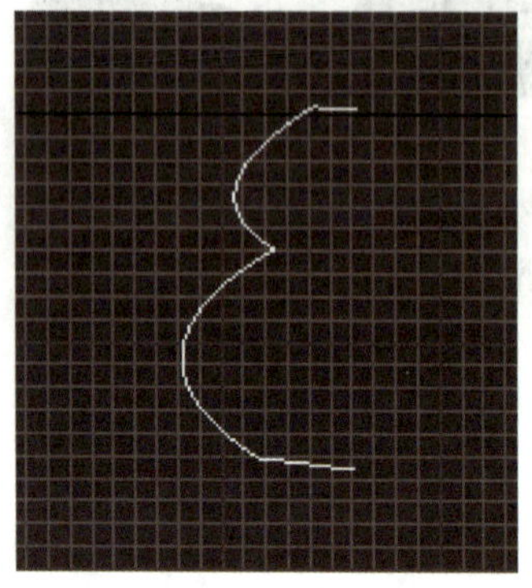
图 5-1-10 绘制样条线

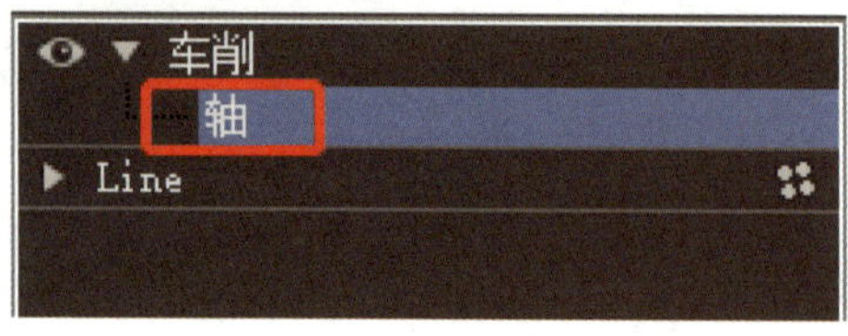

图 5-1-11 “轴”子集

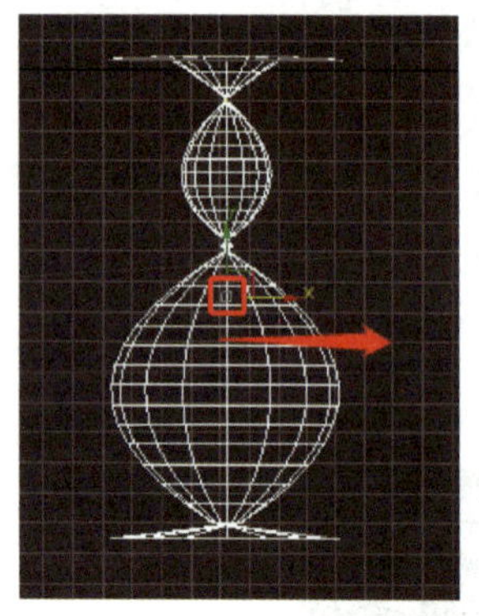
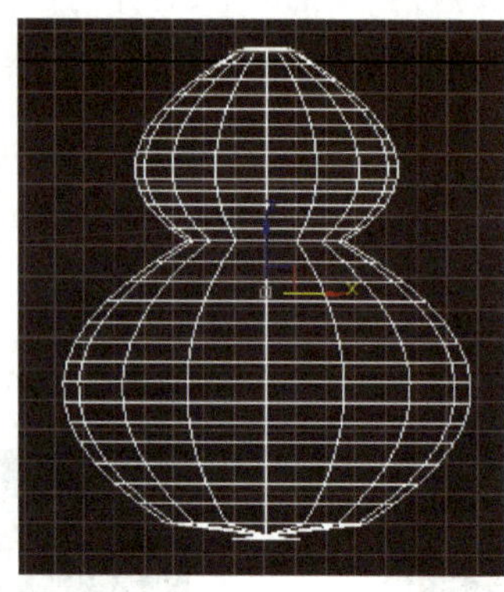

图 5-1-12 轴沿 X 方向向右移动

提示

利用“车削”修改器还可以制作花盆、高脚杯、碗、盘等模型。

3. “车削”修改器的常用参数

（1）度数。用于设置图形旋转的度数。

（2）分段。用于设置在曲面上创建多少插补线段。

（3）方向。相对对象轴点，设置轴的旋转方向。

（4）对齐。将旋转轴与图形的最小、中心或最大范围对齐。

三、动画的约束类型

动画的约束类型共有 7 种，如图 5-1-13 所示。“附着约束”是一种位置约束，它将一个对象的位置附着到另一个对象的面上；“曲面约束”能将对象限制在另一对象的表面上；“路径约束”可使对象沿样条线移动；“位置约束”能根据目标对象对选中对象进行定位；“链接约束”能将对象与链接的对象进行动作绑定；“注视约束”可控制对象的方向，使它一直注视另外一个对象；“方向约束”可使某个对象的方向沿着目标对象的方向。其中，“路径约束”应用最为广泛。下面结合实例，重点讲解“路径约束”的使用方法。

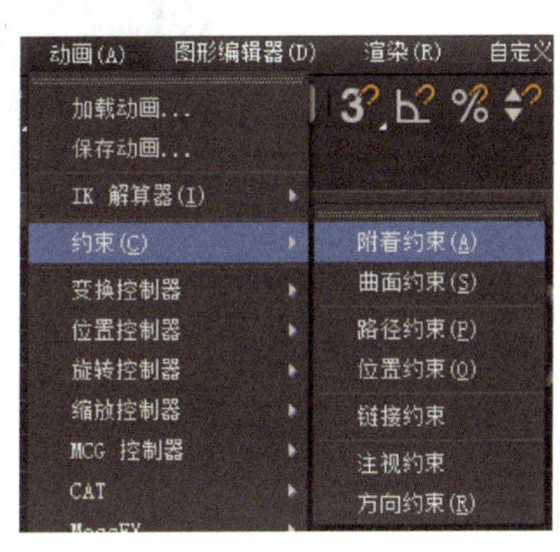

图 5-1-13　动画的约束类型

1. 路径约束的应用

（1）打开素材文件夹中的“飞机 .max”文件，适当调整其大小与方向，“飞机”模型如图 5-1-14 所示。

（2）在顶视图中绘制图 5-1-15 所示的样条线。

图 5-1-14　“飞机”模型

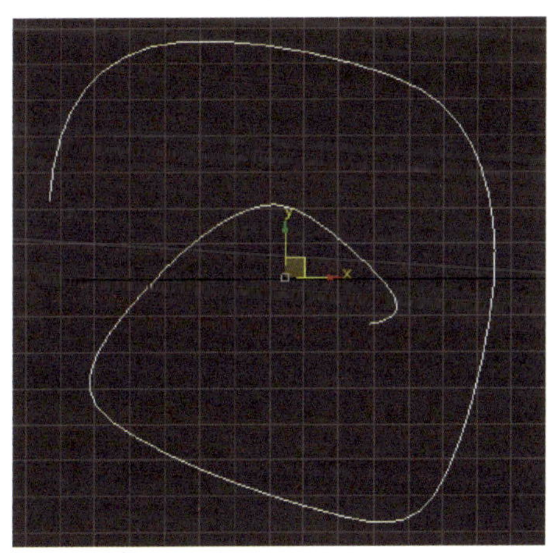
图 5-1-15　绘制样条线

（3）选中飞机对象，在菜单栏上单击“动画”→“约束”→“路径约束”，出现一条白色虚线，链接到样条线上，如图 5-1-16 所示。

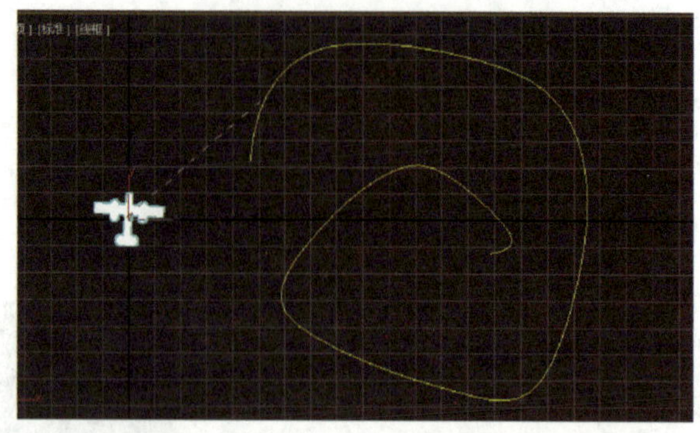

图 5-1-16 “飞机”链接样条线

（4）在右侧面板中单击“运动”按钮 ，选择“参数”按钮，在“路径选项”中勾选“跟随”复选框，轴选择“Y”，如图 5-1-17 所示。

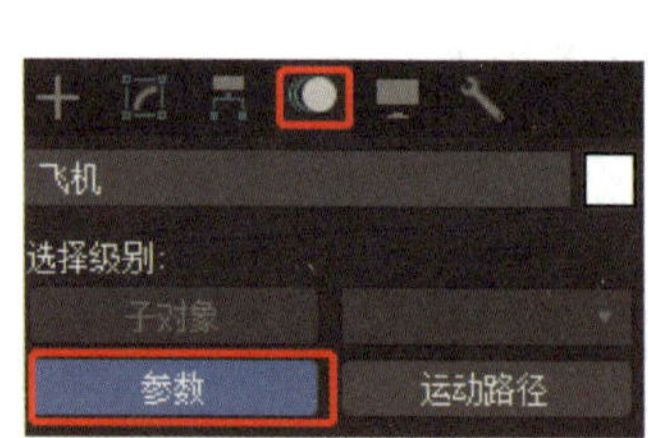

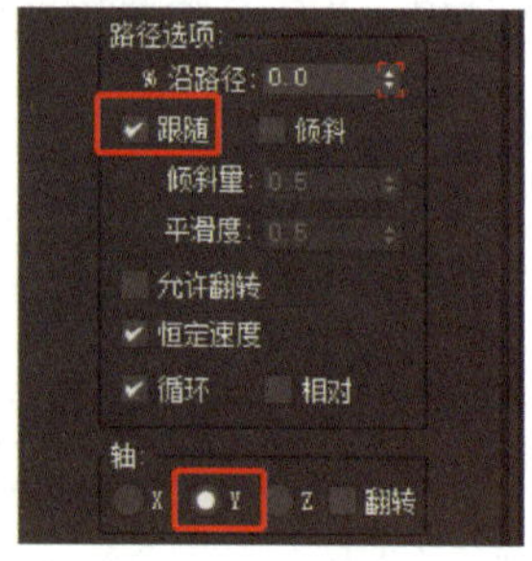

图 5-1-17 设置“路径选项”参数

（5）单击“动画预览”按钮，可以预览飞机随样条线飞行的动画效果。

2. 路径参数中常用选项的作用

（1）删除路径。可以删除选中的目标路径对象。

（2）% 沿路径。设置对象沿路径的位置百分比。

（3）跟随。在对象跟随轮廓运动的同时将对象指定给轨迹。

（4）倾斜。当对象通过样条线的曲线时允许对象倾斜（滚动）。

（5）轴。定义对象的轴与路径轨迹对齐。

四、虚拟对象的应用

虚拟对象是一个线框立方体，轴点位于其几何体中心。它有名称但没有参数，不可以修改和渲染，主要用于层次链接。下面结合实例说明虚拟对象的应用方法。

1. 删除前面飞机飞行的路径约束动画。在右侧面板中单击“运动”按钮 ，选择“参数”，在“位置列表”卷展栏中，选中“路径约束”，单击“删除”按钮，如图 5-1-18 所示。

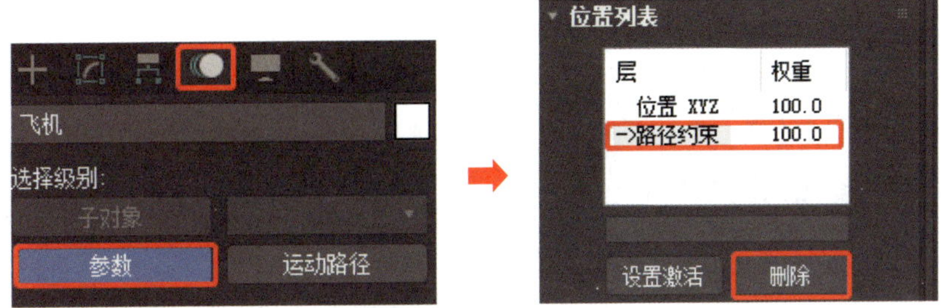

图 5-1-18　删除路径约束

2. 在顶视图中绘制一个虚拟对象，如图 5-1-19 所示。

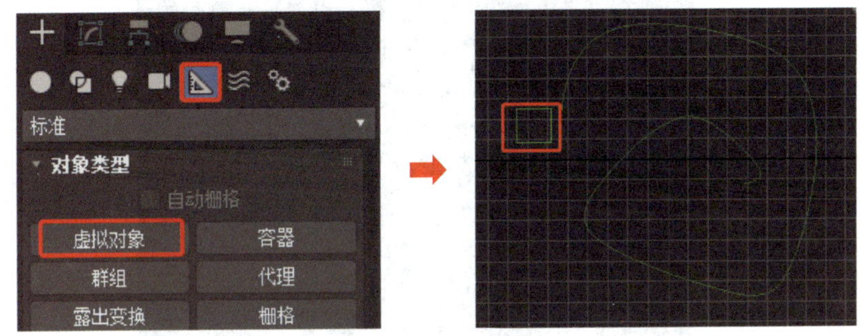

图 5-1-19　绘制虚拟对象

3. 将虚拟对象路径约束到样条线。参数与前面的飞机飞行动画一致。

4. 调整飞机的位置，如图 5-1-20 所示，确保飞行路径与虚拟对象的路径一致。选中飞机对象，单击工具栏上的“选择并链接”按钮，从飞机向虚拟对象拖动，将飞机链接到虚拟对象上。单击“动画预览”按钮，可以看到飞机随路径飞行的动画效果。

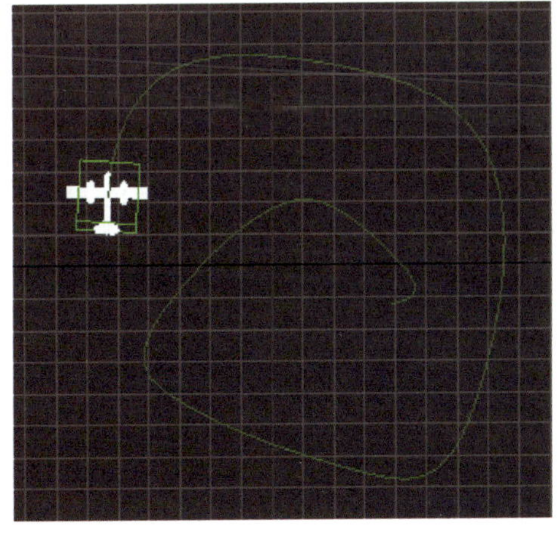

图 5-1-20　调整飞机的位置

提示

如图 5-1-21 所示，飞机对象的位置与虚拟对象保持一定的距离，那么两个对象的飞行路径也有一定的距离。红色为飞机的运动路径，绿色为虚拟对象的运动路径。

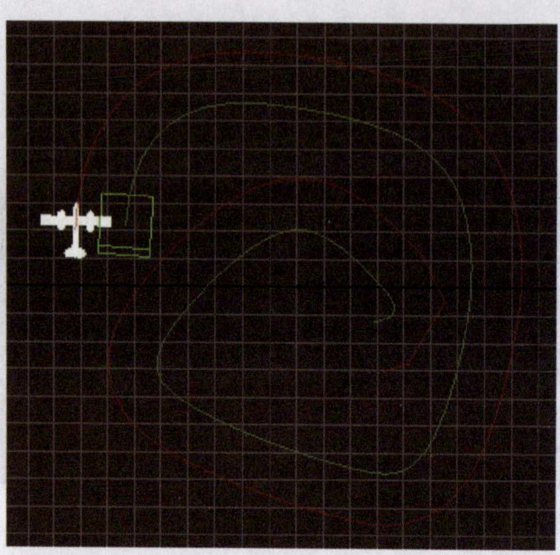

图 5-1-21 飞机与虚拟对象不同的运动路径

任务实施

一、创建文件

打开软件，在菜单栏上执行“文件”→“保存”命令，选择保存路径并为文件命名，保存类型采用默认设置。检查文件，确定单位设置为 mm。

二、配置视口背景

1. 为顶视图配置一个蝴蝶的视口背景，在菜单栏上执行“视图”→“视口背景”→“配置视口背景”命令，如图 5-1-22 所示。

2. 在弹出的“视口配置”对话框中选中“使用文件”及“匹配位图”选项，从素材文件夹中选择“蝴蝶 .jpeg”图片作为视口背景，如图 5-1-23 所示。

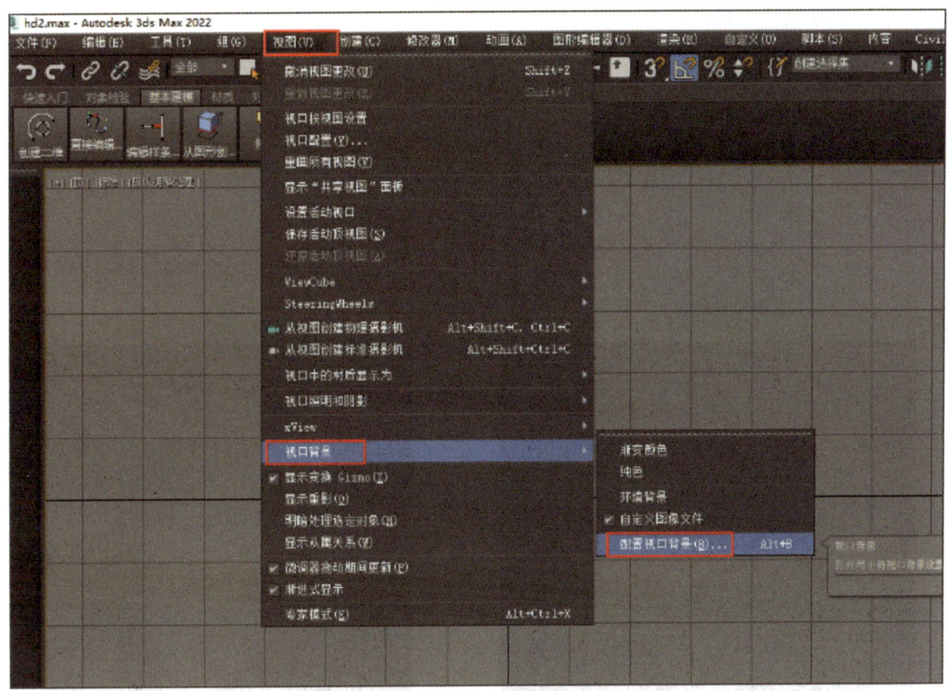

图 5-1-22　配置视口背景

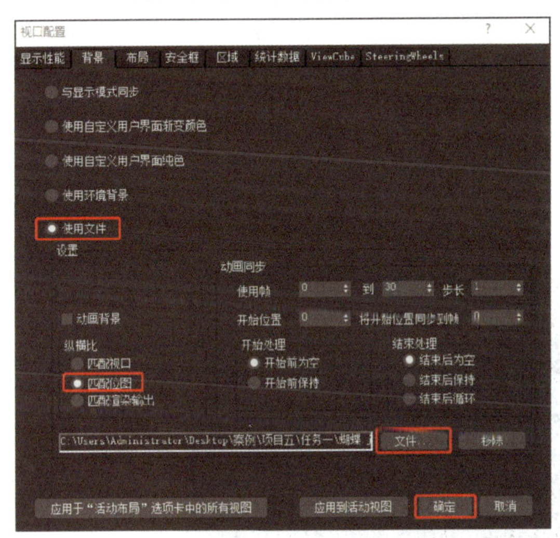

图 5-1-23　视口背景"蝴蝶"

提示

不需要视口背景时，在图 5-1-23 所示的对话框中选择"移除"按钮，即可删除视口背景。

三、制作蝴蝶模型

1. 绘制蝴蝶翅膀

（1）在右侧面板依次单击“创建”→“图形”→“样条线”→“线”，在顶视图中以蝴蝶单侧翅膀的外边界为基准，绘制一条闭合的样条线，效果如图 5-1-24 所示，重命名为“左翅膀”。

（2）为“左翅膀”对象加载“UVW 贴图”修改器，效果如图 5-1-25 所示。

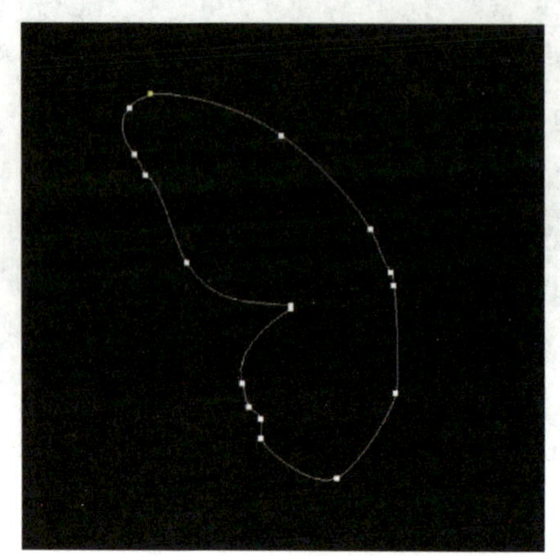

图 5-1-24 绘制蝴蝶左翅膀样条线

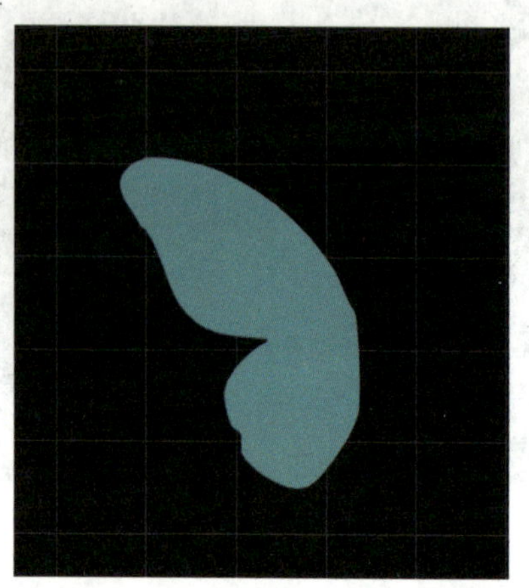

图 5-1-25 加载“UVW 贴图”修改器

（3）为“左翅膀”添加贴图，选择素材文件夹中的图片“翅膀.png”，并将其直接拖拽到顶视图中的“左翅膀”对象上，如图 5-1-26 所示，得到图 5-1-27 所示的效果。

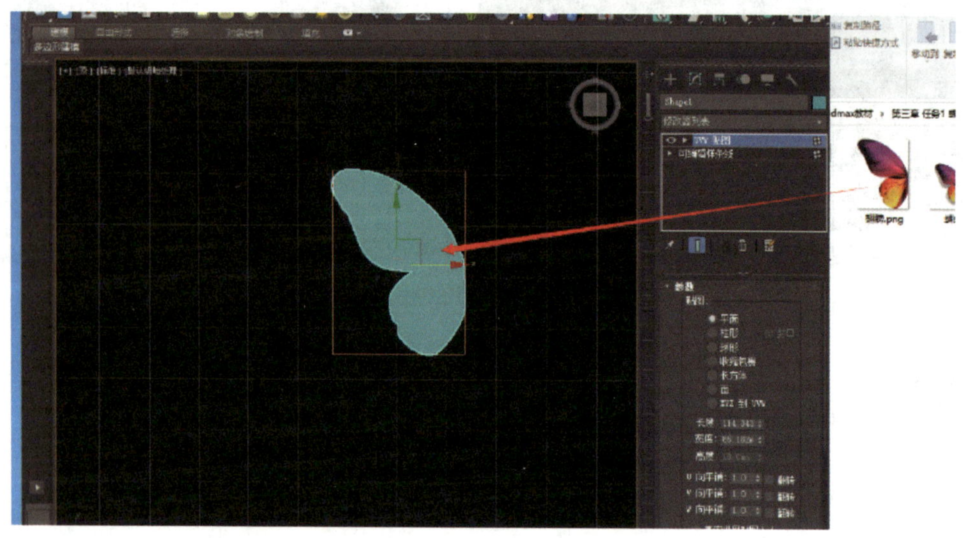

图 5-1-26 将贴图拖拽到“左翅膀”对象上

图 5-1-27　贴图后效果

2. 绘制蝴蝶身体

（1）隐藏其他对象，重复配置视口背景“蝴蝶”，依次单击“创建”→“图形”→“样条线”→“线”，在顶视图中以蝴蝶身体的外边界为基准，绘制如图 5-1-28 所示的样条线，重命名为“身体”。

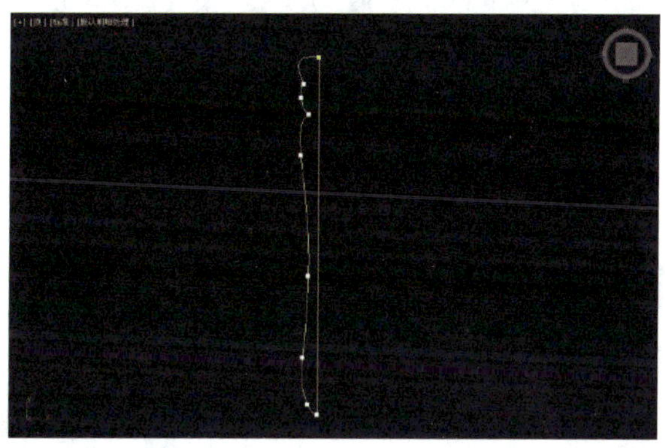

图 5-1-28　绘制蝴蝶身体样条线

（2）为“身体”对象加载“车削”修改器，在“参数”卷展栏中设置度数为 360、方向为“Y”，如图 5-1-29a 所示，选择“修改器列表”中“车削”修改器的“轴”子集，利用“选择并移动”工具，沿 *X* 轴方向向左移动，调整“身体”对象的结构，得到图 5-1-29b 所示效果。

（3）为“身体”对象创建贴图，选择素材文件夹中的图片“身体 .png”，将其直接拖拽到顶视图中的“身体”对象上，得到图 5-1-30 所示效果，选中“身体”对象，加载“UVW 贴图”修改器，在“参数”卷展栏中设置 *U* 向平铺为 0.3，如图 5-1-31a 所示，得到图 5-1-31b 所示效果。

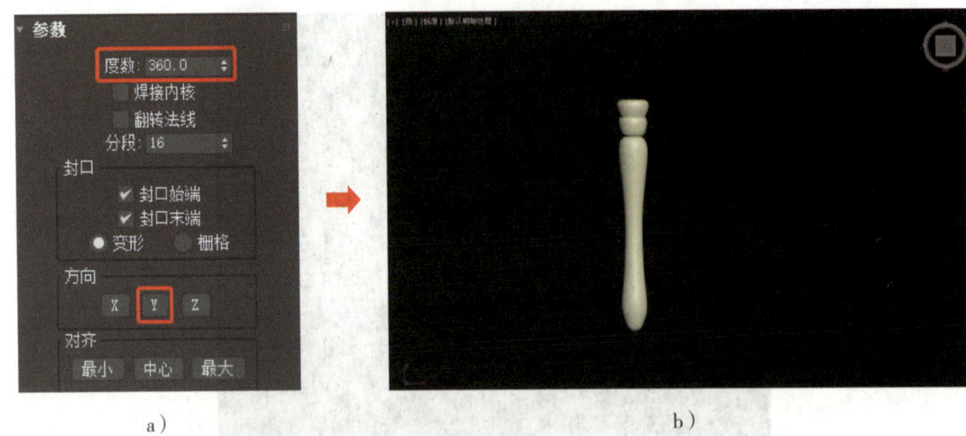

a）　　b）

图 5-1-29　创建蝴蝶“身体”对象

a）设置参数　b）身体的效果

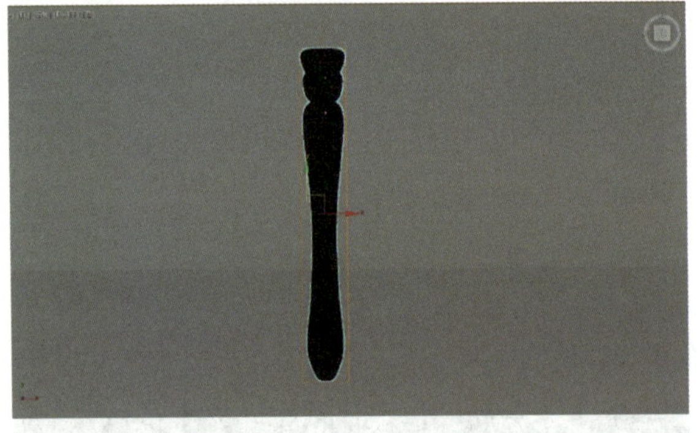

图 5-1-30　“身体”对象贴图

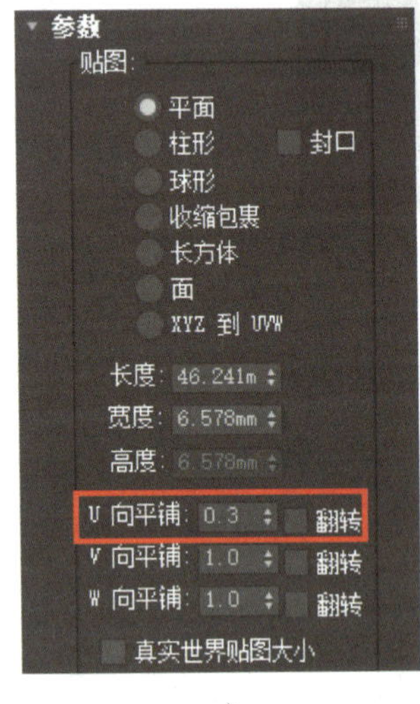

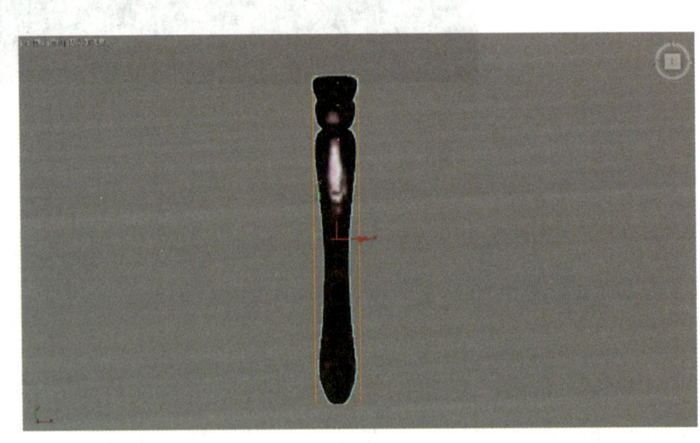

a）　　b）

图 5-1-31　设置“UVW 贴图”参数及效果

a）设置参数　b）效果

（4）在顶视图中选择“身体”对象，单击“选择并均匀缩放”按钮，调整“身体”大小并移动到合适位置，选中“左翅膀”对象，单击“镜像”按钮，设置参数（偏移值以实际情况为准），如图 5–1–32 所示，将镜像后的对象重命名为“右翅膀”。

图 5–1–32　设置“镜像”参数与效果

四、制作蝴蝶动画

1. 制作蝴蝶翅膀动画

（1）调整翅膀的轴心。分别选中“左翅膀”和“右翅膀”对象，在右侧命令面板中单击“层次”按钮，在“调整轴”卷展栏中单击“仅影响轴”按钮，分别将左、右翅膀的“轴”沿 X 轴方向移动到“身体”对象的中心处，如图 5–1–33 所示，再次单击“仅影响轴”按钮。

图 5–1–33　调整左、右翅膀对象的轴心

（2）在前视图中选中“右翅膀”，按“E”键切换为“选择并旋转”，沿 Y 轴旋转 –60°，效果如图 5–1–34 所示。

（3）设置第 20 帧关键点的位置。单击“自动关键点”按钮，将时间轴滑块调整到第 20 帧处，将“右翅膀”沿 Y 轴旋转 120°，如图 5–1–35 所示，再次单击“自动关键点”按钮。

（4）设置曲线编辑器参数。选中“右翅膀”，单击工具栏中的“曲线编辑器”按钮，在弹出的“轨迹视图 – 曲线编辑器”窗口中单击“编辑”→“控制器”→“超出范围类型”，选择“往复”选项，如图 5–1–36 所示，单击“确定”按钮。

（5）调整动作平滑度。在时间轴处框选第 0 ~ 20 帧单击“曲线编辑器”按钮，在弹出的“轨迹视图 – 曲线编辑器”窗口中单击“将切线设置为慢速”按钮，如图 5–1–37 所示。

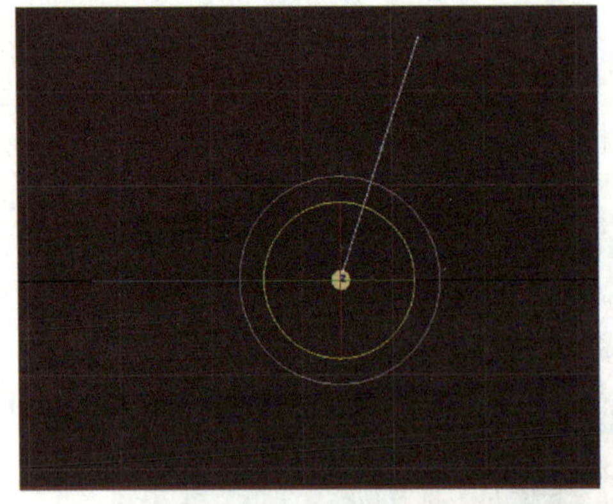

图 5-1-34　调整“右翅膀”的旋转度数

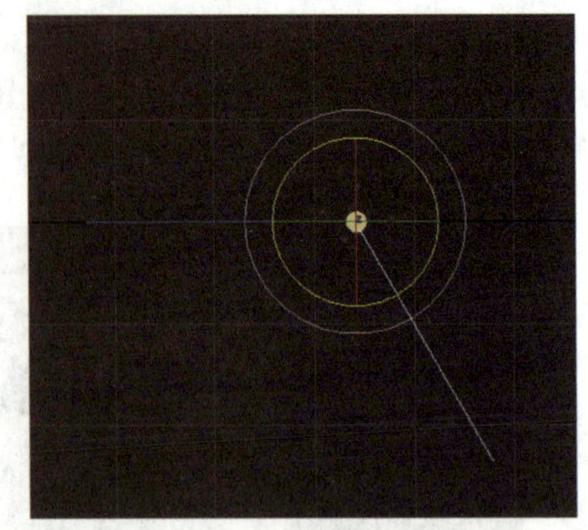

图 5-1-35　调整“右翅膀”第 20 帧处的旋转度数

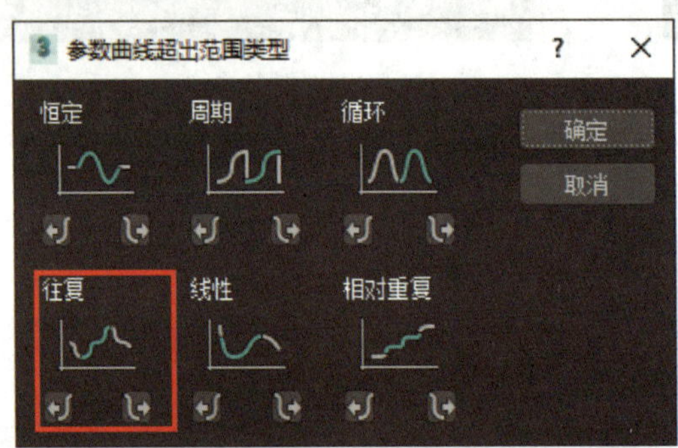

图 5-1-36　选择动画时间超出范围类型

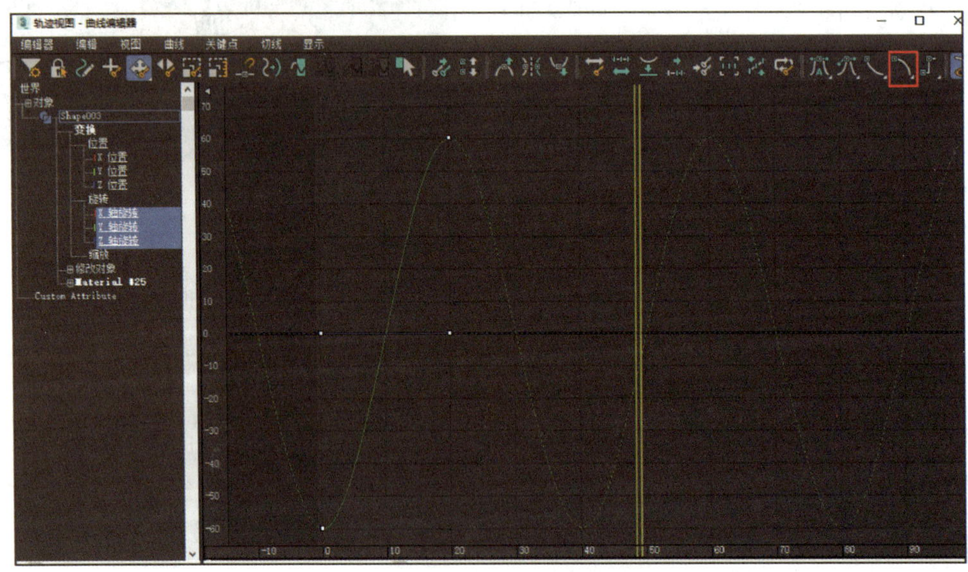

图 5-1-37　切线设置为慢速

（6）参考步骤（2）~ 步骤（5），设置“左翅膀”动画，如图 5-1-38 所示。

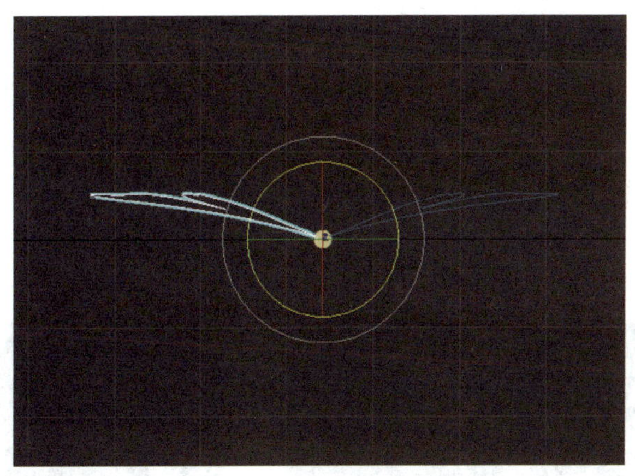

图 5-1-38　“左翅膀”动画效果

2. 绑定虚拟对象

（1）在左视图中将时间轴滑块拖到第 0 帧处，在右侧命令面板中依次单击“创建”→“辅助对象”→“标准”→“虚拟对象”，创建一个如图 5-1-39a 所示的虚拟对象。调整虚拟对象的位置，将蝴蝶对象包裹住，如图 5-1-39b 所示。

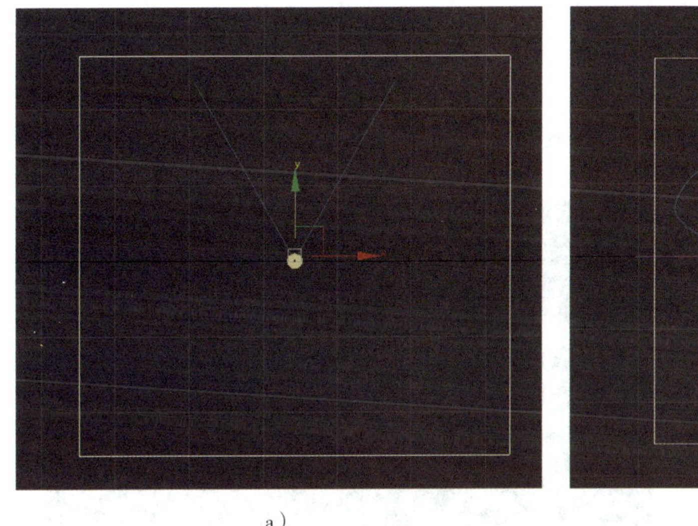

a）

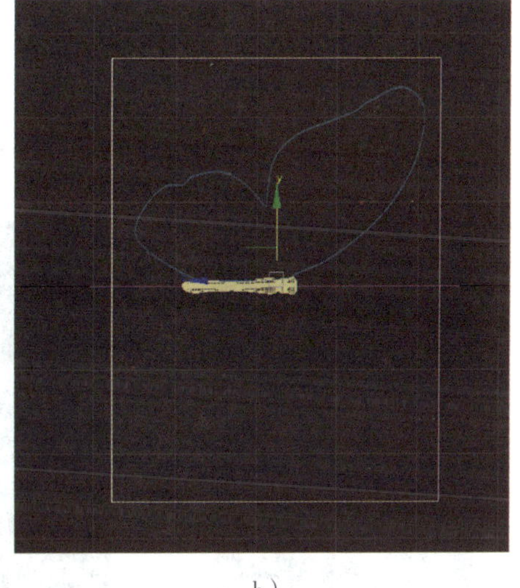

b）

图 5-1-39　创建和调整虚拟对象

a）创建虚拟对象　b）调整虚拟对象位置包裹住蝴蝶对象

（2）组合蝴蝶对象。选择“左翅膀”“右翅膀”“身体”三个对象，在菜单栏中，单击“组”→“组...”，设置组名为“蝴蝶”，单击“确定”按钮。

（3）单击工具栏中的“选择并链接”按钮，从“蝴蝶”对象向虚拟对象拖动，出现一条虚线，如图 5-1-40 所示，即“蝴蝶”对象链接到虚拟对象上。

3．制作蝴蝶飞舞动画

（1）设置“时间配置”参数。设置帧速率为 PAL、动画结束时间为 200，单击“确定”按钮。

（2）创建蝴蝶飞行路径。在顶视图中绘制如图 5-1-41 所示样条线，重命名为“飞行路径”。

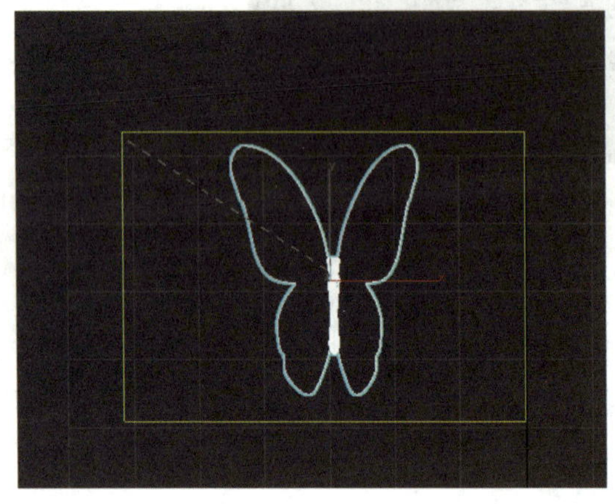

图 5-1-40 “蝴蝶”对象链接到虚拟对象

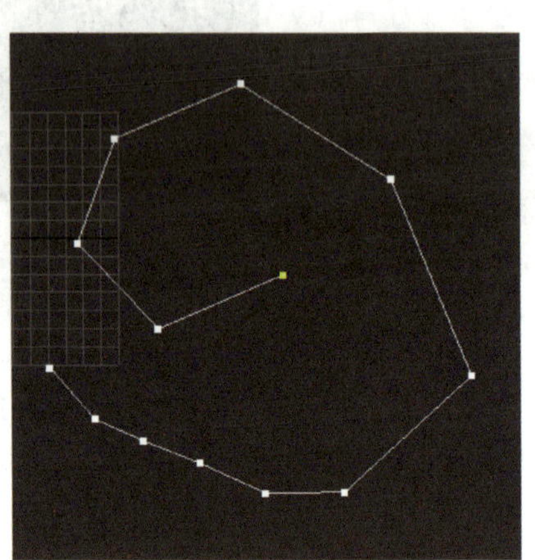

图 5-1-41 绘制样条线

（3）编辑样条线的顶点。在“顶点”子集中选中所有点，右击选择“平滑”，并调整各点的空间坐标，得到图 5-1-42 所示的效果。

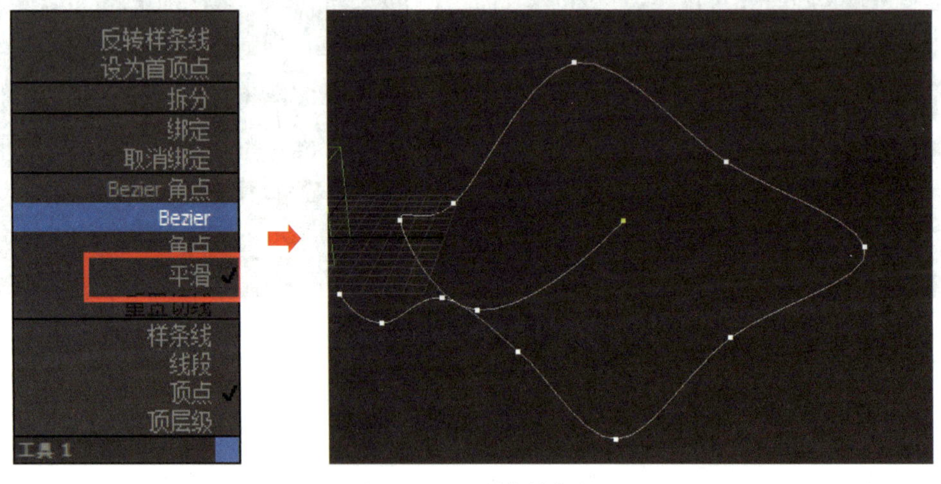

图 5-1-42 调整样条线

（4）选中虚拟对象，在菜单栏上单击“动画”→“约束”→“路径约束”，将虚拟对象绑定到“飞行路径”对象上。在右侧面板上单击“运动”按钮，选择“参数”

选项，在“路径参数”卷展栏中勾选“跟随”复选框，设置轴为 Y，如图 5-1-43 所示。

（5）预览动画效果。单击“播放动画”按钮，预览动画效果。

五、保存、导出动画

保存文件并导出 AVI 格式的视频文件。

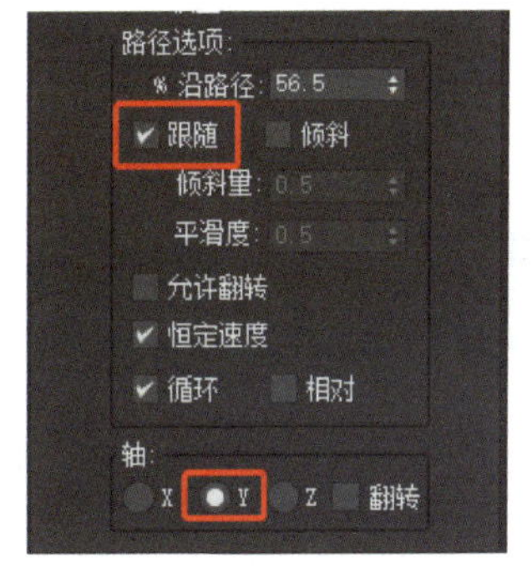

图 5-1-43　设置“路径选项”参数

提示

如果对象用到了外部素材文件，如本案例中的 UVW 贴图，为确保贴图效果不受影响，需要依次执行图 5-1-44a、图 5-1-44b、图 5-1-44c 所示的操作。完成后可以在输出路径中看到一个“*.max”格式的文件和一个“*.zip”格式的文件。

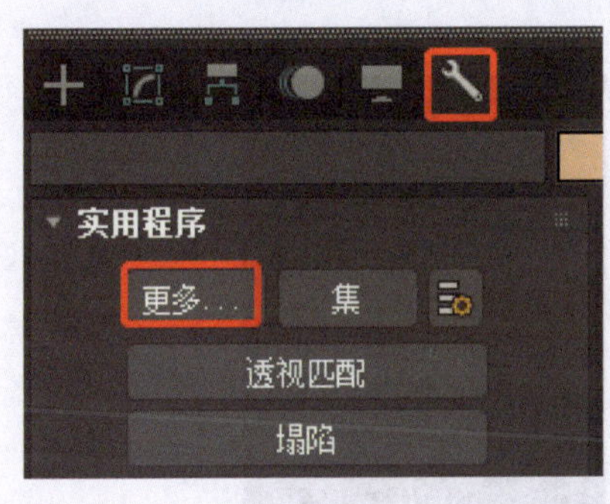

a）

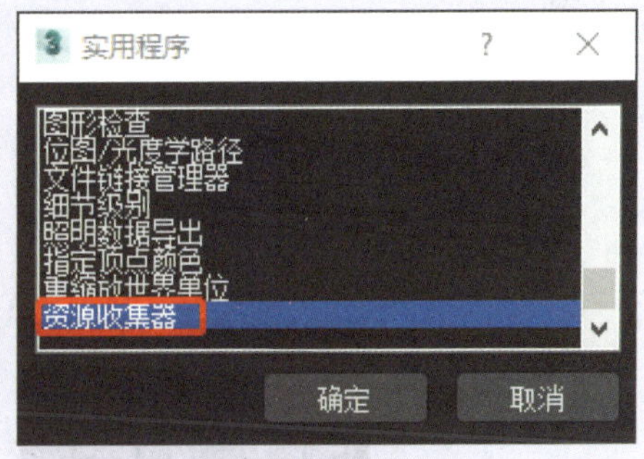

b）

c）

图 5-1-44　使用外部素材文件时的操作

a）在“实用程序”选择“更多...”选项　b）打开“资源收集器”　c）选择“输出路径”

任务 2　制作吊装动画

学习目标

1. 能为对象加载“路径变形”修改器，熟悉该修改器的作用。
2. 能为对象添加合适的材质。

任务描述

完成如图 5-2-1 所示的吊装动画效果。通过创建基本图形、编辑样条线、加载“路径变形（WSM）”修改器来创建绳索移动动画，通过创建虚拟对象、设置自动关键点及材质编辑器，完成吊装动画效果。

图 5-2-1　吊装动画效果

相关知识

3ds Max 2022 中有两个“路径变形”修改器，一个是世界空间修改器“路径变形（WSM）”，一个是对象空间修改器“路径变形”。除了界面有所不同之外（见图 5-2-2），世界空间修改器与对象空间路径变形修改器工作方式完全相同。下面，以“路径变形（WSM）”为例讲解该修改器的作用、应用与参数作用。

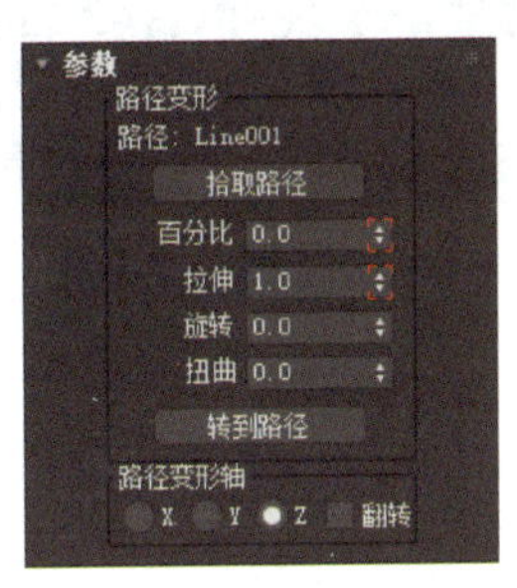

a）

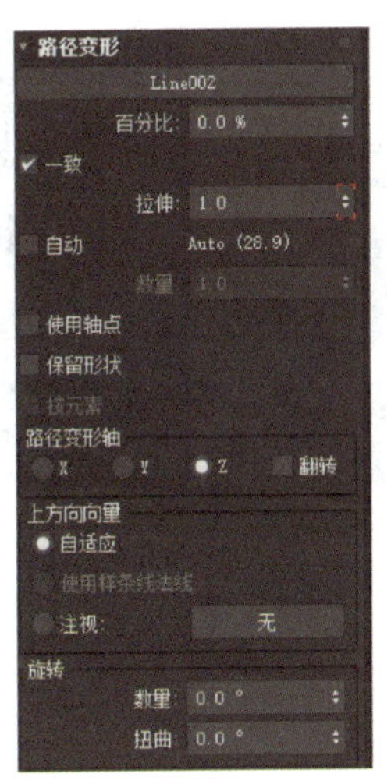

b）

图 5-2-2　两种“路径变形”修改器的卷展栏界面

a）世界空间修改器“路径变形（WSM）”　b）对象空间修改器“路径变形”

1.“路径变形（WSM）”修改器的作用

“路径变形（WSM）”修改器根据图形、样条线或 NURBS 曲线路径变形对象。

2.“路径变形（WSM）”修改器的应用

下面结合实例说明“路径变形（WSM）”修改器的应用方法。

（1）在顶视图绘制如图 5-2-3 所示的样条线。

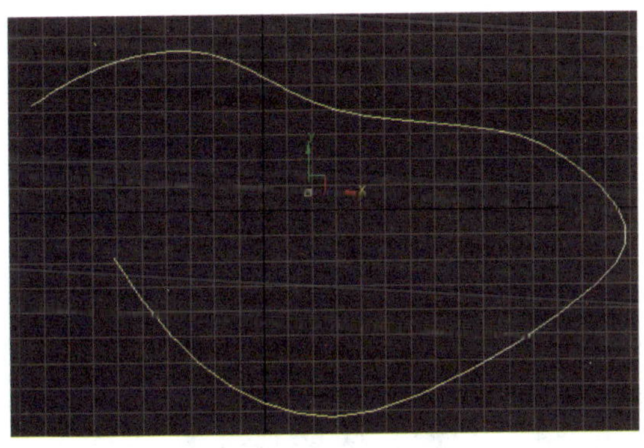

图 5-2-3　绘制样条线

（2）在顶视图中绘制一个圆柱体，设置半径为 50 mm、高度为 200 mm、高度分段为 25。

（3）为圆柱体加载“路径变形（WSM）”修改器，在“参数”卷展栏中选择“拾取路径”选项，在顶视图中单击样条线，然后选择“转到路径”选项，如图 5-2-4 所示，即圆柱体对象会转到样条线路径上。

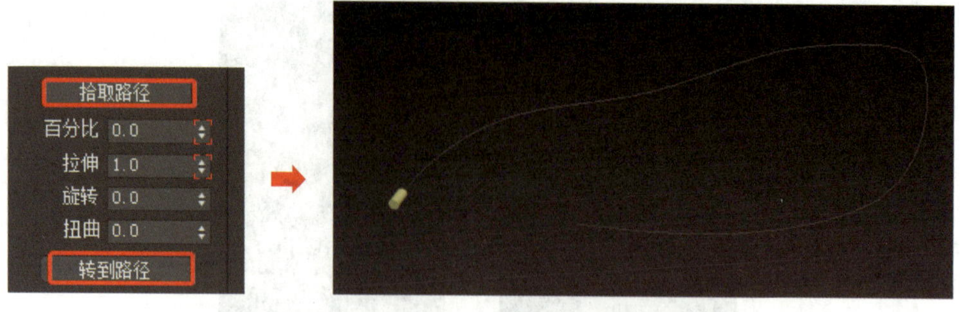

图 5-2-4　拾取并转到路径选项与效果

提示

拾取路径时，在“路径变形”修改器中需要在“路径变形”卷展栏中选择“无”选项，如图 5-2-5 所示，然后再拾取路径。

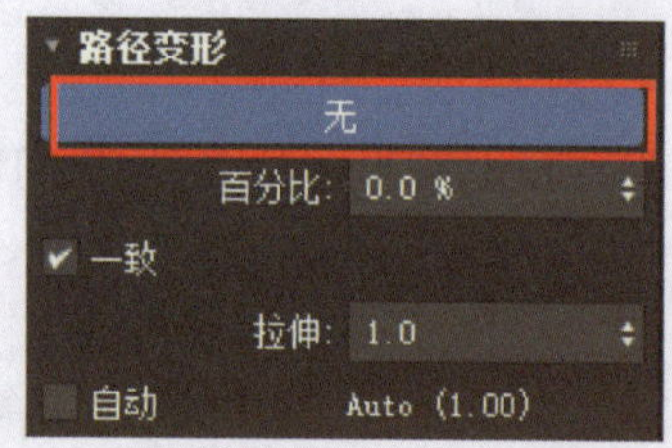

图 5-2-5　设置“路径变形”卷展栏参数

（4）选择圆柱体对象，设置第 0 帧时的参数，如图 5-2-6a 所示，将时间滑块拖至第 30 帧，设置参数，如图 5-2-6b 所示，将时间滑块拖至第 60 帧，设置参数，如图 5-2-6c 所示。

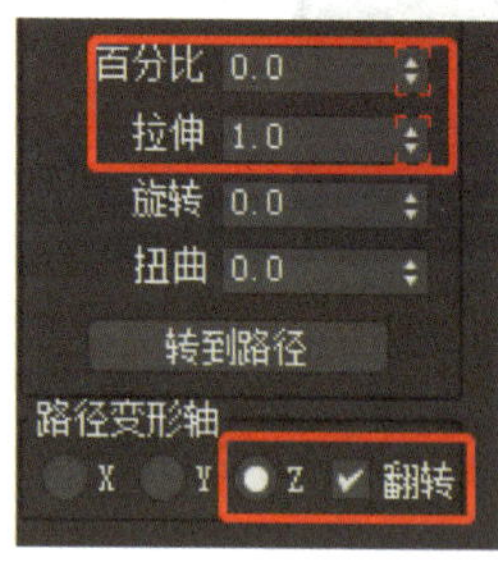

a）

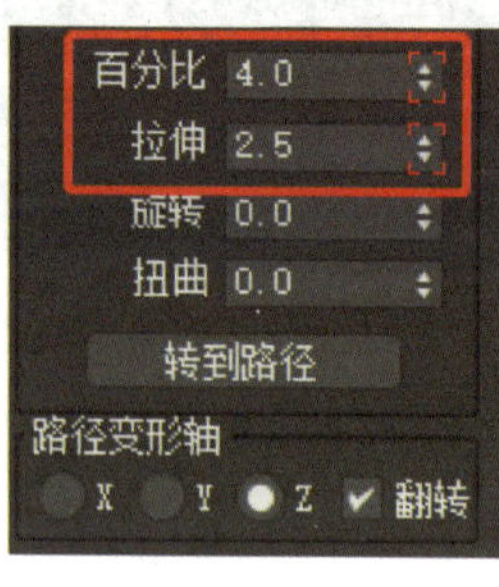

b）

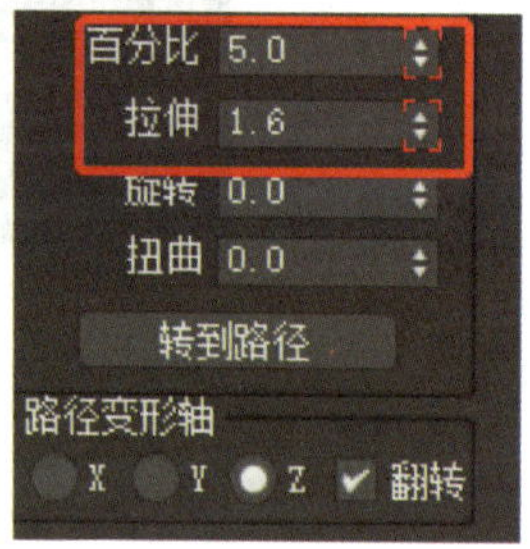

c）

图 5-2-6　圆柱体不同关键点的参数

a）第 0 帧　b）第 30 帧　c）第 60 帧

（5）在工具栏中单击“曲线编辑器”按钮，依次单击“空间扭曲”→“路径变形绑定”→“沿路径百分比”，如图 5-2-7a 所示，框选第 0～60 帧，依次单击“编辑”→“控制器”→“超出范围类型”，在弹出的对话框中选择“相对重复”选项，如图 5-2-7b 所示。

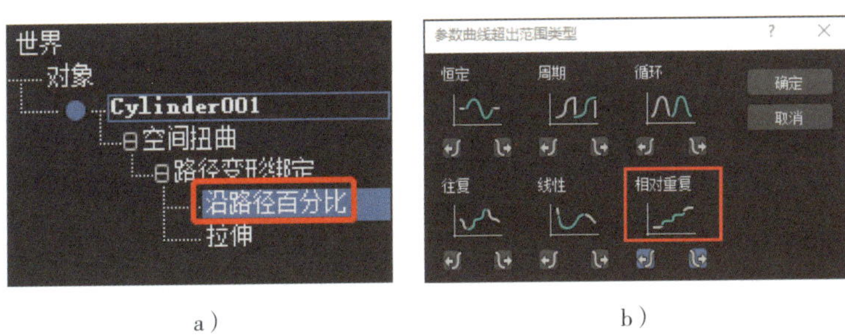

a） b）

图 5-2-7 设置沿路径百分比超出范围类型
a）选择“沿路径百分比” b）选择“相对重复”

（6）依次单击“空间扭曲”→“路径变形绑定”→“拉伸”，框选第 0～60 帧，在“参数曲线超出范围类型”中选择“往复”选项。

（7）设置“时间配置”参数。设置帧速率为 PAL、动画结束时间为 400，单击“确定”按钮。

（8）单击“播放动画”按钮，可以看到圆柱体像毛毛虫一样沿样条线蠕动的动画效果，如图 5-2-8 所示。

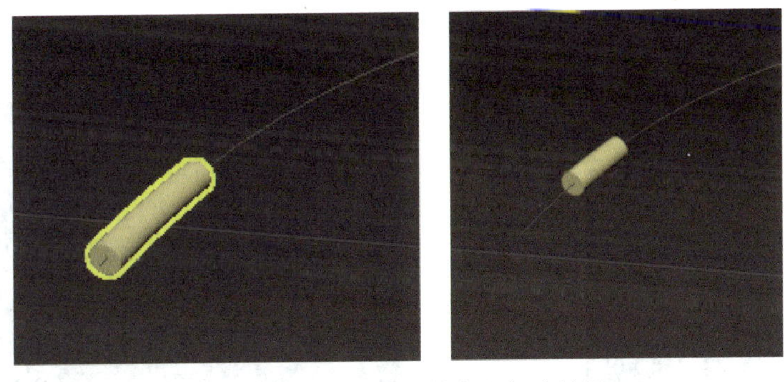

图 5-2-8 圆柱体沿样条线蠕动效果

3. “路径变形（WSM）”修改器的常用参数

（1）百分比。指对象沿样条线路径的百分比。

（2）拉伸。指对象沿路径的拉伸程度。

（3）旋转。指绕路径旋转对象。

（4）扭曲。指绕路径扭曲对象。

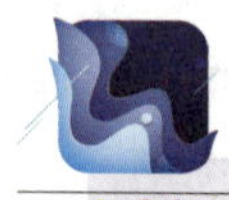

提示

可以利用“路径变形”制作鱼儿游动、树叶飘落、树枝生长等动画。

一、创建文件

打开软件，在菜单栏上执行“文件”→“保存”命令，选择保存路径并为文件命名，保存类型采用默认设置。检查文件，确定单位设置为 mm。

二、制作吊装装置

1. 绘制吊装结构

（1）在顶视图中绘制一个长方体，设长度为 200 mm、宽度为 200 mm、高度为 3 000 mm，将对象重命名为“塔身”，绝对世界坐标 X、Y、Z 均设为 0。

（2）在顶视图中再绘制一个长方体，设长度为 300 mm、宽度为 300 mm、高度为 300 mm，将对象重命名为“司机室”。调整位置至对象“塔身”之上，如图 5-2-9 所示。

（3）在左视图中再绘制一个长方体，设长度为 100 mm、宽度为 3 000 mm、高度为 100 mm，将对象重命名为“起重臂”。调整对象位置，如图 5-2-10 所示。

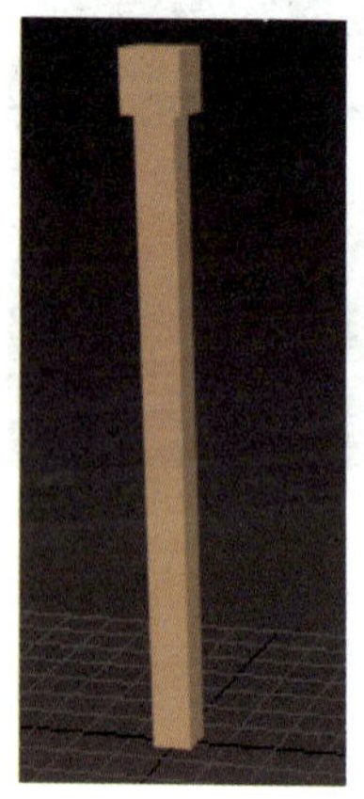

图 5-2-9　调整“司机室”对象的位置

图 5-2-10　调整“起重臂”对象的位置

2. 绘制变幅部分

（1）选中左视图，依次单击“创建”→“图形”→“样条线”→“螺旋线”，设置如图 5-2-11 所示的参数。

（2）在前视图中绘制一条直线，调整位置，如图 5-2-12 所示。

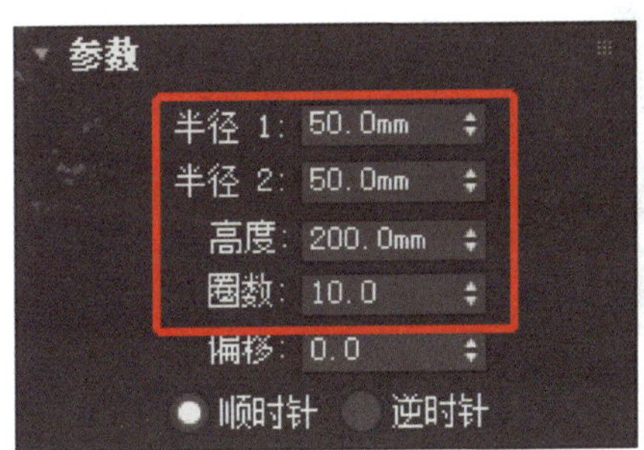

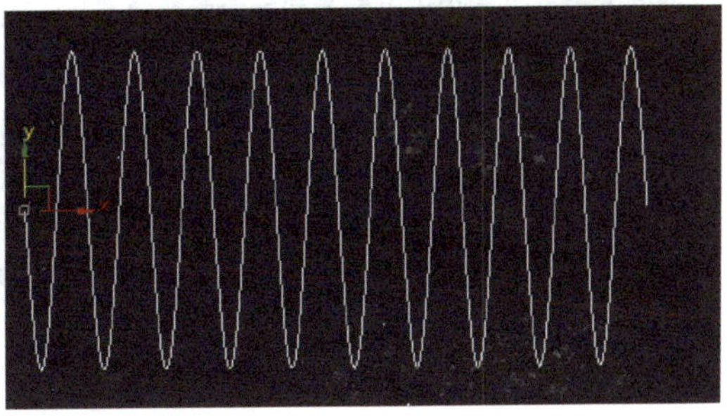

图 5-2-11　绘制螺旋线及前视图效果

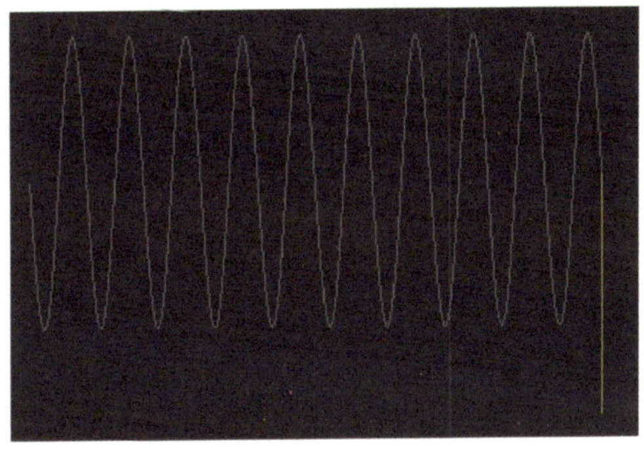

图 5-2-12　调整直线对象的位置

（3）右击螺旋线，选择“转换为可编辑样条线”，在“几何体”卷展栏中选择“附加”选项，如图 5-2-13 所示，单击直线对象，使螺旋线与直线变为一个整体。选择“顶点”子集，如图 5-2-14 所示，选择螺旋线与直线的交接点处的任意一点，如图 5-2-15 所示，按“Del”键删除。

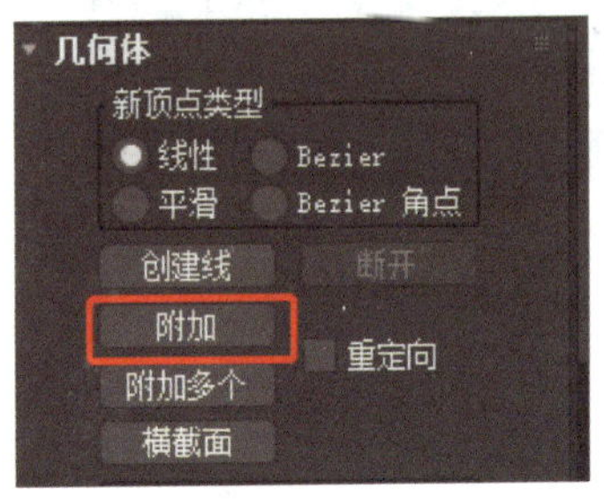

图 5-2-13　“附加”选项

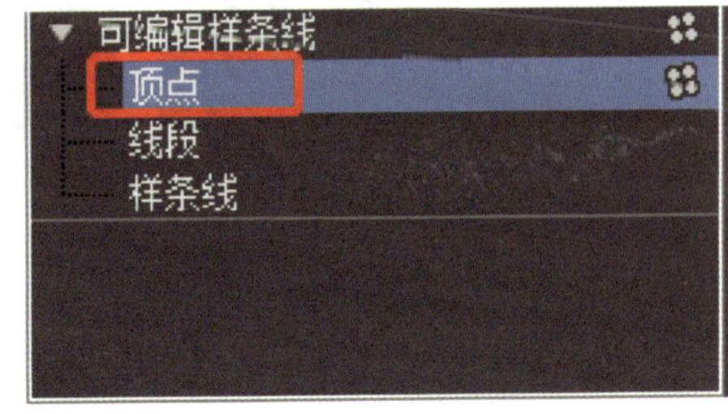

图 5-2-14　“顶点”子集

（4）在左视图中绘制一个圆柱体，参照图 5-2-16 所示设置参数，注意这里的高度值为螺旋线的长度，然后将对象重命名为“绳索”。

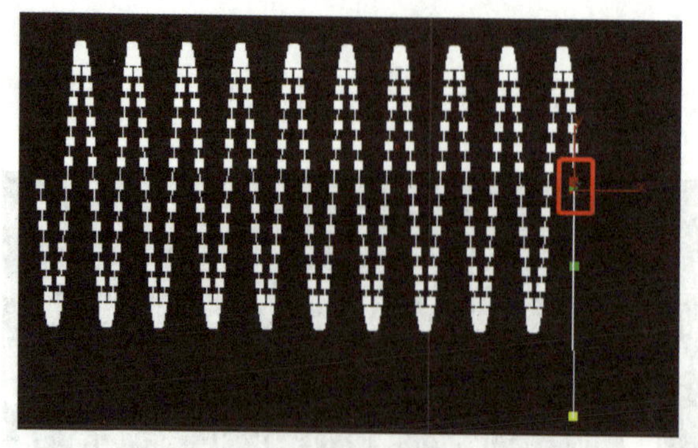

图 5-2-15　直线与螺旋线的交接点

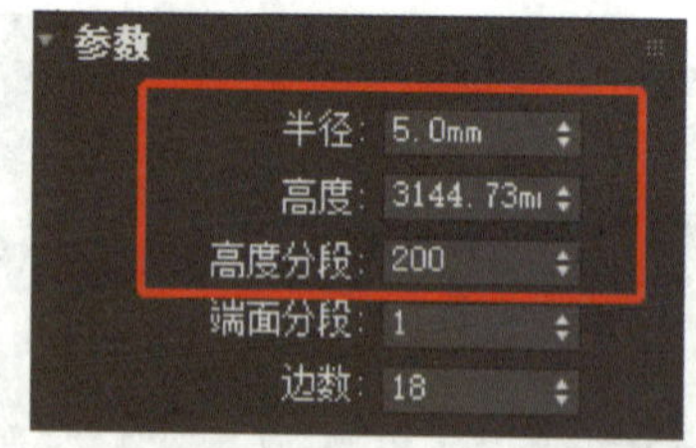

图 5-2-16　圆柱体的参数

提示

测量对象的长度，可以选中对象，在右侧面板中单击“实用程序”按钮，选择“测量”，即可获取对象的长度值。

（5）为“绳索”对象加载“路径变形（WSM）”修改器。在“参数”卷展栏中单击“拾取路径”选项，在左视图中选择螺旋线对象，再单击“参数”卷展栏中“转到路径”选项，如图 5-2-17a 所示，得到图 5-2-17b 所示的效果。

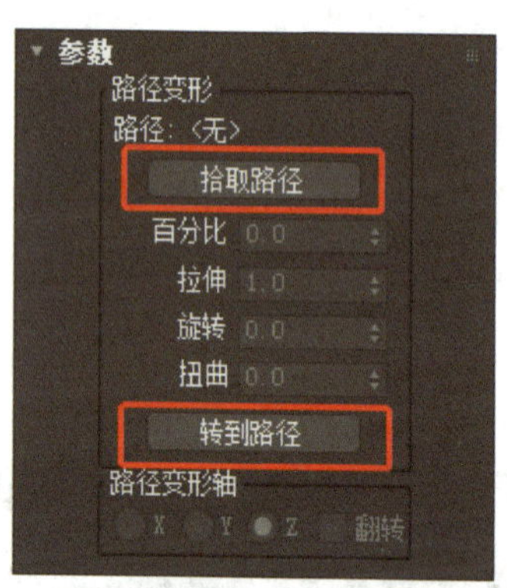

a）

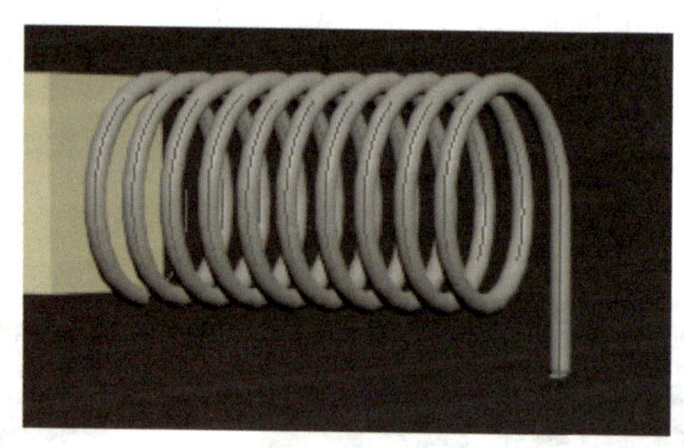

b）

图 5-2-17　设置“路径变形（WSM）”修改器“参数”卷展栏及效果

a）设置“路径变形（WSM）”修改器“参数”卷展栏　b）设置效果

（6）单击工具栏中的“材质编辑器”按钮，打开“材质编辑器”对话框，单击“获取材质”选项，如图 5-2-18a 所示，在弹出的对话框中的“通用”选项中选择“平铺”，如图 5-2-18b 所示，单击“绳索”对象，单击“将材质指定给选定对象”按钮，如图 5-2-18c 所示。

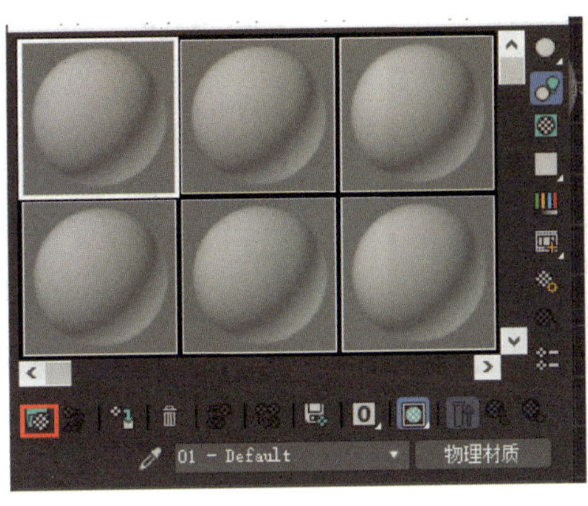

a）

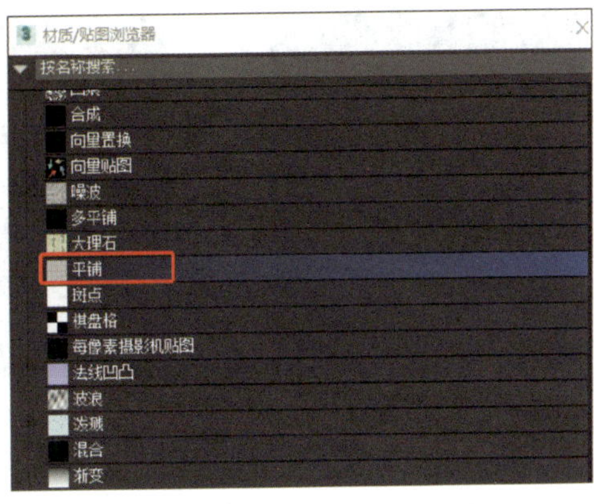

b）

c）

图 5-2-18 设置“材质编辑器”参数

a）选取材质 b）选择平铺 c）将材质指定给绳索

（7）在左视图中绘制一个圆柱体，设半径为 45 mm、高度为 –210 mm。将对象重命名为“滚轴”，调整位置位于螺旋线内，如图 5-2-19 所示。

（8）为“滚轴”对象添加“预设”中的“磨光”材质，效果如图 5-2-20 所示。

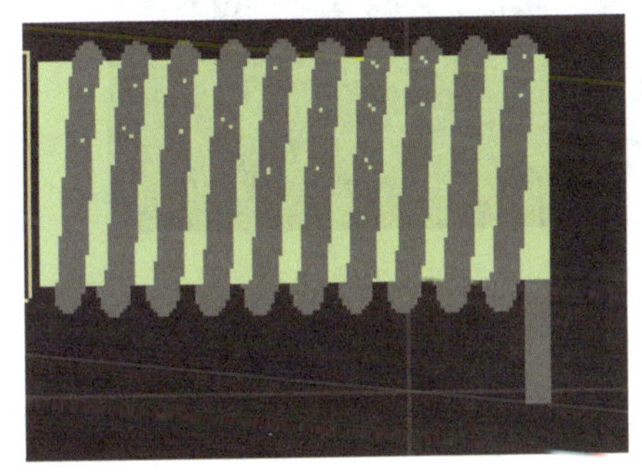

图 5-2-19 调整“滚轴”对象的位置

图 5-2-20 为“滚轴”对象添加材质

3. 绘制吊钩部分

（1）制作挂钩。选中前视图，依次单击“创建”→“图形”→“样条线”→“线”，绘制出图 5-2-21 所示的挂钩形状。选择“修改”选项，设置“渲染”卷展栏的参数，如图 5-2-22 所示，得到图 5-2-23 所示的效果。

（2）利用“标准基本体”中的“长方体”“球体”“圆环”和图形中的“线”工具按钮，绘制出吊钩其余部分，效果如图 5-2-24 所示，组合图 5-2-24 所示的所有对象，重命名为“吊钩”。

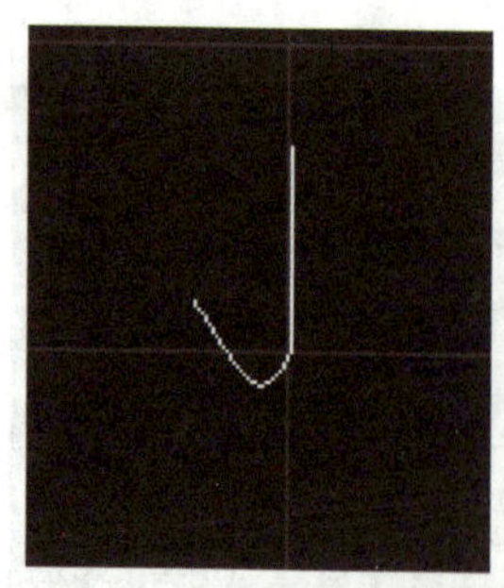
图 5-2-21　绘制挂钩形状

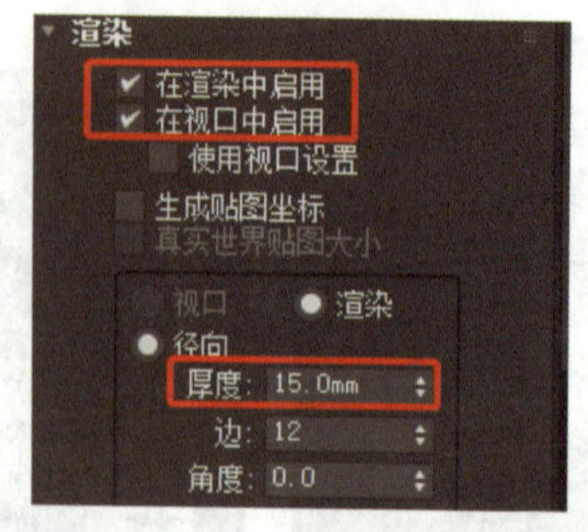

图 5-2-22　设置线条的渲染参数

图 5-2-23　挂钩效果

三、制作吊装动画

1. 调整“吊钩”对象的初始位置，如图 5-2-25 所示。

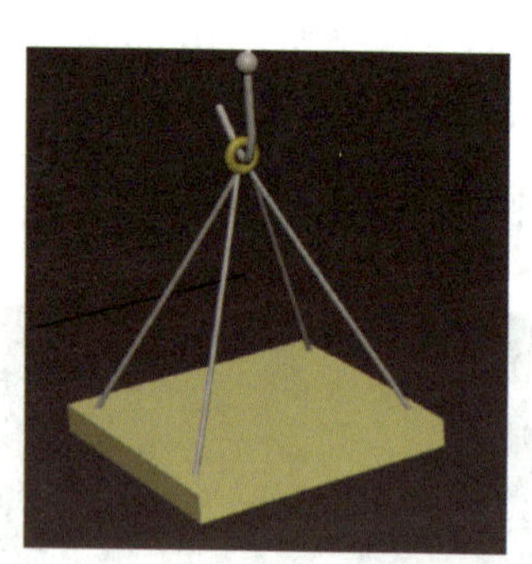
图 5-2-24　吊钩部分效果

图 5-2-25　“吊钩”对象的初始位置

2. 设置“绳索”对象的动画。在左视图中选择“绳索”对象，单击“自动关键点”按钮，拖动时间滑块至第 100 帧处，沿图 5-2-26 所示的方向移动绳索，使绳索向下移动一定的距离（此处以绳索转动 5 圈为例），如图 5-2-27 所示，再次单击“自动关键点”按钮。

3. 在透视图中选择“滚轴”对象，单击“自动关键点”按钮，拖动时间滑块至第 100 帧处，沿图 5-2-28 所示的黄色方向（*Y* 轴）旋转 5 圈（5×360°=1 800°），再次单击“自动关键点”按钮。

4. 将时间轴拖到第 0 帧处，选中左视图依次单击“创建”→“辅助对象”→“标准”→“虚拟对象”，创建一个图 5-2-29 所示的虚拟对象。调整虚拟对象的位置位于绳索下方。

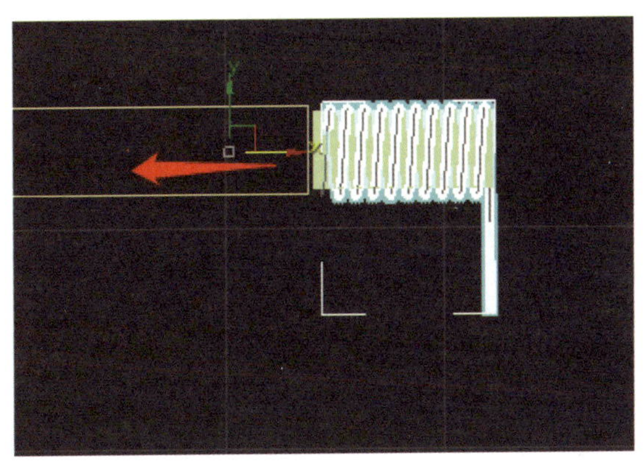

图 5-2-26　移动“绳索”对象

图 5-2-27　第 100 帧处绳索的位置

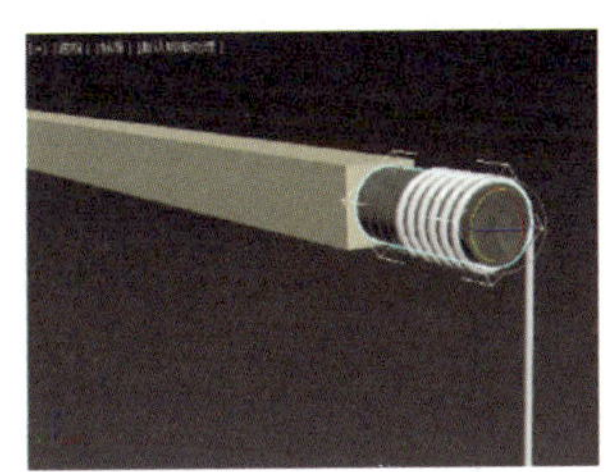

图 5-2-28　调整滚轴旋转的方向

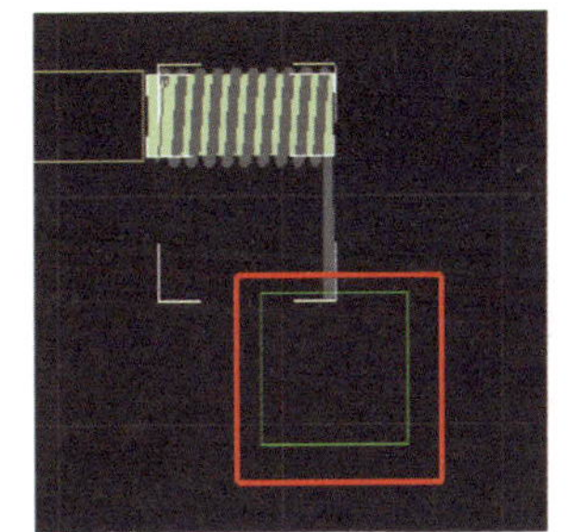

图 5-2-29　创建虚拟对象

5. 选择虚拟对象，单击“自动关键点”按钮，拖动时间滑块至第 100 帧处，使虚拟对象沿 *Y* 轴向下的方向移动到绳索下方，如图 5-2-30 所示。

6. 单击工具栏中的“选择并链接”按钮，将“吊钩”对象链接到虚拟对象上，如图 5-2-31 所示。单击“播放动画”按钮，可以看到“吊钩”对象随着绳索向下移动。

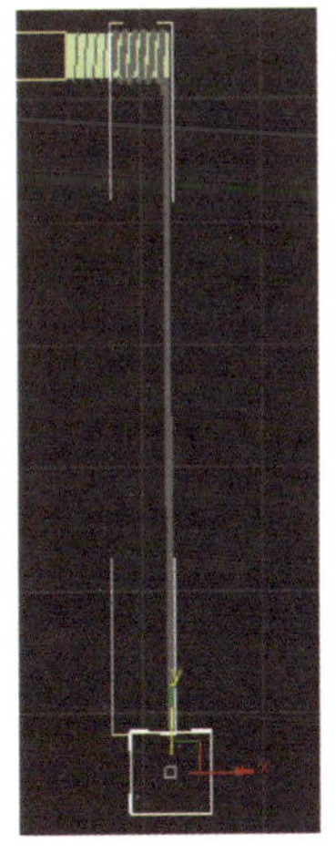

图 5-2-30　第 100 帧处虚拟对象的位置

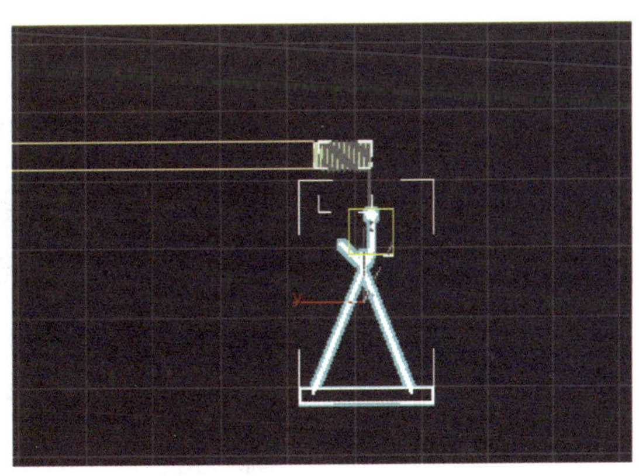

图 5-2-31　链接到虚拟对象

7. 设置“时间配置”参数。设置帧速率为 PAL、动画结束时间为 200，单击“确定”按钮。

8. 单击“播放动画”按钮，预览动画效果。

四、保存、导出动画

保存文件并导出 AVI 格式的视频文件。

任务 3　制作摄影机动画

1. 能完成摄影机的创建与类型的选择。
2. 能叙述摄影机各参数的作用。
3. 能灵活应用摄影机展现推拉、摇移的动画效果。

根据所提供的素材文件（见图 5-3-1），完成摄影机推拉动画效果、摄影机摇移动画效果和摄影机平移动画效果。通过摄影机的创建、位置的调整、参数的设置、路径约束等功能，实现摄影机的动画展示效果。

图 5-3-1　摄影机动画全景

一、摄影机的作用

3ds Max 2022 提供了两种常见的观察场景的方式，一种是前面学习的透视视图，还有一种是本任务要学习的摄影机视图，如图 5–3–2 所示。3ds Max 2022 中的摄影机原理与现实中的摄影机原理相通，不仅可以起到固定画面角度的作用，实现画面的推拉、摇移效果，还可以设置特效、控制渲染效果，超越了现实摄影机的功能。

二、摄影机的类型

标准摄影机有物理摄影机、目标摄影机和自由摄影机三类，如图 5–3–3 所示。

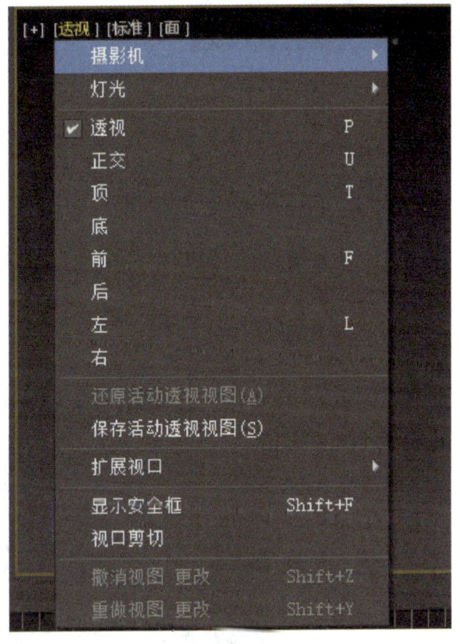

图 5–3–2　摄影机视图选项

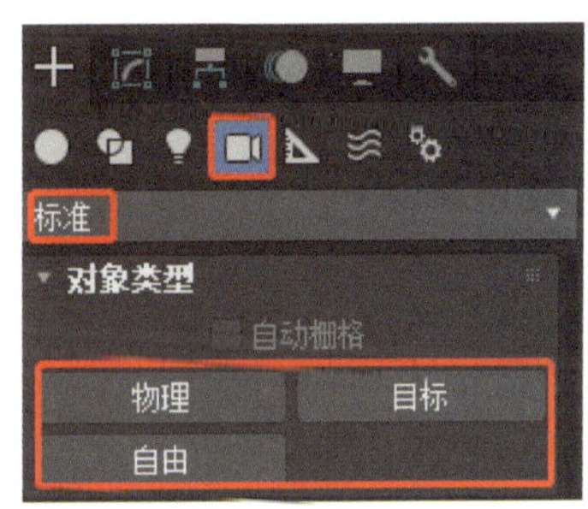

图 5–3–3　标准摄影机的类型

1. 物理摄影机

物理摄影机可模拟用户真实的摄影机设置，如焦距、光圈、快门和曝光。物理摄影机是用于基于物理的真实照片级渲染的最佳摄影机类型。

2. 目标摄影机

目标摄影机能查看摄影机所放置的目标图标周围的区域。

提示

物理摄影机与目标摄影机都有目标点，方便定位方向。对象名称上的区别是目标摄影机带有“.Target”后缀，如“摄影机”和“摄影机 .Target”，如图 5-3-4 所示。

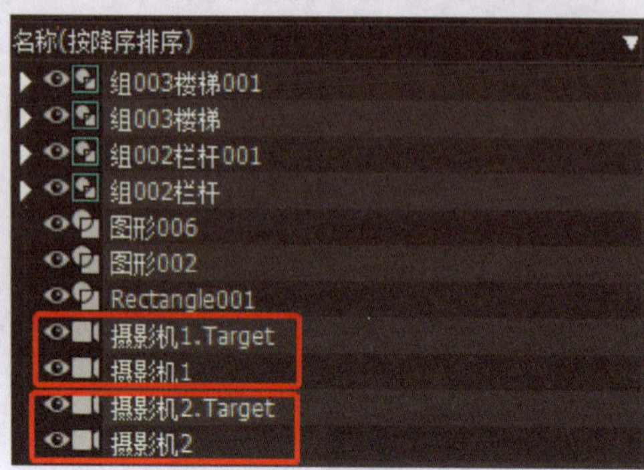

图 5-3-4　摄影机与目标点名称

3. 自由摄影机

自由摄影机在摄影机指向的方向查看区域，与目标摄影机相似，但比目标摄影机少了一个目标点。

三、摄影机常用的参数作用

1. 物理摄影机

（1）“基本”卷展栏（见图 5-3-5）

图 5-3-5　“基本”卷展栏

1）目标。选中后，类似于目标摄影机，有目标点，取消勾选，类似于自由摄影机，无目标点。

2）目标距离。设置目标与焦平面之间的距离。

3）显示圆锥体。摄影机圆锥体的显示方式。

4）显示地平线。勾选后，会在摄影机视图中显示地平线。

（2）“物理摄影机”卷展栏（见图 5-3-6）

1）预设值。选择胶片 / 传感器类型，选择不同的预设值，下面的宽度值随之变化。

2）焦距。设置镜头的焦距。

3）指定视野。用于设置场景可见范围的大小。

4）缩放。指在不更改摄影机位置的情况下缩放镜头。

5）光圈。光圈值影响曝光和景深。

6）使用目标距离。指焦距为目标距离。

7）镜头呼吸。通过将镜头向焦距方向移动或远离焦距方向来调整视野。

（3）“散景（景深）”卷展栏（见图 5–3–7）

1）光圈形状组。用于设置散景效果中的光圈形状为圆形、叶片式（带有边）、自定义纹理。

2）影响曝光。勾选时，自定义纹理将影响曝光。

3）中心偏移（光环效果）组。使光圈透明度向中心（负值）或边（正值）偏移。正值会增加焦外区域的模糊量，而负值会减小模糊量。

（4）“透视控制”卷展栏（见图 5–3–8）

1）镜头移动组。指沿水平或垂直方向移动摄影机视图。

2）倾斜校正组。指沿水平或垂直方向倾斜摄影机。

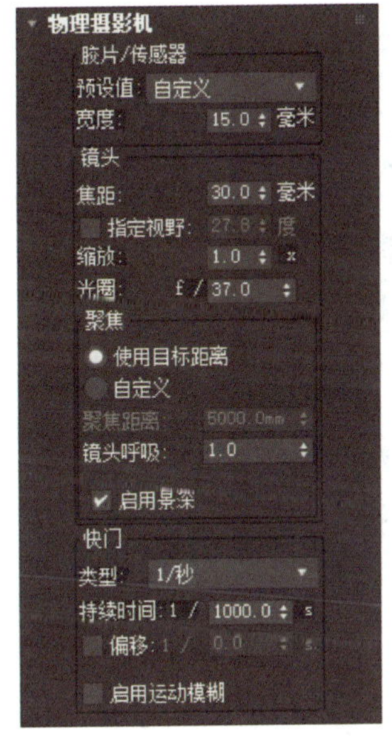

图 5–3–6 “物理摄影机”卷展栏

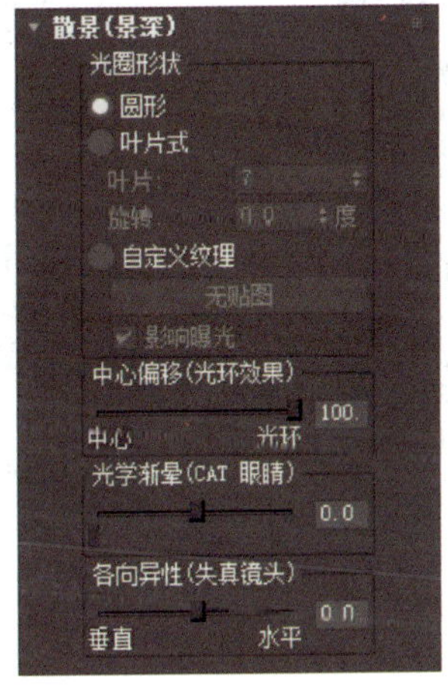

图 5–3–7 “散景（景深）”卷展栏

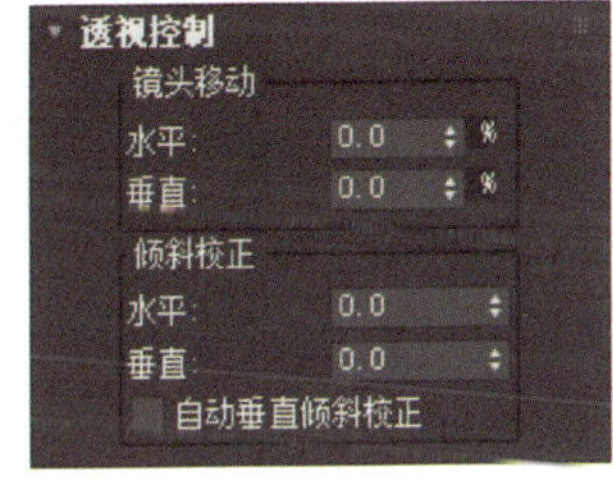

图 5–3–8 “透视控制”卷展栏

2. 目标摄影机

（1）“参数”卷展栏（见图 5–3–9）

1）镜头。用于设置镜头的大小，不同的镜头，视野值随之变化。还可以在“备用镜头”中选择需要的镜头类型。

2）正交投影。勾选后，不用考虑摄影机的远近感，可以像用户视图那样显示。

3）环境范围组。使用环境效果时，用于设置环境效果的开始点与结束点。

4）剪切平面组。可以根据需要裁剪摄影机的近距（前部）和远距（后部）。

5）多过程效果。设置景深和运动模糊效果。

（2）“景深”卷展栏（见图 5-3-10）

1）焦点深度组。确定焦距的距离。

2）采样组。设置多重渲染的次数（过程总数）、超过焦距部分的大小（采样半径）、摄影机的偏移程度（采样偏移）。

3）过程混合组。确定偏移的混合程度。

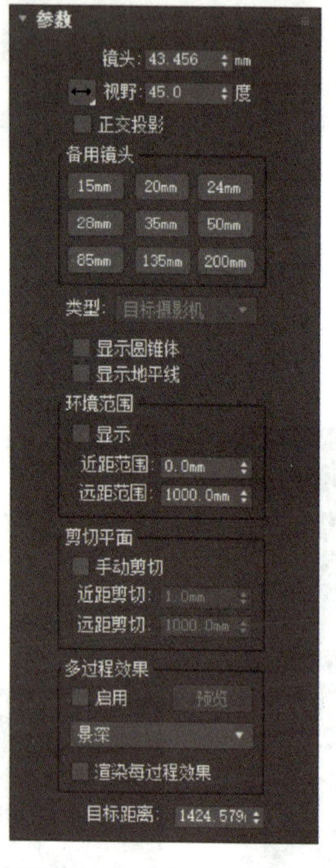

图 5-3-9 “参数”卷展栏

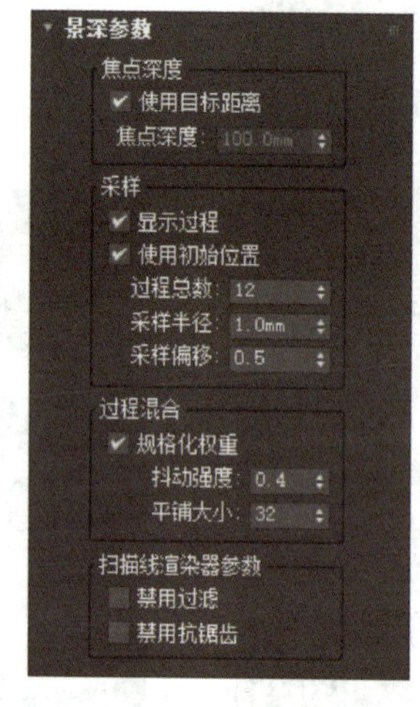

图 5-3-10 “景深”卷展栏

3. 自由摄影机

自由摄影机与目标摄影机的卷展栏参数作用相似。

一、创建文件

打开素材文件夹中的“中国六角亭（来鹤亭）.max”文件，如图 5-3-11 所示。在菜单栏上执行“文件”→“另存为”命令，选择保存路径并为文件命名，保存类型采用默认设置。检查文件，确定单位设置为 mm。

图 5-3-11　中国六角亭（来鹤亭）

二、创建摄影机及摄影机动画设置

1. 制作自顶向下的特写，再到整体展现的摄影机动画

（1）选中前视图，依次单击“创建”→“摄影机”→“目标”，创建如图 5-3-12 所示的目标摄影机，并在“参数”卷展栏中设置镜头为 50 mm。

（2）选中透视图，依次单击“透视”→“摄影机”→“Camera001”（或直接按“C”键）切换到摄影机视图下，如图 5-3-13 所示。

（3）单击“时间配置”按钮，设置帧速率为 PAL、动画结束时间为 200，单击“确定”按钮。

（4）调整第 0 帧时的摄影机 Camera001 位置，设置绝对坐标 X 为 −870 mm、Y 为 0 mm、Z 为 270 mm，位置如图 5-3-14 所示。

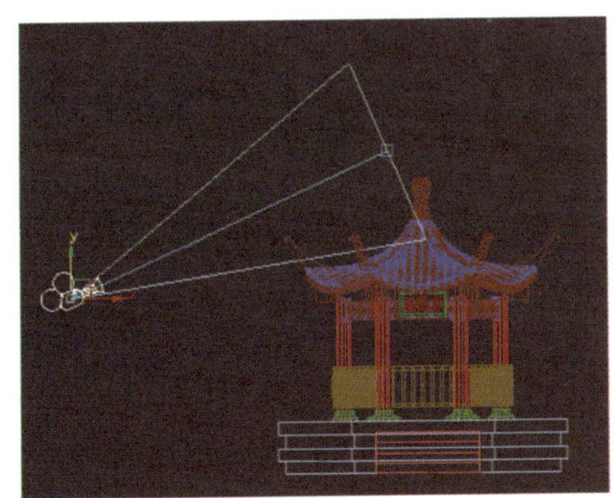

图 5-3-12　在前视图中创建目标摄影机

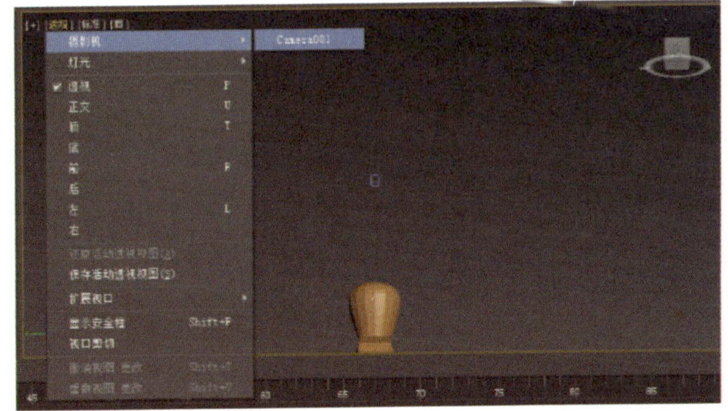

图 5-3-13　切换到摄影机视图位置

（5）单击“自动关键点”按钮，将时间滑块拖动到第 50 帧处，利用“选择并移动”工具沿 *Z* 轴移动，设置绝对坐标 *X* 为 –870 mm、*Y* 为 0 mm、*Z* 为 –12 mm，如图 5–3–15 所示。

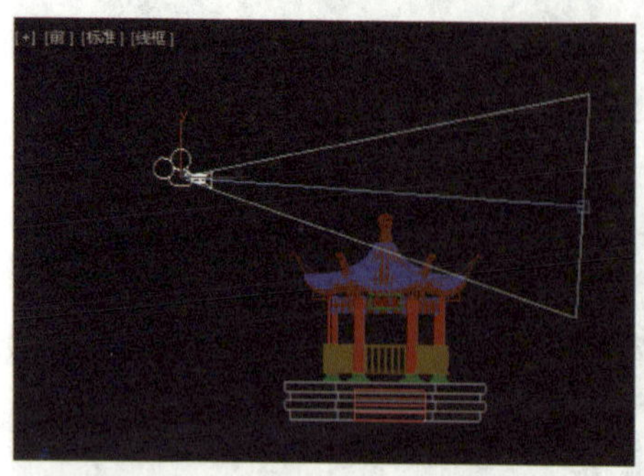

图 5–3–14　第 0 帧时摄影机的位置

图 5–3–15　第 50 帧处摄影机的位置

（6）将时间滑块拖动到第 100 帧处，利用“选择并移动”工具沿 *Z* 轴移动，设置绝对坐标 *X* 为 –870 mm、*Y* 为 0 mm、*Z* 为 –280 mm，如图 5–3–16 所示。

（7）将时间滑块拖动到第 150 帧处，利用“选择并移动”工具沿 *Z* 轴移动，设置绝对坐标 *X* 为 –870 mm、*Y* 为 0 mm、*Z* 为 –520 mm，如图 5–3–17 所示。

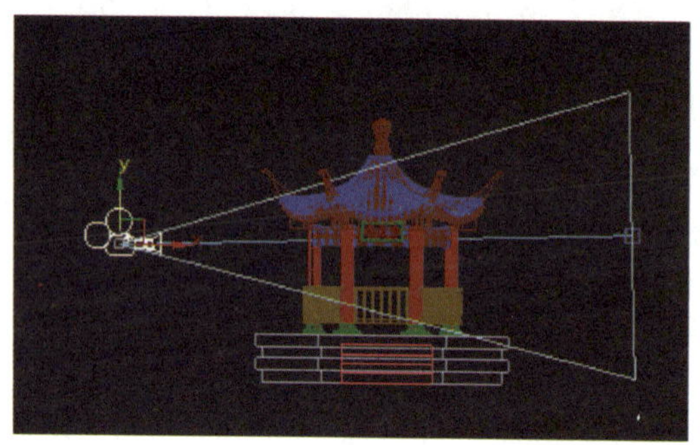

图 5–3–16　第 100 帧处摄影机的位置

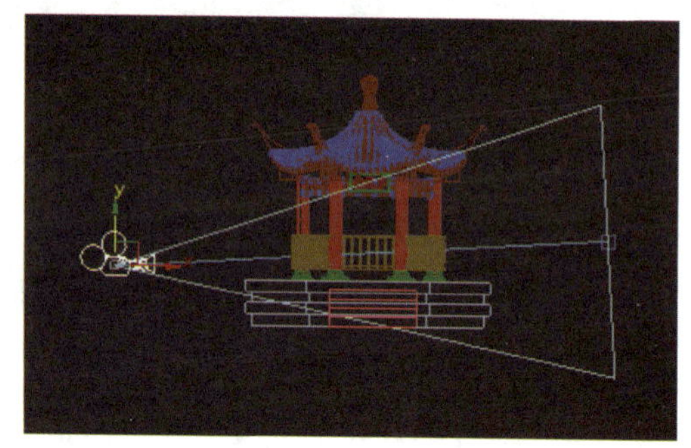

图 5–3–17　第 150 帧处摄影机的位置

（8）将时间滑块拖动到第 170 帧处，利用“选择并移动”工具沿 *X* 轴向左移动，设置绝对坐标 *X* 为 –2 800 mm、*Y* 为 0 mm、*Z* 为 –350 mm，如图 5–3–18 所示。

（9）用同样的原理，选择摄影机的目标点 Camera001.Target，如图 5–3–19 所示，调整其在第 0 帧的位置，设置绝对坐标 *X* 为 830 mm、*Y* 为 0 mm、*Z* 为 170 mm；调整其在第 50 帧的位置，设置绝对坐标 *X* 为 830 mm、*Y* 为 0 mm、*Z* 为 40 mm；调整其在第 100 帧的位置，设置绝对坐标 *X* 为 830 mm、*Y* 为 0 mm、*Z* 为 –240 mm；调整其在第 150 帧的位置，设置绝对坐标 *X* 为 830 mm、*Y* 为 0 mm、*Z* 为 –420 mm；调整其在第 170 帧的位置，设置绝对坐标 *X* 为 830 mm、*Y* 为 0 mm、*Z* 为 –300 mm。

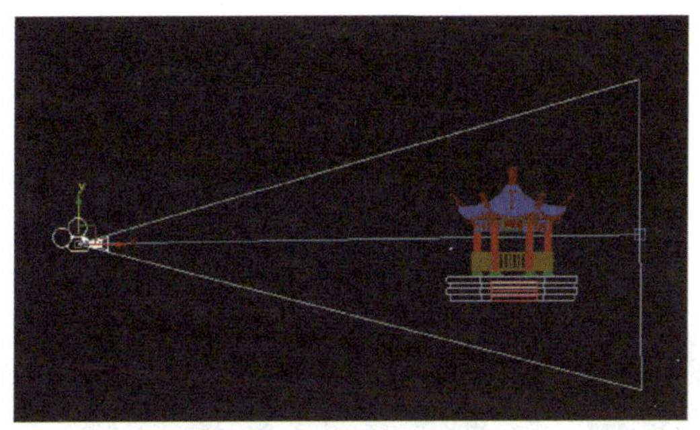

图 5-3-18　第 170 帧处摄影机的位置

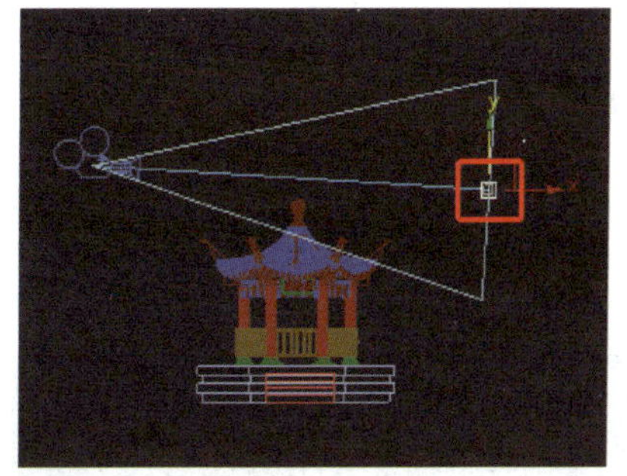

图 5-3-19　摄影机的目标点

（10）选择摄影机 Camera001，在面板上选择“运动”，选择“运动路径”选项，如图 5-3-20 所示。在视图中可以看到摄影机 Camera001 的运动轨迹，调整其运动轨迹，如图 5-3-21 所示，使运动轨迹流畅、播放画面符合人们的视觉审美。

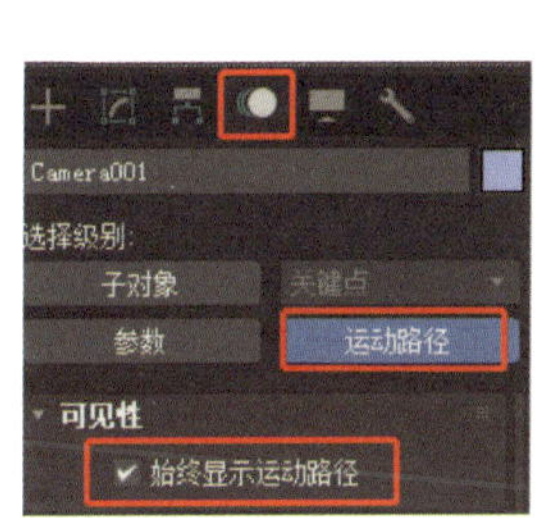

图 5-3-20　显示运动路径

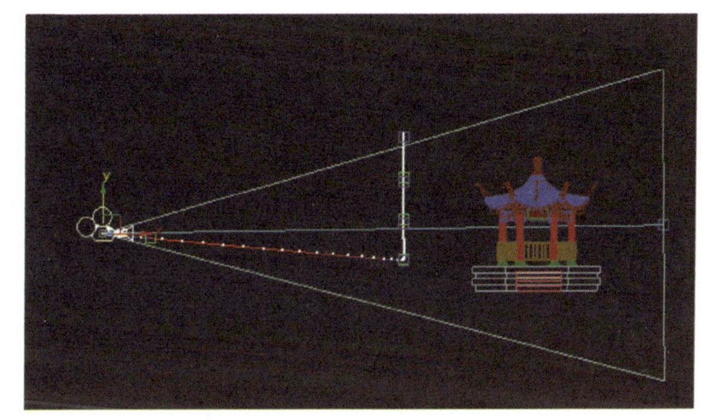

图 5-3-21　调整摄影机的运动轨迹

（11）单击“播放动画”按钮，可以在摄影机视图中预览动画效果。

2. 制作摄影机跟随路径的展示动画

（1）在顶视图中创建一台目标摄影机 Camera002，设置镜头为 45 mm，位置如图 5-3-22 所示。

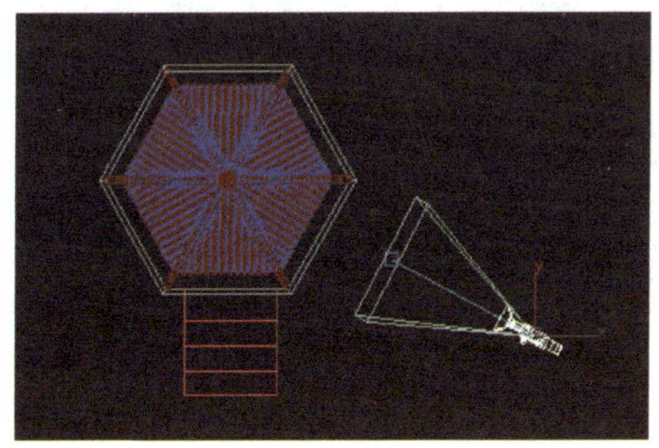

图 5-3-22　创建目标摄影机 Camera002

（2）在透视图中单击“透视”，选择“摄影机”→“Camera002”切换到摄影机视图下。

（3）在顶视图中绘制一个圆形，设半径为 1 250 mm，将其重命名为“路径”并调整位置，如图 5-3-23 所示。

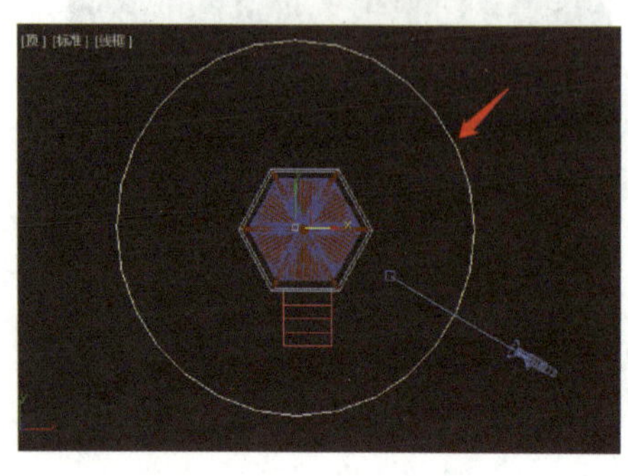

a）

b）

图 5-3-23　调整路径的位置

a）顶视图位置　b）左视图位置

（4）单击“时间配置”按钮，设置帧速率为 PAL、动画结束时间为 300，单击“确定”按钮。

（5）选择摄影机 Camera002，在菜单栏上执行“动画”→“约束”→“路径约束”命令，选择路径为“路径”对象。

（6）在面板上选择“运动”，选择“参数”选项，在“路径参数”卷展栏中勾选“跟随”选项。

（7）调整摄影机 Camera002 第 0 帧时的目标点为亭顶，如图 5-3-24 所示。

（8）单击“播放动画”按钮，在摄影机视图中可以预览摄影机围绕亭顶旋转一周的展示动画，如图 5-3-25 所示。

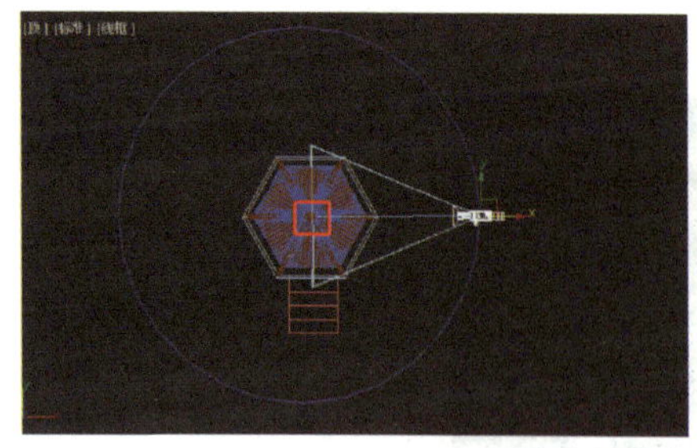

图 5-3-24　第 0 帧处的目标点位置

图 5-3-25　预览动画效果

3. 制作局部到整体再到局部的摄影机动画

（1）在前视图中创建一台目标摄影机 Camera003，设置镜头为 150 mm，绝对坐标 X 为 15 mm、Y 为 –3 800 mm、Z 为 –230 mm，调整目标对象位置指向亭子上的文字“来鹤亭”，如图 5–3–26 所示。

（2）在透视图中，单击“透视”，选择“摄影机”→“Camera003”切换到摄影机视图下，显示效果如图 5–3–27 所示。

图 5–3–26　创建目标摄影机

图 5–3–27　摄影机视图效果

（3）单击“时间配置”按钮，设置帧速率为 PAL、动画结束时间为 150，单击“确定”按钮。

（4）选中摄影机 Camera003，单击“自动关键点”按钮，将时间滑块拖动到第 80 帧处，设置镜头为 60 mm，效果如图 5–3–28a 所示。将时间滑块拖动到第 150 帧处，设置镜头为 150 mm，效果如图 5–3–28b 所示。单击“自动关键点”按钮，将第 0 帧的关键帧拖动到第 20 帧处，单击“自动关键点”按钮。

（5）单击“播放动画”按钮，在摄影机视图中可以预览画面从局部到整体再到局部的动画展示过程。

a）

b）

图 5–3–28　调整第 80 帧、第 150 帧的镜头后的效果

a）第 80 帧设置镜头　b）第 150 帧设置镜头

4. 制作摄影机跟随对象的动画

（1）打开素材文件夹中的“飞机 .max”文件，在顶视图中创建一台目标摄影机 Camera004，如图 5-3-29 所示。

（2）在透视图中，单击“透视”，选择“摄影机”→“Camera004”切换到摄影机视图下。

（3）选择摄影机 Camera004，在右侧面板中单击“运动”按钮，选择“参数”，在“注视参数”卷展栏中单击“拾取目标”选项，在顶视图中拾取飞机模型，设置轴为 Z，如图 5-3-30 所示。

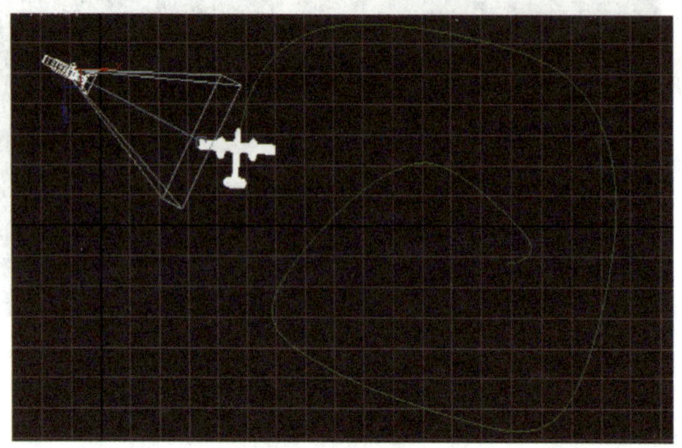

图 5-3-29　创建目标摄影机

图 5-3-30　选择注视目标并设置轴

（4）单击“播放动画”按钮，可以在摄影机视图中预览摄影机跟随飞机运动的动画，如图 5-3-31 所示。

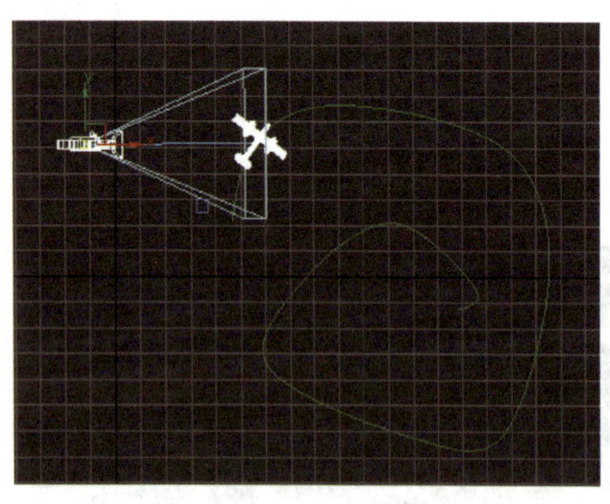

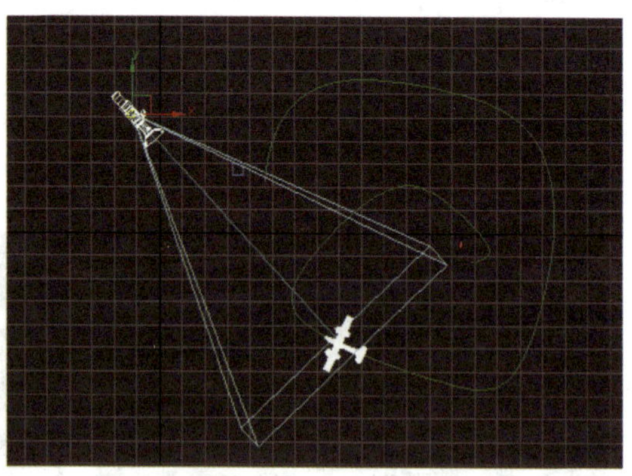

图 5-3-31　预览动画效果

三、保存、导出动画

保存文件并分别导出 4 个“*.avi”格式的视频文件。

项目六
刚体动画

任务 1　制作多米诺骨牌动画

1. 能使用“间隔工具”创建模型。
2. 能熟练使用 MassFX 工具栏的主要工具。
3. 掌握三种类型的刚体动画原理。
4. 能完成刚体动画的烘焙与导出。

完成如图 6–1–1 所示的多米诺骨牌动画效果。利用“间隔工具”创建骨牌阵列，利用 MassFX 工具模拟物体碰撞效果。

图 6–1–1　多米诺骨牌动画效果

一、“间隔工具”的使用

1. “间隔工具”的作用

使用“间隔工具”可以基于当前选择沿样条线或一对点定义的路径分布对象。可以在菜单栏上执行“工具”→“对齐”→“间隔工具”命令（或按“Shift+I”组合键），弹出如图 6–1–2 所示的对话框。

2. “间隔工具”的应用

下面结合实例说明“间隔工具”的应用方法。

（1）在顶视图绘制一个圆柱体，设置半径为 500 mm、高度为 20 mm、边数为 50。

（2）在顶视图中绘制一个茶壶对象，设置半径为 50 mm。

（3）在顶视图中绘制一个圆形，设置半径为 400 mm。调整三个对象的位置，如图 6–1–3 所示。

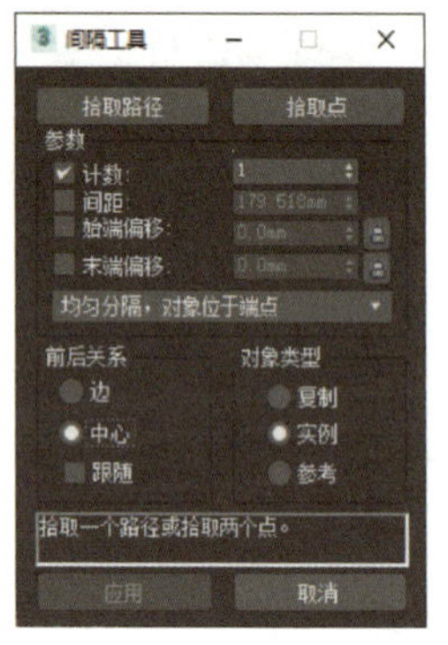

图 6–1–2 “间隔工具”对话框

图 6–1–3 调整圆柱体、茶壶对象、圆形的位置

（4）选择茶壶对象，按“Shift+I”组合键，选择“拾取路径”选项，在顶视图中单击圆形，设置计数为 15，选择“均匀分隔，对象位于端点”选项，在前后关系组中选择“中心”“跟随”，如图 6–1–4a 所示，单击“应用”按钮。在顶视图中可看到茶壶对象沿圆形路径间隔均匀地复制了 15 个对象，并且茶壶对象随圆形路径有跟随效果，如图 6–1–4b 所示。

3. “间隔工具”常见的参数作用

（1）拾取路径。用于选择样条线作为路径。

（2）拾取点。单击起始点和结束点，将两点之间作为路径。

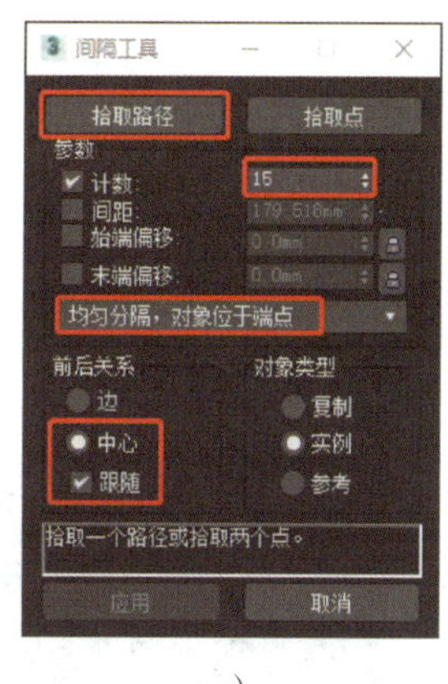

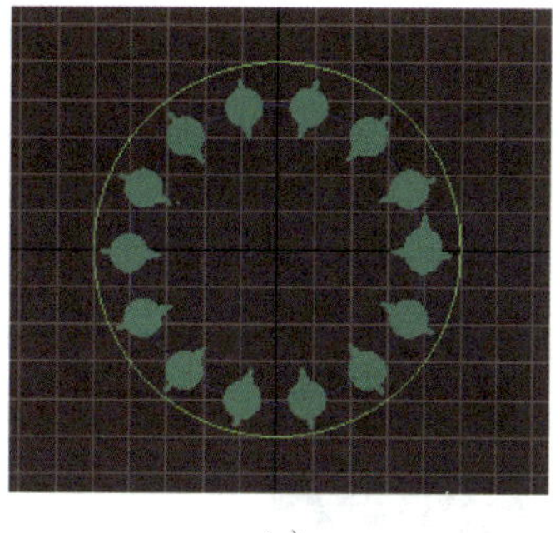

a）　　　　　　　　b）

图 6-1-4　调整“间隔工具”对话框参数及效果

a）调整“间隔工具”对话框参数　b）茶壶对象跟随圆形路径效果

（3）计数。设置分布的对象数量。

（4）间距。设置对象之间的间距值。

（5）始端偏移。指定距路径始端偏移的单位数量。

（6）末端偏移。指定距路径末端偏移的单位数量。

（7）分布下拉列表。用于选择沿路径分布对象的方式。

（8）边。通过各对象边界框的相对边确定间隔。

（9）中心。通过各对象边界框的中心确定间隔。

（10）跟随。分布的对象沿路径跟随。

二、“MassFX 工具栏”界面

在工具栏上右击，在弹出的快捷菜单中选择“MassFX 工具栏”选项，如图 6-1-5 所示，可弹出“MassFX 工具栏”界面，如图 6-1-6 所示。

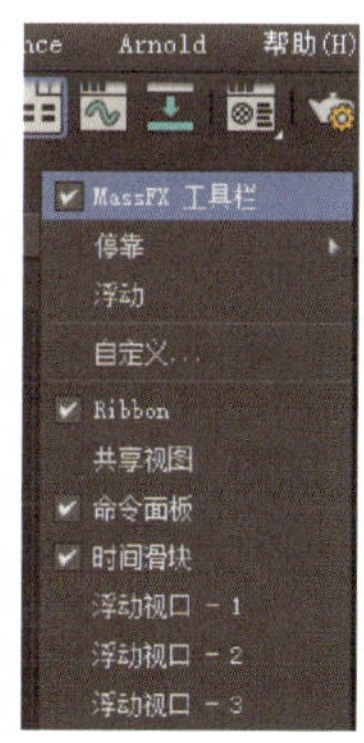

图 6-1-5　“MassFX 工具栏”选项

图 6-1-6　“MassFX 工具栏”界面

1. 长按“MassFX 工具”按钮，可以在弹出的菜单中设置世界参数、模拟工具、多对象编辑器和显示选项，如图 6–1–7 所示。

2. 长按“刚体”按钮，可以在弹出的菜单中将刚体类型设置为动力学刚体、运动学刚体和静态刚体，如图 6–1–8 所示。

图 6-1-7 “MassFX 工具”菜单

图 6-1-8 “刚体”菜单

3. 长按“mCloth”按钮，可以在弹出的菜单中将 mCloth 修改器应用到对象或从对象中移除修改器，如图 6–1–9 所示。

4. 长按“约束”按钮，可以在弹出的菜单中创建各种 MassFX 约束辅助对象，如图 6–1–10 所示。

5. 长按“碎布玩偶”按钮，可以在弹出的菜单中选定角色创建碎布玩偶类型和移除碎布玩偶，如图 6–1–11 所示。

图 6-1-9 “mCloth”菜单

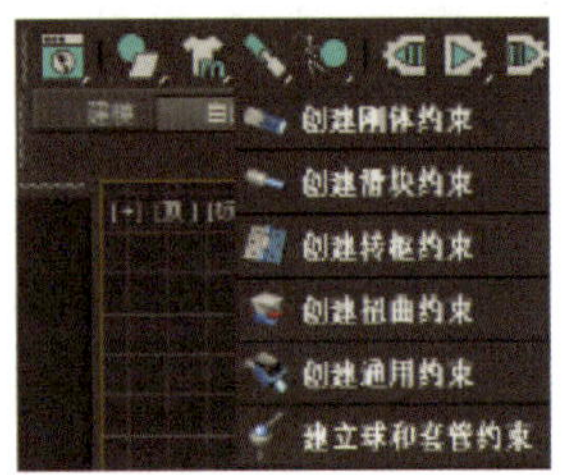

图 6-1-10 “约束”菜单

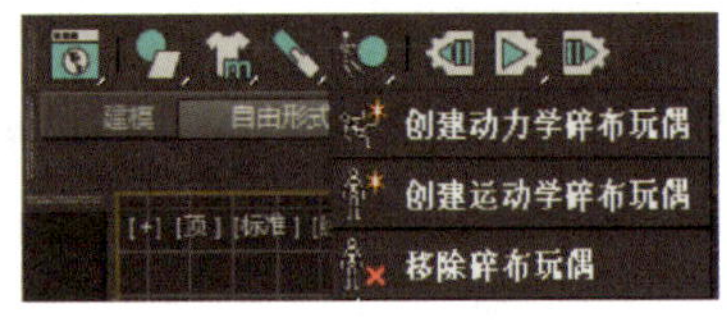

图 6-1-11 “碎布玩偶”菜单

6. 重置模拟按钮用于停止模拟，将时间滑块移动到第 0 帧。

7. 开始模拟按钮用于模拟整个刚体动画过程。

8. 逐帧模拟按钮用于模拟单帧刚体动画。

三、创建刚体动画

下面结合实例说明刚体动画的创建方法。

1. 创建模型

（1）在顶视图中绘制 5 个小球，设置不同的颜色，调整其位置，如图 6–1–12 所示。

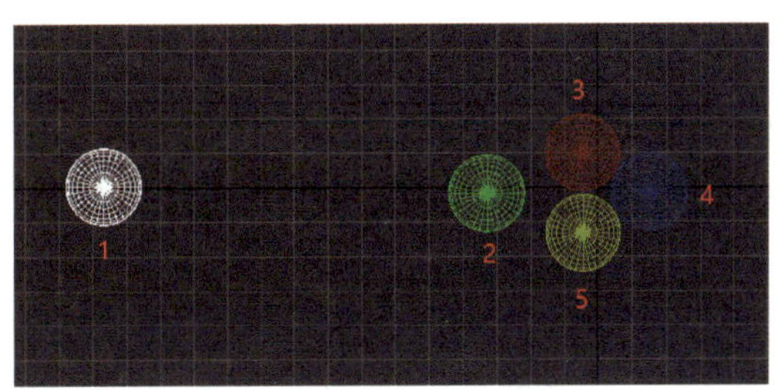

图 6-1-12　绘制 5 个小球

（2）在前视图中，右击编号为 2 的小球，选择“转换为:”→“转换为可编辑多边形”，选择“多边形”子集，选择图 6-1-13a 所示的区域，在“编辑几何体”卷展栏中选择“分离”选项，如图 6-1-13b 所示，设置分离后的名称为“片 1”。依次选择图 6-1-14 所示的区域，将球分离为“片 2”“片 3”“片 4”。

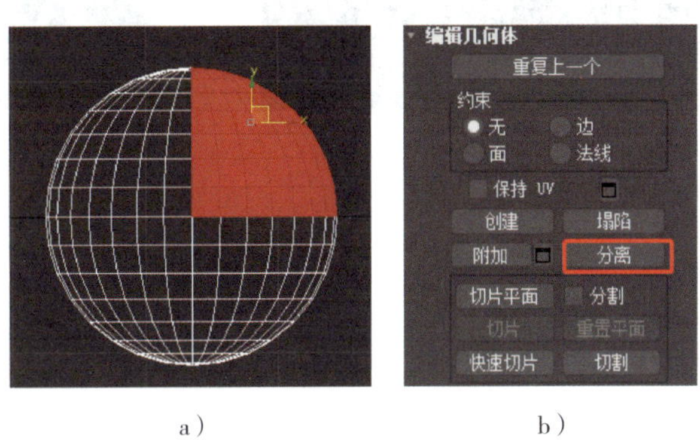

a）　　b）

图 6-1-13　分离选区

a）选择右上区域　b）分离右上区域，命名“片 1”

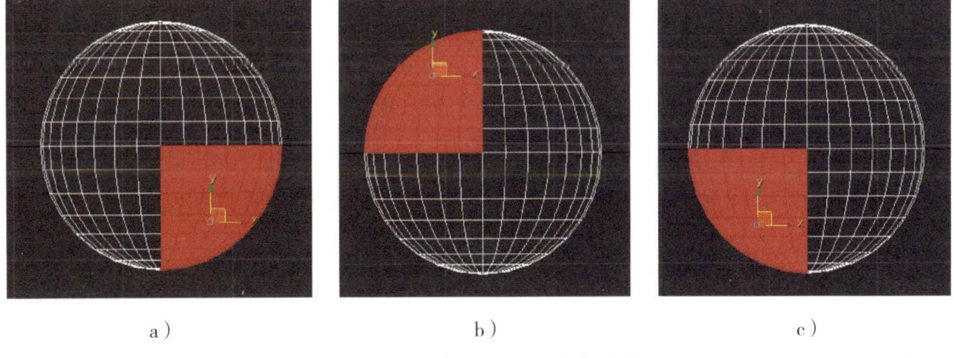

a）　　b）　　c）

图 6-1-14　选择不同的多边形选区

a）片 2 的选区　b）片 3 的选区　c）片 4 的选区

（3）选中球 1，单击“自动关键点”按钮，将时间滑块拖到第 25 帧，调整球 1 的位置，如图 6-1-15 所示，再次单击“自动关键点”按钮。

2. 创建刚体动画

（1）选中球 1，在“MassFX 工具栏”界面中选择“刚体”→“将选定项设置为运动学刚体”，选中球 2、球 3、球 4、球 5，将这四个球设置为“将选定项设置为动力学刚体”。

（2）选中球 1，在“刚体属性”卷展栏中设置“直到帧”为 13，如图 6-1-16 所示。

图 6-1-15　调整球 1 第 25 帧的位置

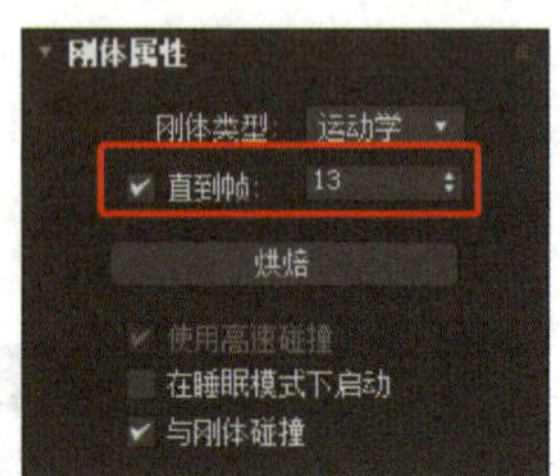

图 6-1-16　设置刚体属性

提示

“直到帧”的设置值为球 1 与球 2 产生碰撞时对应的关键帧。

（3）选中球 2、球 3、球 4、球 5，在“刚体属性”卷展栏中勾选“在睡眠模式下启动”复选框，表示没有被碰撞到时，处于睡眠状态。

3. 模拟与烘焙刚体动画

（1）在“MassFX 工具栏”界面中单击“开始模拟”按钮，可以看到球 1 碰撞其他球，球之间的碰撞动画，且球 2 分成 4 个小片的动画效果，如图 6-1-17 所示。

（2）长按“MassFX 工具”按钮，选择“模拟”组“模拟烘焙”选项中的“烘焙所有”，如图 6-1-18 所示。将刚体动画全部烘焙成标准动画关键帧，单击“播放动画”按钮，即可预览动画效果。

提示

如果想再次调整某一个刚体对象动画，需要先选择“取消烘焙选定项”选项，再次调整动画后，再选择“烘焙所有”选项。

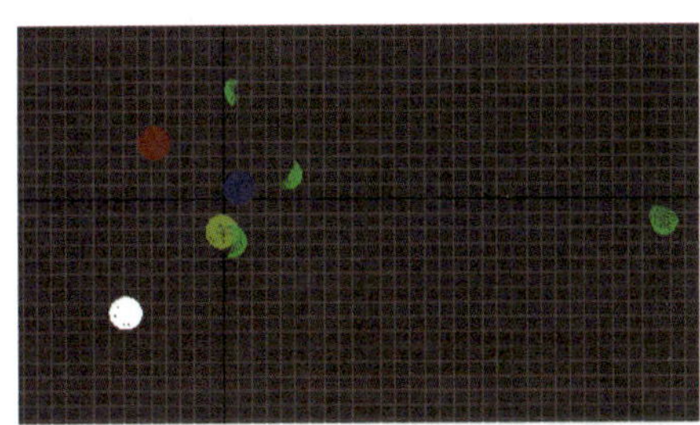

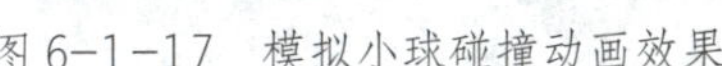
图 6-1-17　模拟小球碰撞动画效果

图 6-1-18　“模拟烘焙”选项

四、三种刚体类型

1. 动力学刚体

动力学刚体受重力和其他力作用，可以撞击到其他对象，世界坐标轴是动力学的地面，所有的物体都可以落到地面上。如在视图中创建一个长方体和一个“风”对象，如图 6-1-19 所示，设置风的强度为 3。将长方体对象设置为动力学刚体，在“力”卷展栏中，单击“添加”按钮，如图 6-1-20 所示，拾取“风”对象。单击“开始模拟”按钮，可以看到长方体落在地面并受风影响的动画效果。

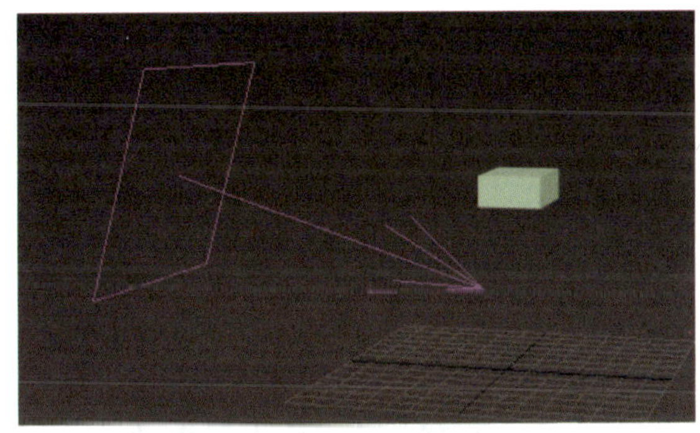
图 6-1-19　创建长方体与“风”对象

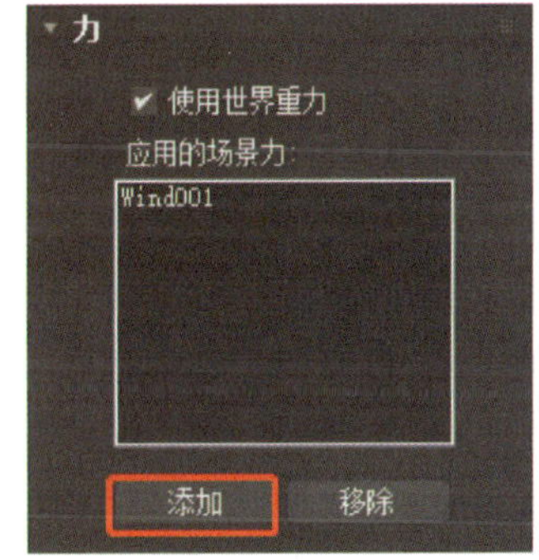

图 6-1-20　添加力对象

2. 运动学刚体

运动学刚体不受重力或其他力作用。它可以推动所遇到的任何动力学对象，但不能被这些对象推动。在将选定对象设置为运动学刚体之前，需要先将对象设置动画。

3. 静态刚体

静态刚体不能设置动画，动力学对象可以撞击静态刚体并从其反弹，而静态刚体一直处于静止状态。在如图 6-1-19 所示场景中添加一个平面，位置位于长方体与地面之间，如图 6-1-21 所示。将平面对象设置为静态刚体，再次单击“开始模拟”按钮，可以看到长方体落在平面上并受风的影响最后落在地面的动画效果。

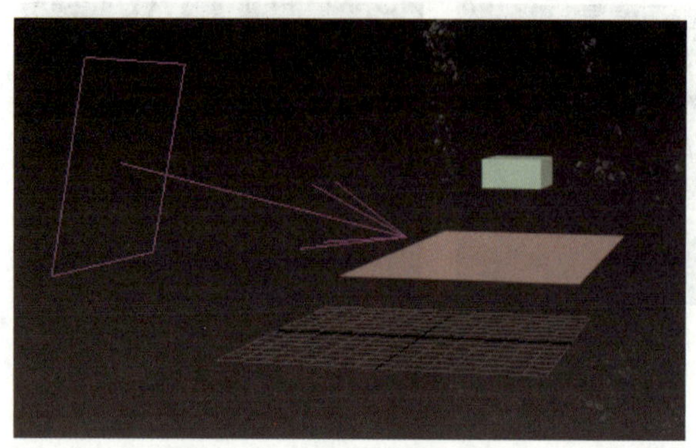

图 6-1-21 绘制平面并调整位置

五、“刚体”修改器常见参数作用

1. “刚体”修改器的子集

“刚体”修改器共有 4 个子集，如图 6-1-22 所示，“初始速度”用于显示刚体初始速度方向，“初始自旋”用于显示刚体初始自旋轴和方向，“质心”用于调整刚体质心的位置，“网格变换”用于调整刚体物理图形的位置和旋转。

2. “刚体属性”卷展栏（见图 6-1-23）

（1）直到帧。只有刚体类型为“运动学”时才能使用。勾选后，输入帧值，“MassFX 工具”会在输入的帧处将选定的运动学刚体转换为动力学刚体。

（2）烘焙。将刚体的模拟运动转换为标准动画关键帧。

（3）在睡眠模式下启动。指刚体在受到未处于睡眠状态的其他刚体碰撞之前不会移动。

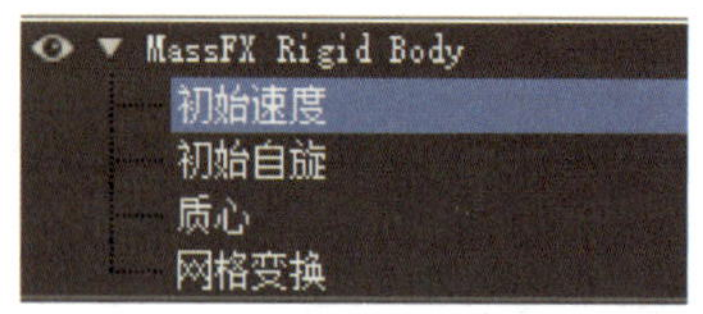

图 6-1-22 “刚体”修改器的子集

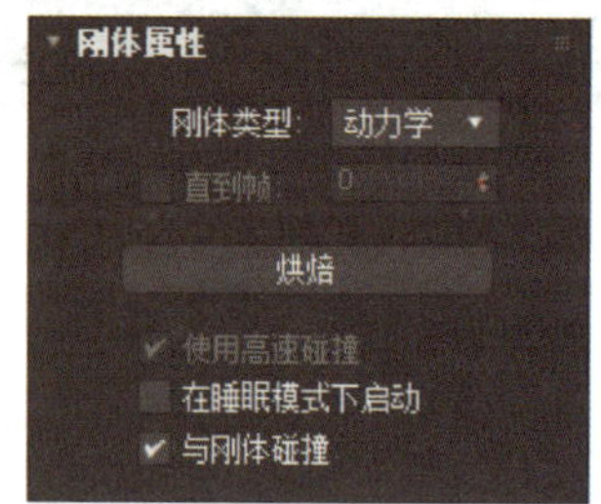

图 6-1-23 “刚体属性”卷展栏

3. “物理材质”卷展栏（见图 6-1-24）

（1）预设值。指定所选对象的物理材质属性。

（2）密度。设置刚体的密度，质量的值随之改变。

（3）静摩擦力。两个刚体开始互相滑动的难度系数。

（4）动摩擦力。两个刚体保持互相滑动的难度系数。

（5）反弹力。对象撞击到其他刚体时反弹的轻松程度和高度。

4. “物理图形”卷展栏（见图 6-1-25）

该卷展栏可用于添加和移除物理图形、更改图形类型、在对象之间复制物理图形以及进行其他操作。例如在制作铁链摆动动画时，可以通过“图形类型”的选择完成动画效果。

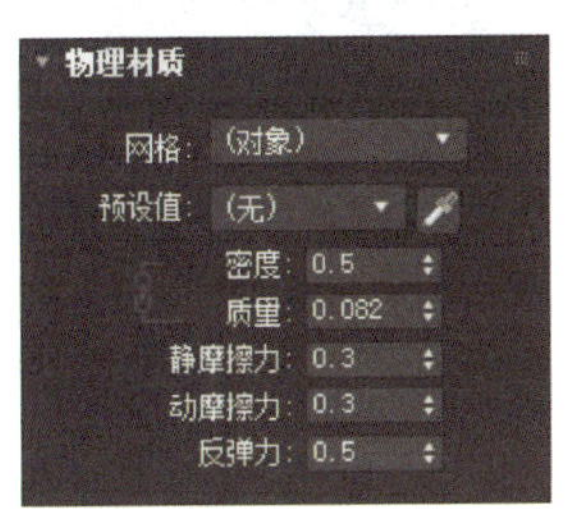

图 6-1-24　“物理材质”卷展栏

图 6-1-25　“物理图形”卷展栏

（1）绘制两个圆环，如图 6-1-26 所示，将圆环 1 设置为静态刚体，将圆环 2 设置为动力学刚体。

（2）将圆环 1 的“图形类型”设置为“原始的”，圆环 2 的“图形类型”设置为“凹面”，单击“生成”按钮，如图 6-1-27 所示。

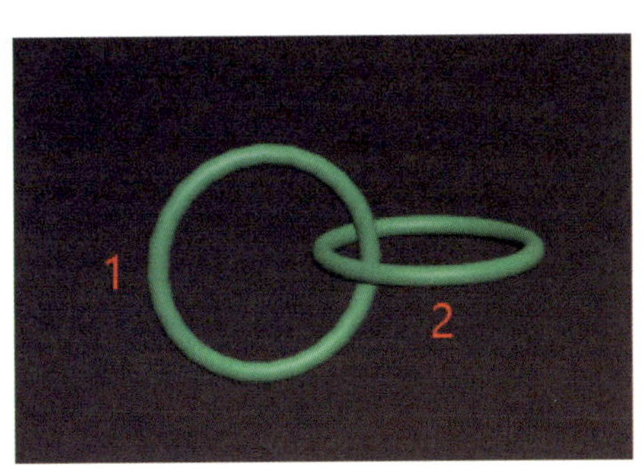

图 6-1-26　绘制两个圆环

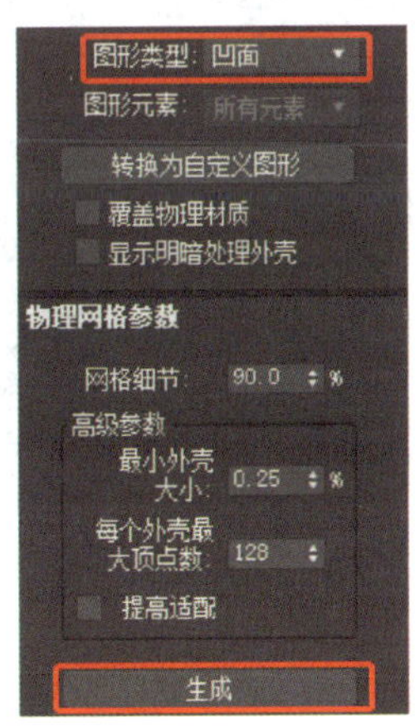

图 6-1-27　设置图形类型

提示

选择“凹面”网格类型之后，单击“生成”按钮将创建新的凸面外壳，更改任意设置后单击此按钮将重新计算外壳。

（3）复制 7 个圆环 2，并调整方向及位置，如图 6–1–28 所示。

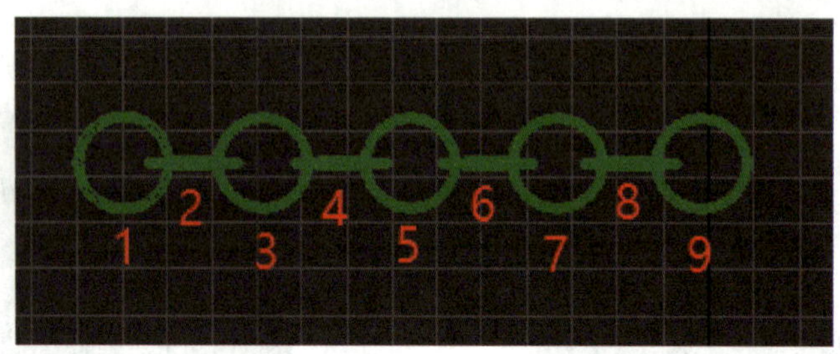

图 6–1–28　复制 7 个圆环 2

（4）选择圆环 1，在“物理材质”卷展栏的“预设值”中选择“钢”，设置圆环 2 ~ 圆环 9 的质量。确保圆环 1 的质量能够承受后面 8 个圆环的质量。

（5）在“MassFX 工具栏”界面中单击“开始模拟”按钮，即可预览 8 个圆环像链子一样摆动的动画效果，如图 6–1–29 所示。

5. “物理网格参数”卷展栏（见图 6–1–30）

物理图形类型不同时，物理网格参数会随之变化。

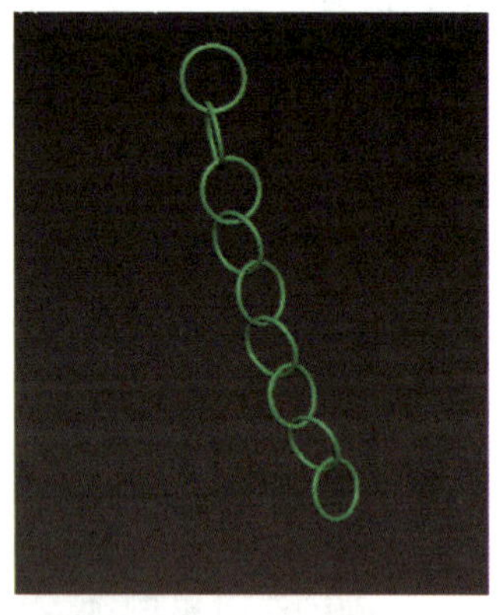

图 6–1–29　圆环摆动动画效果

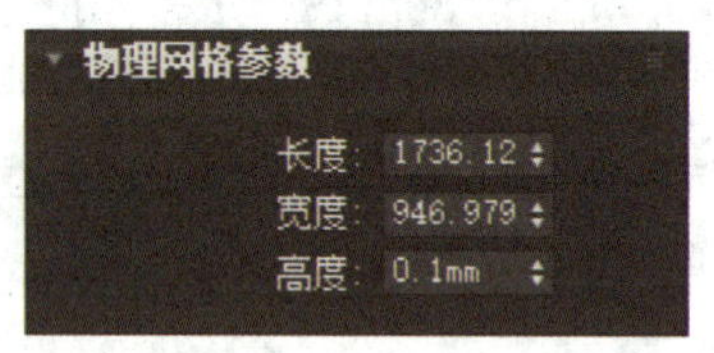

图 6–1–30　“物理网格参数”卷展栏

6. “力”卷展栏

该卷展栏用于添加或删除力对象。

一、创建文件

打开软件，在菜单栏上执行“文件”→“保存”命令，选择保存路径并为文件命名，保存类型采用默认设置。检查文件，确定单位设置为 mm。

二、创建多米诺骨牌场景

1. 绘制轨迹样条线

（1）在顶视图中创建一个文本，文本内容为“3D”，设置大小为 15 000 mm，字体为“微软雅黑 Bold”，效果如图 6-1-31 所示，将对象重命名为“路线”。

（2）右击“路线”，选择“转换为:”→“转换为可编辑样条线”，选择“顶点”子集，选中转折处的点右击改为“平滑”，通过在顶视图中调整点的位置，实现图 6-1-32 所示的效果。

图 6-1-31 绘制文本

图 6-1-32 调整“路线”

2. 制作多米诺骨牌

（1）在顶视图创建一个长方体，设置长度为 500 mm、宽度为 100 mm、高度为 1 000 mm，将对象重命名为“骨牌”。

（2）调整“骨牌”的轴心。选择“骨牌”对象，调整轴心至“骨牌”底部边缘处，如图 6-1-33 所示位置。

（3）选择“骨牌”，执行菜单栏中的“工具”→“对齐”→“间隔工具”，单击“拾取路径”选项，在顶视图中拾取“路线”对象，设计数为 130，“前后关系”选择“中心”选项，勾选“跟随”复选框，如图 6-1-34 所示。单击“应用”按钮，完成骨牌的复制与摆放。

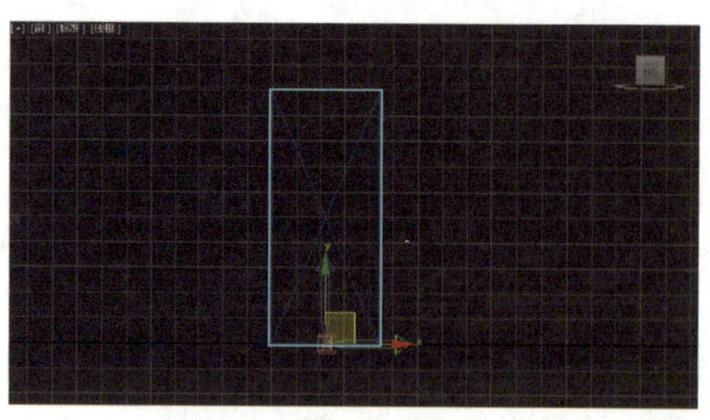

图 6-1-33　调整“骨牌”轴心

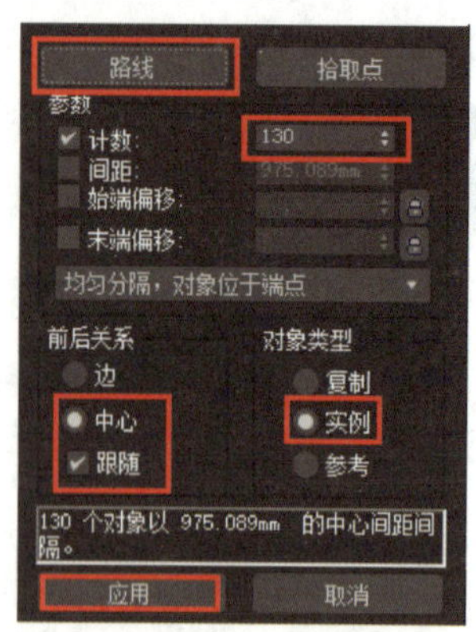

图 6-1-34　设置“间隔工具”

三、制作多米诺骨牌动画

1. 调整起点的骨牌参数

（1）在顶视图中分别在“3”和“D”骨牌轨迹上选中其中一块骨牌作为起点，利用“选择并旋转”工具检查旋转方向是否以骨牌为中心，如果不是，将参考坐标系改为“局部”，如图 6–1–35 所示。

（2）调整起点的骨牌角度。在顶视图中，选中骨牌对象，沿 *Y* 轴旋转 15°，如图 6–1–36 所示。

图 6-1-35　调整参考坐标系

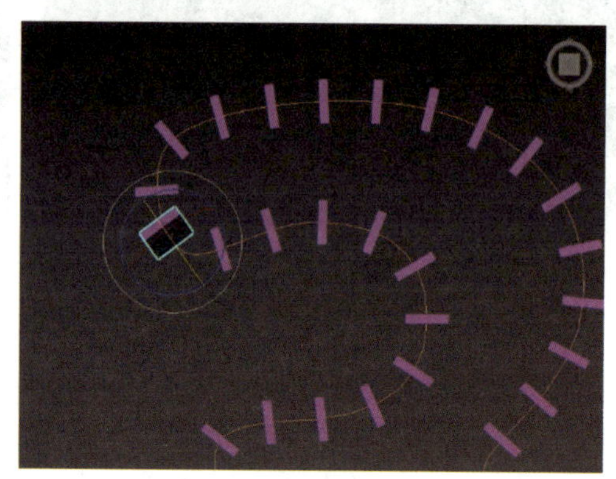

图 6-1-36　调整起点的骨牌角度

2. 利用“MassFX 工具栏”制作刚体动画

（1）设置“时间配置”参数。设置帧速率为 PAL、动画结束时间为 360，单击“确定”按钮。

（2）在前视图中选中所有骨牌，单击“MassFX 工具栏”中的按钮，选择“将选择项设置为动力学刚体”，如图 6–1–37 所示。

（3）单击“MassFX 工具栏”中的“开始模拟”按钮，预览多米诺骨牌动画。

（4）选择所有骨牌，单击“MassFX 工具栏”中的按钮，单击“模拟工具”按钮，在弹出的对话框中选择“烘焙所有”选项，如图 6-1-38 所示。

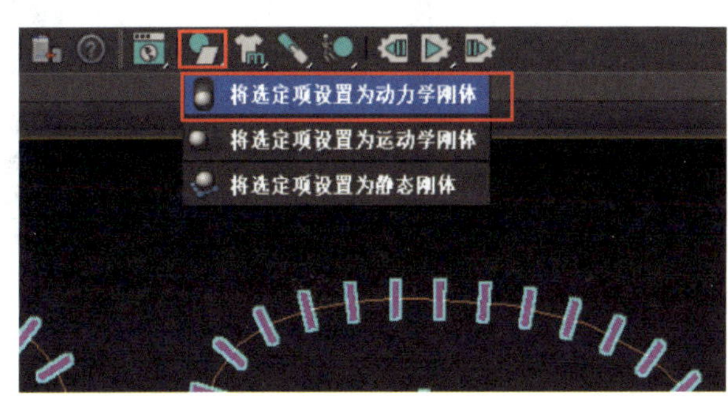

图 6-1-37　将所有骨牌设置为动力学刚体

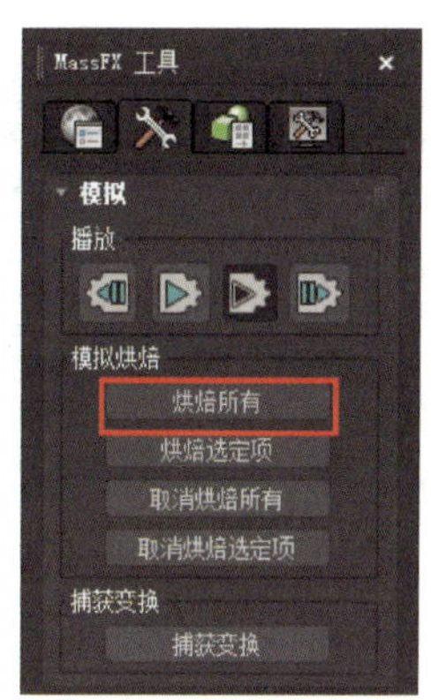

图 6-1-38　“烘焙所有”骨牌动画

（5）调整好预览角度，单击“播放动画”按钮，预览动画效果。

四、保存、导出动画

保存文件并导出 AVI 格式的视频文件。

任务 2　制作窗帘飘动动画

1. 能为对象加载“挤出”修改器，并熟悉该修改器的作用。
2. 能将对象设置为 mCloth 对象，并熟悉各参数的作用。

完成如图 6-2-1 所示的窗帘飘动动画效果。通过“挤出”“Cloth”“FFD”修改器

创建窗帘、抱枕模型，利用空间扭曲“风”对象、“MassFX 工具栏”中的刚体、mCloth 对象及参数设置，模拟窗帘飘动碰撞抱枕，抱枕掉落在地的动画效果。

图 6-2-1　窗帘飘动动画效果

一、“挤出”修改器

1. “挤出”修改器的作用

“挤出”修改器用于将深度添加到图形对象，并使其成为一个参数对象。

2. “挤出”修改器的应用

下面结合实例说明“挤出”修改器的应用方法。

（1）在前视图中绘制两个矩形，设置一个矩形的长度为 2 000 mm、宽度为 900 mm，另一个矩形的长度为 1 230 mm、宽度为 400 mm。两个矩形沿 *X*、*Y*、*Z* 轴心对齐，如图 6–2–2 所示。

（2）右击大的矩形，选择“转化为:”→“转化为可编辑样条线”，在“几何体”卷展栏中单击“附加”选项，如图 6–2–3 所示，在前视图中拾取小矩形，重命名对象为“门”。

（3）为“门”加载“挤出”修改器。在“参数”卷展栏中设置数量为 20 mm，如图 6–2–4 所示。

（4）在前视图中绘制一个矩形，设置长度为 1 230 mm、宽度为 400 mm。在“渲染”卷展栏中勾选“在渲染中启用”和“在视口中启用”复选框，设厚度为 40 mm，如图 6–2–5a 所示。调整其位置，得到图 6–2–5b 所示的效果。

（5）在前视图中绘制一个平面，设置长度为 1 200 mm、宽度为 360 mm。单击工具栏中的“材质编辑器”按钮，在“预设”中选择“玻璃（薄几何体）”，在“基础颜色和反射”组中单击“拾取贴图”按钮，如图 6–2–6a 所示，选择一张位图，将材质指定给平面。得到图 6–2–6b 所示的一扇门的模型。

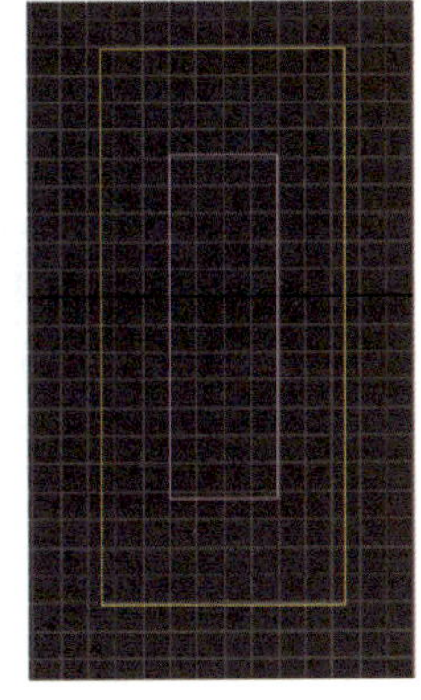

图 6–2–2　绘制两个矩形

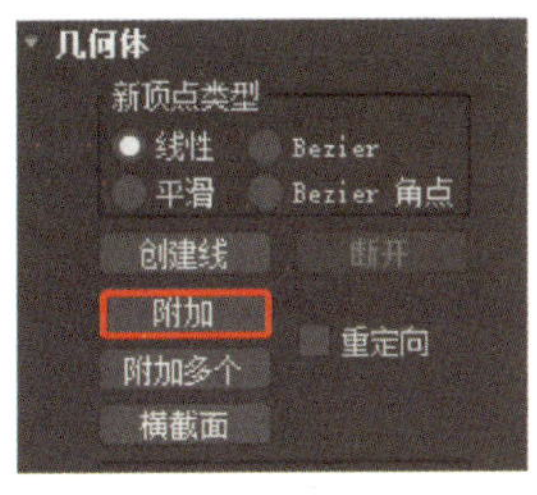

图 6–2–3　“附加”选项

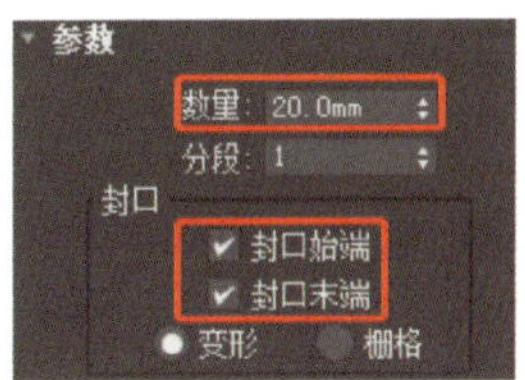

图 6–2–4　设置数量值

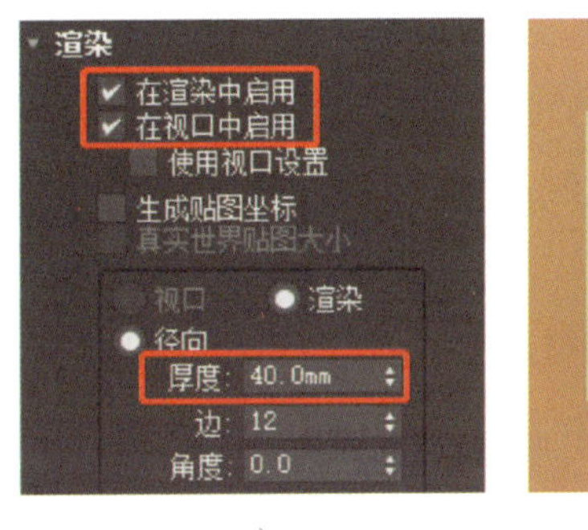

a）　　　　　b）

图 6–2–5　设置渲染参数及效果

a）设置渲染参数　b）效果

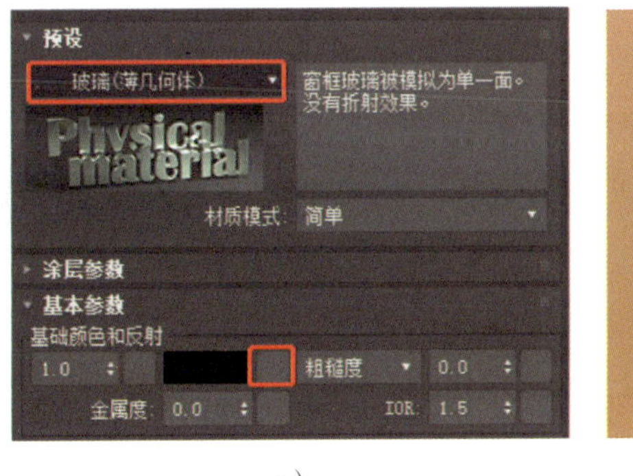

a）　　　　　b）

图 6–2–6　设置材质参数及效果

a）设置材质参数　b）效果

3. “挤出”修改器常见的参数作用

“挤出”修改器的“参数”卷展栏如图 6–2–7 所示。

（1）数量。挤出的高度，默认值为 0 mm。

（2）分段。要在挤出对象中创建的线段数目，默认值为 1。

（3）封口

1）封口始端和封口末端。在挤出对象的始端和末端生成一个平面，默认为开。

2）变形。以可预测、可重复的方式排列封口面，这是创建变形目标所必需的操作，默认为开。

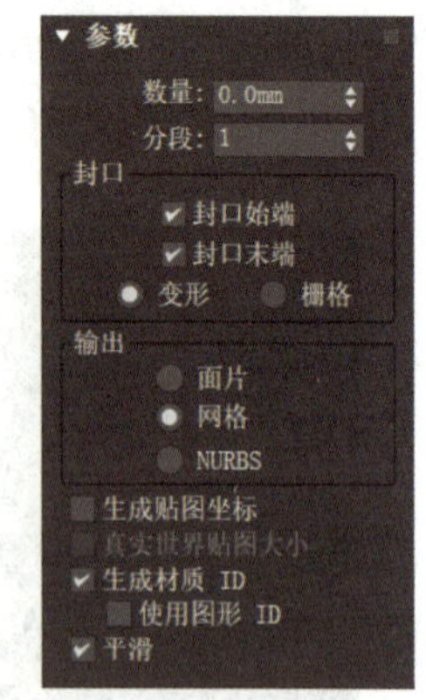

图 6–2–7 “挤出”修改器的“参数”卷展栏

3）栅格。在图形边界的方形上修剪栅格中安排的封口面，默认为关。

（4）输出。指定挤出对象的输出方式有 3 种选择，即面片、网格、NURBS，默认为网格。

（5）生成贴图坐标。将贴图坐标应用到挤出对象中，默认为关。

（6）真实世界贴图大小。控制应用于对象的纹理贴图材质所使用的缩放方法，默认为关。

（7）生成材质 ID。将不同的材质 ID 指定给挤出对象的侧面与封口，默认为开。

（8）使用图形 ID。将材质 ID 指定给挤出生成的样条线线段，或指定给在 NURBS 挤出生成的曲线子对象，默认为关。

（9）平滑。将平滑应用于挤出图形，默认为开。

二、mCloth 对象

1. mCloth 对象的作用

mCloth 对象在动力学系统中十分常用，与刚体相对应，mCloth 对象可以理解为“柔体”，如图 6–2–8 所示，用于模拟现实生活中的柔软物体，如衣服、布料、果冻等对象。在使用时，经常需要结合重力、风等辅助对象来模拟生活中的场景。

图 6–2–8 mCloth 对象

2. mCloth 对象的应用——毛巾动画实例

（1）在场景中绘制一个圆柱体、一个平面，平面对象的长度分段、宽度分段均设置为 30，平面位于圆柱体上方，如图 6–2–9 所示。

（2）将平面设置为 mCloth 对象，在“纺织品物理特性”卷展栏中设置密度为 0.2、弯曲度为 0.6、刚度为 0，如图 6–2–10 所示。

图 6-2-9　绘制圆柱体与平面

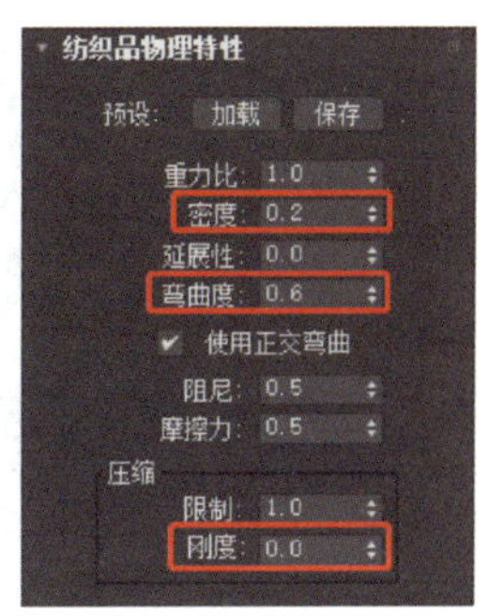

图 6-2-10　设置“纺织品物理特性”的参数

（3）将圆柱体设置为静态刚体。单击“开始模拟”按钮，可以预览毛巾挂在晾衣架上的动画，如图 6-2-11 所示。

3. mCloth 对象的应用——小球撞击抱枕动画实例

（1）绘制一个球体，一个长方体，如图 6-2-12 所示。设置长方体的长度为 400 mm、宽度为 400 mm、高度为 10 mm、长度分段为 20、宽度分段为 20、高度分段为 2。

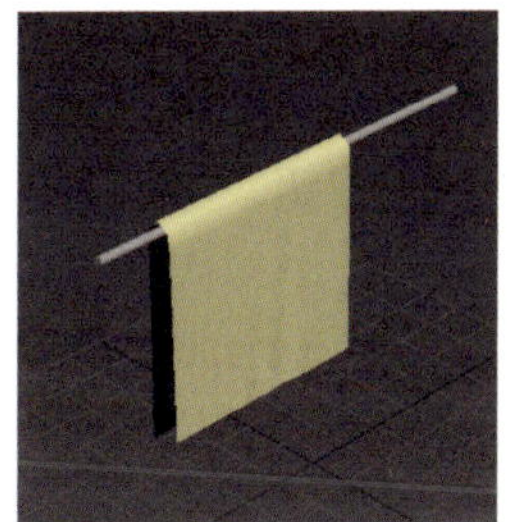

图 6-2-11　毛巾动画效果

图 6-2-12　绘制球体与长方体

（2）将球体设置为动力学刚体，将长方体设置为 mCloth 对象。

（3）选中长方体对象，在“纺织品物理特性”卷展栏中设置密度为 10、弯曲度为 0.2，如图 6-2-13a 所示，在“体积特性”卷展栏中勾选“启用气泡式行为”复选框，设置压力为 10，如图 6-2-13b 所示，单击“开始模拟”按钮，当长方体变成如图 6-2-13c 所示的抱枕状态时，在“捕获状态”卷展栏中单击“捕捉初始状态”选项。

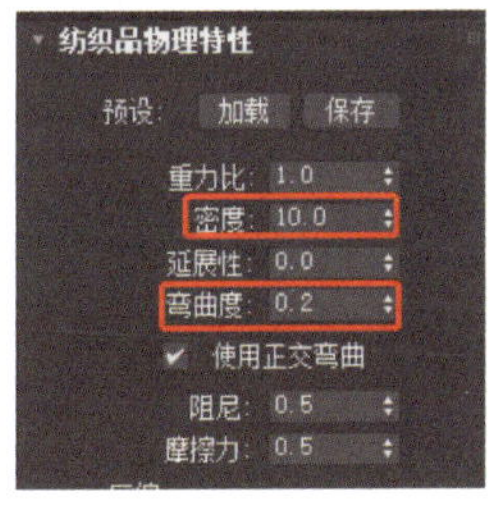

a）

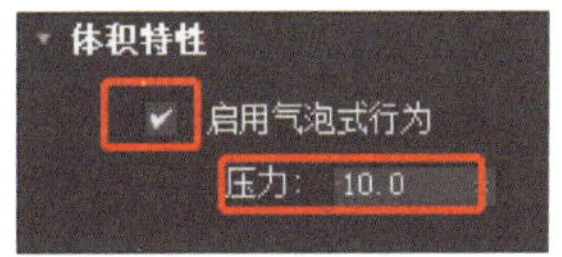

b）

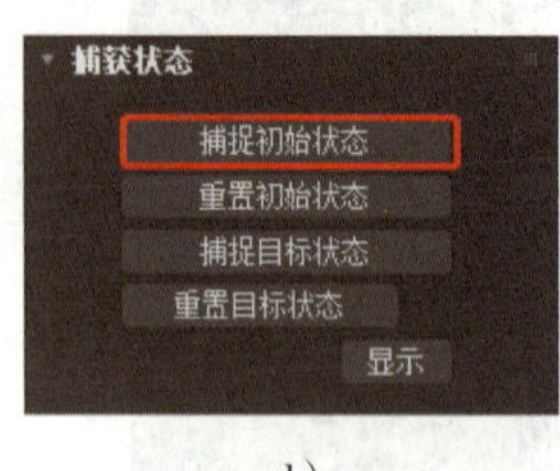

c）　　　　　　　　d）

图 6-2-13　设置长方体的 mCloth 参数

a）设置“纺织品物理特性”卷展栏参数　b）设置“体积特性”卷展栏参数

c）长方体模拟成抱枕状态　d）设置“捕获状态”卷展栏参数

提示

可以在模拟动画的同时调整压力值，直到达到所需要的效果为止。

（4）调整球体位于长方体上方，单击“开始模拟”按钮，可以看到球体落在抱枕上，抱枕受球体的影响而凹陷的动画，如图 6–2–14 所示。

4. “mCloth”修改器的常用参数作用

“mCloth”修改器的卷展栏共有 9 个，如图 6–2–15 所示。

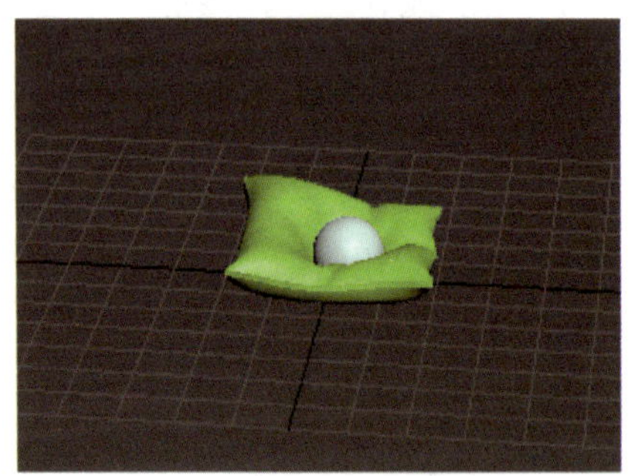

图 6-2-14　球体撞击抱枕效果

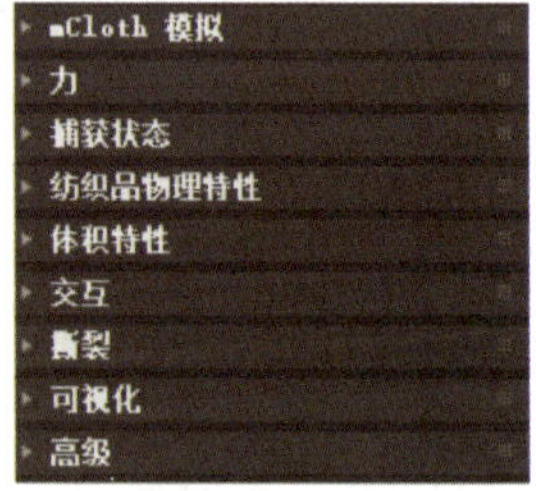

图 6-2-15　“mCloth”修改器的卷展栏

（1）mCloth 模拟。用于设置布料行为、烘焙和模拟动画效果。

（2）力。用于添加或移除各种力对象，如重力、风力。

（3）捕获状态。用于设置动画第一帧的状态和目标弯曲角度。

（4）纺织品物理特性。其中，密度指布料的质量，延展性指拉伸布料的难易程度，弯曲度指折叠布料的难易程度，阻尼指布料的弹性，摩擦力指滑动的程度，限制指布料边可以压缩或折皱的程度，刚度指布料边抵制压缩或折皱的程度。

（5）体积特性。用于模拟封闭体积，如轮胎或垫子。

（6）交互。用于设置 mCloth 对象与其碰撞的刚体之间的厚度、推力和拉伸量。

（7）撕裂。用于设置撕裂的拉伸量、撕裂之前的焊接方式。

（8）可视化。用于显示纺织品中的压缩和张力。

（9）高级。用于设置拉伸范围、使用 COM 阻尼和迭代次数。

一、创建文件

打开素材文件夹中的“卧室 .max”文件，在菜单栏上执行“文件”→“另存为”命令，选择保存路径并为文件命名，保存类型采用默认设置。检查文件，确定单位设置为 mm。

二、创建模型

1. 创建窗帘

（1）在顶视图中绘制图 6-2-16 所示的样条线，将所有的顶点转换为“平滑”。调整各顶点的位置，使样条线的长度与墙面相同，前视图效果如图 6-2-17 所示。

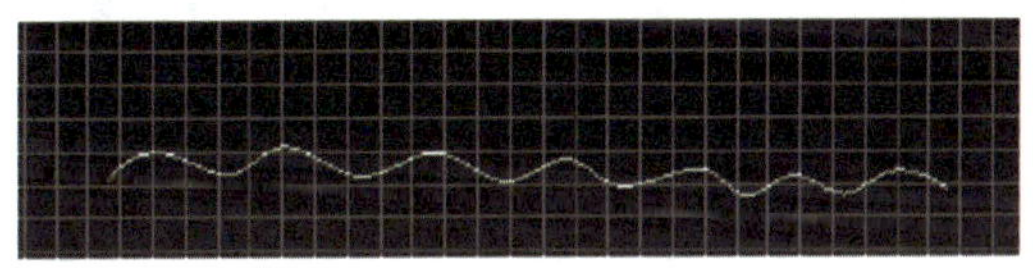

图 6-2-16　绘制样条线

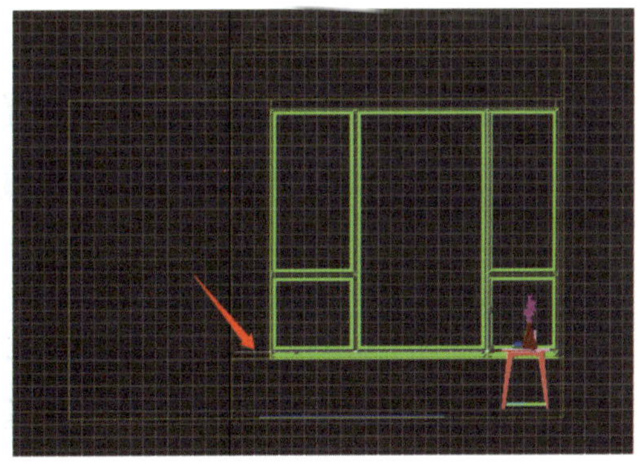

图 6-2-17　调整样条线的长度与位置

（2）为样条线加载“挤出”修改器。在“参数”卷展栏中调整数量值与分段数，如图 6-2-18a 所示，得到图 6-2-18b 所示的效果，将对象重命名为“窗帘”。

（3）为“窗帘”对象加载“UVW 贴图”修改器，贴图文件为素材文件夹中的“布料 .jpg”。调整窗帘的位置，得到图 6-2-19 所示的效果。

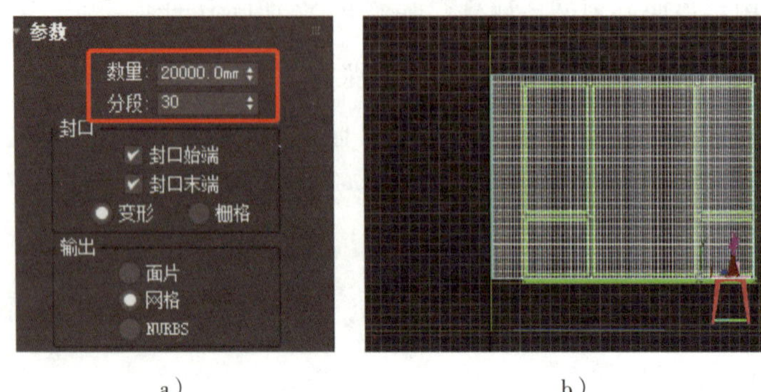

a）　　b）

图 6-2-18　设置“参数”卷展栏的属性值及效果

a）设置“参数”卷展栏参数　b）效果

图 6-2-19　加载“UVW 贴图”修改器后的效果

2. 创建抱枕

（1）在顶视图中绘制一个长方体，设置长度为 4 500 mm、宽度为 4 500 mm、高度为 10 mm、长度分段为 30、宽度分段为 30、高度分段为 1，如图 6-2-20 所示，将对象重命名为“抱枕”。

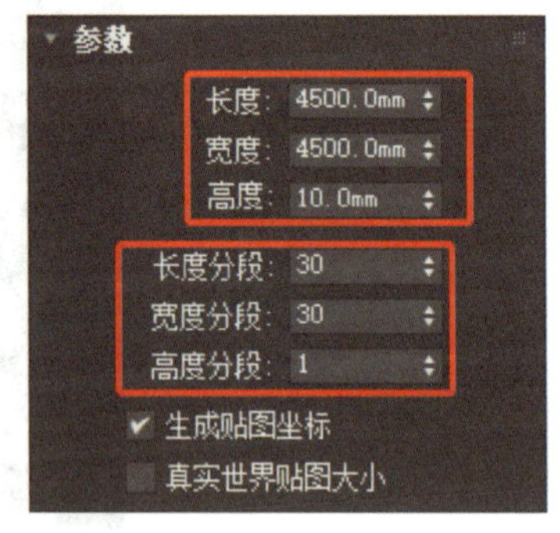

图 6-2-20　绘制长方体

（2）为“抱枕”对象加载“Cloth”修改器。在“对象”卷展栏中单击“对象属性”按钮，如图 6-2-21a 所示，在弹出的对话框中选择“模拟对象”中的“抱枕”，选择“布料”选项，设置“压力”值与“阻尼”值，如

图 6–2–21b 所示，单击“确定”按钮。在“模拟参数”卷展栏中取消“重力”选项，如图 6–2–21c 所示。在“对象”卷展栏中单击“模拟局部”按钮，得到图 6–2–21d 所示的抱枕效果。

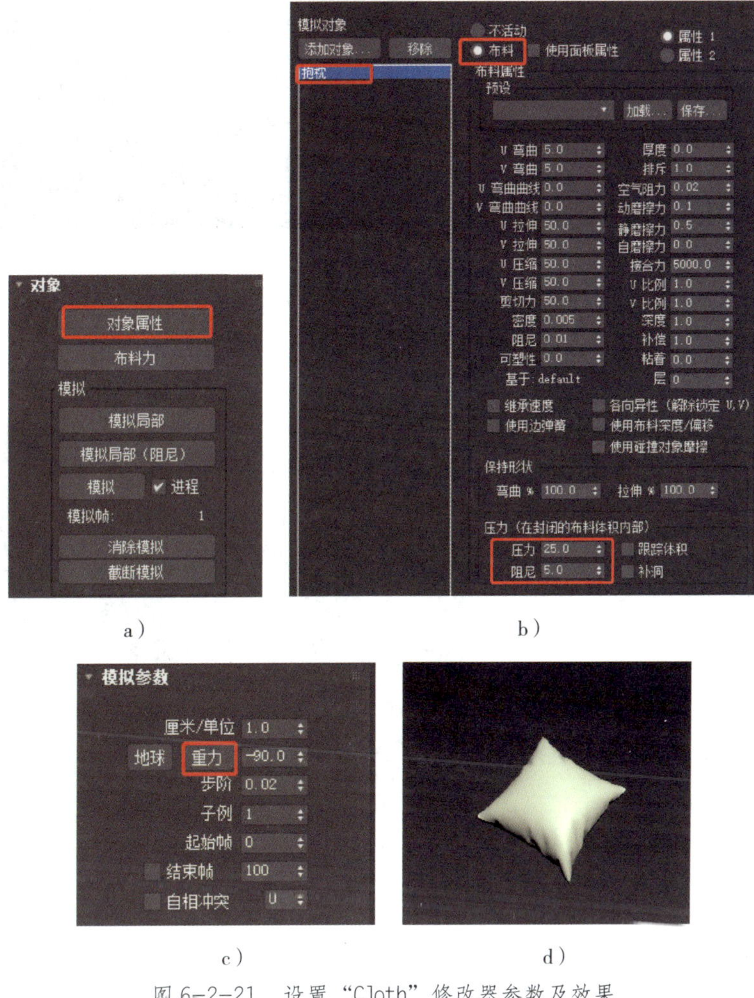

a）　　b）

c）　　d）

图 6–2–21　设置“Cloth”修改器参数及效果

a）选择“对象”卷展栏中的“对象属性”　b）设置“模拟对象”窗口中的参数

c）设置“模拟参数”卷展栏参数　d）设置后抱枕效果

（3）为“抱枕”对象加载“FFD 3 × 3 × 3”修改器。在“修改器列表”窗口中选择“控制点”子集，如图 6–2–22a 所示，利用“选择并移动”工具调整各控制点的位置，如图 6–2–22b 所示，使“抱枕”对象更加平滑、真实。

（4）选择“抱枕”对象，在右侧面板上右击修改器，在弹出的快捷菜单中选择“塌陷全部”选项，如图 6–2–23 所示。

（5）调整“抱枕”对象的位置，将其放置在飘窗上，如图 6–2–24 所示。

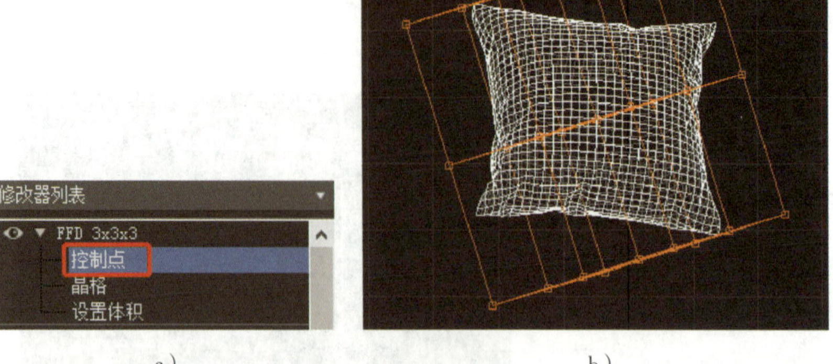

a）　　b）

图 6-2-22　调整 FFD 修改器中的控制点位置

a）“修改器列表”窗口中选择“控制点”子集　b）调整各控制点的位置

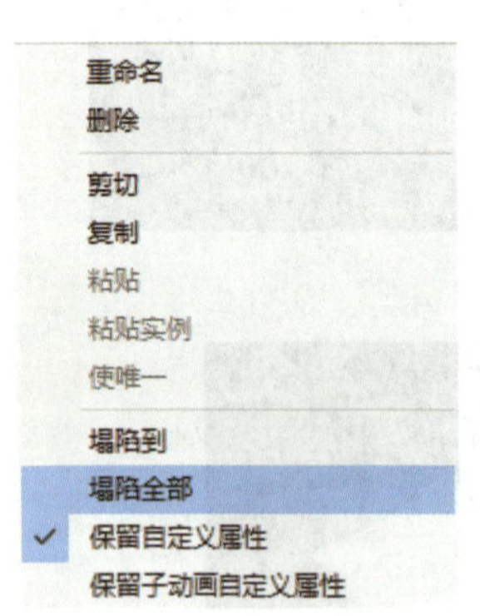

图 6-2-23　“塌陷全部”选项

图 6-2-24　调整“抱枕”对象的位置

三、制作窗帘飘动动画

1. 制作窗帘飘动的动画效果

（1）设置“时间配置”参数。设置帧速率为 PAL、动画结束时间为 200，单击“确定”按钮。

（2）选中窗帘对象，长按“MassFX 工具栏”中的“mCloth”按钮，选择“将选定对象设置为 mCloth 对象”。选择“顶点”子集，在前视图中框选图 6-2-25a 所示的顶点区域，单击“组”卷展栏中的“设定组”选项，设定组名称为“窗帘固定”，再选择“保留”选项，如图 6-2-25b 所示。

（3）在前视图中创建“风”对象，使其朝向窗帘，在“参数”卷展栏中设置风的强度为 100、湍流为 2.54、频率为 1.21，如图 6-2-26 所示。

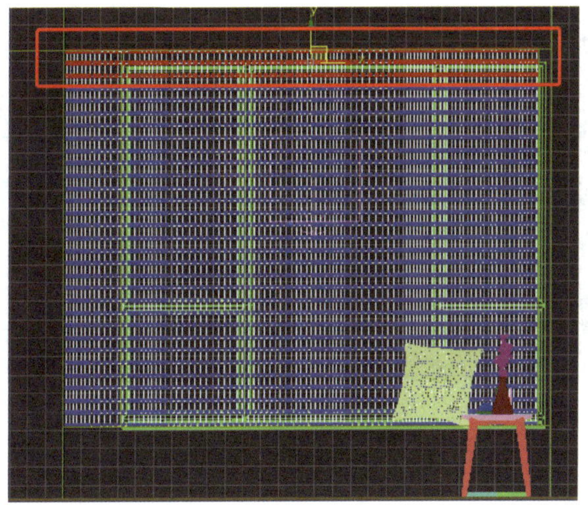

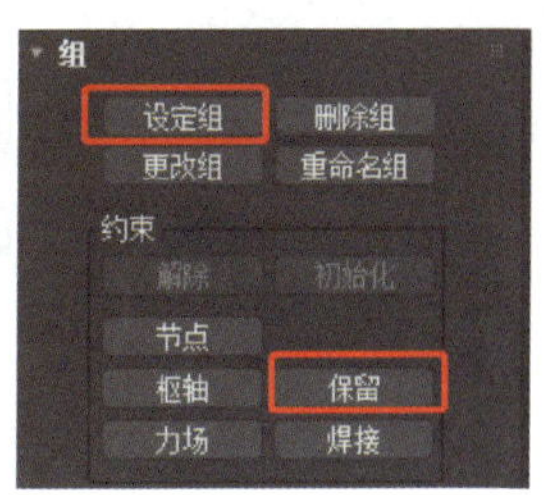

a）　　　　　　　　　　　　　　b）

图 6-2-25　设置固定点

a）框选窗帘顶点区域　b）设定组名称和保留

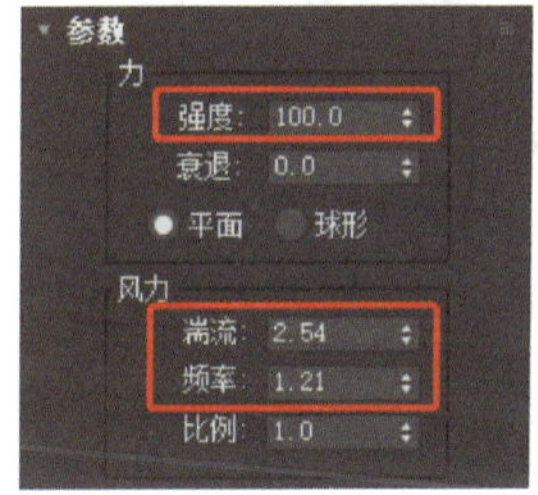

图 6-2-26　创建“风”对象及设置参数

提示

湍流与频率值用于增加风的随机性。可以根据创建对象的属性调整不同的值，再模拟动画至需要的效果。

（4）选中窗帘对象，在“力”卷展栏中添加“风”对象，如图 6-2-27a 所示，在“纺织品物理特性”卷展栏中设置窗帘的密度为 30、弯曲度为 0.6、限制为 0，刚度为 0，如图 6-2-27b 所示，在“交互”卷展栏中设置推力为 50，如图 6-2-27c 所示。

（5）选择窗户对象，如图 6-2-28 所示，设置为静态刚体。

（6）选择墙体对象，如图 6-2-29a 所示，设置为静态刚体，在“物理图形”卷展栏中设置“图形类型”为“原始的”，如图 6-2-29b 所示。

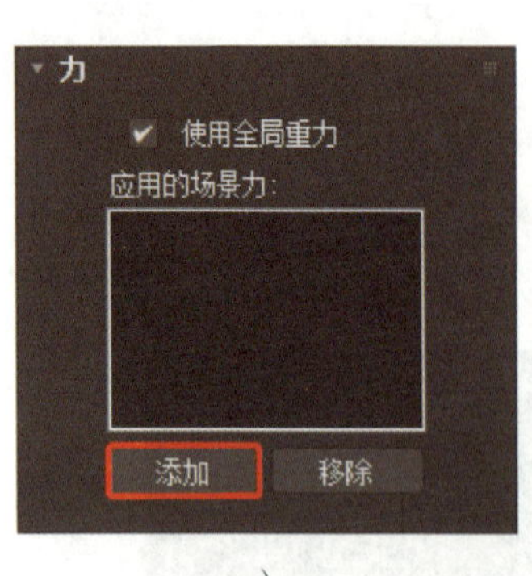

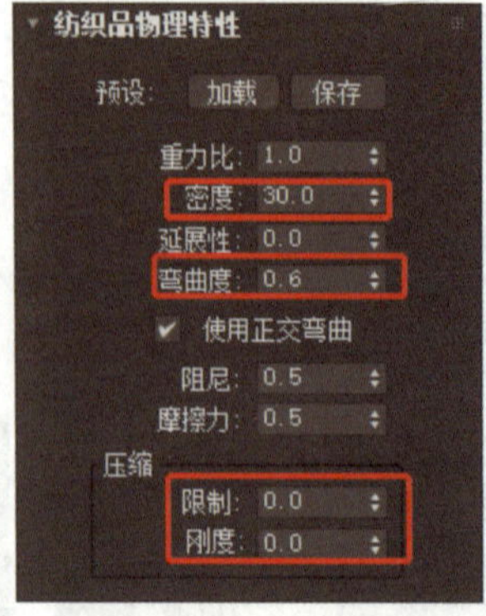

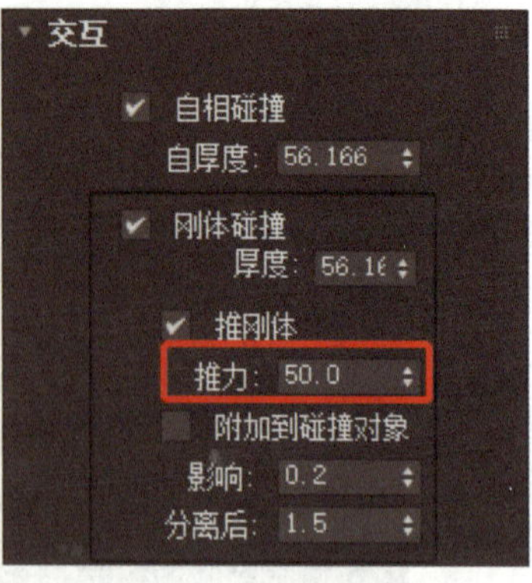

a） b） c）

图 6-2-27 设置窗帘的 mCloth 修改器参数

a）在“力”卷展栏中添加“风”对象 b）在“纺织品物理特性”卷展栏中设置窗帘参数

c）在“交互”卷展栏中设置推力

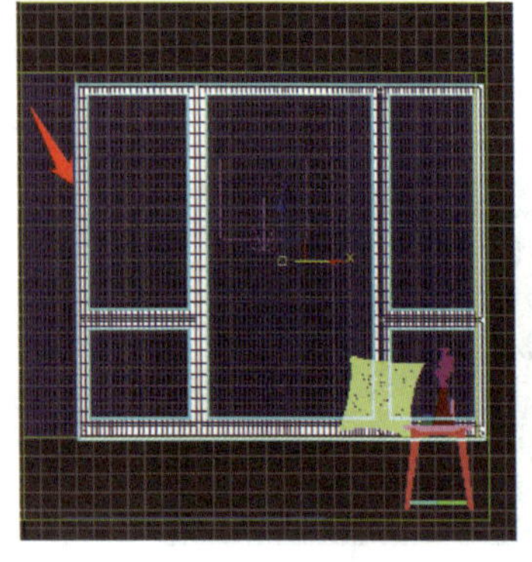

图 6-2-28 选择窗户对象

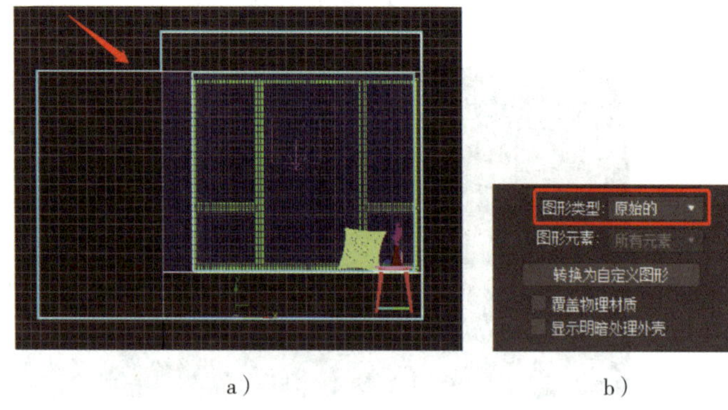

a） b）

图 6-2-29 选择墙体对象并设置图形类型

a）选择墙体对象 b）在“物理图形”卷展栏中设置“图形类型”

（7）单击“MassFX 工具栏”中的“开始模拟”按钮，预览窗帘飘动的动画效果。

2. 制作抱枕落地的动画效果

（1）选择“抱枕”对象，将其设置为动力学刚体。在“刚体属性”卷展栏中勾选“在睡眠模式下启动”复选框，在“物理图形”卷展栏中设置“图形类型”为“凸面”，在“物理材质”卷展栏中设置质量为 0.01，如图 6-2-30 所示。

（2）单击“开始模拟”按钮，可以预览窗帘飘动碰撞到抱枕，抱枕掉落在地的动画效果，如图 6-2-31 所示。如果抱枕没有掉落在地，可以加大窗帘的推力值。

（3）选择“抱枕”对象，复制得到“抱枕 2”，调整“抱枕 2”的位置，如图 6-2-32 所示。

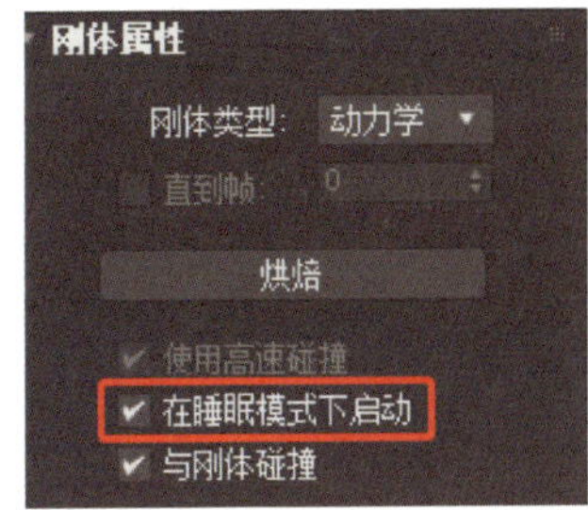

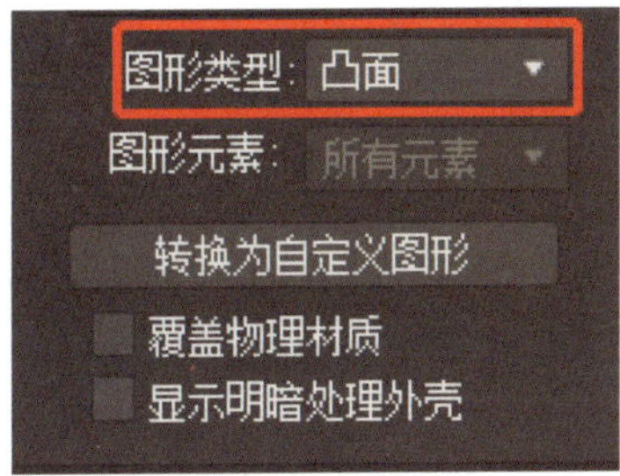

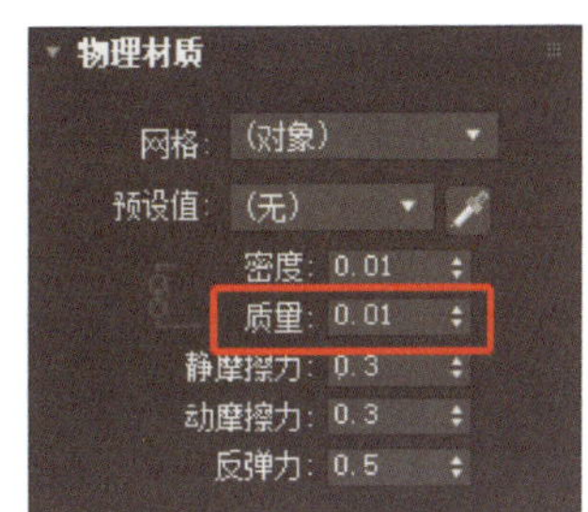

图 6-2-30　设置动力学刚体参数

图 6-2-31　抱枕掉落在地动画效果

图 6-2-32　调整抱枕 2 的位置

（4）再次单击“开始模拟”按钮，预览动画效果。

3. 完成并预览动画效果

单击“MassFX 工具栏”中的按钮，选择“模拟工具”，在弹出的对话框中选择“烘焙所有”，待烘焙完成后，单击“播放动画”按钮，即可预览动画效果。

四、保存、导出动画

保存文件并导出 AVI 格式的视频文件。

项目七
粒子动画

任务 1　制作喷泉动画

1. 能叙述粒子系统的概念和功能。
2. 能根据不同的动画效果选择合适的粒子系统。

完成如图 7-1-1 所示的喷泉动画效果。通过粒子系统中的超级喷射和力的创建与绑定，并利用阵列复制，制作喷泉的动画效果。

图 7-1-1　喷泉动画效果

相关知识

粒子系统可生成不可编辑子对象的一系列对象（称作粒子），用于模拟雪、雨、喷泉和爆炸等效果，也可以将其他模型作为粒子，用来制作树叶飘落和蒲公英飞舞等动画效果。在动画制作中，“导向器”“重力”和“风”空间扭曲都可以与粒子系统一起使用。在右侧面板中单击“创建”→“几何体”→“粒子系统”，可以选择对应的粒子类型，如图 7–1–2 所示。

图 7–1–2　粒子系统

一、粒子流源

“粒子流源”是功能最强大的粒子系统，可以代替对象类型中的其他 6 种粒子系统。具体应用在任务 2、任务 3 中做详细讲解。

二、喷射

“喷射”用于模拟下雨、喷泉等水滴效果。在“参数”卷展栏中设置如图 7–1–3a 所示的参数可以模拟下雨的效果，下雨动画效果如图 7–1–3b 所示。

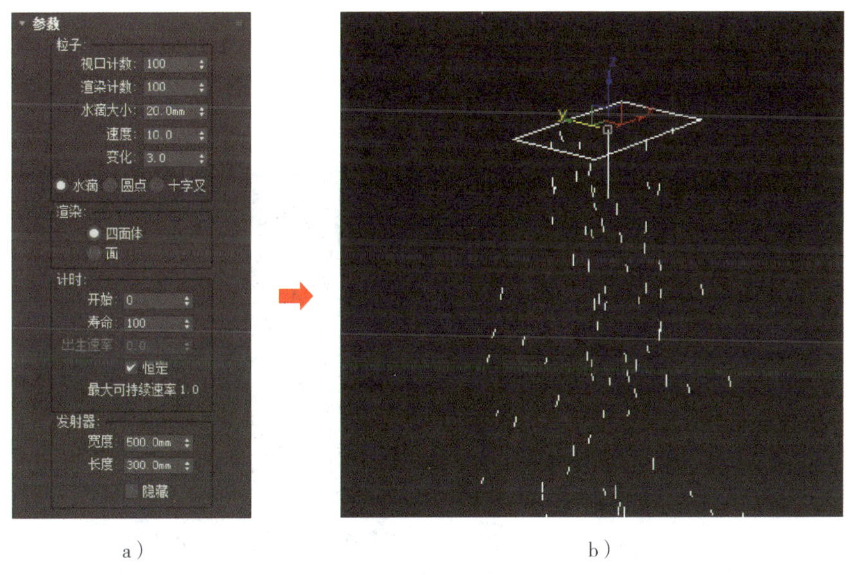

a）　　b）

图 7–1–3　设置喷射参数及效果

a）设置“参数”卷展栏参数　b）下雨动画效果

1. 视口计数。视口中显示的最大粒子数。

2. 渲染计数。在渲染时可以显示的最大粒子数。

3. 水滴大小。指粒子的大小。

4. 速度。每个粒子离开发射器的初始速度。

5. 变化。改变粒子的初始速度和方向，值越大，喷射越强且范围越广。

6. 水滴 / 圆点 / 十字叉。选择粒子在视口中的显示方式。

7. “渲染”组。粒子渲染为长四面体或正方形面。

8. 开始。指粒子出现的帧数。

9. 寿命。每个粒子存在的帧数。

10. 出生速率。每帧产生的新粒子数。

11. 恒定。出生速率保持恒定。

12. 宽度。粒子发射器的宽度。

13. 长度。粒子发射器的长度。

14. 隐藏。隐藏粒子发射器。

三、雪

“雪”用于模拟降雪或投撒纸屑等效果。在“参数”卷展栏中设置如图 7-1-4a 所示的参数可以模拟下雪的效果，下雪动画效果如图 7-1-4b 所示。各参数作用与“喷射”粒子系统的参数相似，其中的翻滚速率是指雪花粒子的随机旋转量与雪花的旋转速度。

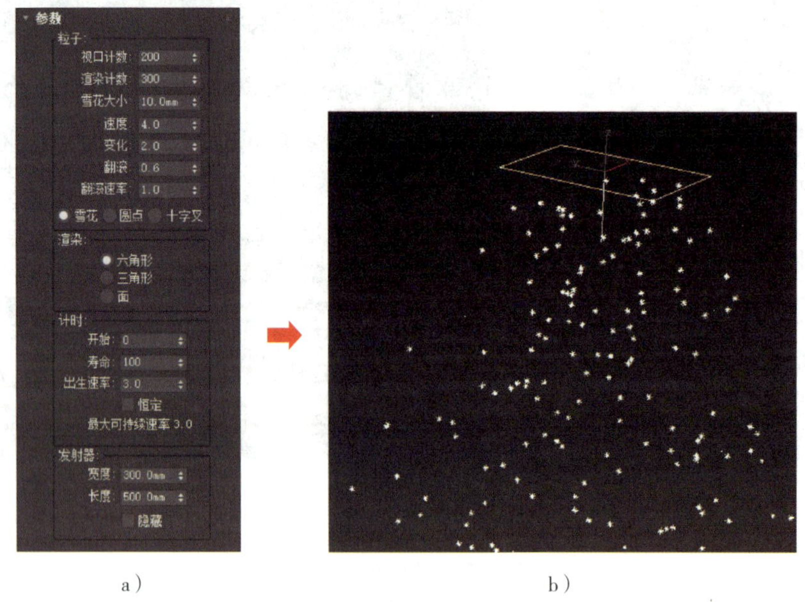

a）　　　　b）

图 7-1-4　设置雪参数及效果

a）设置“参数”卷展栏参数　b）下雪的动画效果

四、超级喷射

“超级喷射”用于模拟喷泉、烟雾和流水等效果，在视图中的图标如图 7-1-5a 所示，箭头的方向表示粒子发射的方向，共有 8 个卷展栏，如图 7-1-5b 所示。

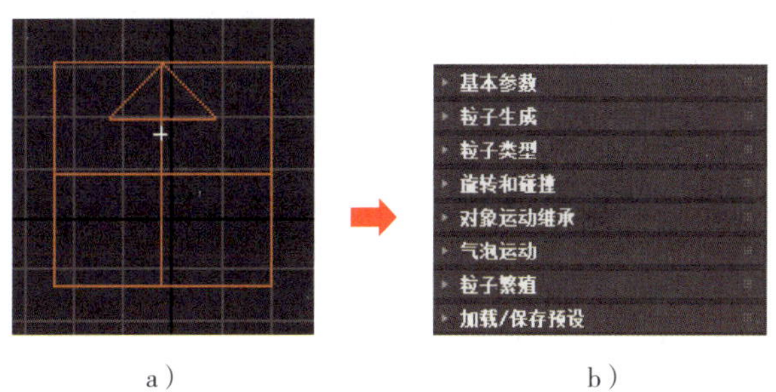

a）　　　　　　　　b）

图 7-1-5　超级喷射

a）超级喷射的图标　b）8 个卷展栏

1.“基本参数”卷展栏（见图 7-1-6）

（1）轴偏离。影响粒子流与 *Z* 轴的夹角（沿着 *X* 轴的平面）。

（2）（轴偏离）扩散。影响粒子远离发射向量的扩散（沿着 *X* 轴的平面）。

（3）平面偏离。影响围绕 *Z* 轴的发射角度。

（4）（平面偏离）扩散。影响粒子围绕“平面偏离”轴的扩散。

（5）粒子数百分比。在视口中显示粒子数的百分数。

2.“粒子生成”卷展栏（见图 7-1-7）

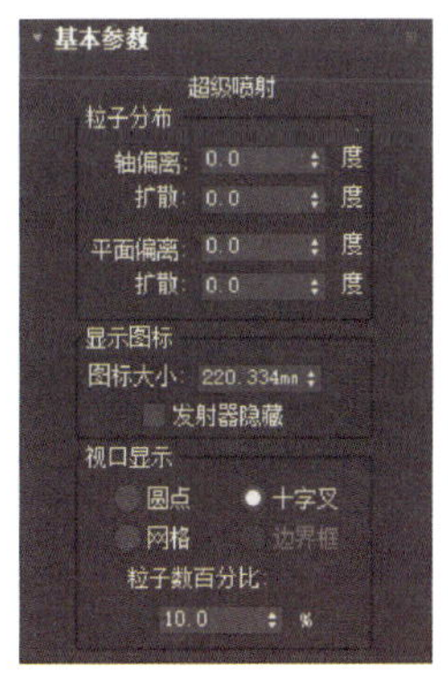

图 7-1-6 “基本参数”卷展栏

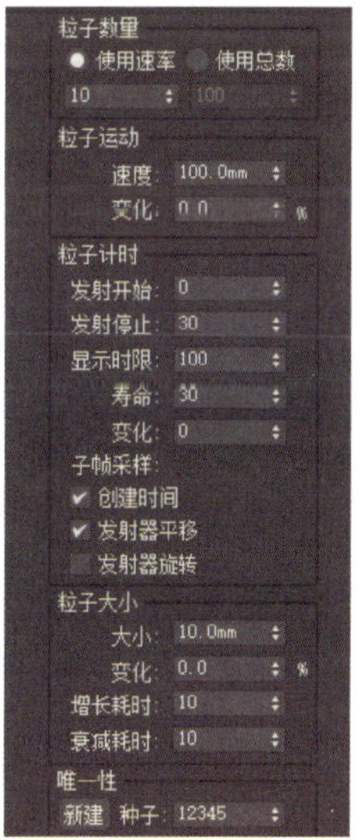

图 7-1-7 “粒子生成”卷展栏

（1）“粒子数量”组。从确定粒子数的两种方法中选择一种，设置使用速率或使用总数。

（2）“粒子运动”组。设置粒子的初始速度与变化百分比。

（3）“粒子计时”组。指定粒子发射开始和停止的时间以及各个粒子的寿命。“显示时限”指所有粒子消失的帧数。

（4）“粒子大小”组。设置粒子的大小，“增长耗时”指粒子从很小增长到“大小”的值经过的帧数。

（5）“唯一性”组。设置种子数。

3. “粒子类型”卷展栏（见图 7-1-8）

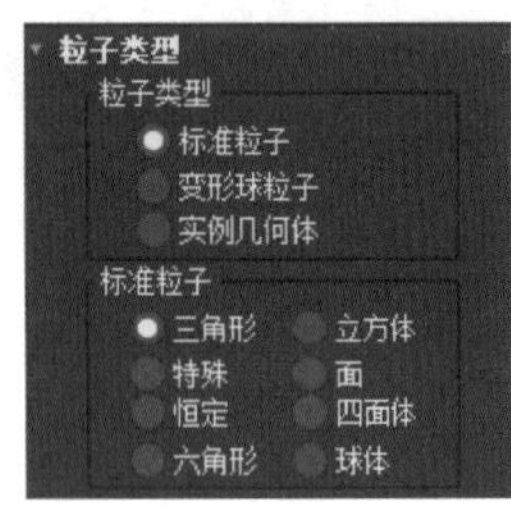

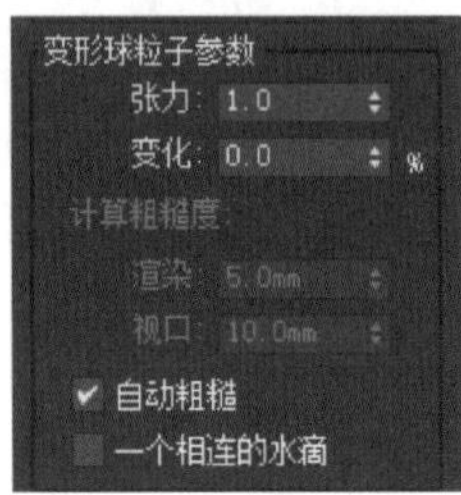

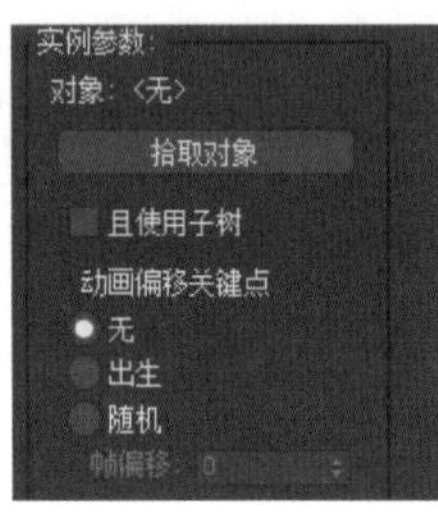

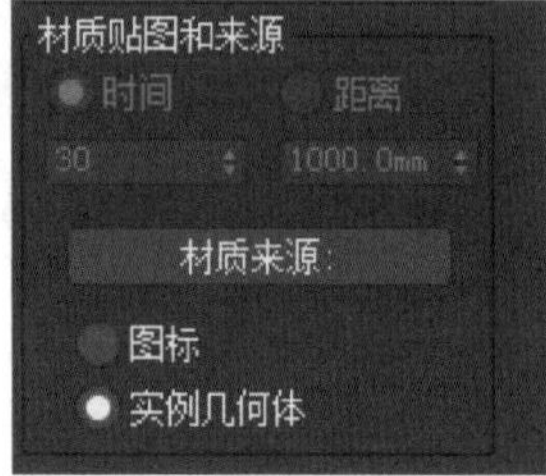

图 7-1-8 “粒子类型”卷展栏

（1）“粒子类型”组。选择粒子的类型。

（2）“标准粒子”组。如三角形、立方体等。

（3）“变形球粒子参数”组。模拟液体类动画时，设置粒子之间的紧密度与变化的百分比，从而达到流动的效果。

（4）“实例参数”组。可以拾取场景中的其他模型作为粒子，并设置动画计时。

（5）“材质贴图和来源”组。指定贴图材质如何影响粒子，并且可以指定材质来源。

4. “旋转和碰撞”卷展栏（见图 7-1-9）

（1）“自旋速度控制”组。用于设置粒子一次旋转的帧数、自旋时间的变化的百分比。相位指粒子的初始旋转度数。

（2）“自旋轴控制”组。选择粒子的自旋轴为随机或运动模糊或用户自己定义三种。

（3）“粒子碰撞”组。用于设置启用粒子之间的碰撞，并设置碰撞发生的形式。

5. “对象运动继承”卷展栏（见图 7-1-10）

如果发射器在场景中运动，粒子将沿着发射器的路径散开，可以将发射器设置一个移动动画，再设置卷展栏的参数。

（1）影响。继承发射器的运动的粒子所占的百分比。

（2）倍增。发射器运动影响粒子运动的量。

（3）变化。倍增值变化的百分比。

6.“气泡运动”卷展栏（见图 7-1-11）

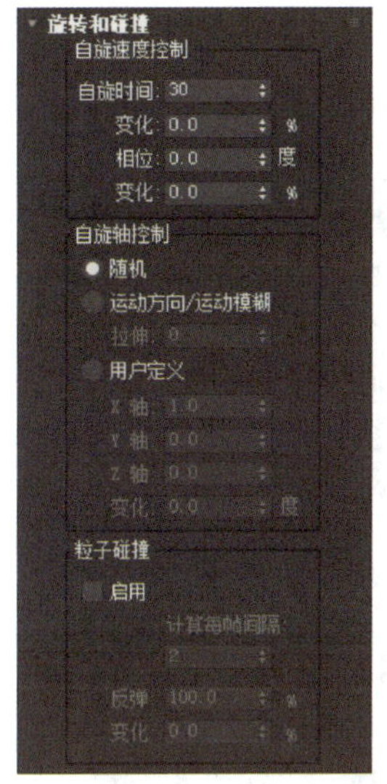

图 7-1-9 “旋转和碰撞”卷展栏

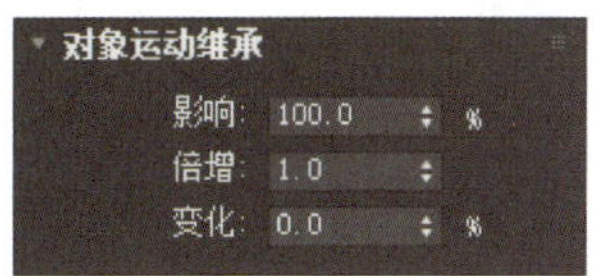

图 7-1-10 “对象运动继承”卷展栏

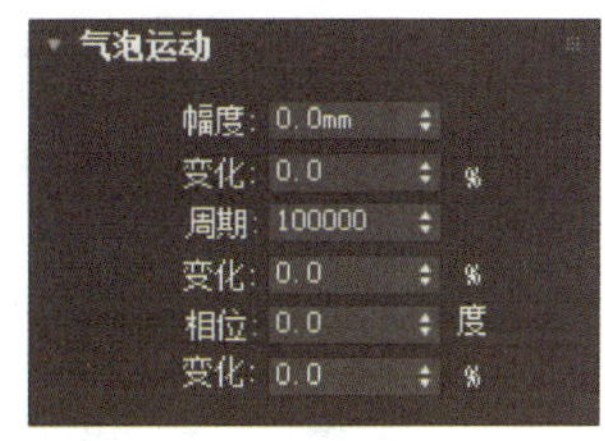

图 7-1-11 “气泡运动”卷展栏

“气泡运动”提供了在水下气泡上升时所看到的摇摆效果。设置如图 7-1-12a 所示的参数可以模拟气泡上升时的运动效果，气泡动画效果如图 7-1-12b 所示。

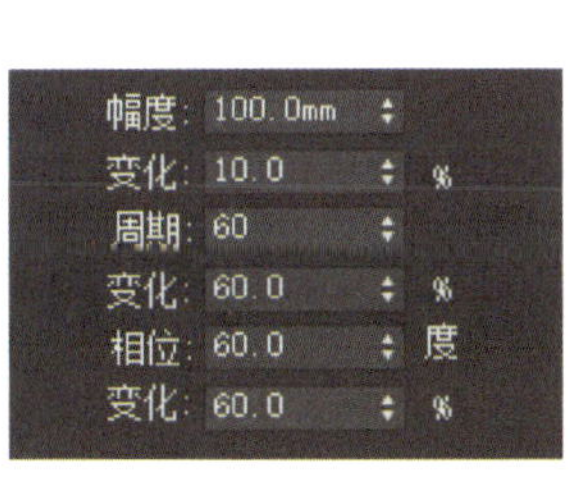

a）

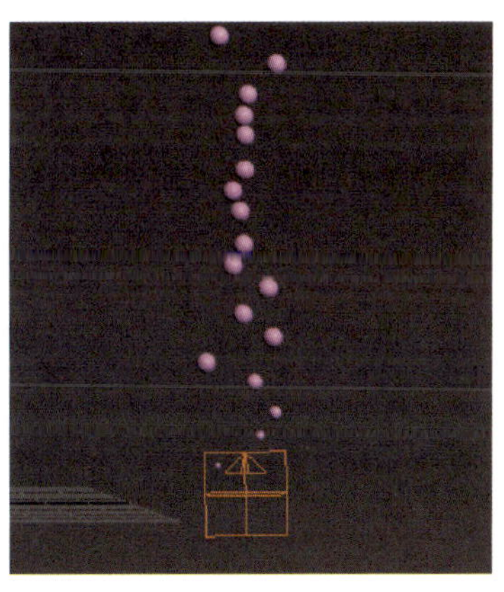

b）

图 7-1-12 气泡动画参数及效果
a）设置气泡动画参数　b）气泡动画效果

（1）幅度。粒子离开通常的速度矢量的距离。

（2）（幅度）变化。幅度的变化百分比。

（3）周期。粒子通过气泡“波”的一个完整振动的周期。

（4）（周期）变化。每个粒子的周期变化的百分比。

（5）相位。气泡图案沿着矢量的初始置换。

7. “粒子繁殖”卷展栏（见图 7-1-13）

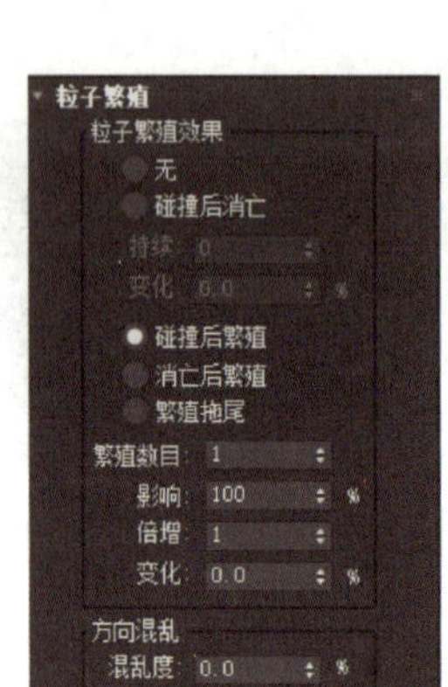

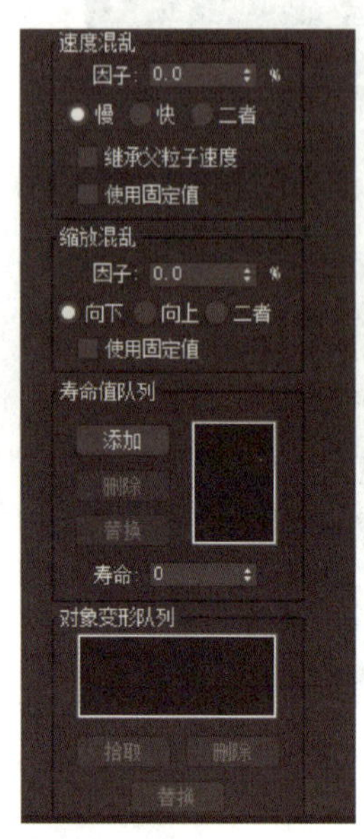

图 7-1-13 “粒子繁殖”卷展栏

（1）“粒子繁殖效果”组。粒子繁殖在碰撞或消亡时发生。繁殖数目指除原粒子以外的繁殖数，影响指将繁殖的粒子的百分比，倍增指每个繁殖事件繁殖的粒子数，变化指变化的百分比范围。

（2）“方向混乱”组。指定繁殖的粒子的方向可以从父粒子的方向变化的量。如果设置为 100，繁殖的粒子将沿着任意随机方向移动。

（3）“速度混乱”组。可以随机改变繁殖的粒子与父粒子的相对速度。

（4）“缩放混乱”组。可以对粒子应用随机缩放。

（5）“寿命值队列”组。指定繁殖的每一代粒子的备选寿命值的列表。

（6）“对象变形队列”组。只有在当前粒子类型为“实例几何体”时才可用，可以在带有每次繁殖的实例对象粒子之间切换。

8. “加载 / 保存预设”卷展栏（见图 7-1-14）

（1）加载。在“保存预设”列表框中选择其中的一项，单击“加载”按钮，然后单击“播放动画”即可预览效果。

（2）保存。将当前已设置好的粒子参数保存，在“预设名”中输入名称，单击保存选项后，放入“保存预设”列表框。

（3）删除。删除“保存预设”列表框中的选定项。

9. 应用实例——制作流水动画效果

（1）在顶视图中创建一个超级喷射粒子，在前视图中调整其方向，如图 7–1–15 所示。

图 7–1–14　“加载 / 保存预设”卷展栏

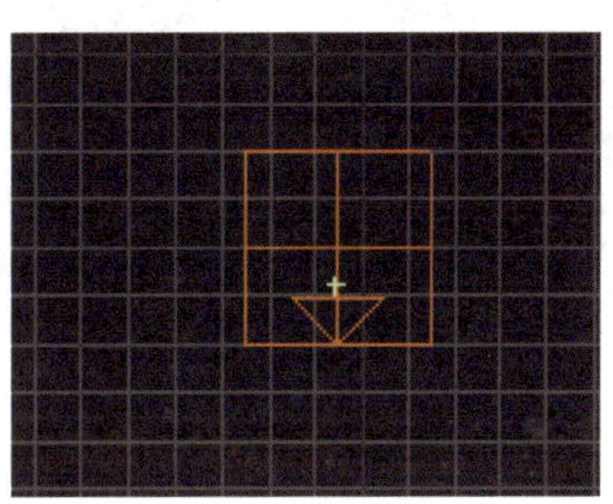

图 7–1–15　创建超级喷射粒子

（2）在顶视图中创建一个导向板，如图 7–1–16 所示，将超级喷射粒子与导向板绑定到空间扭曲。

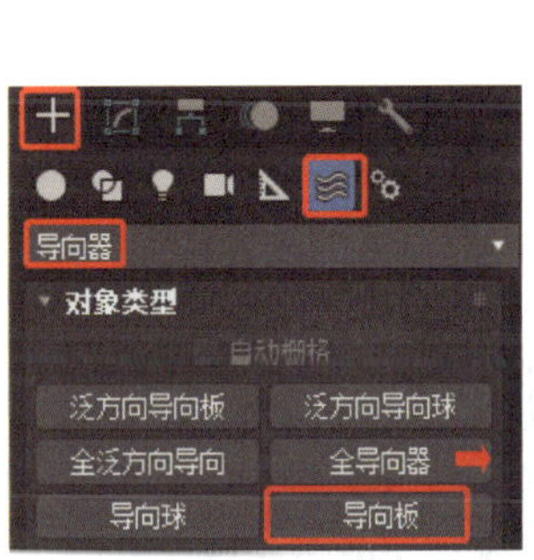

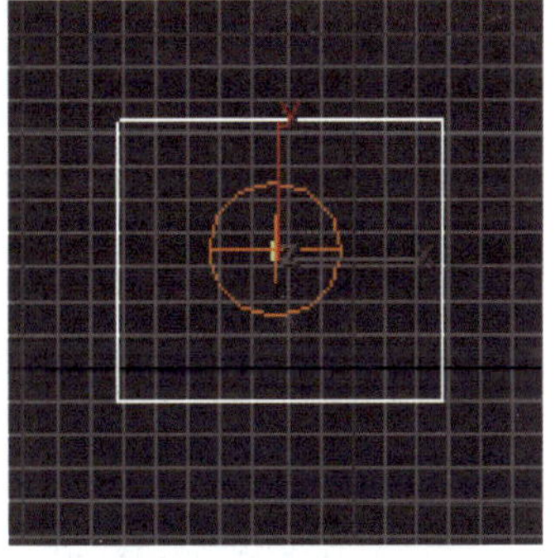

图 7–1–16　创建导向板

（3）选择超级喷射粒子，在右侧面板中单击“修改”按钮，选择“SuperSpray”选项，如图 7–1–17 所示。在“基本参数”卷展栏中设置图标大小为 200 mm，视口显示为网格，粒子数百分比为 100，如图 7–1–18 所示。在“粒子生成”卷展栏中设置使用总数为 1 000、速度为 100、发射开始为 –20、发射停止为 100、显示时限为 100、寿命为 40，如图 7–1–19 所示，将粒子大小设置为 40。在“粒子类型”卷展栏中设置粒子类型为变形球粒子，如图 7–1–20 所示。在“粒子繁殖”卷展栏中选择“碰撞后繁殖”选项，设置繁殖数目为 3、影响为 100、倍增为 3、变化为 10、方向混乱度为 70；在“寿命值队列”选项中设置寿命为 5，如图 7-1-21 所示。

图 7-1-17 选择超级喷射

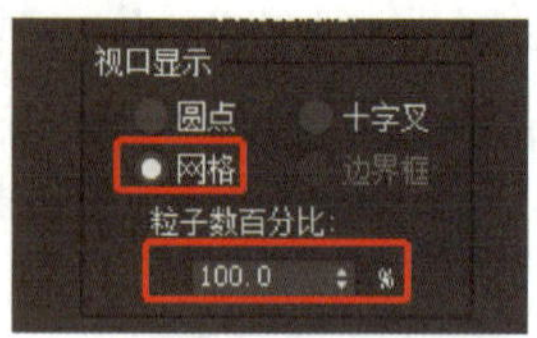

图 7-1-18 设置“基本参数”卷展栏参数

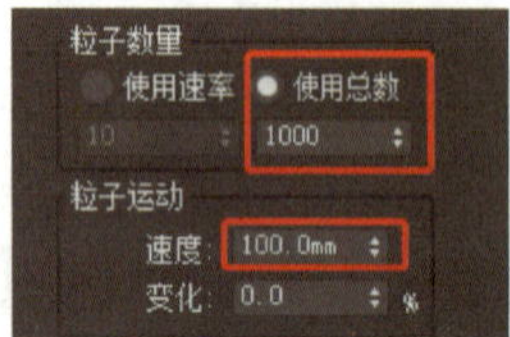

图 7-1-19 设置“粒子生成”卷展栏参数

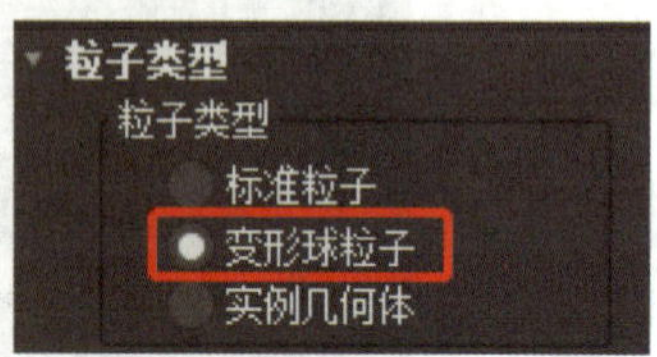

图 7-1-20 设置“粒子类型”卷展栏参数

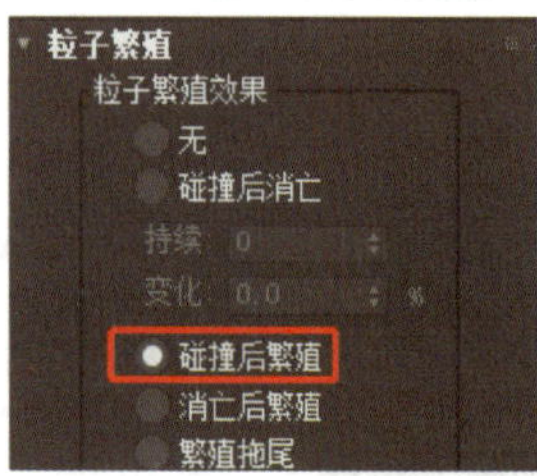

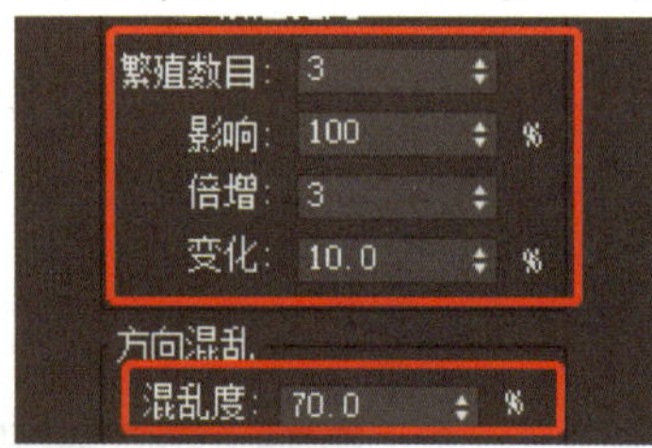

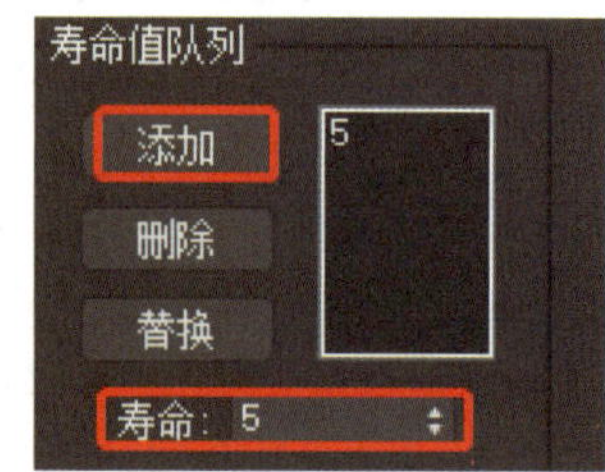

图 7-1-21 设置“粒子繁殖”卷展栏参数

（4）调整导向板的位置，如图 7-1-22a 所示；单击“播放动画”按钮，可预览流水动画效果，如图 7-1-22b 所示。

a）

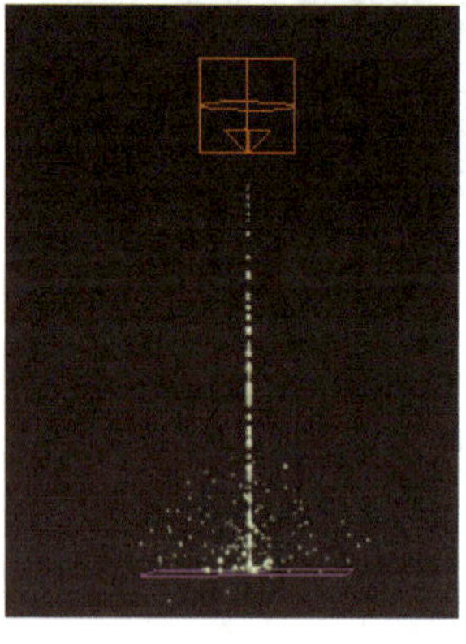

b）

图 7-1-22 调整导向板位置及效果
a）调整导向板位置 b）流水动画效果

提示

可以根据动画效果再次调整发射开始帧数、混乱度、寿命值列队的参数，直到效果满意为止。

五、暴风雪

暴风雪粒子系统是雪粒子系统的高级版本，各参数的作用与超级喷射粒子系统相同。

六、粒子阵列

粒子阵列是指粒子系统可将粒子分布在几何体对象上，也可用于创建复杂的对象爆炸效果。

1. 粒子分布

（1）在顶视图中绘制一个球，设置半径为 150 mm。

（2）在顶视图中创建一个粒子阵列粒子系统。在右侧面板中单击“修改”按钮 ，在“基本参数”卷展栏中单击“拾取对象”选项，选择球，粒子分布方式选择“在所有的顶点上”选项，如图 7–1–23 所示。在“视口显示”中选择“网格”，设置粒子数百分比为 100。

（3）在“粒子生成”卷展栏中设置使用总数为 1 000、速度为 0 mm、发射开始为 0、发射停止为 0、粒子大小为 100 mm。

（4）在“粒子类型”卷展栏中设置“粒子类型”为“标准粒子”的“球体”。可在透视图中看到如图 7–1–24 所示的粒子分布效果。

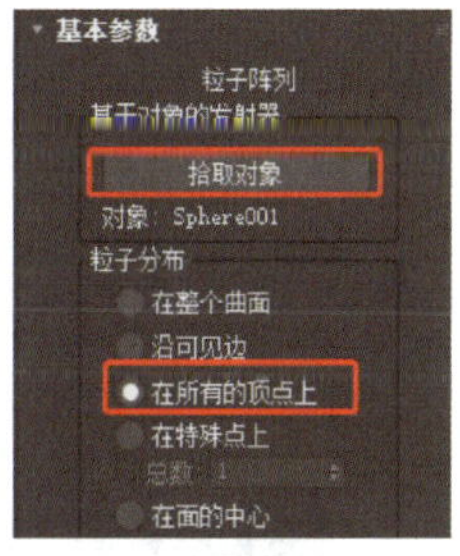

图 7–1–23　设置“基本参数”卷展栏参数

图 7–1–24　粒子分布效果

提示

在粒子分布中选择不同的选项，可以观察粒子分布的区别。其中“在特殊点上”的总数代表顶点个数。

2. 爆炸效果

（1）在顶视图中绘制一个球体，设置半径为 200 mm。将球体调整一定的高度，设置球体为“动力学刚体”。

（2）在顶视图中创建一个粒子阵列。在“基本参数”卷展栏中设置拾取对象为球体，视口显示为网格；在“粒子类型”卷展栏中设置粒子类型为对象碎片。在“对象碎片控制”选项中设置碎片厚度为 15 mm、碎片数目最小值为 50，如图 7–1–25 所示。

（3）在“MassFX 工具栏”中单击“逐帧模拟”按钮，观察球体落地时的帧数，本案体为第 10 帧时球体落地。

（4）选择粒子阵列，在“粒子生成”卷展栏中设置发射开始为 10。

（5）在“MassFX 工具栏”中单击“开始模拟”按钮，可预览球体爆炸的动画效果，如图 7–1–26 所示。

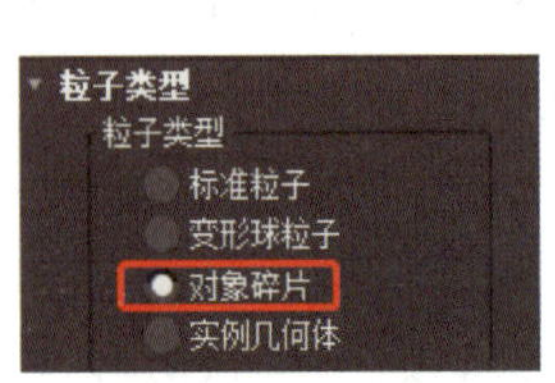

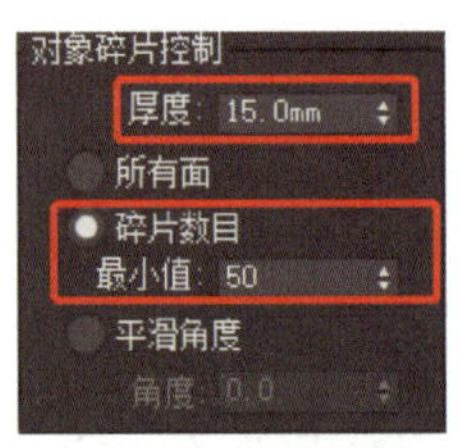

图 7–1–25　设置“粒子类型”卷展栏参数

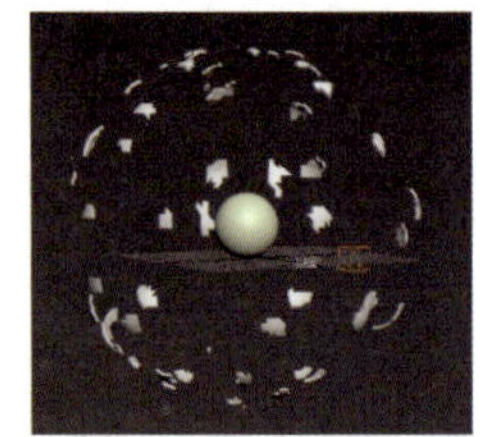

图 7–1–26　模拟球体爆炸动画效果

（6）在“MassFX 工具栏”中选择“世界参数”→“模拟工具”，选择“烘焙所有”选项。

（7）选择球体，单击“自动关键点”按钮，将时间滑块拖动到第 11 帧处，右击球体，选择“对象属性”，设置可见性为 0，如图 7–1–27 所示。

（8）单击“播放动画”按钮，可预览球体落地后爆炸的动画效果，如图 7–1–28 所示。

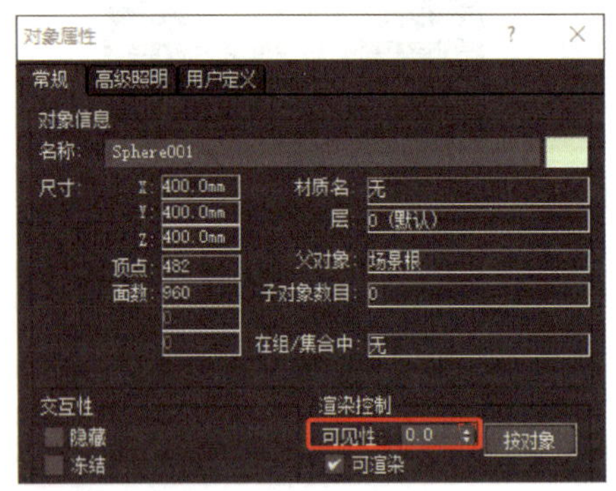

图 7–1–27　设置对象属性

图 7–1–28　球体落地后爆炸的动画效果

七、粒子云

粒子云用来模拟烟、星空、水珠等，使用粒子云可填充特定的体积。

1. 运动的小球

（1）在顶视图中创建一个粒子云系统。

（2）在“基本参数”卷展栏中设置粒子分布为球体发射器，如图 7–1–29a 所示，设置视口显示为网格，粒子数百分比为 100。在“粒子生成”卷展栏中设置使用速率为 50、速度为 0.8 mm，如图 7–1–29b 所示，在“粒子计时”选项中设置发射开始为 –20、发射停止为 100、显示时限为 100、寿命为 100、粒子大小为 6 mm，在“粒子类型”卷展栏中设置标准粒子中的球体。

（3）单击“播放动画”按钮，可预览小球的运动效果，如图 7–1–30 所示。

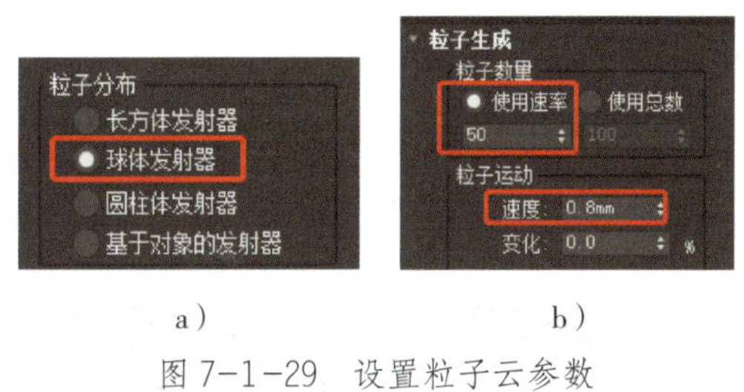

a）　　b）

图 7–1–29　设置粒子云参数

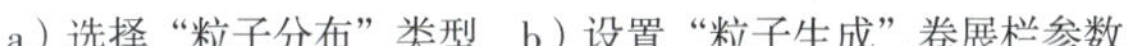

a）选择“粒子分布”类型　b）设置“粒子生成”卷展栏参数

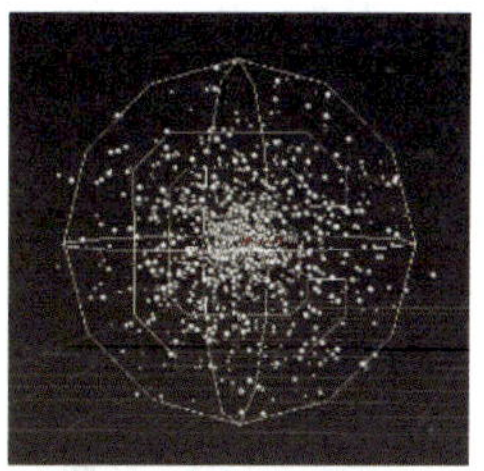

图 7–1–30　小球运动效果

2. 飞舞的小球

（1）在顶视图中创建一个粒子云系统、一个球体。

（2）选择粒子云对象，在“基本参数”卷展栏中设置拾取对象为球体，如图 7–1–31a 所示。设置视口显示为网格，在“粒子生成”卷展栏中设置使用总数为 300、速度为 10 mm、发射开始为 –50、发射停止为 100、显示时限为 150、寿命为 150、粒子大小为 30 mm，在“粒子类型”卷展栏中设置标准粒子中的球体，在“气泡运动”卷展栏中设置如图 7–1–31b 所示的参数。

（3）隐藏球体，单击“播放动画”，可预览飞舞的小球动画效果，如图 7–1–32 所示。

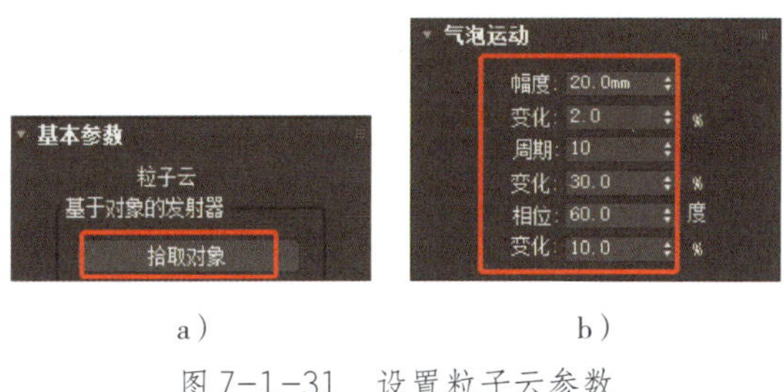

a）　　b）

图 7–1–31　设置粒子云参数

a）设置拾取对象　b）设置“气泡运动”卷展栏参数

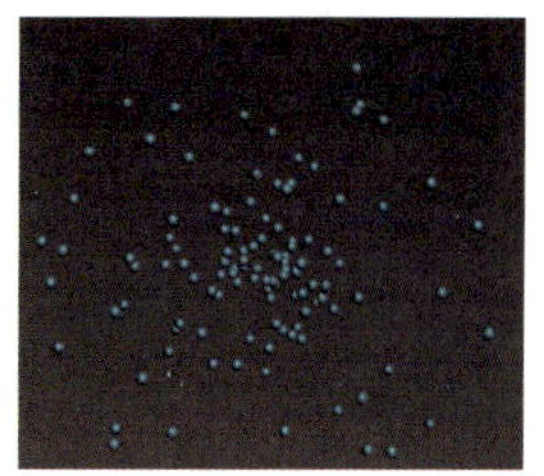

图 7–1–32　飞舞的小球动画效果

任务实施

一、创建文件

打开素材文件夹中的“喷泉场景 .max”文件，在菜单栏上执行“文件”→“另存为”命令，选择保存路径并为文件命名，保存类型采用默认设置。检查文件，确定单位设置为 mm。

二、制作喷泉动画

1. 创建超级喷射和力

（1）设置“时间配置”参数。设置帧速率为 PAL、动画结束时间为 300，单击“确定”按钮。

（2）在右侧面板单击“创建”→“几何体”→“粒子系统”→“超级喷射”，在顶视图的场景中创建一个超级喷射，如图 7-1-33 所示，将对象重命名为“主喷泉”。

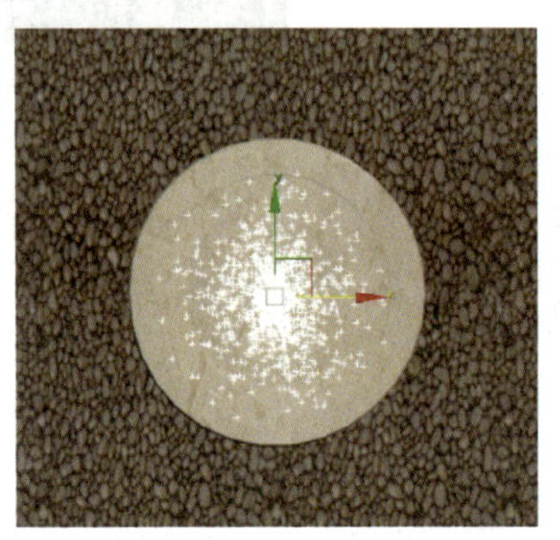

图 7-1-33　创建“主喷泉”

（3）在“基本参数”卷展栏中设置粒子分布的轴扩散为 3.0 度、平面扩散为 120.0 度，将粒子数百分比设置为 10.0%，如图 7-1-34a 所示。

（4）在“粒子生成”卷展栏中设置粒子数量，设置使用速率为 150、粒子运动速度为 300.0、发射开始为 -100、发射停止为 300、显示时限为 300、寿命为 200，如图 7-1-34b 所示，其他参数采用默认值。

（5）为“主喷泉”添加“重力”。在右侧面板单击“创建”→“空间扭曲”→“力”→“重力”，在“参数”卷展栏中设置强度为 1.0，选择“平面”选项，如图 7-1-35 所示，并单击工具栏中的“绑定到空间扭曲”按钮，将“主喷泉”对象绑定到重力对象上。

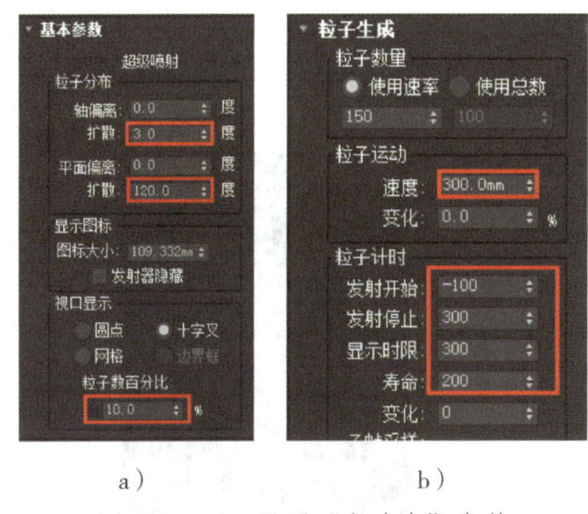

a）　　　　　　b）

图 7-1-34　设置“主喷泉”参数

a）“基本参数”卷展栏　b）“粒子生成”卷展栏

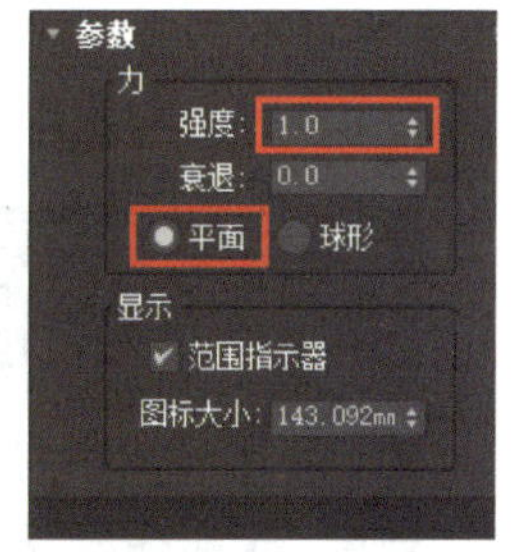

图 7-1-35　设置重力的参数

（6）创建“导向板”，在右侧面板单击“创建”→“空间扭曲”→“力”→“导向板”，在“参数”卷展栏中设置如图 7-1-36 所示的参数，同样利用“绑定到空间扭曲”工具，将“主喷泉”对象绑定到“导向板”上，得到图 7-1-37 所示效果。

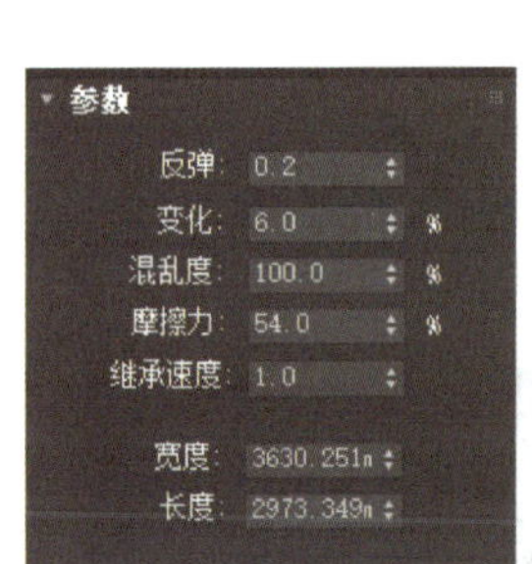

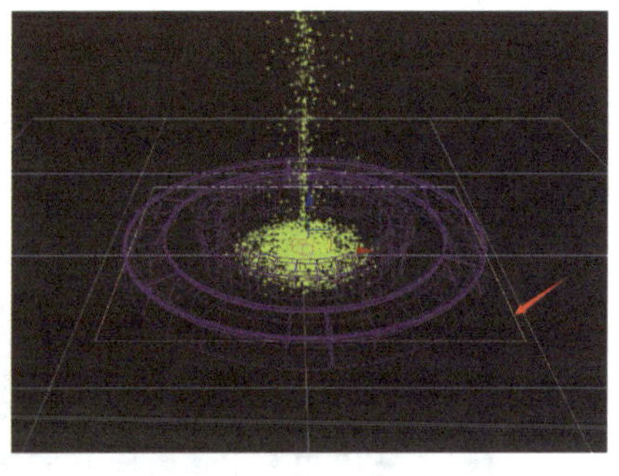

图 7-1-36　设置导向板的参数与绑定

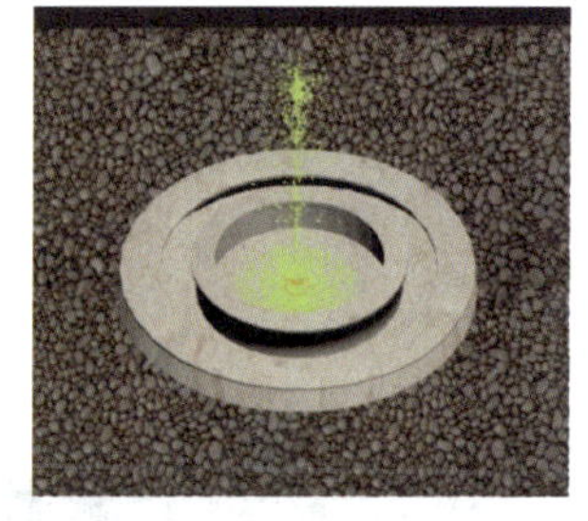

图 7-1-37　“主喷泉”绑定导向板后的效果

提示

注意导向板应置于喷射器之下，以免影响粒子发射。

2. 创建多个一级副喷泉

（1）选择“主喷泉”对象，按住“Shift”键，使用“选择并移动”工具将“主喷泉”沿 X 轴移动 -700 mm，得到“副喷泉 1_1”，效果如图 7-1-38 所示，在副喷泉下的“基本参数”卷展栏中设置粒子分布的轴扩散为 1.0 度、平面扩散为 90.0 度，将粒子数百分比设置为 10.0%。

（2）选择“副喷泉 1_1”，在“基本参数”卷展栏中设置粒子分布的轴扩散为 1.0 度、平面扩散为 90.0 度，将粒子数百分比设置为 10.0%，如图 7–1–39 所示。在“粒子生成”卷展栏中设置粒子运动的速度为 250.0 mm，其他参数和“主喷泉”一致。

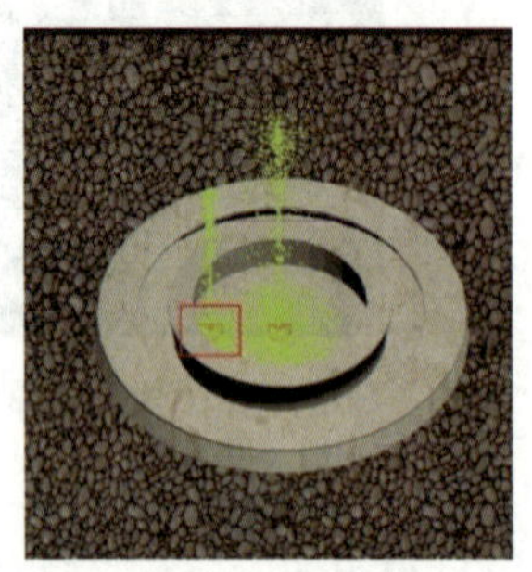

图 7-1-38　调整“副喷泉 1_1”的位置

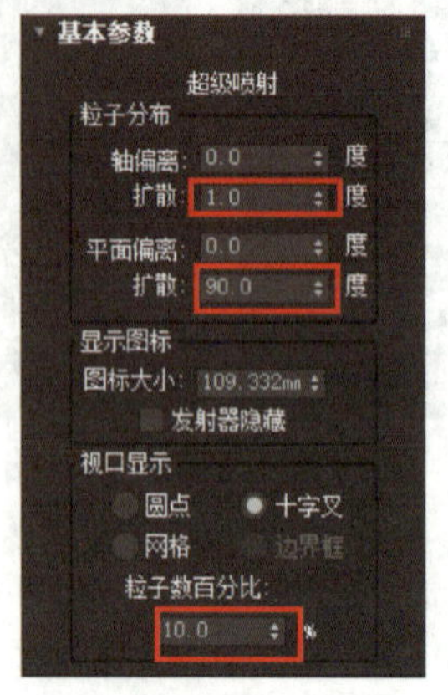

图 7-1-39　设置“副喷泉 1_1”的参数

（3）选择“副喷泉 1_1”，在工具栏中将“参考坐标系”改为“局部”，如图 7–1–40 所示。在菜单栏中执行“工具”→“阵列…”命令，弹出“阵列”对话框，如图 7–1–41 所示。设置移动增量 *X* 为 350 mm、*Y* 为 –606.2 mm，旋转增量 *Z* 为 60、1D 数量为 6、对象类型为复制，单击“确定”按钮，实现阵列效果，并使用移动工具得到图 7–1–42 所示的效果，并依次将它们命名为“副喷泉 1_2”至“副喷泉 1_6”。

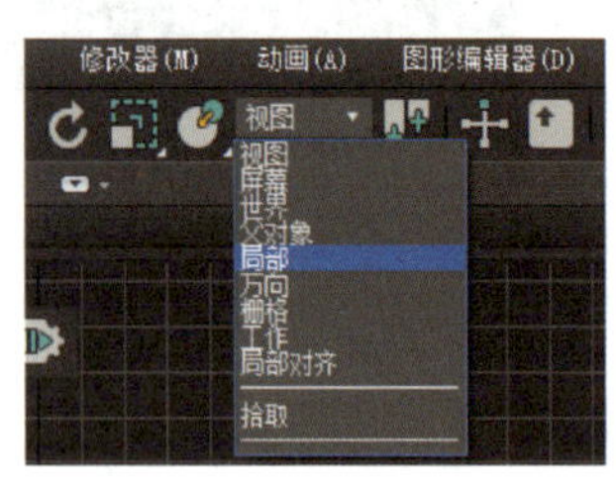

图 7-1-40　将“参考坐标系”改为“局部”

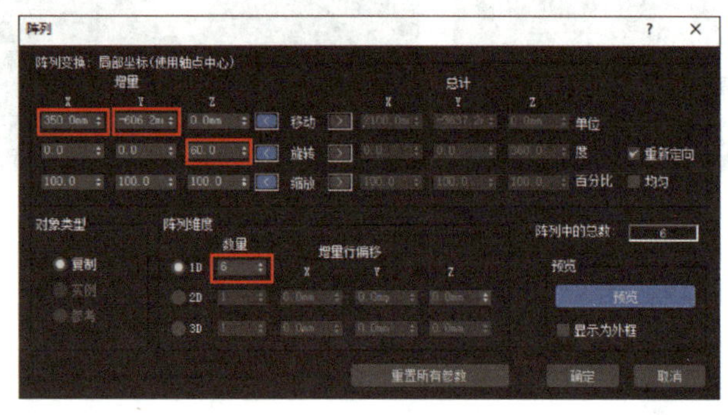

图 7-1-41　“阵列”对话框

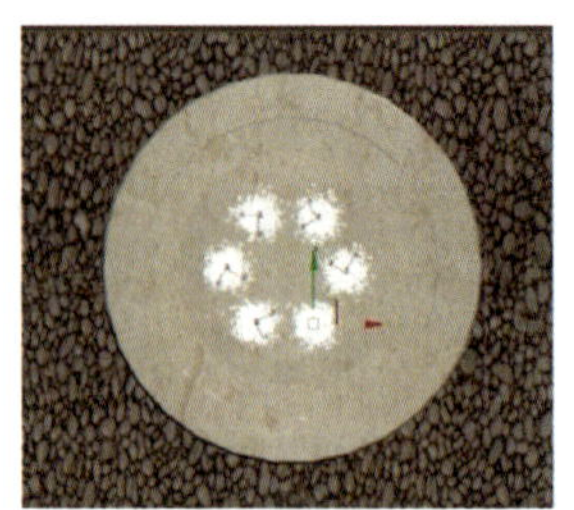

图 7-1-42　一级副喷泉效果

提示

整个步骤（3）都是在“参考坐标系”为“局部”的状态中完成。

3. 创建多个二级副喷泉

（1）选择“主喷泉”对象，按住“Shift”键，使用“选择并移动”工具将“主喷泉”沿 Y 轴移动 –1 200 mm，得到“副喷泉 2_1”，将对象移动到图 7–1–43 所示的位置。

（2）修改“副喷泉 2_1”的参数，在“基本参数”卷展栏中设置粒子分布的轴扩散为 1.0 度、平面扩散为 10.0 度，将粒子数百分比设置为 10.0%，在“粒子生成”卷展栏中设置粒子运动的速度为 180.0 mm，其他参数和“主喷泉”一致。

（3）选择“副喷泉 2_1”，将“参考坐标系”改为“局部”，利用阵列命令，设置移动增量 X 为 1 039.2 mm、Y 为 600 mm，旋转增量 Z 为 60、1D 数量为 6、对象类型为复制，实现阵列效果。并使用“移动并旋转”工具得到图 7–1–44 所示的效果，并依次将它们命名为“副喷泉 2_2”至“副喷泉 2_6”。

（4）选中所有二级副喷泉，将参考坐标系改为“局部”，打开“角度捕捉”按钮，沿 X 轴旋转 10°，Y 轴旋转 5°，得到图 7–1–45 所示的效果。

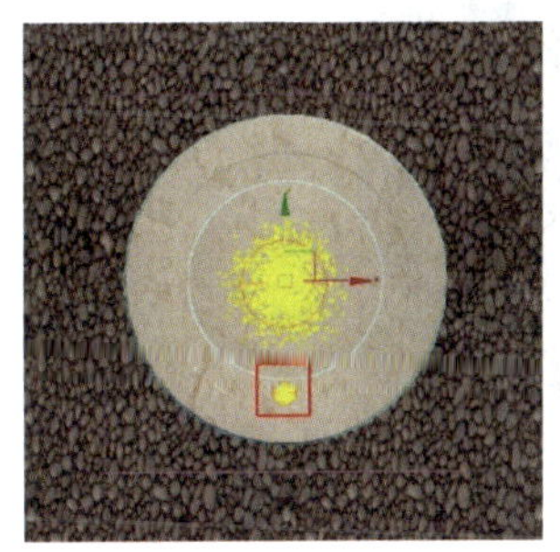

图 7–1–43 “副喷泉 2_1”的位置

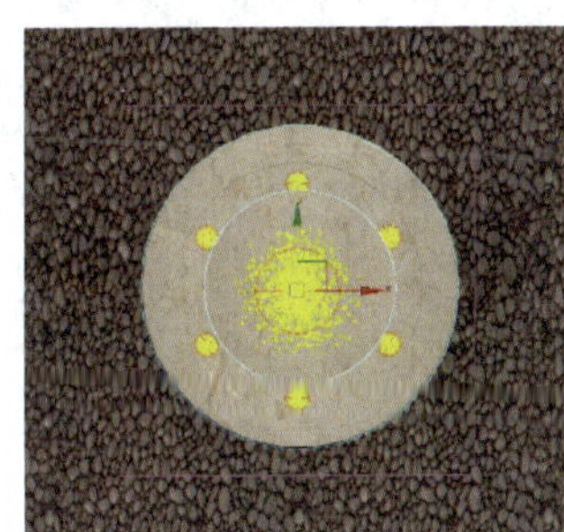

图 7–1–44 二级副喷泉的效果

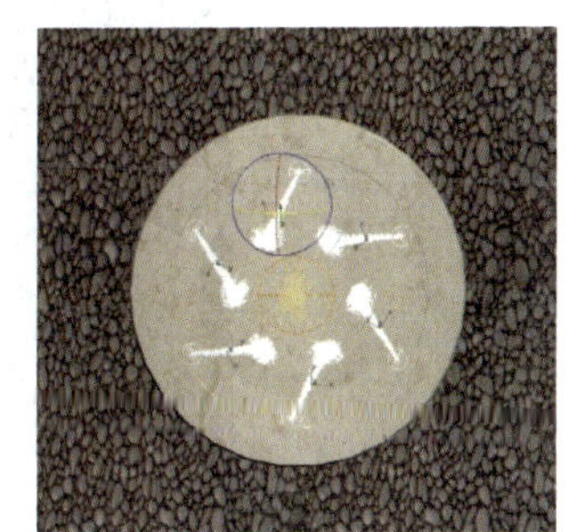

图 7–1–45 二级副喷泉旋转后的效果

（5）在透视图中右击空白处，选择“全部取消隐藏”选项，单击“播放动画”按钮，预览动画效果。

三、保存、导出动画

保存文件并导出 AVI 格式视频文件。

任务 2　制作树叶飘落动画

1. 能叙述粒子流源的作用。
2. 能叙述粒子视图的窗体组成。
3. 能完成事件显示的常用操作。
4. 能运用粒子视图中的默认操作符并完成参数设置。

完成如图 7-2-1 所示的树叶飘落动画效果，通过绘制样条线、加载 UVW 贴图与弯曲修改器，创建树叶模型，利用粒子流源对象，制作树叶飘落的动画效果。

图 7-2-1　树叶飘落动画效果

一、粒子流源的作用

任务 1 中所学习的喷射、雪、超级喷射、暴风雪、粒子阵列和粒子云等粒子系统都是通过调整粒子系统参数与发射器来模拟动画效果。粒子流源可以代替前面的所有粒子系统，主要通过在粒子视图中添加事件、动作来模拟粒子动画。

二、粒子流源卷展栏

在右侧面板中单击“创建”→“几何体”→“粒子系统”→“粒子流源”，在顶视图绘制一个粒子流源，如图 7–2–2a 所示。在右侧面板中单击“修改”按钮，可以看到图 7–2–2b 所示的卷展栏。

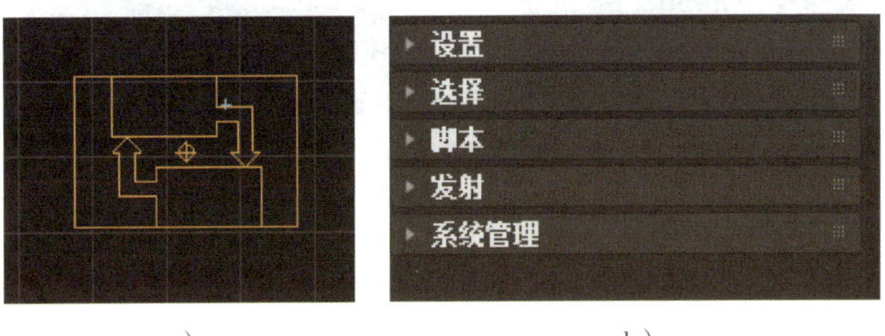

a）　　　　　　　　　　b）

图 7–2–2　创建粒子流源及其卷展栏

a）在顶视图绘制一个粒子流源　b）粒子流源卷展栏

1.“设置”卷展栏，如图 7–2–3 所示，用于打开和关闭粒子系统，以及打开“粒子视图”。

2.“选择”卷展栏，如图 7–2–4 所示，用于根据每个粒子 ID 或事件来选择粒子。

3.“脚本”卷展栏，如图 7–2–5 所示，用于将脚本应用于每个积分步长以及查看每帧的最后一个积分步长处的粒子系统。

图 7–2–3　“设置”卷展栏

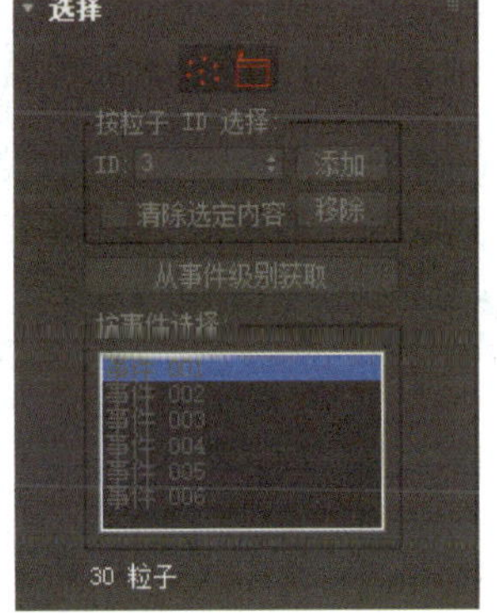

图 7–2–4　“选择”卷展栏

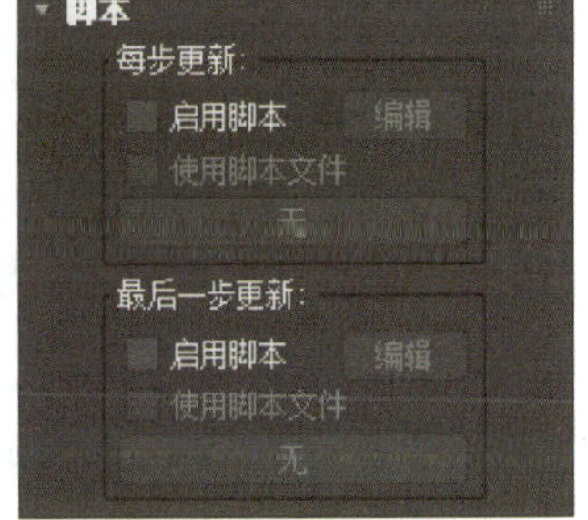

图 7–2–5　“脚本”卷展栏

4.“发射”卷展栏，如图 7–2–6 所示，用于设置发射器的大小、图标类型、图标尺寸、显示方式、在视口内生成的粒子总数的百分比、在渲染时生成的粒子总数的百分比。

5.“系统管理”卷展栏，如图 7–2–7 所示，用于设置系统可以包含粒子的最大数目、在视口中播放的动画的积分步长、渲染时的积分步长。

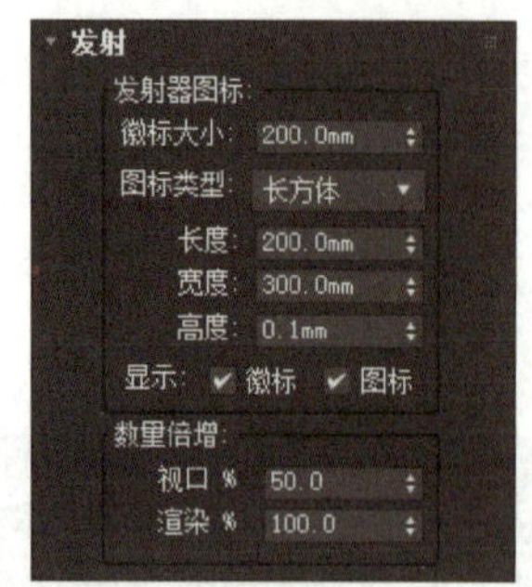

图 7-2-6 “发射”卷展栏

图 7-2-7 “系统管理”卷展栏

三、粒子视图

1. 粒子视图界面

粒子视图界面如图 7-2-8 所示，包括菜单栏、事件显示、导航器、参数面板、仓库、显示工具。

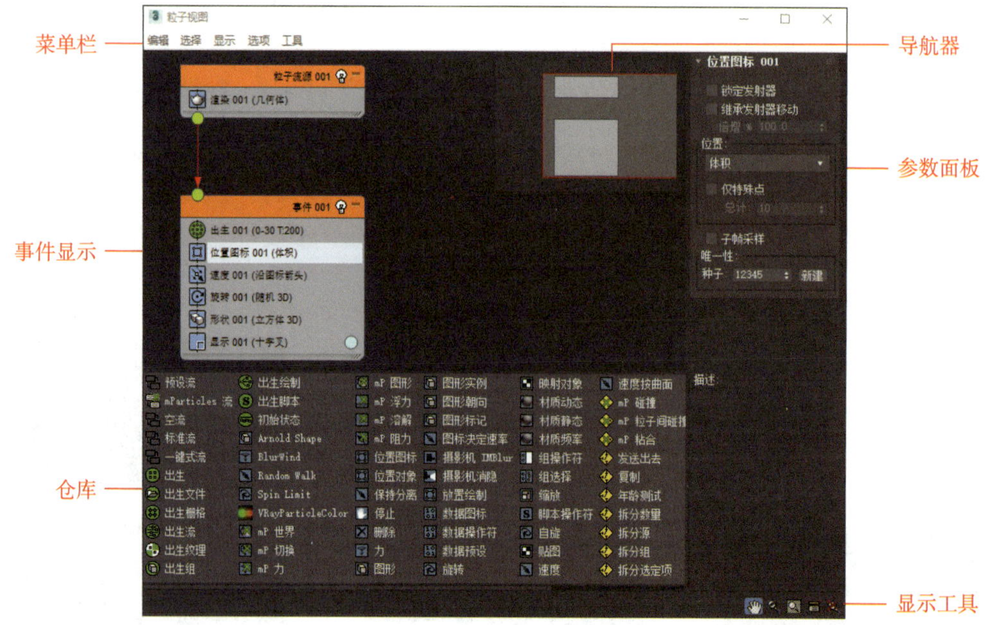

图 7-2-8 粒子视图界面

（1）菜单栏。提供了用于编辑、选择、调整视图以及分析粒子系统的功能。

（2）事件显示。“粒子视图”的主窗口包含粒子图表。粒子图表是在粒子视图中对粒子系统的图形描述，它使用事件和线框来表述系统的元素和逻辑。

（3）导航器。红色矩形显示了事件当前的边界，在导航器中拖动矩形可更改显示焦点。

（4）参数面板。用于查看和编辑选定动作的参数。

（5）仓库。包含所有“粒子流”动作以及几种默认的粒子系统。

（6）显示工具。在事件显示中对视图进行平移、缩放、最大化和不缩放等操作。

2. 事件显示的常用操作

（1）新增事件。将新的动作从仓库拖动到事件显示中，如果将其放置到事件显示的空白区域，则会创建一个新事件，如图 7-2-9 所示。

（2）新增动作。将新的动作从仓库拖动到现有事件中，放置该动作时显示为蓝线，如图 7-2-10a 所示，则该动作将插入到列表中，如图 7-2-10b 所示。

（3）替换动作。将新的动作从仓库拖动到现有事件中，放置该动作时显示为红线，如图 7-2-11a 所示，则该动作将替换原先的动作，如图 7-2-11b 所示。

（4）禁用 / 开启动作。单击动作前的图标，颜色变为灰色，表示禁用该动作，再次单击，颜色变为亮色，表示开启该动作。

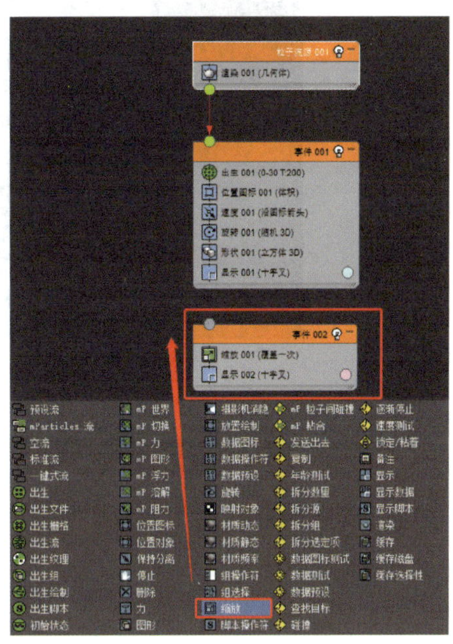

图 7-2-9　新增事件

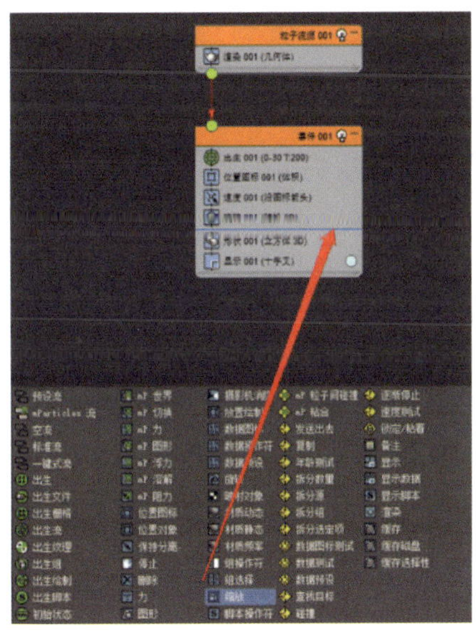

a）

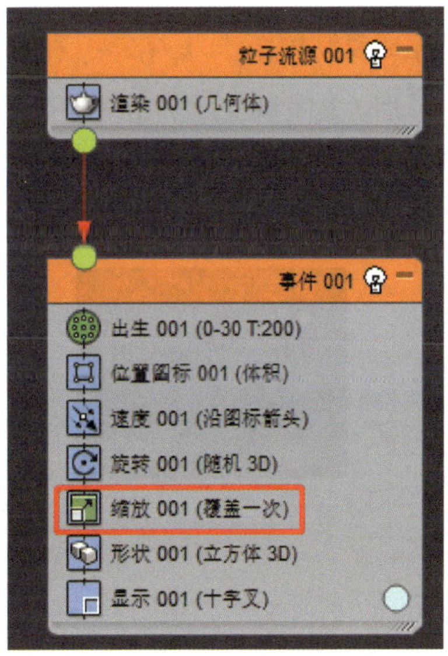

b）

图 7-2-10　新增动作

a）新的动作从仓库拖动到现有事件中　b）新动作插入至事件

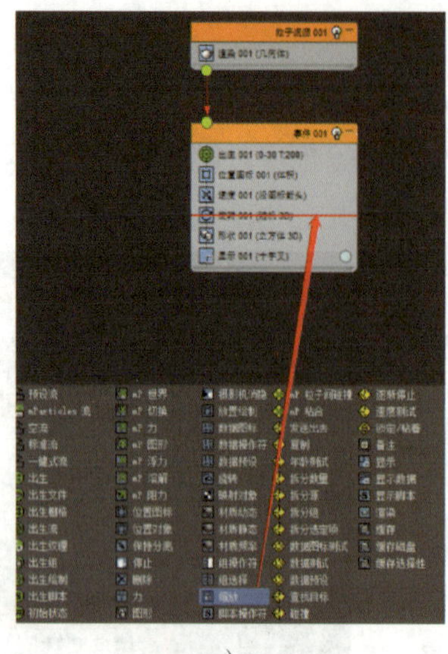

a）

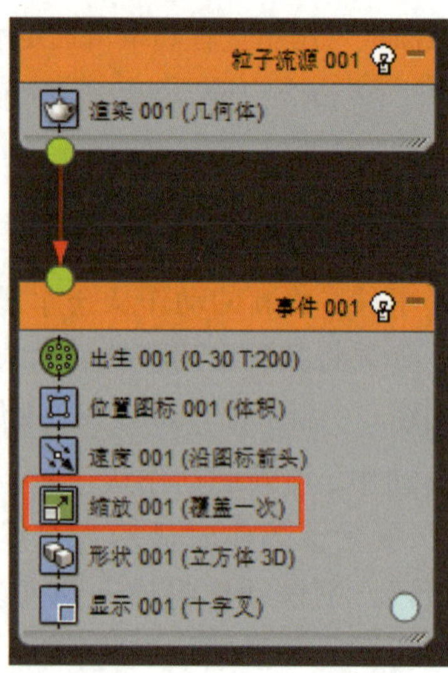

b）

图 7-2-11　替换动作

a）新的动作从仓库拖动到现有事件中　b）新动作替换原先的动作

（5）删除动作 / 事件。选中动作 / 事件，按“Del”键删除。也可右击动作 / 事件，选择“删除”。

（6）重命名动作 / 事件。右击动作 / 事件，选择“重命名”。

（7）复制动作 / 事件。选择需要复制的动作 / 事件，按住“Shift”键拖动到新位置，在“克隆选项”中选择“复制”或“实例”选项，单击“确定”按钮，如图 7-2-12 所示，可完成复制操作。

（8）开启 / 关闭事件。单击对应事件名称旁边的灯泡图标，如图 7-2-13 所示。事件处于关闭状态时，粒子系统不执行对应的事件。

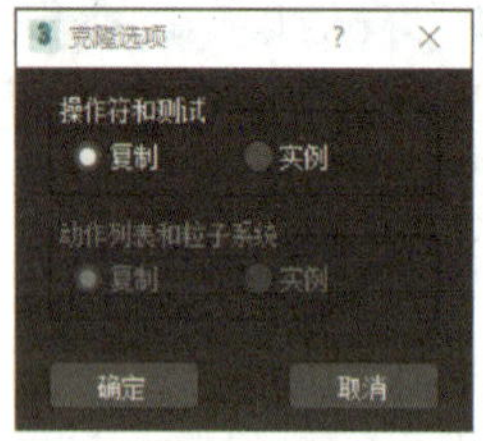

图 7-2-12　克隆选项

图 7-2-13　开启 / 关闭事件

（9）折叠 / 展开动作。单击对应事件名称旁边的减号图标，会折叠事件中的所有动作。此时减号会变成加号，单击加号图标，会展开事件中的所有动作。

（10）关联事件。拖动需要关联的动作前的圆圈至目标事件上的圆圈，如图 7-2-14a 所示，即可看到中间有一条红色的线，表示关联成功，如图 7-2-14b 所示。

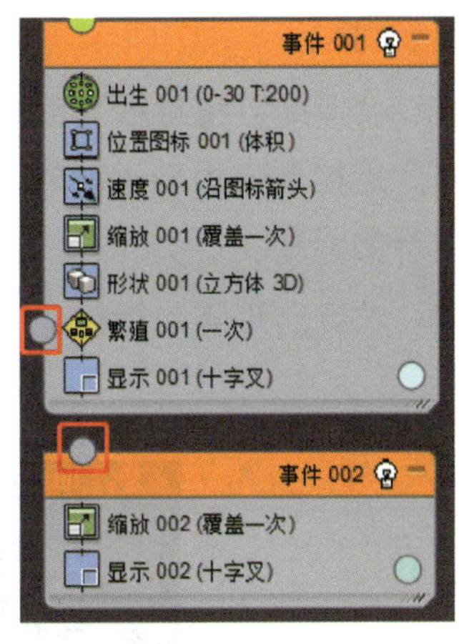

a）

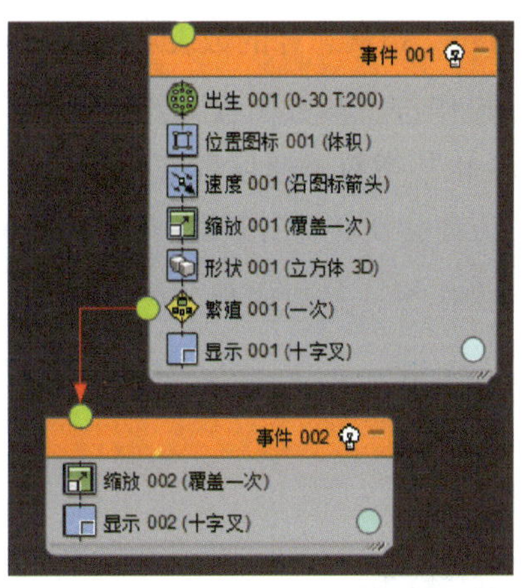

b）

图 7-2-14　关联事件

a）拖动需要关联的动作前的圆圈至目标事件上的圆圈　b）关联成功

（11）删除关联。选择关联的连线，按“Del”键即可删除。

3. 默认操作符的参数作用

（1）最上面的粒子图标为全局事件，会影响整个粒子系统，事件名称与粒子流源的名称一致，默认名称为“粒子流源 001”，默认操作符为“渲染”，如图 7–2–15 所示。选择该动作，参数面板如图 7–2–16 所示，指定系统中所有粒子的渲染属性。“类型”用于设置按照边界框或几何体渲染粒子；“可见 %”指渲染粒子的百分比；“渲染结果”组指将粒子转换为用于渲染的网格格式的方式。

（2）出生操作符，参数面板如图 7–2–17 所示。“发射开始”指粒子系统开始发射的帧编号；“发射停止”指粒子系统停止发射的帧编号；“数量”指粒子系统发射的粒子数量；“速率”指每秒钟发射的粒子数量。

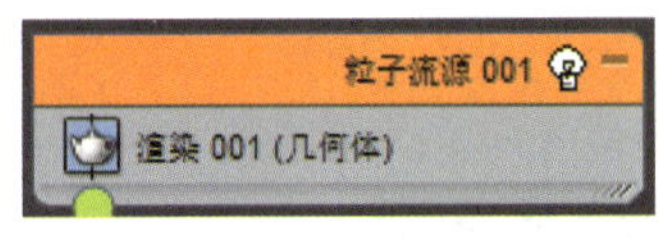

图 7-2-15　“粒子流源 001”事件

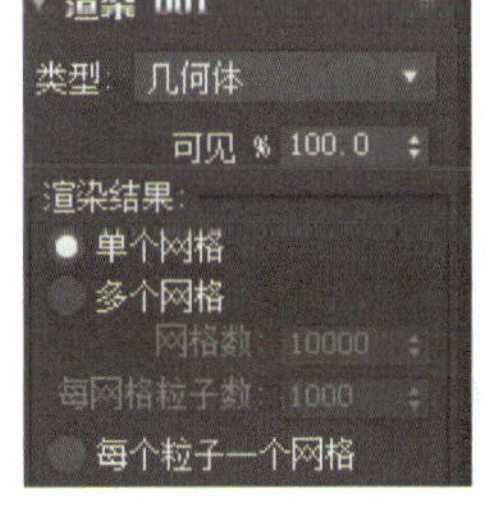

图 7-2-16　“渲染”参数面板

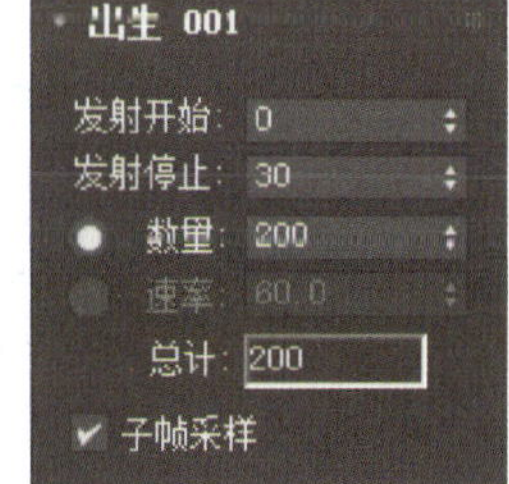

图 7-2-17　“出生”参数面板

（3）位置图标操作符，参数面板如图 7–2–18 所示。“锁定发射器”指所有粒子都保持在发射器上的最初位置；“继承发射器移动”指每个粒子的运动速率和运动方向设置为粒子出生时发射器的速率和方向；“位置”表示发射的粒子从轴 / 顶点 / 边 / 曲面 /

体积；“仅特殊点”指从总计的数表示起点，开始发射粒子。

（4）速度操作符，参数面板如图 7-2-19 所示。“速度”指每秒的系统单位表示的粒子速度；“变化”指粒子速度的变化量；“方向”指粒子出生后运动的方向；“反转”指粒子运动的方向会反转；“散度”指将粒子流散开的程度。

（5）旋转操作符，参数面板如图 7-2-20 所示。“方向矩阵”指粒子产生随机方向或指定方向。

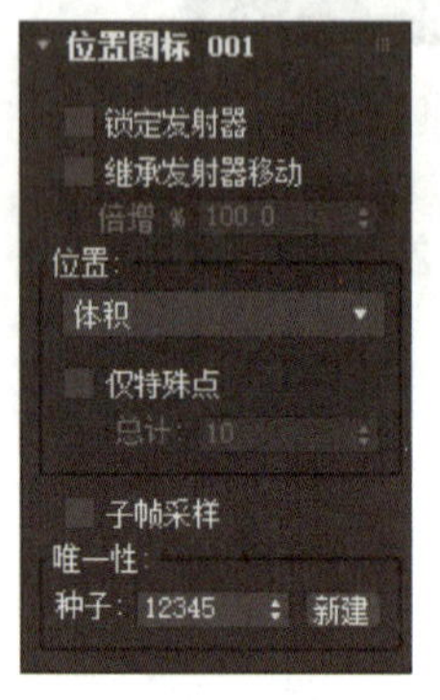

图 7-2-18 “位置图标”参数面板

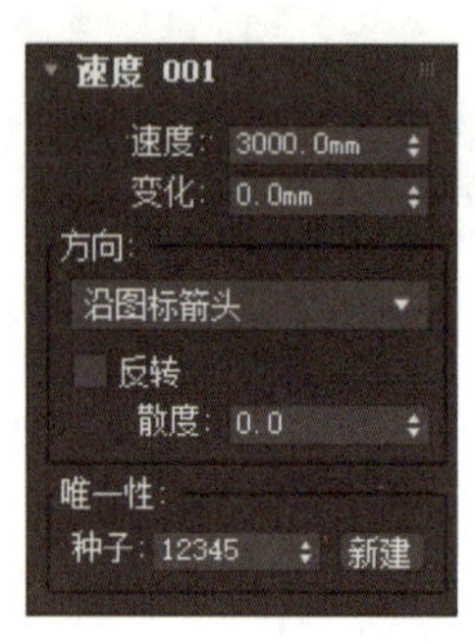

图 7-2-19 “速度”参数面板

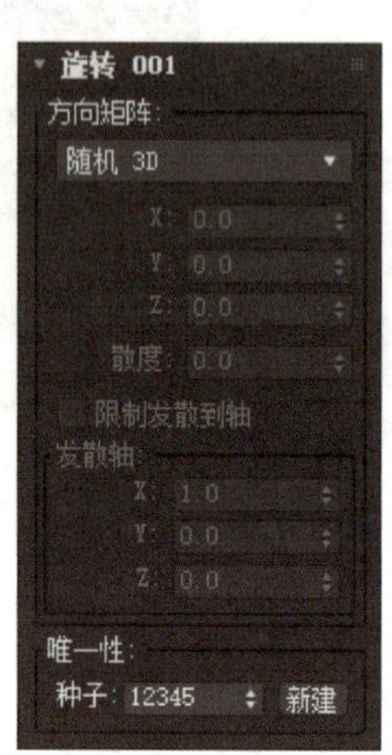

图 7-2-20 “旋转”参数面板

（6）形状操作符，参数面板如图 7-2-21 所示。用于设置粒子的形状为 2D 或 3D，以及设置粒子的大小、粒子的缩放比例、粒子的变化比例。

（7）显示操作符，参数面板如图 7-2-22 所示。“类型”指粒子显示的类型，若形状为 2D 或 3D 或拾取对象时，需设置为“几何体”才能看到效果；“可见 %”指在视口中可见粒子的百分比；色样表示显示粒子和粒子 ID 的颜色。

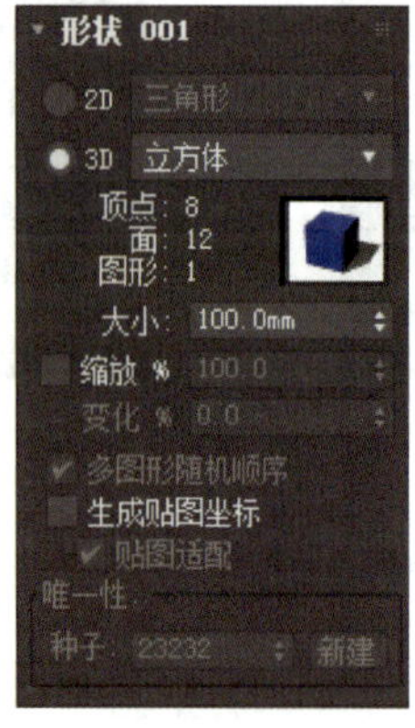

图 7-2-21 “形状”参数面板

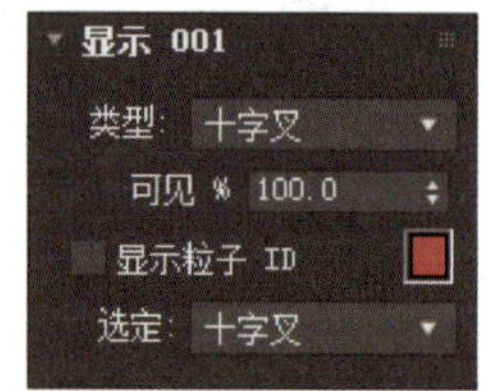

图 7-2-22 “显示”参数面板

4. 仓库中常用动作的参数作用

仓库中的动作包括操作符、测试、流三类，如图 7-2-23 所示，其中区域 1 为流动作、区域 2 为测试动作，其他选项为操作符动作。从图标颜色也可以进行区分。

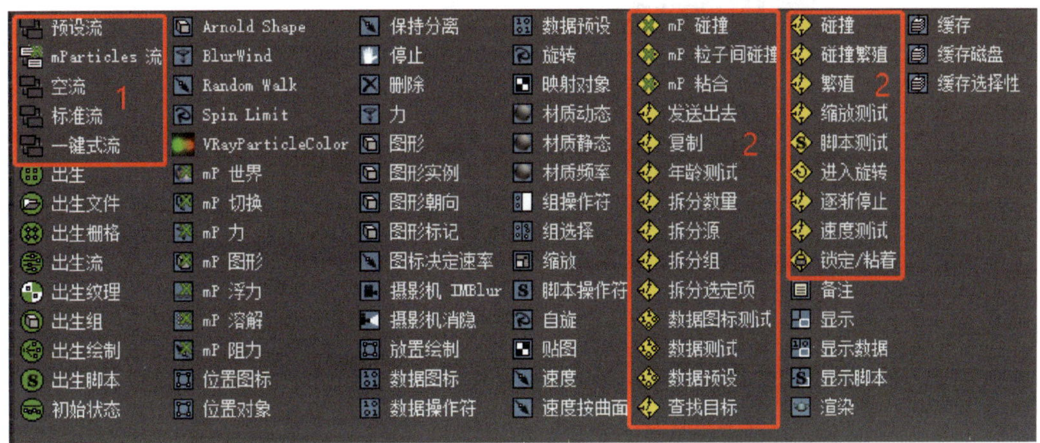

图 7-2-23　仓库选项的类别

（1）标准流 标准流。拖动标准流至事件显示的空白处，会自动生成一个粒子流源，在视口中创建“粒子流源”图标。

（2）位置对象 位置对象。默认情况下，粒子从“粒子流”图标中出生或发射。利用位置对象可以从场景中的任意其他对象（一个或多个对象）发射粒子。“位置对象”参数面板如图 7-2-24 所示，其中“发射器对象”组指定用作粒子发射器的对象；“位置”组指定粒子出现在每一发射器上的位置；“分离”指“粒子流”会尝试按照“距离”中指定的量来保持粒子隔开；“删除粒子”指如果“粒子流”无法按照当前选项放置粒子，它将删除粒子。

（3）力 力。可以使用“力”类别中的一个或多个空间扭曲来影响粒子运动，如风、重力等，其参数面板如图 7-2-25 所示。其中“添加”用于添加力，“按列表”指按名称选择添加力，“移除”指删除力，“影响 %”指力应用于粒子的强度。

（4）图形实例 图形实例。指拾取场景中的对象用作粒子，其参数面板如图 7-2-26 所示。其中“无”用于拾取对象，“组成员”指组成员为单独粒子，“对象和子对象”指将链接的对象视为单独粒子，“对象元素”指将单一网格对象的元素子对象视为单独粒子，“比例 %”指所有粒子的均匀缩放因子，“变化 %”指缩放变化的随机百分比。

（5）自旋 自旋。为粒子设置自旋参数，其参数面板如图 7-2-27 所示。其中“自旋速率”指每秒旋转的度数，“变化”指自旋速率可以改变的最大值，“自旋轴”指在随机的或特定的轴上应用自旋的选项，“散度”指自旋轴方向的变化范围。

图 7-2-24 “位置对象”参数面板

图 7-2-25 “力”参数面板

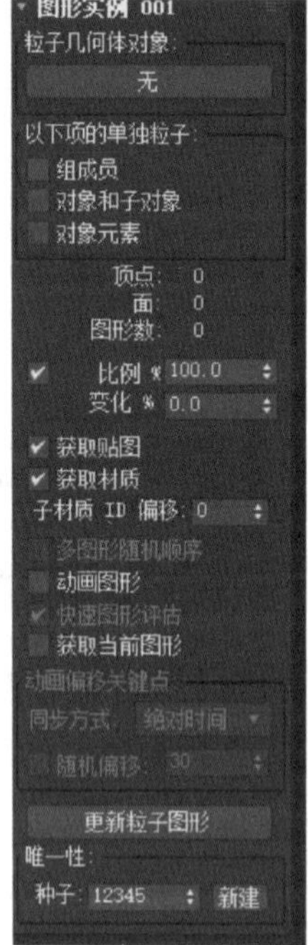

图 7-2-26 “图形实例”参数面板

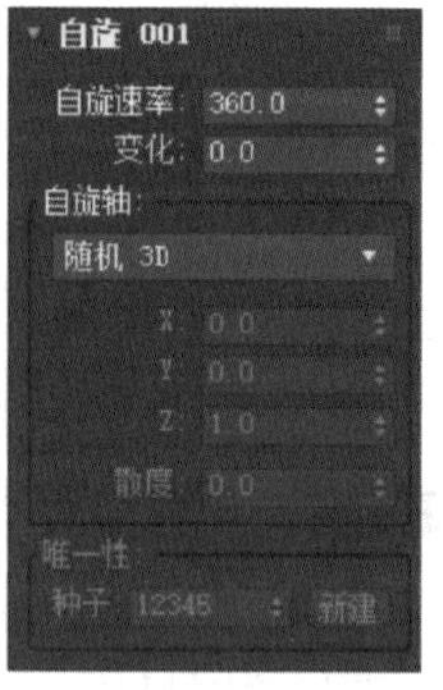

图 7-2-27 “自旋”参数面板

一、创建文件

打开软件，在菜单栏上执行“文件”→“保存”命令，选择保存路径并为文件命名，保存类型采用默认设置。检查文件，确定单位设置为 mm。

二、创建树叶模型

1. 在顶视图中绘制图 7–2–28 所示的样条线，将对象重命名为“树叶”。调整各顶点的位置，使树叶的轮廓更加真实。

提示

可以在软件中直接导入素材文件夹中的“叶子 .ai”文件，在界面上会出现已经绘制好的树叶样条线。

2. 为“树叶”加载“UVW 贴图”修改器，将素材文件夹中的“叶子 .png”拖到“树叶”对象上。通过调整贴图的“U 向平铺”“V 向平铺”，利用“Gizmo”子集调整贴图的位置，得到图 7–2–29 所示的效果。

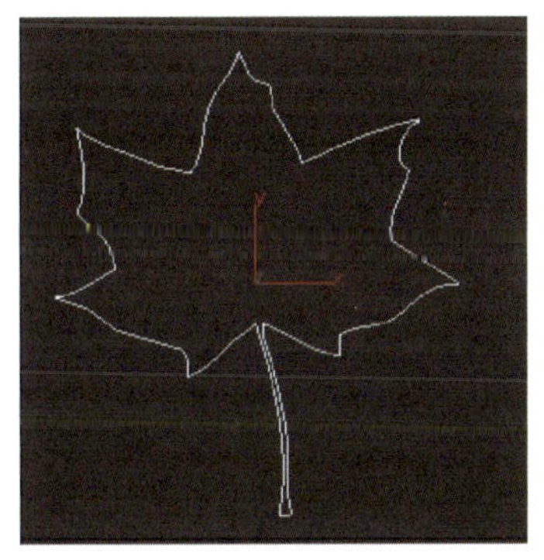

图 7–2–28 绘制“树叶”样条线

图 7–2–29 为“树叶”加载 UVW 贴图后的效果

3. 为“树叶”加载“弯曲”修改器，设置如图 7–2–30a 所示的参数，得到图 7–2–30b 所示的效果。

4. 为“树叶”再次加载“弯曲”修改器，如图 7–2–31 所示，使树叶呈多方向弯曲，更加真实。

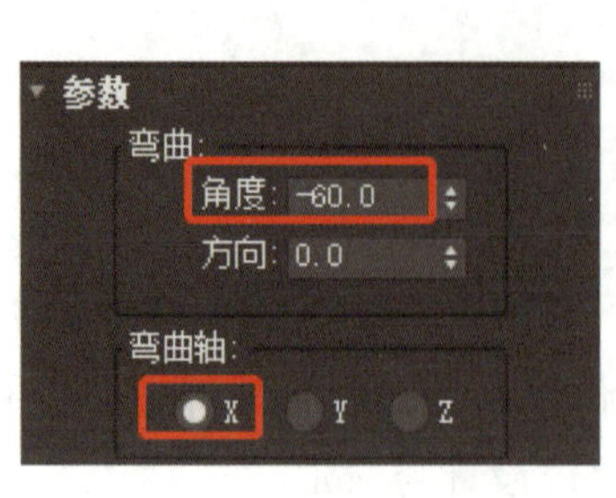

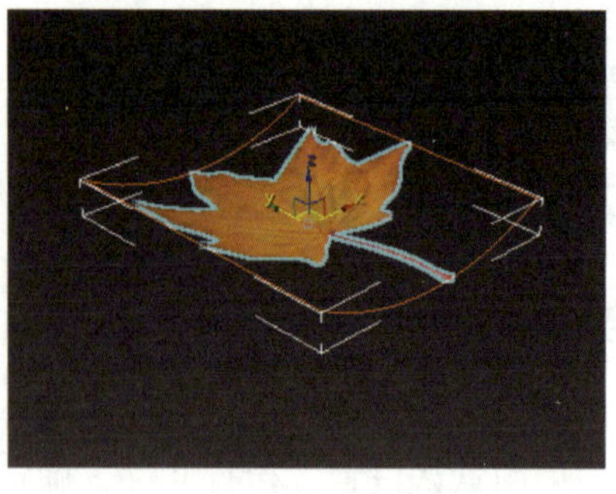

a）　　　　　　　　　　　　b）

图 7-2-30　设置“弯曲”参数及效果

a）设置“弯曲”参数　b）弯曲效果

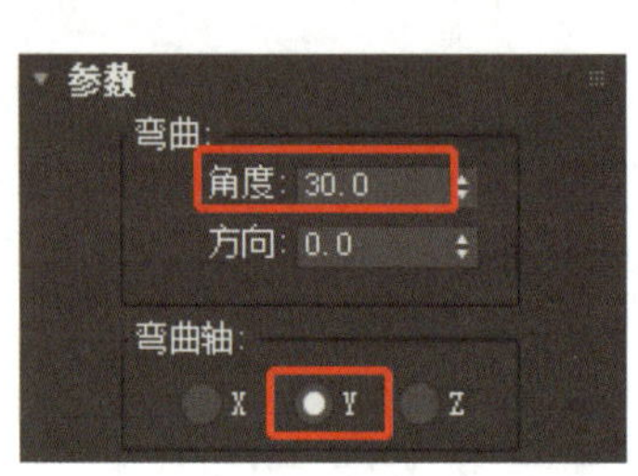

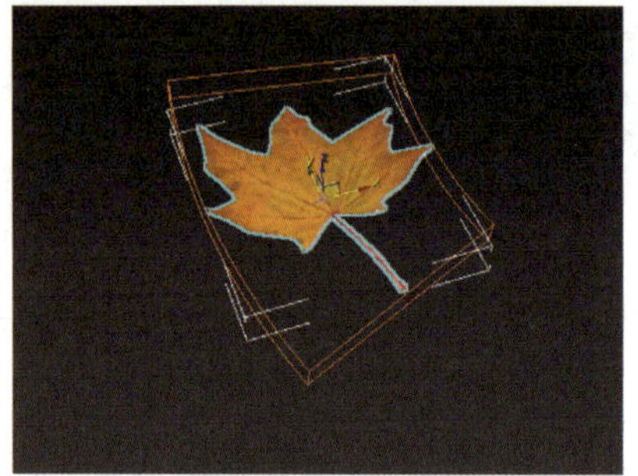

图 7-2-31　再次设置“弯曲”参数及效果

三、制作树叶飘落动画

1. 创建粒子流源与风

（1）在右侧面板单击“创建”→“几何体”→“粒子系统”→“粒子流源”，在顶视图中创建一个粒子流源，将对象重命名为“粒子”。

（2）在“发射”卷展栏中调整“粒子”的长度、宽度，将“视口 %”设置为 100，如图 7-2-32 所示。

（3）在右侧面板单击“创建”→“空间扭曲”→“力”→“风”，在左视图中创建一个“风”对象，如图 7-2-33 所示，将对象重命名为“风”。

（4）在“参数”卷展栏中设置风的强度、衰退、湍流、频率，如图 7-2-34 所示。

2. 编辑粒子视图

（1）设置“时间配置”参数。设置帧速率为 PAL、动画结束时间为 300，单击“确定”按钮。

（2）选择“粒子”对象，在“粒子视图”窗体中单击“出生 001”操作符，在属性面板中设置发射停止为 300、数量为 100，如图 7-2-35 所示。

（3）在仓库中选择“图形实例 001（无）”操作符，替换“形状 001”，如图 7-2-36 所示。

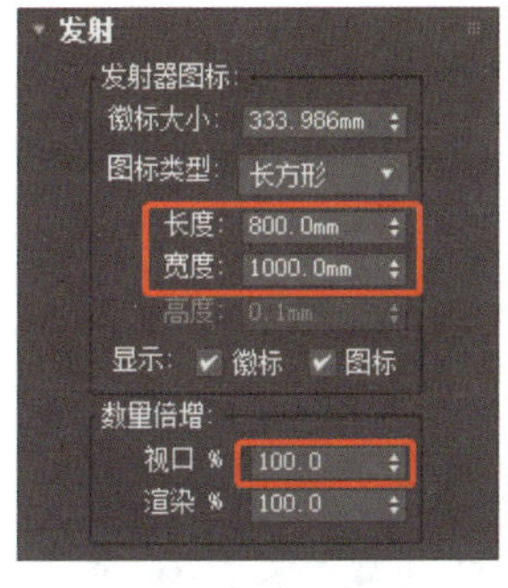

图 7-2-32　设置“发射”卷展栏参数

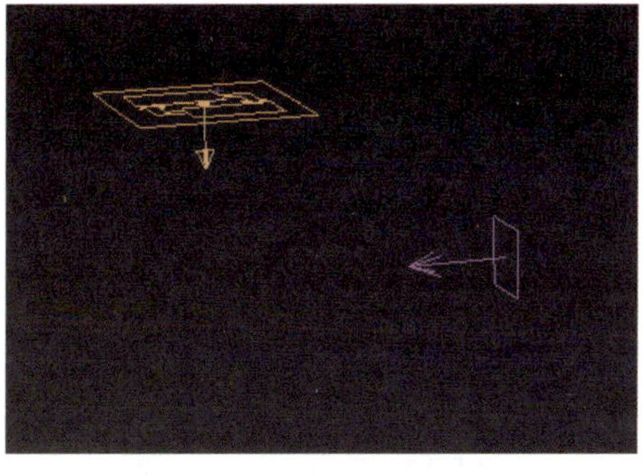

图 7-2-33　创建“风”对象

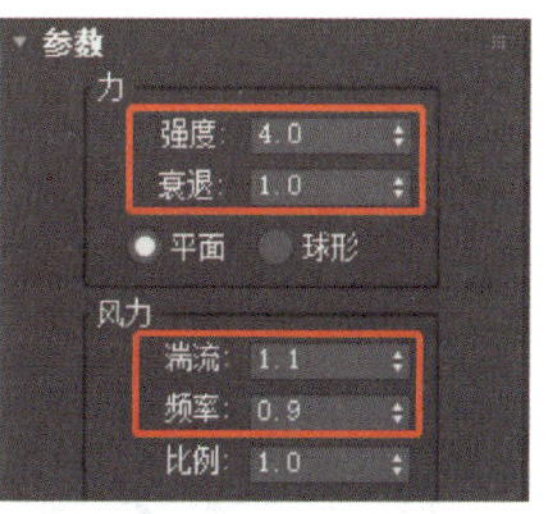

图 7-2-34　设置“风”的参数

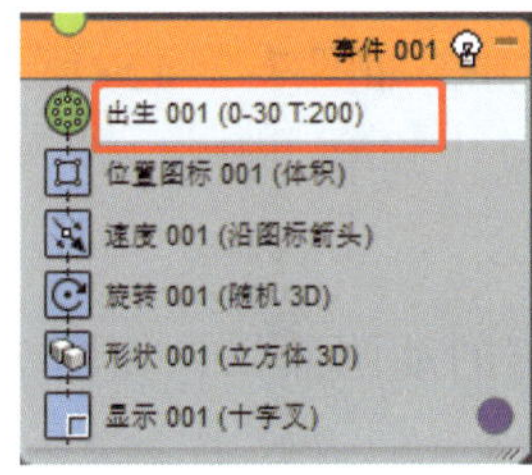

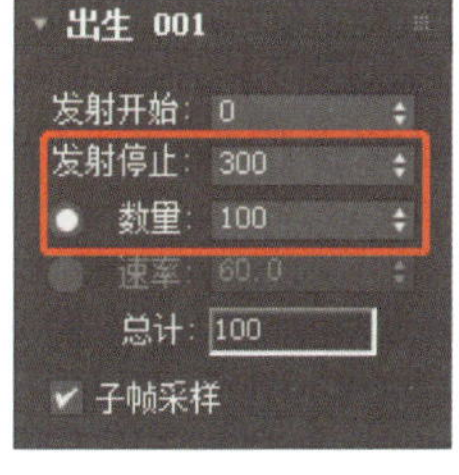

图 7-2-35　设置“出生”操作符参数

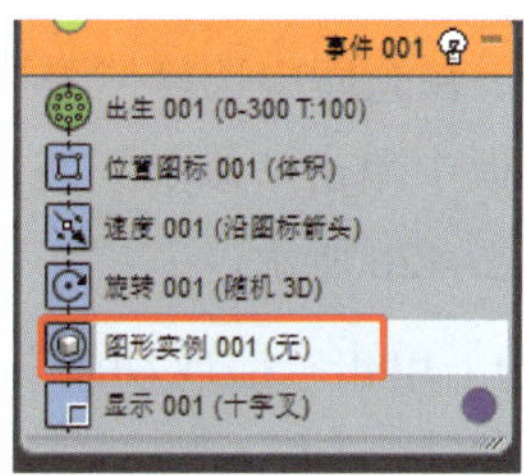

图 7-2-36　替换操作符

（4）选择“图形实例 001”操作符，在属性面板中单击“无”选项，在透视图中拾取“树叶”对象，调整“变化 %”为 25，如图 7-2-37 所示。

（5）选择“显示 001”操作符，在属性面板中选择类型为“几何体”，如图 7-2-38 所示。

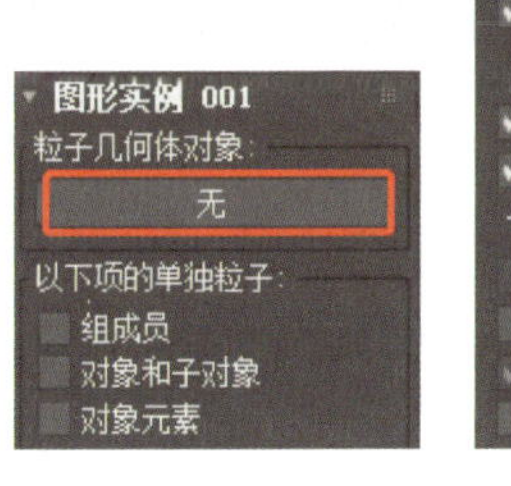

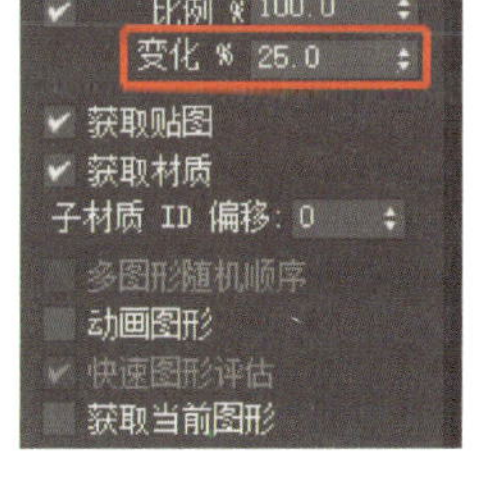

图 7-2-37　设置“图形实例”操作符参数

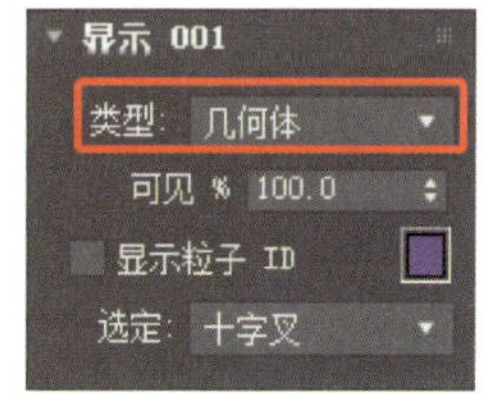

图 7-2-38　设置“显示”操作符参数

（6）选择“速度 001”操作符，在属性面板中设置速度为 300 mm、变化为 80 mm，如图 7-2-39 所示。

（7）在仓库中选择“自旋”动作，新增到“图形实例 001”之后，如图 7–2–40 所示。

（8）选择“自旋 001”操作符，在右侧属性面板中设置自旋速率、变化值，如图 7–2–41 所示。

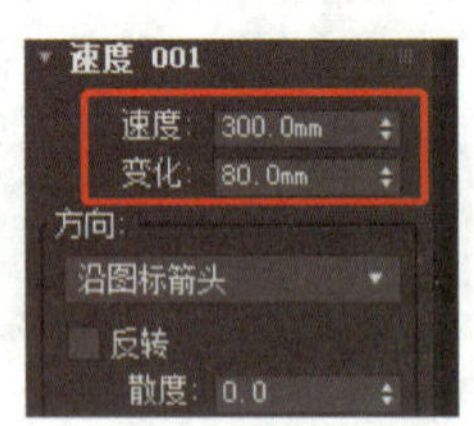

图 7–2–39　设置“速度”操作符参数

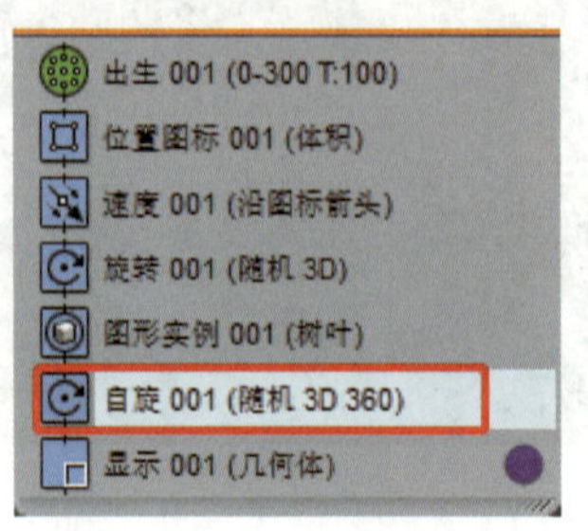

图 7–2–40　在事件中新增操作符

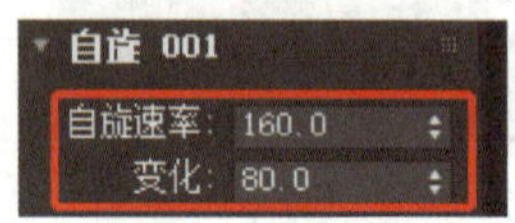

图 7–2–41　设置“自旋”操作符参数

（9）在仓库中选择“力”动作，拖动到“自旋 001”下方，如图 7–2–42a 所示。在属性面板中单击“添加”按钮，在透视图中拾取“风”对象，调整“影响 %”为 500，如图 7–2–42b 所示。

（10）单击“播放动画”按钮，可以预览树叶随风飘落的动画效果，如图 7–2–43 所示。

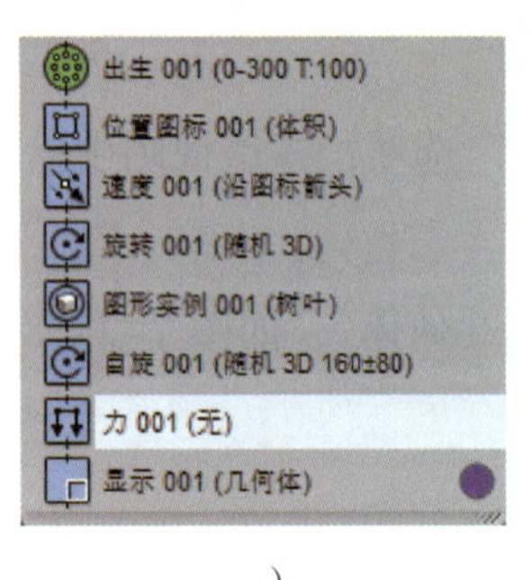

a）　　b）

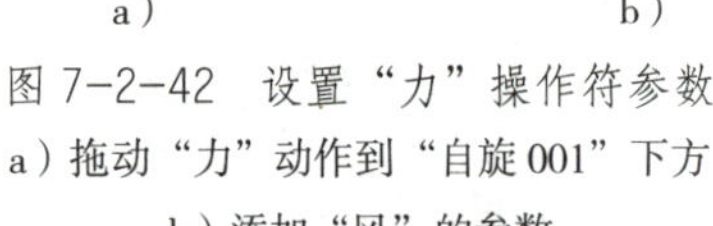
图 7–2–42　设置“力”操作符参数
a）拖动“力”动作到“自旋 001”下方
b）添加“风”的参数

图 7–2–43　树叶随风飘落的动画效果

（11）选择透视图视口，在菜单栏中执行“视图”→“视口背景”→“配置视口背景”命令，在弹出的对话框中选择“使用文件”，单击“文件”，选择素材文件夹中的“树 .png”，单击“确定”按钮，如图 7–2–44 所示。

（12）调整“粒子”“风”的位置及参数，调整“树叶”的大小，使树叶的飘落更加自然，如图 7–2–45 所示。

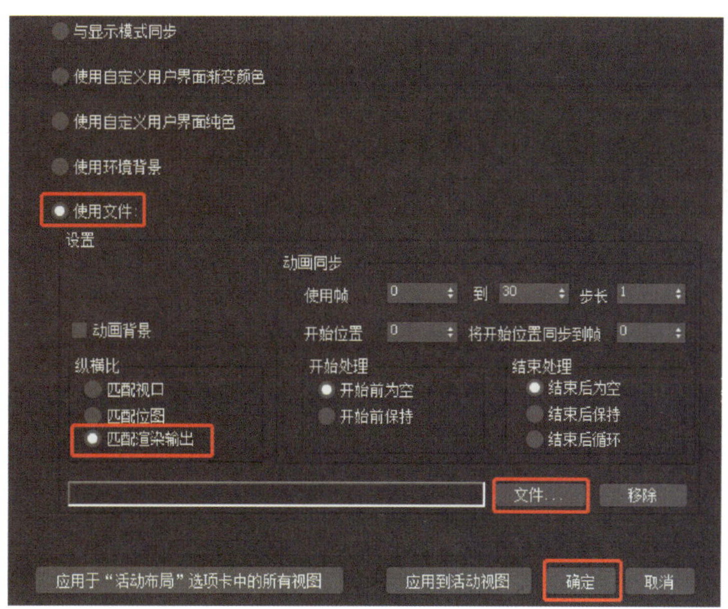

图 7-2-44　配置视口背景

图 7-2-45　树叶飘落

四、保存、导出动画

保存文件并导出 AVI 格式的视频文件。

任务 3　制作粒子特效动画

1. 能使用粒子视图中常见的操作符与测试动作并完成参数设置。
2. 能设置粒子跟随路径运动。

完成如图 7-3-1 所示的花瓣沿路径运动的动画。通过绘制运动路径、粒子流源的事件显示与操作符的参数设置，完成动画效果。

图 7-3-1　粒子特效动画

一、仓库中常用操作符的参数作用

1. 停止

使用停止操作符 停止 可立即停止粒子运动，其参数面板如图 7-3-2 所示。

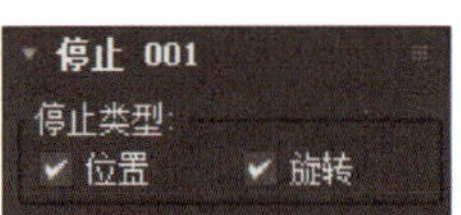

图 7-3-2 “停止”参数面板

（1）位置。指每个粒子均会完全停止线性运动（即非旋转）。

（2）旋转。指每个粒子均会完全停止旋转运动。

2. 删除

使用删除操作符可将粒子从粒子系统中移除，其参数面板如图 7-3-3 所示。

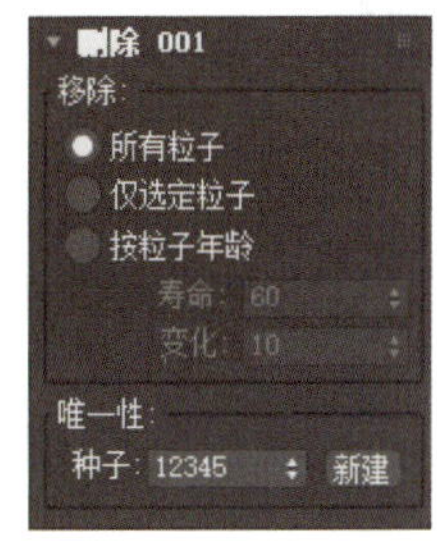

图 7-3-3 “删除”参数面板

（1）所有粒子。指删除粒子系统中的所有粒子。

（2）仅选定粒子。指删除“选择”卷展栏中选择的粒子。

（3）按粒子年龄。指删除已存在了特定时间长度的粒子。

（4）寿命。指允许粒子存在的帧数。

（5）变化。指寿命可以变化的最大数量。

3. 图标决定速率

图标决定速率操作符用于控制粒子的速度和方向。将操作符添加到事件后，在视口中可看到如图 7-3-4 所示的图标，其参数面板如图 7-3-5 所示。

（1）加速度限制。指粒子的速度。

（2）影响 %。速度与操作符图标速度的混合程度。

（3）“速度变化”组。粒子速度的随机变化。

（4）使用图标方向。将图标方向的动画应用于粒子系统。

（5）转向轨迹。将与图标的距离大于“距离”值的粒子直接移向此图标。

（6）参数动画。如果对操作符设置进行了动画设置，则将此动画应用于所有粒子。

（7）图标动画。将“图标决定速率”操作符图标的动画应用于所有粒子。

（8）图标大小。设置操作符图标的大小。

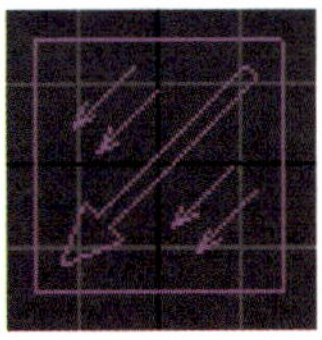

图 7-3-4 “图标决定速率”视口图标

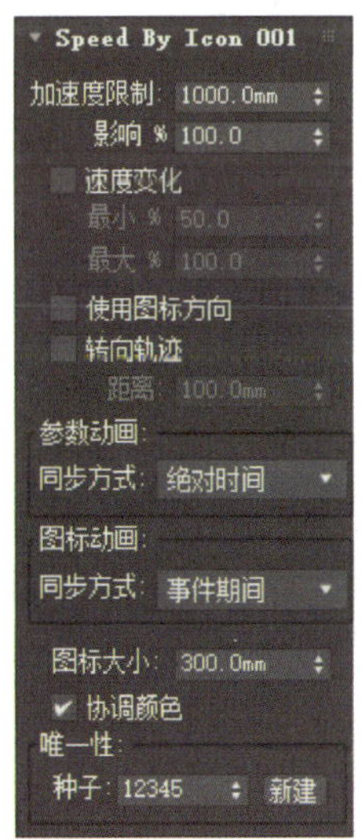

图 7-3-5 “图标决定速率”参数面板

提示

如果删除视口中的“图标决定速率”操作符图标，则也会删除“粒子流”系统中相应的操作符。

4. 缩放

缩放操作符 [缩放] 用于设置事件期间的粒子大小及其动画，其参数面板如图 7-3-6 所示。

（1）类型。可以选择不同的选项，以不同方式缩放事件中的粒子一次，或者将其反复缩放。

（2）比例因子。指在每个粒子的局部轴上执行缩放。

（3）限定比例。勾选时，改变一个轴，另外两个轴随之发生变化。取消勾选，可以设置三个轴的任意比例值。

（4）缩放变化。指粒子在 X、Y、Z 轴缩放的百分比。

（5）偏移。选择分布比例变化的方式。

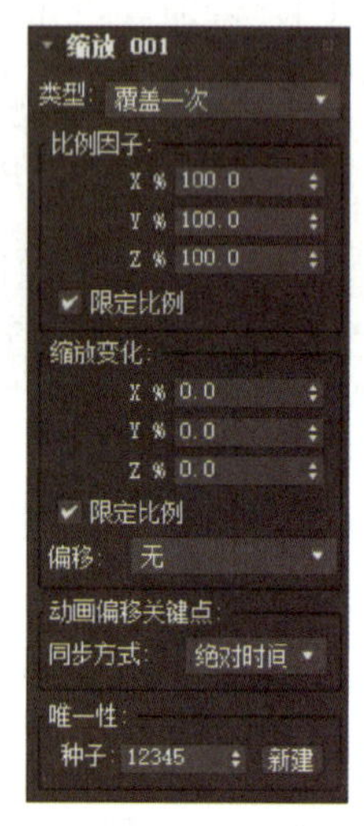

图 7-3-6 “缩放”参数面板

二、仓库中常用测试的参数作用

当将测试添加到事件时，测试图标前会出现一个圆圈，用于关联满足条件时的事件，如图 7-3-7 所示。

1. 年龄测试

年龄测试 [年龄测试] 用于测试粒子是否已过了指定时间，并相应导向不同分支，其参数面板如图 7-3-8 所示。

（1）年龄类型。绝对年龄指动画中当前的帧数，粒子年龄指每个粒子当前的年龄，

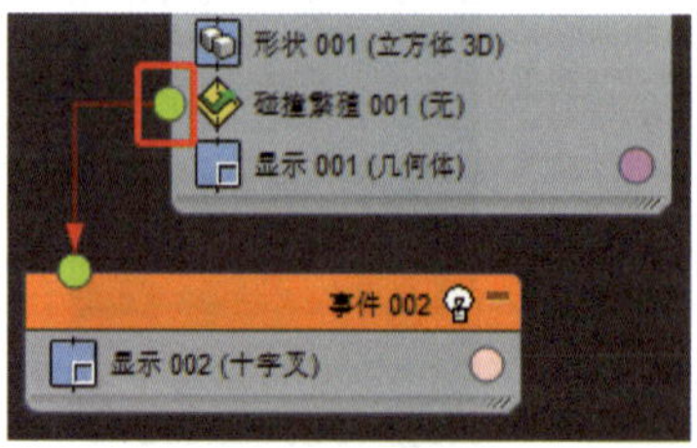

图 7-3-7 测试与事件之间的关联

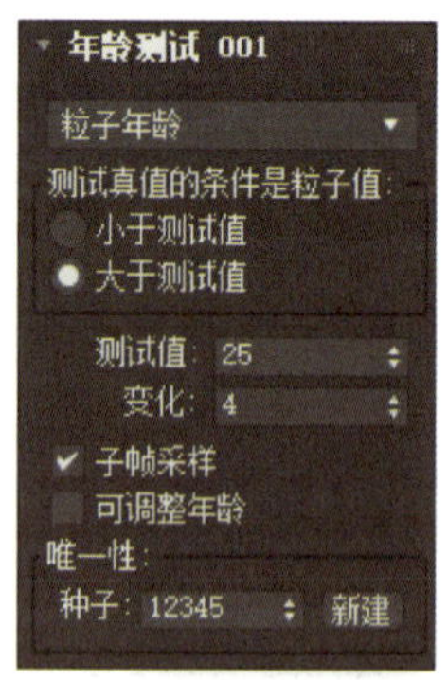

图 7-3-8 “年龄测试”参数面板

事件年龄指当前事件的当前持续时间。

（2）“测试真值的条件是粒子值”组。用于指定如果年龄测试成功或失败，测试是否将粒子传递给下一个事件。

（3）测试值。指指定帧数或粒子年龄（帧数）或事件期间（帧数）。

（4）变化。指测试的值可随机变化的帧数。

2. 查找目标

查找目标 查找目标 用于将粒子发送到指定的目标。当将动作添加到事件后，在视口中可看到如图 7–3–9 所示的图标，其参数面板如图 7–3–10 所示。

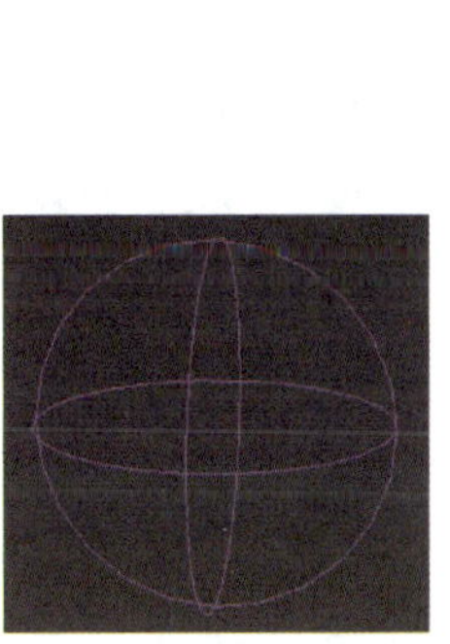

图 7-3-9 “查找目标”图标

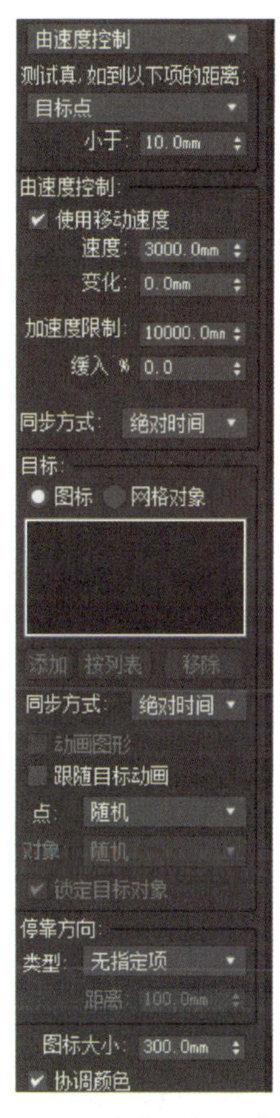

图 7-3-10 “查找目标”参数面板

（1）控制方式。用于选择指定速度或指定应使用的时间，将粒子发送到目标。

（2）“由时间控制”组。用于指定粒子到达目标所需的时间。

（3）“由速度控制”组。用于指定速度和加速度参数。

（4）“目标”组。用于选择使用“查找目标”图标作为目标，或者使用一个或多个场景网格对象作为目标。

（5）“停靠方向”组。用于指定粒子应从哪个方向接近目标。

3. 碰撞

碰撞 碰撞 用于粒子与一个或多个指定的导向板空间扭曲碰撞后，粒子的动作是继续或停止或反弹或变速，其参数面板如图 7–3–11 所示。

（1）“导向器”组。用于添加或移除导向板。

（2）碰撞。根据碰撞影响粒子速度的方式设置“速度”。

（3）碰撞后速度慢。如果在碰撞后，粒子速度小于“最小速度”的值，则测试成功。

（4）碰撞后速度快。如果在碰撞后，粒子速度大于“最大速度”的值，则测试成功。

（5）碰撞多次。指粒子碰撞指定次数后，则测试成功。

（6）即将碰撞。指粒子在指定的时间间隔内将与导向板碰撞，测试结果将为真值。

4. 繁殖

繁殖 繁殖 用于使用现有粒子创建新粒子，其参数面板如图 7–3–12 所示。

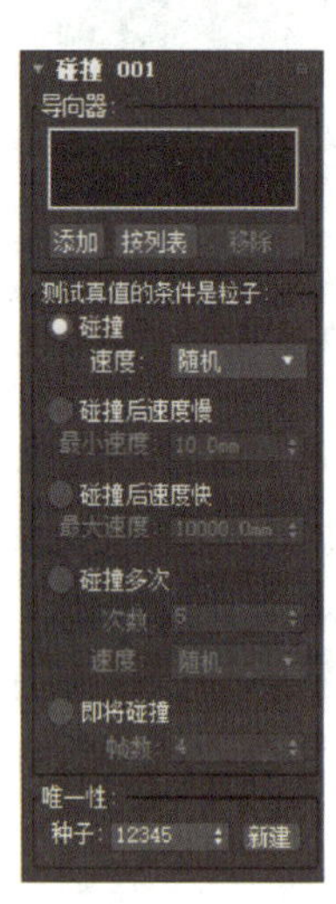

图 7–3–11 “碰撞”参数面板

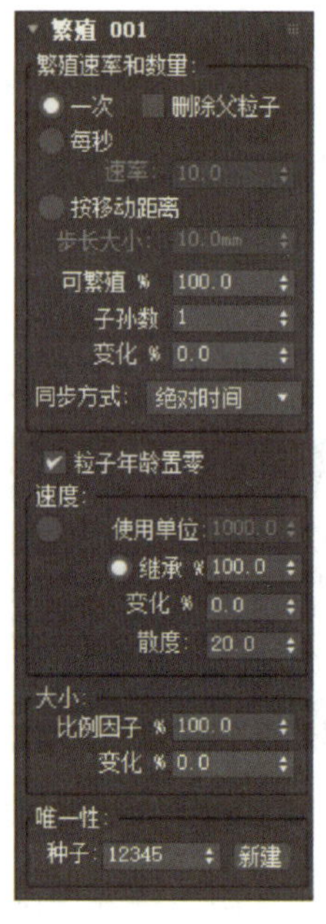

图 7–3–12 “繁殖”参数面板

（1）一次。指每个粒子繁殖一次。

（2）删除父粒子。指删除每个繁殖了新粒子的原始粒子。

（3）每秒。使用现有粒子创建新粒子。

（4）按移动距离。根据步长大小繁殖新的粒子。

（5）可繁殖 %。繁殖新粒子的粒子的百分比。

（6）子孙数。使用每个父粒子创建的新粒子数。

（7）变化 %。“子孙数”值可以随机变化的数量。

（8）粒子年龄置零。每个新繁殖粒子的年龄都设置为 0。

（9）“速度”组。用于指定繁殖的粒子的绝对速度或相对于父粒子的速度。“散度”用于将使繁殖的粒子流散开，值越大，散开越大。

（10）“大小”组。用于指定繁殖的粒子大小。

三、粒子跟随路径运动的方法

1. 方法一

（1）在前视图中绘制如图 7–3–13 所示的样条线。

（2）在顶视图中创建一个喷射粒子系统，参数设置如图 7–3–14 所示。

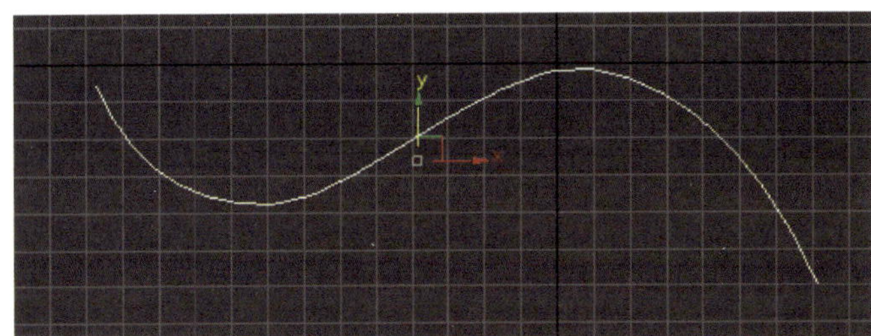

图 7–3–13　绘制样条线

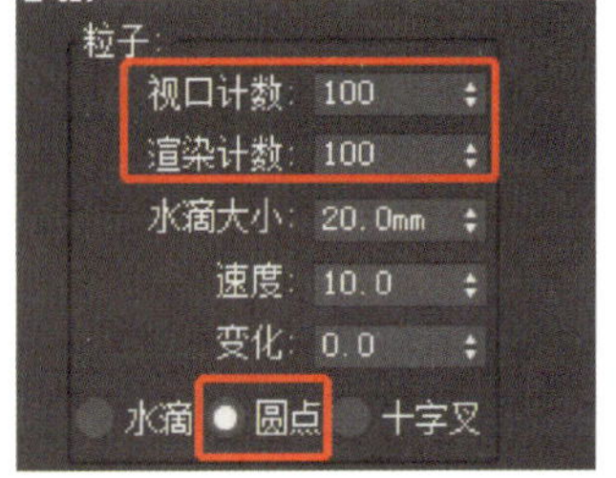

图 7–3–14　设置粒子参数

（3）在右侧面板单击“创建”→“空间扭曲”→“力”→“路径跟随”，在前视图中创建一个路径跟随，如图 7–3–15a 所示，在“基本参数”卷展栏中单击“拾取图形对象”选项，如图 7–3–15b 所示，拾取样条线。

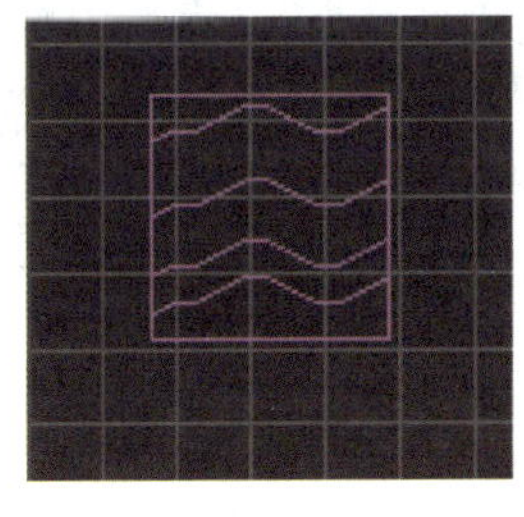

a）

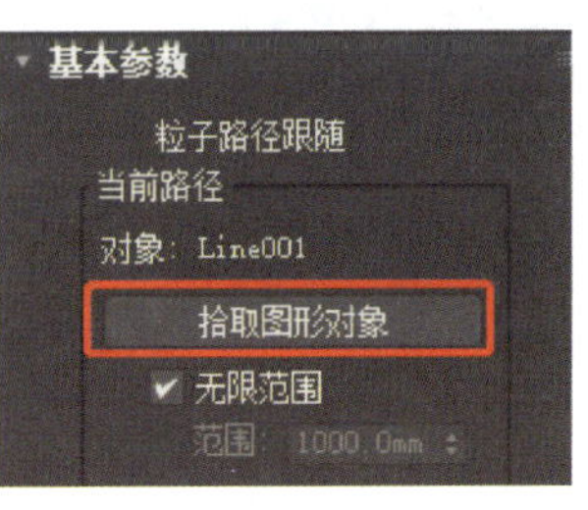

b）

图 7–3–15　创建路径跟随

a）在前视图中创建一个路径跟随　b）在“基本参数”卷展栏中拾取样条线

（4）选择喷射粒子系统，单击工具栏上的“绑定到空间扭曲”按钮，绑定到路径跟随。

（5）调整喷射粒子系统的位置位于样条线起始处，单击“播放动画”按钮，可预览粒子跟随路径运动的效果，如图 7-3-16 所示。

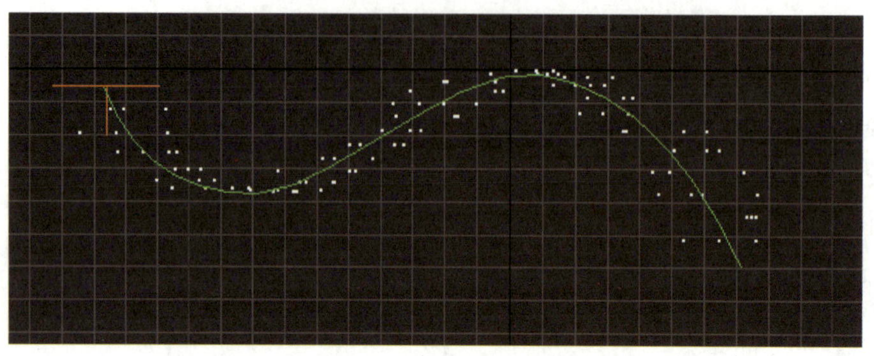

图 7-3-16　粒子跟随路径运动效果

提示

路径跟随空间扭曲不能应用于粒子流源。

2. 方法二

（1）在前视图中绘制如图 7-3-17 所示的螺旋线。

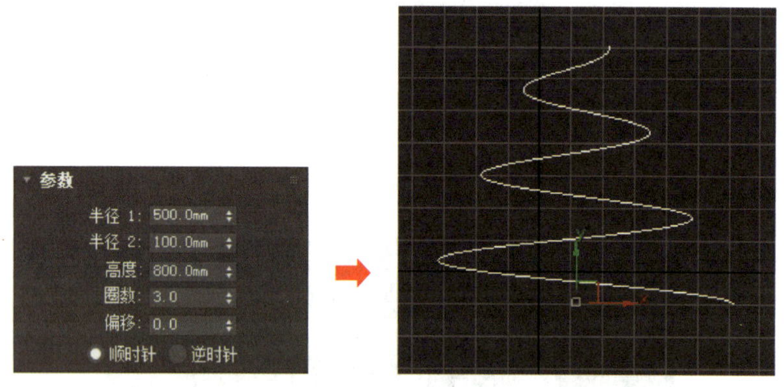

图 7-3-17　绘制螺旋线

（2）在顶视图中绘制一个粒子流源。调整其位置位于螺旋线底部起点处。

（3）打开粒子视图，在仓库中选择“图标决定速率”操作符，拖动至“位置图标”之后。

（4）在视图中选择“图标决定速率”图标，如图 7–3–18 所示，在菜单栏中执行“动画”→“约束”→“路径约束”命令，拾取螺旋线。在右侧修改面板中选择“运动”，在“路径参数”卷展栏中勾选“跟随”“倾斜”复选框。

（5）单击“播放动画”按钮，可预览粒子沿螺旋线运动的动画效果，如图 7–3–19 所示。

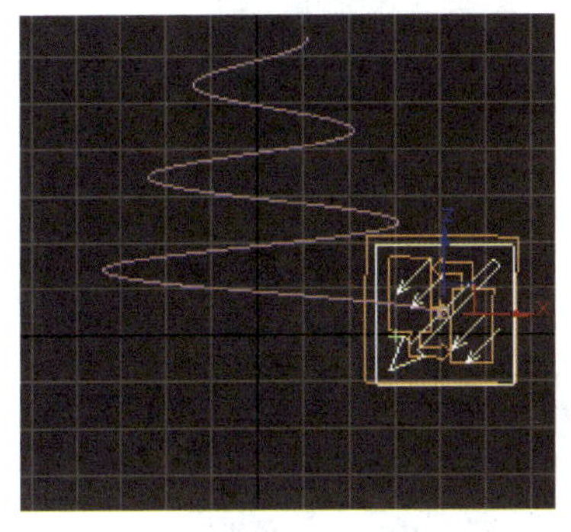

图 7–3–18 选择“图标决定速率”图标

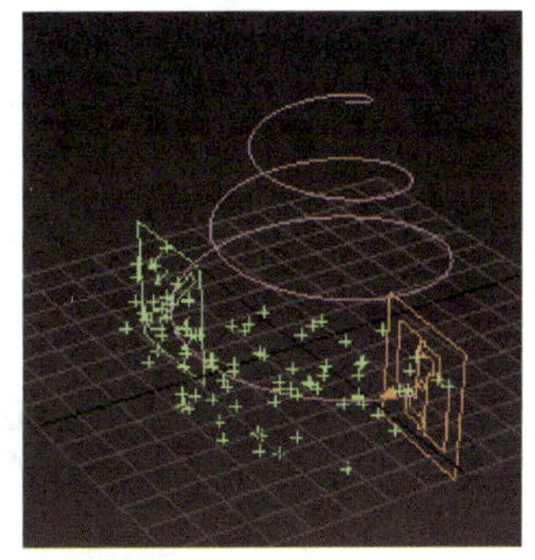

图 7–3–19 粒子沿螺旋线运动

3. 方法三

（1）创建一个粒子流源、一个球体，绘制一条样条线，如图 7–3–20 所示。

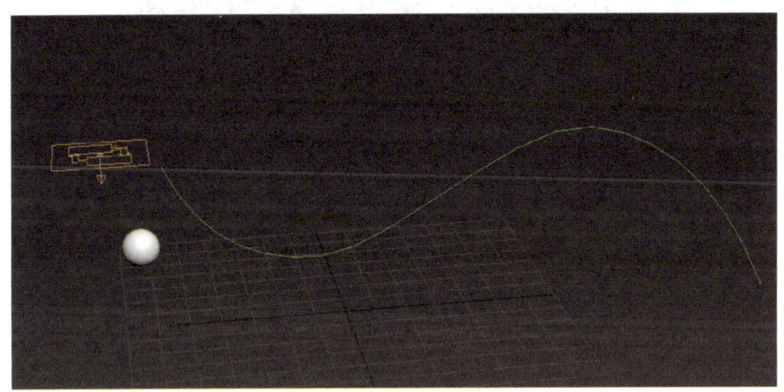

图 7–3–20 创建模型

（2）选择球体，在菜单栏中执行“动画”→“约束”→“路径约束”命令，拾取样条线，在“路径参数”卷展栏中勾选“跟随”“倾斜”复选框。

（3）选择粒子流源，打开粒子视图。在仓库中选择“位置对象”操作符，替换“位置图标”操作符，如图 7–3–21a 所示。在发射器对象中添加球体对象，勾选“锁定发射器”复选框，如图 7–3–21b 所示。

（4）单击“播放动画”按钮，可预览粒子随球体沿样条线运动的动画效果，如图 7–3–22 所示。

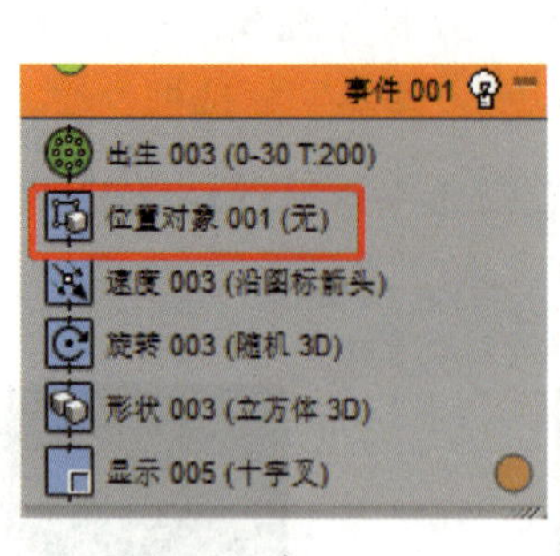

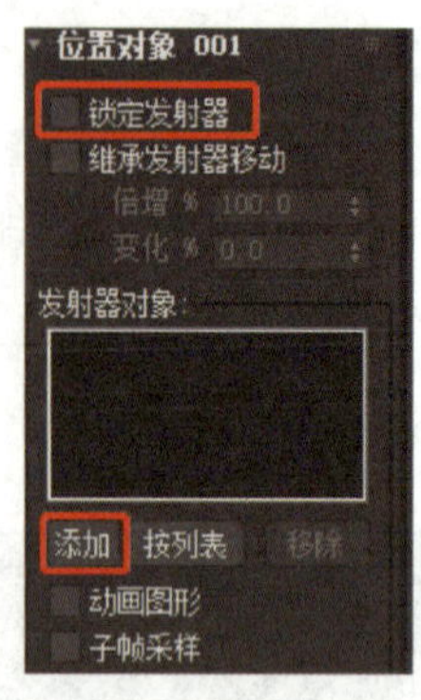

a）　　b）

图 7-3-21　添加“位置对象”操作符并设置参数

a）“位置对象”操作符替换“位置图标”操作符　b）在“位置对象”卷展栏中添加发射器对象，锁定发射器

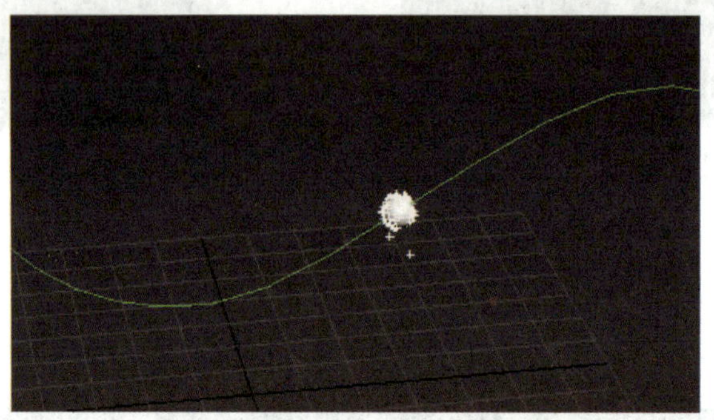

图 7-3-22　粒子随球体运动的效果

一、创建文件

打开软件，在菜单栏上执行“文件”→“保存”命令，选择保存路径并为文件命名，保存类型采用默认设置。检查文件，确定单位设置为 mm。

二、创建路径

1. 在顶视图中绘制一个大圆、两个小圆，大圆的半径为 800 mm，两个小圆的半径为 400 mm。调整位置如图 7-3-23 所示。

2. 右击大圆，选择“转换为:”→“转换为可编辑样条线”，在“几何体”卷展栏中单击“附加”选项，如图 7-3-24a 所示，在顶视图中拾取两个小圆。选择“线段”子集，如图 7-3-24b 所示，在顶视图中选择如图 7-3-24c 所示的红色线段部分，按“Del”键删除。

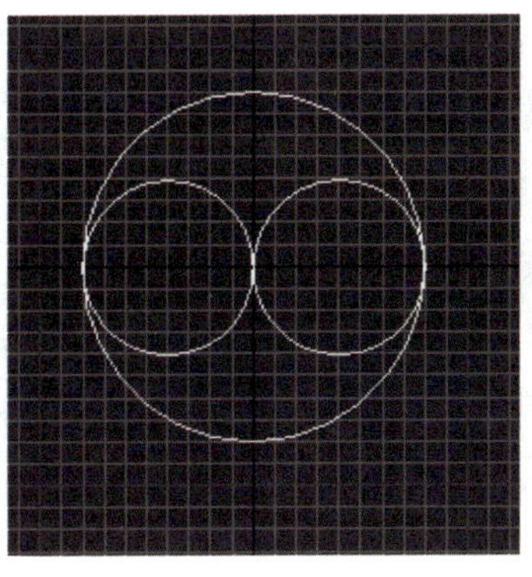

图 7-3-23　绘制圆

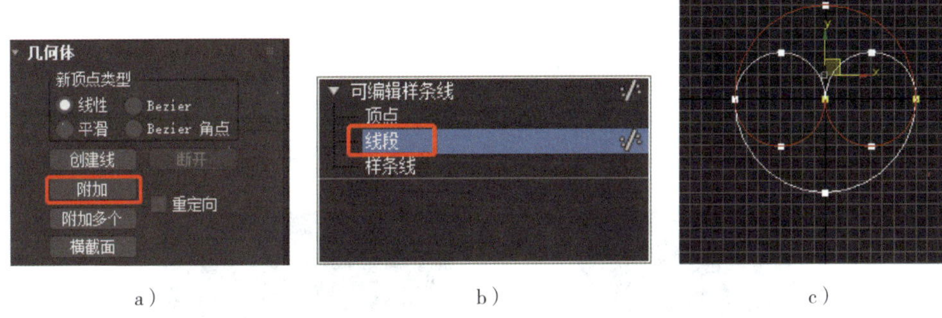

a）　b）　c）

图 7-3-24　编辑样条线

a）在“几何体”卷展栏中单击“附加”项，拾取两个小圆　b）选择“线段”子集

c）在顶视图中选择红色线段，并删除

3. 选择“顶点”子集，选择如图 7-3-25 所示的区域 1 顶点，在“几何体”卷展栏中单击“焊接”选项，按同样方法选择区域 2 顶点，进行焊接。

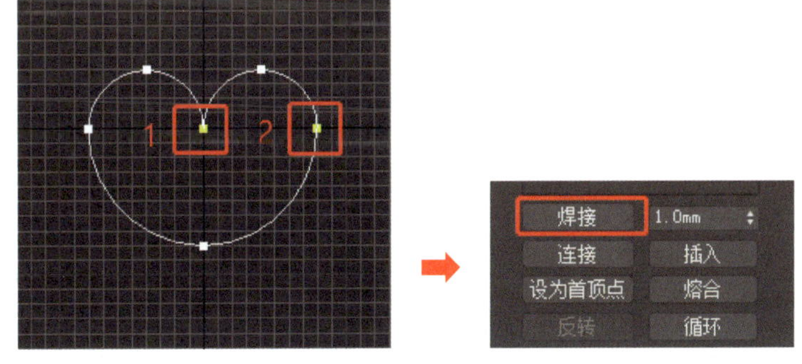

图 7-3-25　焊接顶点

4. 右击如图 7-3-26a 所示的顶点，选择“平滑”。利用“选择并移动”工具沿 Y 轴向下移动一定的距离，得到图 7-3-26b 所示的路径效果，将对象重命名为“路径”。

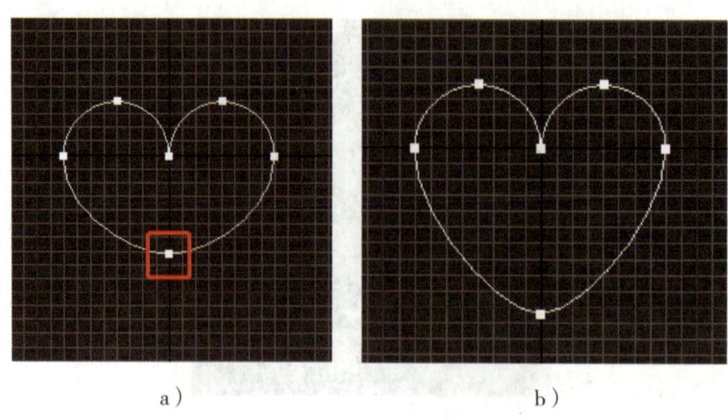

图 7-3-26　编辑顶点

a）右击顶点，选择“平滑”　b）沿 Y 轴向下移动

三、创建花瓣

1. 在顶视图中绘制图 7-3-27 所示的样条线，将对象重命名为“花瓣”。

2. 参考任务 2 中的树叶模型制作的步骤，给样条线加载“UVW 贴图”修改器，贴图为素材文件夹中的“花瓣 .png”，加载“弯曲”修改器，得到图 7-3-28 所示的花瓣效果。

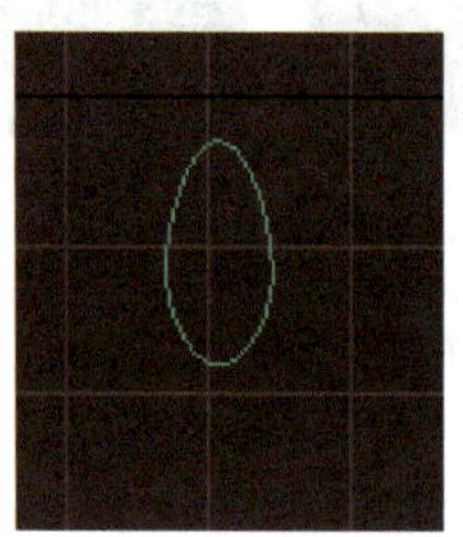

图 7-3-27　绘制样条线

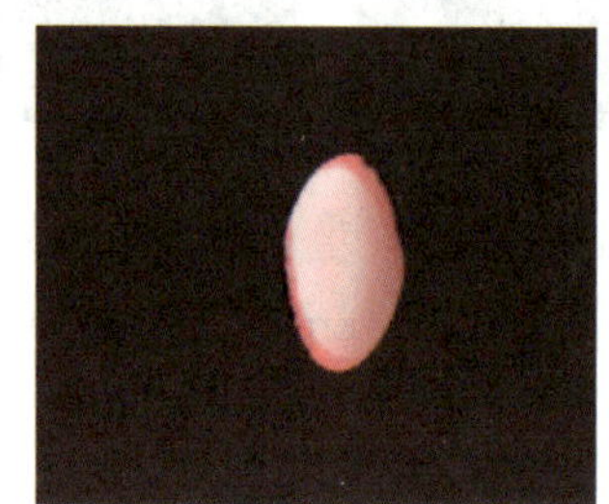

图 7-3-28　花瓣效果

四、创建粒子流源

1. 在顶视图中创建一个粒子流源，并调整其粒子发射方向与位置，如图 7-3-29a 所示，设置徽标大小为 50 mm、长度为 100 mm、宽度为 200 mm、视中 % 为 100，如图 7-3-29b 所示。

2. 设置“时间配置”参数。设置帧速率为 PAL、动画结束时间为 400，单击“确定”按钮。

3. 在“设置”卷展栏中单击“粒子视图”选项，在仓库中选择“图标决定速率”操作符，拖动至“位置图标 001”之后。在视图中会出现如图 7-3-30 所示的图标，选择图标，将对象重命名为“速度绑定”，在菜单栏中执行“动画”→“约束”→“路径约束”命令，拾取“路径”对象。

4. 调整“速度绑定”对象第 0 帧的位置与粒子流源位置相同。将第 400 帧的关键点拖动至第 200 帧处。调整位置与粒子流源位置相同。单击“播放动画”按钮，即可以看到粒子随路径运动的动画效果，如图 7–3–31 所示。

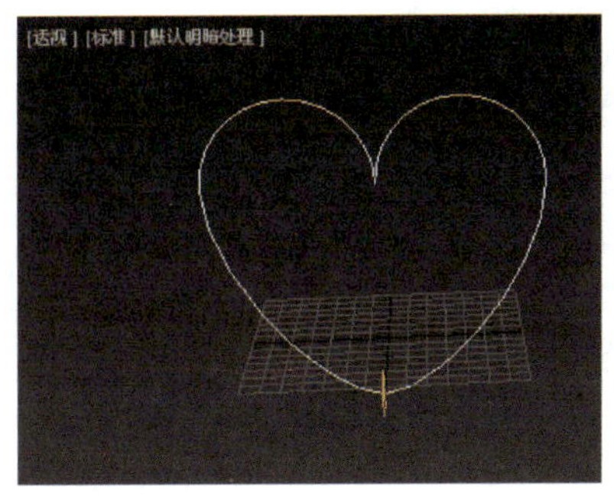

a）

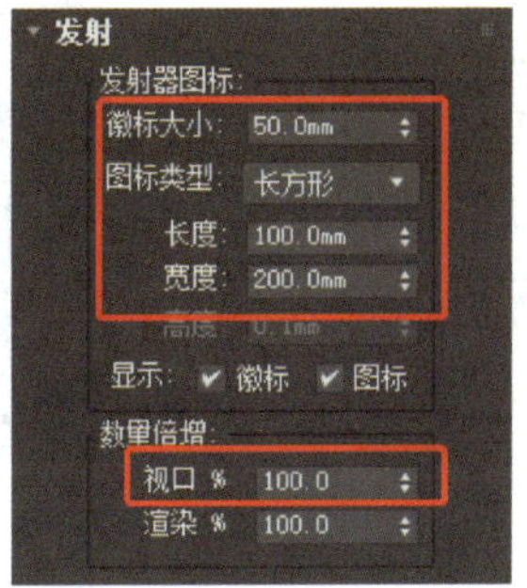

b）

图 7–3–29 创建粒子流源与参数设置

a）创建粒子流源并调整粒子发射方向与位置 b）在“发射”卷展栏中设置参数

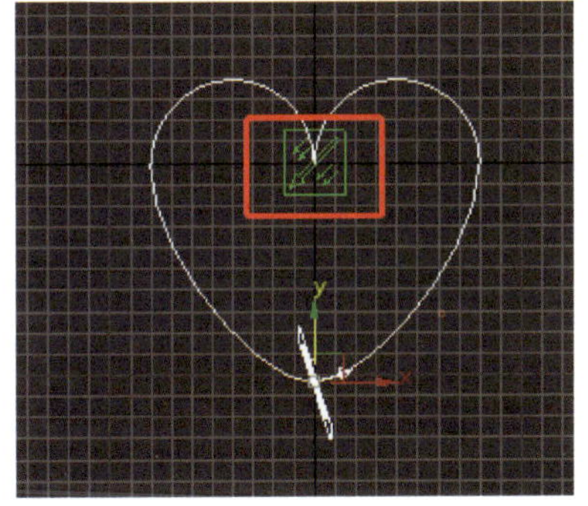

图 7–3–30 添加“图标决定速率”

图 7–3–31 花瓣沿路径运动效果

5. 选择“出生 001”操作符，在右侧属性面板中设置发射开始为 1、发射停止为 400、数量为 500，如图 7–3–32 所示。

6. 选择“运动绑定”命令，勾选“转向轨迹”复选框，如图 7–3–33 所示。

7. 在仓库中选择“图形实例 001”操作符，替换“形状 001”操作符。在“图形实例 001”属性中选择粒子几何体对象为“花瓣”。设置比例 % 为 30、变化 % 为 50，如图 7–3–34 所示。

8. 选择“显示 001”操作符，在右侧属性面板中选择“类型”为“几何体”。删除“速度 001”操作符。

9. 在仓库中选择“年龄测试”操作符，拖动至“显示 001”之后，在右侧属性面板中设置测试值为 200，如图 7–3–35 所示。

10. 在仓库中选择“删除”操作符，拖到粒子视图窗口，在右侧属性面板中选择

“按粒子年龄”，设置寿命为 200，如图 7-3-36 所示。

11. 将“年龄测试 001”与“事件 002”建立关联，如图 7-3-37 所示。

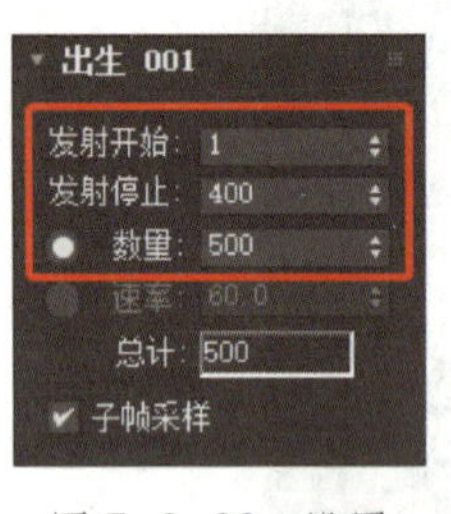

图 7-3-32 设置“出生”参数

图 7-3-33 设置“运动绑定”参数

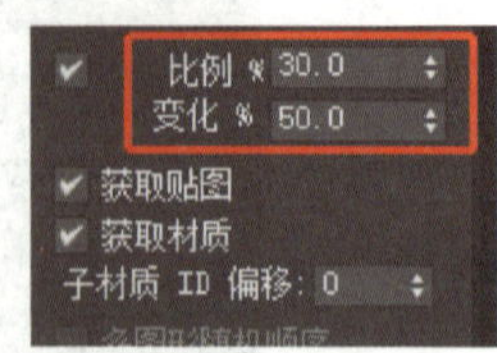

图 7-3-34 设置“图形实例”参数

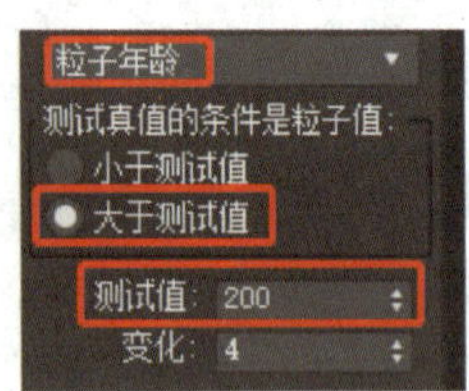

图 7-3-35 设置“年龄测试”参数

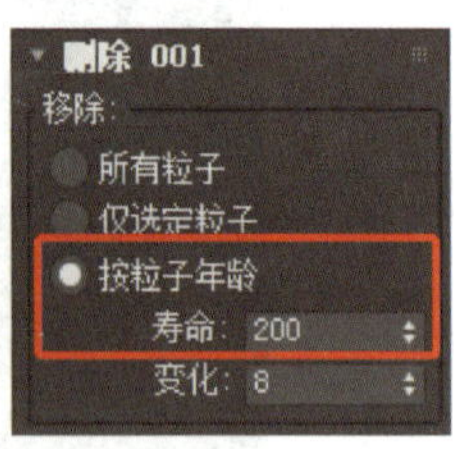

图 7-3-36 设置“删除”参数

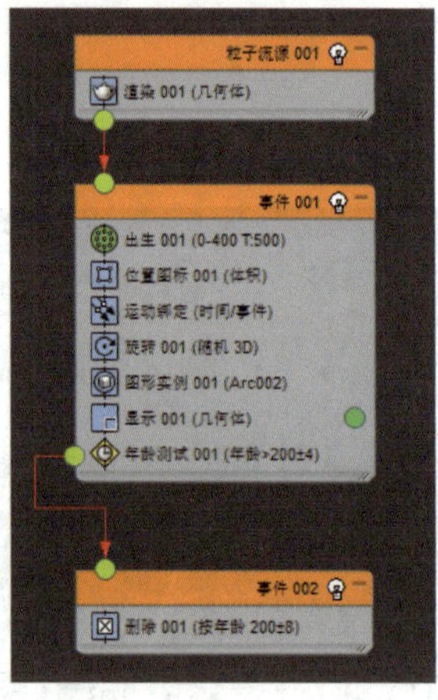

图 7-3-37 建立关联

12. 单击“播放动画”按钮，可预览花瓣粒子随路径运动的动画效果，如图 7-3-38 所示。

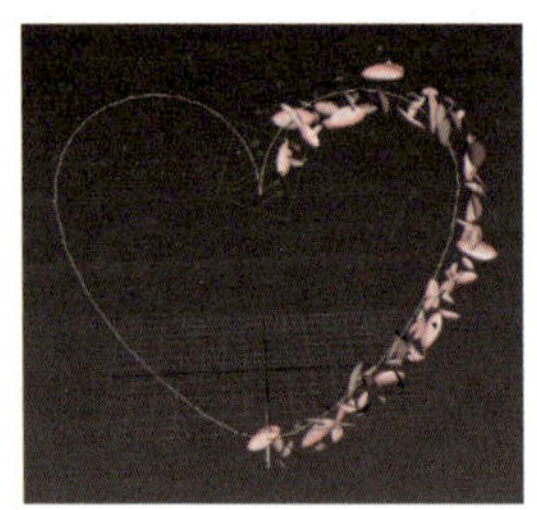

图 7-3-38 花瓣粒子随路径运动

五、保存、导出动画

保存文件并导出 AVI 格式的视频文件。

项目八
骨骼动画

任务　制作人物走路动画

1. 能创建骨骼。
2. 能叙述“蒙皮”修改器的作用，能完成参数设置。
3. 能叙述权重的概念。
4. 能叙述并运用运动学规律制作动画。

完成如图 8-1-1 所示的人物走路动画效果。通过创建“Biped”骨骼，调整骨骼的各关节点与模型适配，为动画模型加载“蒙皮”修改器，设置各顶点的权重值，再利用运动面板，结合运动学规律，调整各关键点的姿势，完成走路动画效果。

图 8-1-1　人物走路动画效果

一、创建骨骼

在右侧面板单击“创建”→“系统”→“标准”，可以看到骨骼对象“骨骼”和“Biped”，如图 8-1-2 所示。

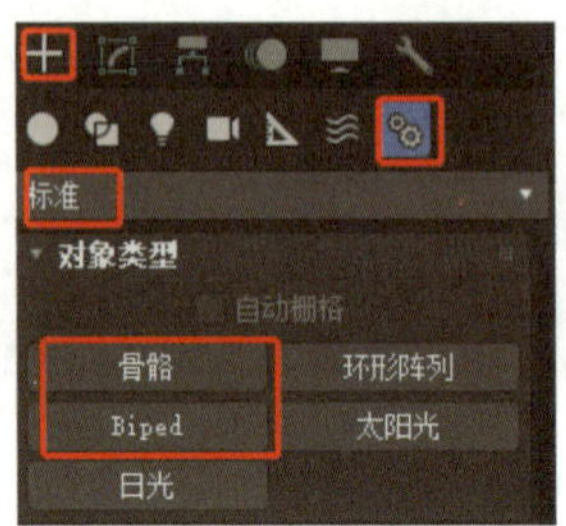

图 8-1-2　创建骨骼对象

1．骨骼

单击“骨骼”对象，可以在视口中绘制任意的骨骼系统，如图 8-1-3a 所示，其参数面板如图 8-1-3b 所示。在参数面板中可以修改选中的骨骼的宽度、高度和锥化值。“骨骼鳍”组通过参数的调整，有助于可视化骨骼的方向并近似于角色形状，如图 8-1-4 所示。

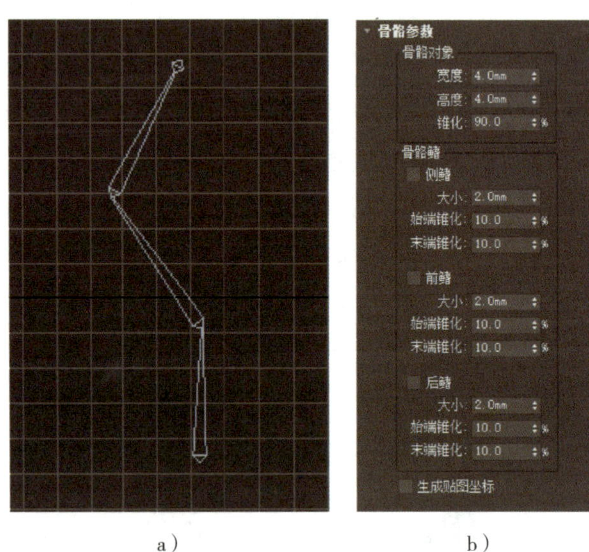

a）　　　　b）

图 8-1-3　创建骨骼及骨骼参数面板

a）绘制骨骼系统　b）“骨骼参数”面板

图 8-1-4　设置“骨骼鳍”后的骨骼效果

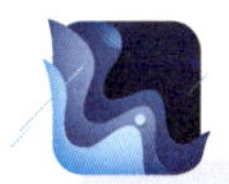

提示

在“骨骼参数”卷展栏中，只能修改骨骼系统中的一根骨骼的参数，如果需要修改多根骨骼参数，可以在菜单栏中执行“动画”→“骨骼工具”命令，在“骨骼工具”对话框中设置相应参数即可，如图 8-1-5 所示。

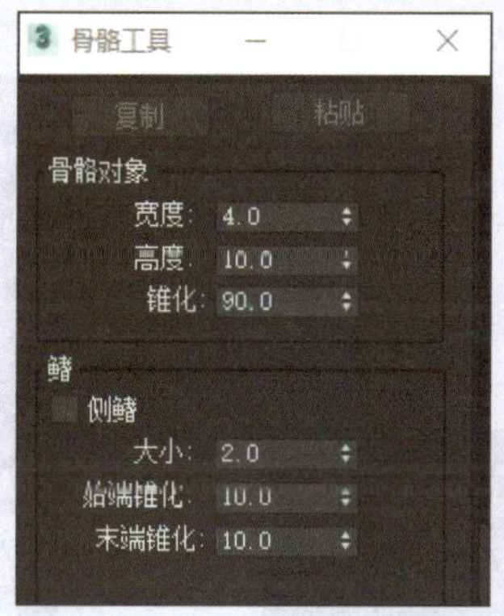

图 8-1-5　“骨骼工具”对话框

2. Biped

单击“Biped”对象，可以在视口中绘制人物骨骼系统，如图 8-1-6a 所示，其参数面板如图 8-1-6b 所示。在参数面板中可以选择“Biped”对象的创建方法、结构源、躯干类型、是否需要手臂、身体各部位的骨骼数量。其中控制整个人体移动 / 旋转的关键点为质心，如图 8-1-7 所示。在“运动”面板中可以看到图 8-1-8 所示的卷展栏信息。

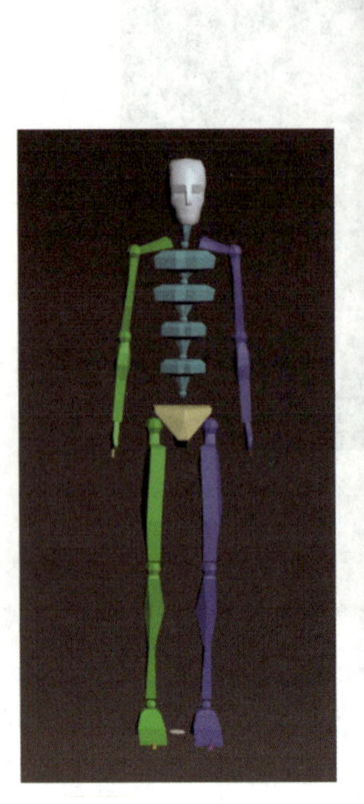

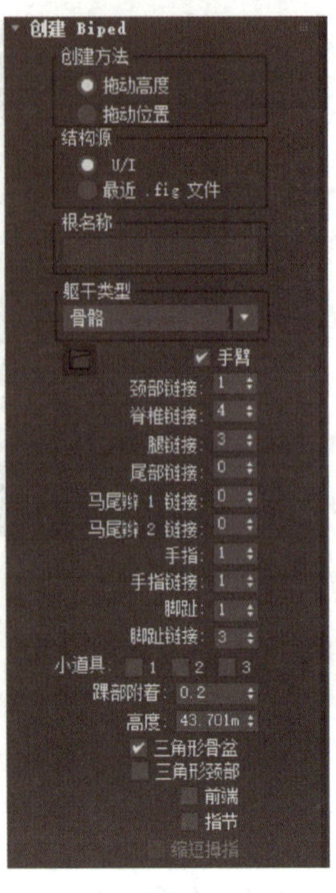

a） b）

图 8-1-6 创建“Biped”对象及参数面板

a）创建“Biped” b）“创建 Biped”参数面板

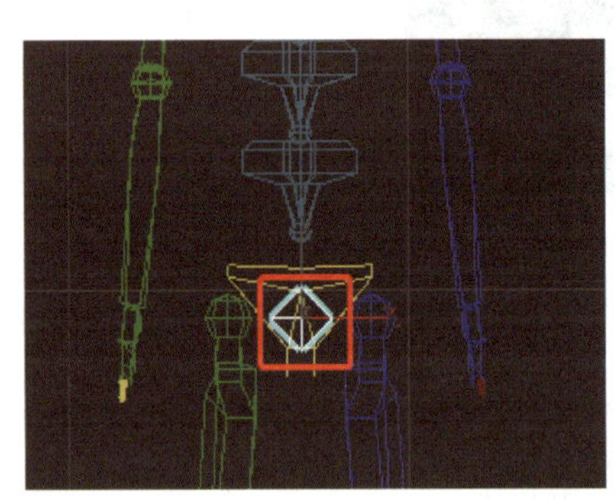

图 8-1-7 “Biped”对象的质心

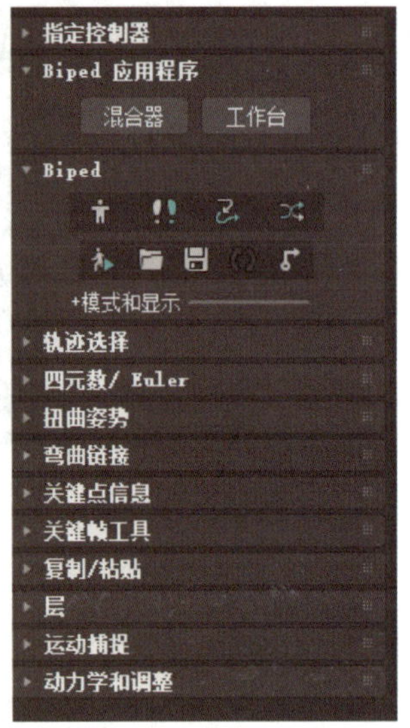

图 8-1-8 “Biped”对象的运动面板

（1）“指定控制器”卷展栏。向单个对象指定并追加不同的变换控制器。

（2）“Bipde”卷展栏。使 Biped 处于“体形”“足迹”“运动流”或“混合器”模式，然后加载并保存 BIP、STP、MFE 或 FIG 格式的文件。

（3）“轨迹选择”卷展栏。控制质心水平、垂直、旋转、锁定、对称、相反操作。

（4）“四元数 /Euler”卷展栏。用于 Biped 动画上在 Euler 或四元数控制器之间切换。

（5）“扭曲姿势”卷展栏。用于创建并编辑 Biped 肢体的扭曲姿势。

（6）“弯曲链接”卷展栏。用于操纵链接链，如 Biped 脊椎、颈部和尾部。

（7）“关键点信息”卷展栏。用于导航和编辑 Biped 关键点。

（8）“关键帧工具”卷展栏。用于清除 Biped 或已选定部位上的动画，为 Biped 动画制作镜像。

（9）“复制 / 粘贴”卷展栏。用于复制 Biped 某个部位的姿势、姿态或轨迹信息。

（10）“层”卷展栏。用于在原 Biped 动画之上添加动画层。

（11）“运动捕捉”卷展栏。用来处理原始运动捕获数据。

（12）“动力学和调整”卷展栏。用于指定创建 Biped 动画的方式。

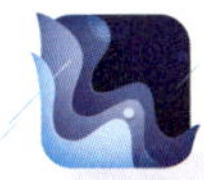

提示

在创建“Biped”对象之后，如果需要再次修改对象的结构，需在运动面板中“Biped”卷展栏中单击“体形模式”，会出现“结构”卷展栏，如图 8-1-9 所示，即可修改对象的结构。

图 8-1-9 “结构”卷展栏

二、“蒙皮”修改器

1. “蒙皮”修改器的作用

“蒙皮”修改器用于为动画模型添加骨骼系统，通过调整骨骼的姿势，让模型随骨骼的运动而变化。

2. “蒙皮”修改器的应用

下面结合实例说明“蒙皮”修改器的应用方法。

（1）创建一个圆柱体，设置半径为 5 mm、高度为 10 mm、高度分段为 20。

（2）将圆柱体复制 2 个，将三个圆柱体分别命名为圆柱体 1、圆柱体 2、圆柱体 3，并调整其位置，如图 8–1–10 所示。

（3）在前视图中创建如图所示的“骨骼”对象，为每个圆柱体添加一段骨骼，如图 8–1–11 所示。

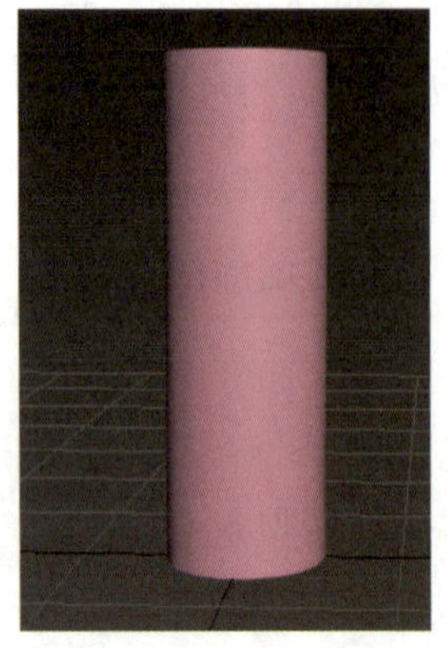
图 8–1–10　绘制圆柱体

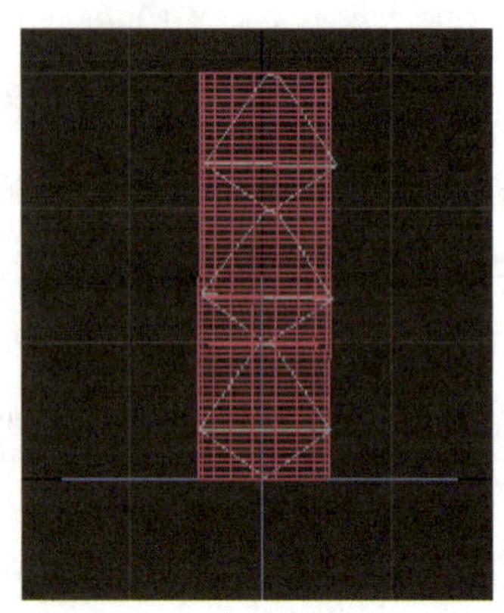
图 8–1–11　创建骨骼

（4）选中“圆柱体 1”对象，加载“蒙皮”修改器。在“高级参数”卷展栏中设置“骨骼影响限制”为 4，在“参数”卷展栏中单击“添加”按钮，选择需要绑定的骨骼对象，如图 8–1–12 所示。

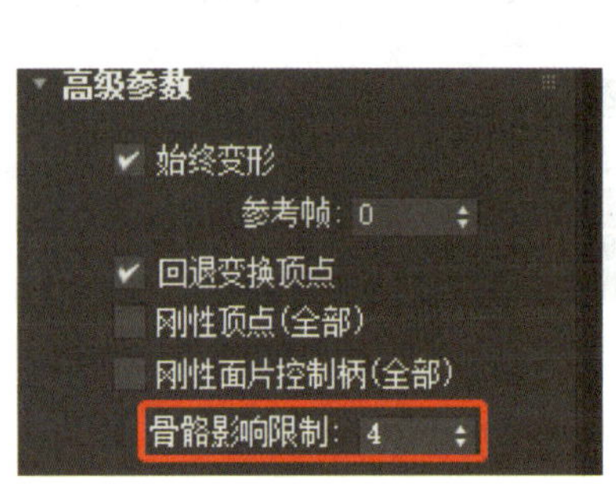

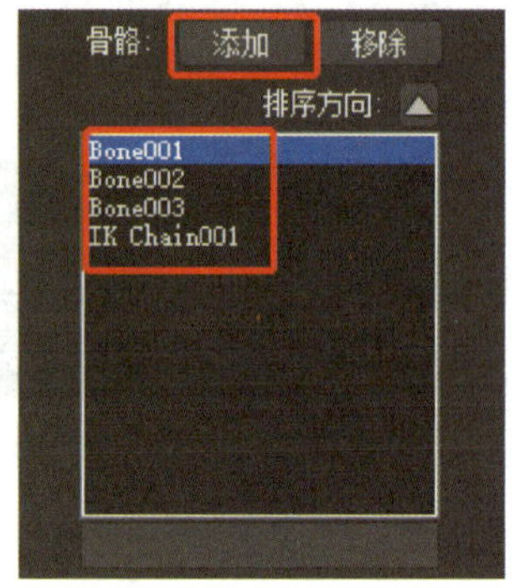

图 8–1–12　设置高级参数并添加骨骼系统

（5）重复步骤（4），为“圆柱体 2”“圆柱体 3”对象依次加载“蒙皮”修改器，并进行参数设置与骨骼绑定。

（6）选择“圆柱体 1”对象，单击“编辑封套”选项，勾选“顶点”复选框，如图 8–1–13a 所示，框选圆柱体 1 的顶点，如图 8–1–13b 所示，单击“权重工具”选项，如图 8–1–13c 所示，弹出“权重工具”对话框，选择“Bone001”，设置权重值为“0.5”，如图 8–1–13d 所示，再选择“IK Chain001”，设置权重值为“0.5”，权值设置完成后，再次单击“编辑封套”。

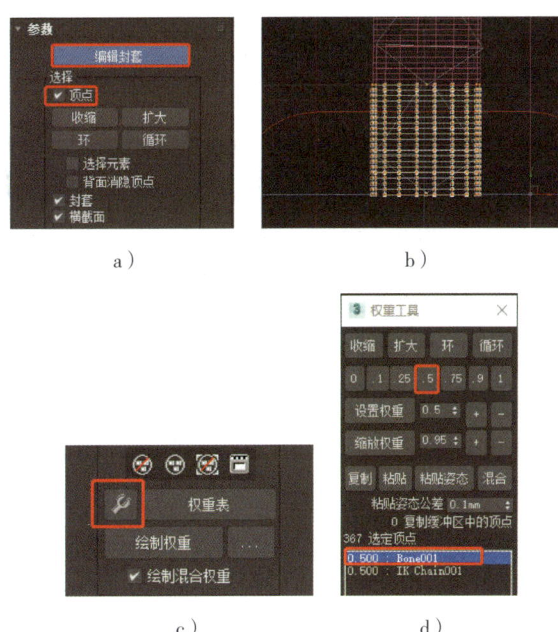

a）　　b）

c）　　d）

图 8-1-13　设置顶点的权重值

a）勾选“顶点”　b）框选圆柱体 1 的顶点　c）单击“权重工具”选项　d）设置权重值

提示

对于复杂的图形，可以利用收缩、扩大、环和循环选项来精确选择顶点。权重值越大，受控制影响越多；权重值越小，受控制影响越少。

（7）依次调整“圆柱体 2”“圆柱体 3”对象各顶点的权重值。本任务的“圆柱体 2”的顶点权重值如图 8-1-14a 所示，“圆柱体 3”的顶点权重值如图 8-1-14b 所示。

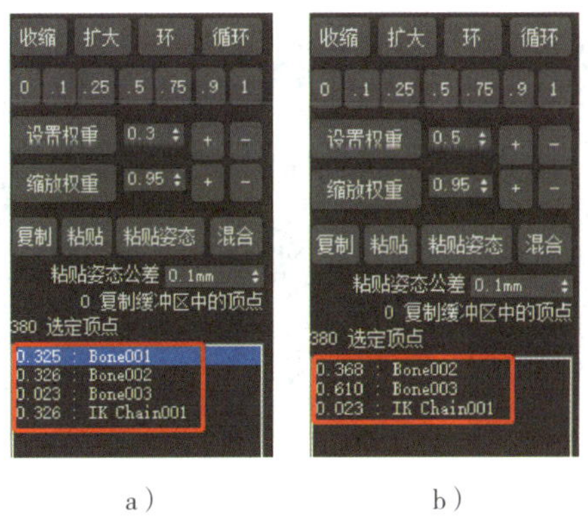

a）　　b）

图 8-1-14　设置“圆柱体 2”和“圆柱体 3”的顶点权重值

a）“圆柱体 2”的顶点权重值　b）“圆柱体 3”的顶点权重值

（8）在工具栏中的“选择过滤器”中选择“骨骼”，在“参考坐标系”中选择“局部”，如图 8-1-15 所示。

图 8-1-15　调整工具栏选项

（9）单击“时间配置”按钮，设置帧速率为 PAL、动画结束时间为 60，单击“确定”按钮。

（10）在前视图中，选择 Bone001、Bone002、Bone003 对象，单击“自动关键点”按钮，将时间滑块拖动至第 10 帧处，利用“选择并旋转”工具调整骨骼对象，如图 8-1-16a 所示，重复以上操作进行调整，第 20 帧处骨骼对象如图 8-1-16b 所示，第 30 帧处骨骼对象如图 8-1-16c 所示，第 40 帧处骨骼对象如图 8-1-16d 所示，第 50 帧处骨骼对象如图 8-1-16e 所示，第 60 帧处骨骼对象如图 8-1-16f 所示。再次单击“自动关键点”按钮。

（11）单击“播放动画”按钮，可以预览圆柱体摆动的动画效果。

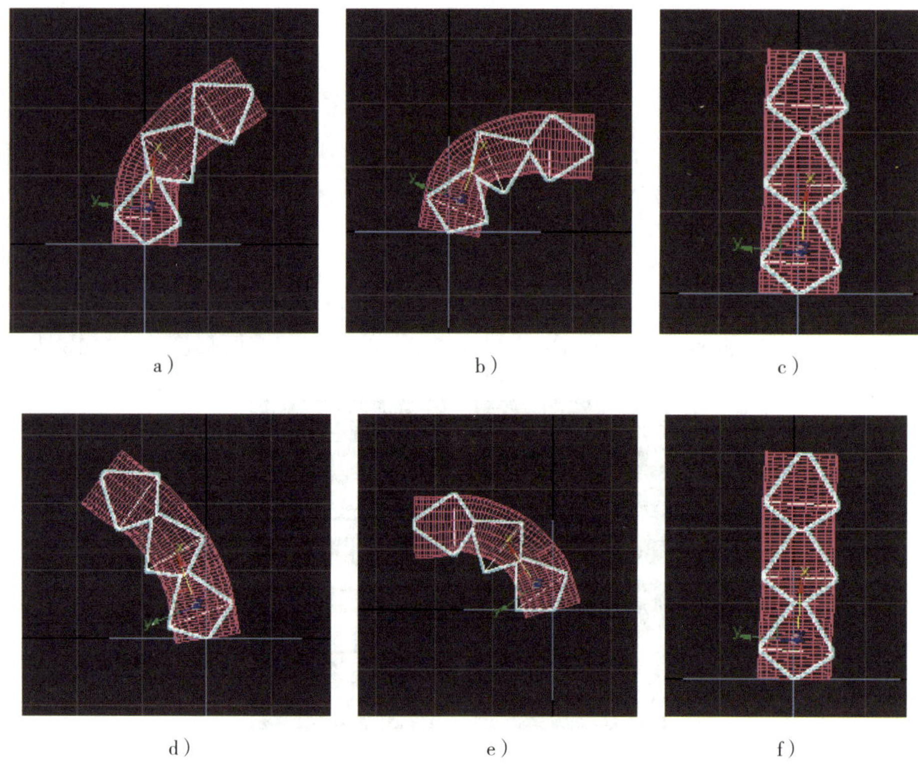

图 8-1-16　调整骨骼对象不同关键点的位置

a）第 10 帧　b）第 20 帧　c）第 30 帧　d）第 40 帧　e）第 50 帧　f）第 60 帧

3. “蒙皮”修改器的常用参数作用

（1）“选择”组。用于选择需要调整的顶点。

（2）“骨骼”组。用于添加或移除骨骼系统。

（3）“封套属性”组。用于设置封套的半径、挤压、可见性、衰减模式和复制。

（4）“权重属性”组。用于设置顶点的权重值。

（5）“镜像参数”卷展栏。用于对称地编辑封套和顶点指定对称。

（6）“显示”卷展栏。用于控制蒙皮功能在视口中的显示方式。

（7）“高级参数”卷展栏。提供附加蒙皮修改器选项。

（8）“Gizmos”卷展栏。用于设置“关节角度”“凸出角度”和“变形角度”变形。

一、创建文件

打开素材文件夹中的“小孩模型 .max”文件，在菜单栏上执行“文件”→“另存为”命令，选择保存路径并为文件命名，保存类型采用默认设置。检查文件，确定单位设置为 mm。

二、搭建骨骼

1. 创建骨骼

（1）选中小孩模型，修改小孩的绝对世界坐标，设置 X、Y、Z 均为 0。

（2）在右侧面板单击“创建”→“系统”→“标准”→“Biped”，打开 3D 捕捉开关，在前视图的场景中创建一个 Biped 骨骼，如图 8-1-17 所示。

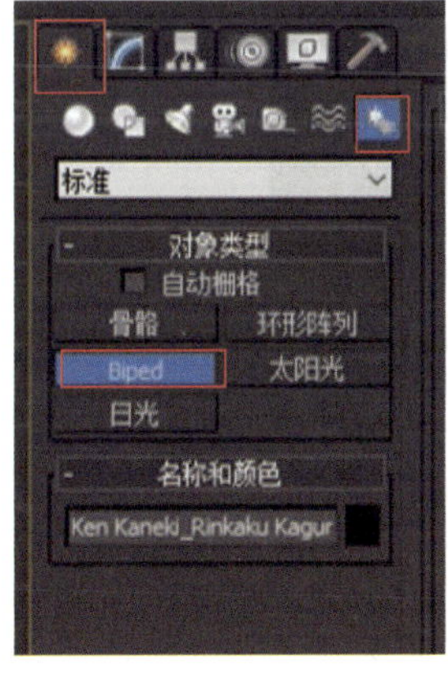

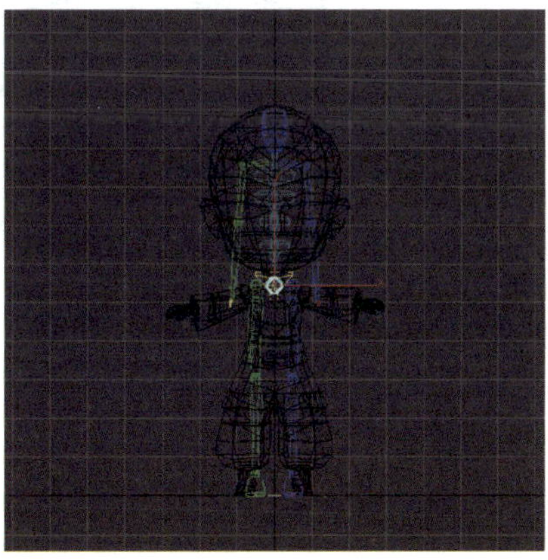

图 8-1-17　创建“Biped”

（3）在“创建 Biped”卷展栏中设置“躯干类型”的脊椎链接为 2、手指为 2、手指链接为 2、脚趾为 1、脚趾链接为 1，其他参数为默认值，参数设置如图 8-1-18 所示。

（4）调整“Biped”骨骼位置与模型适配。在工具栏中的“选择过滤器”中选择“骨骼”，选中“Biped”骨骼的质心，在右侧“运动”面板中的“Biped”卷展栏中单击“体型模式”，再在“轨迹选择”卷展栏中依次激活锁定 COM 关键点、躯干水平、躯干垂直和躯干旋转选项，如图 8-1-19 所示。

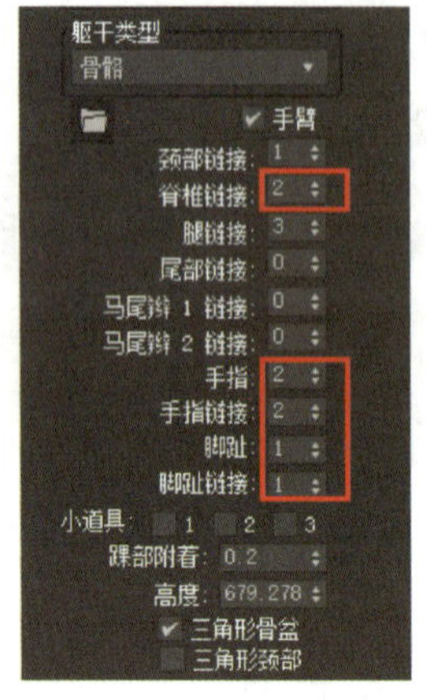

图 8-1-18　设置骨骼参数

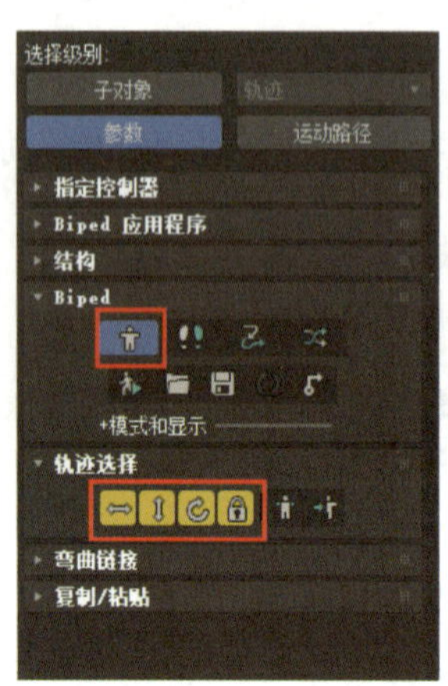

图 8-1-19　激活“体型模式”

（5）将参考坐标系改为“局部”，通过移动、旋转和缩放工具，调整左侧骨骼的各关节点，使得骨骼与模型进行适配，得到图 8-1-20 所示的效果。

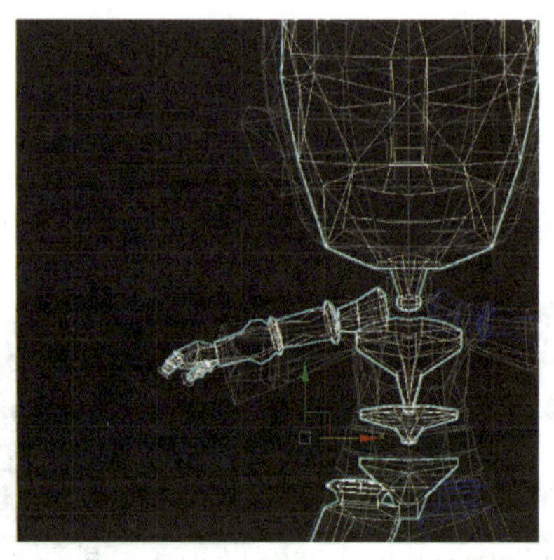

图 8-1-20　左侧骨骼与模型的适配效果

（6）复制左侧骨骼姿态。选中左侧要复制的骨骼，在“复制 / 粘贴”卷展栏中单击“创建集合”按钮，激活“姿态”，单击“复制姿态”按钮后，继续单击“向对面粘贴姿态”按钮，如图 8-1-21 所示，检查右侧骨骼与模型是否适配，进行微调，得到图 8-1-22 所示的效果，完成骨骼的搭建后，退出“体型模式”。

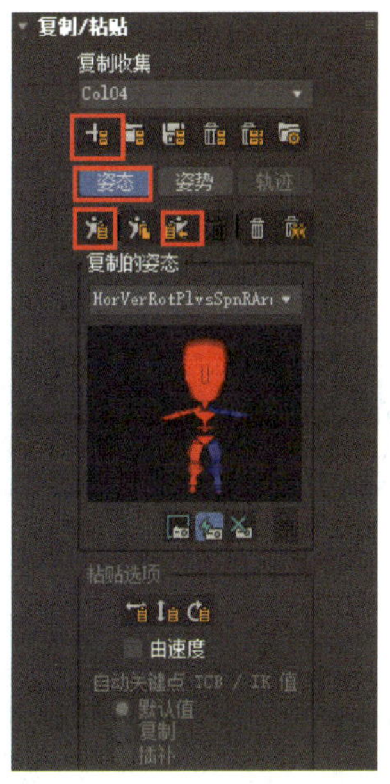

图 8-1-21　复制姿态

图 8-1-22　右侧骨骼与模型的适配效果

提示

姿态复制的是部分骨骼，姿势是指全部骨骼。

（7）为骨骼创建“Biped”选择集。选中所有骨骼对象，在“创建选择集”中创建一个“Biped”的选择集，如图 8-1-23 所示。

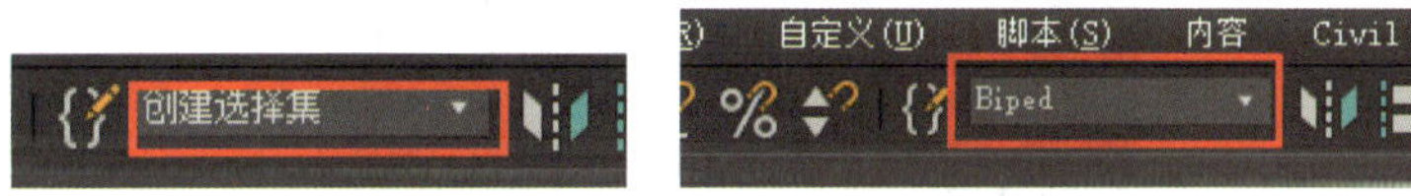

图 8-1-23　创建“Biped”选择集

2. 加载“蒙皮”修改器

（1）选中全部骨骼，右击选择“对象属性”，取消“可渲染”，如图 8-1-24 所示。

（2）为模型创建“Model”选择集。将骨骼隐藏，选中模型对象，创建一个“Model”选择集，如图 8-1-25 所示，完成后取消骨骼隐藏。

（3）选择“Model”，加载“蒙皮”修改器，在“高级参数”卷展栏中设置“骨骼影响限制”为“4”，在“显示”卷展栏中勾选“不显示封套”复选框，在“参数”卷展栏中“添加”全部骨骼，如图 8-1-26 所示。

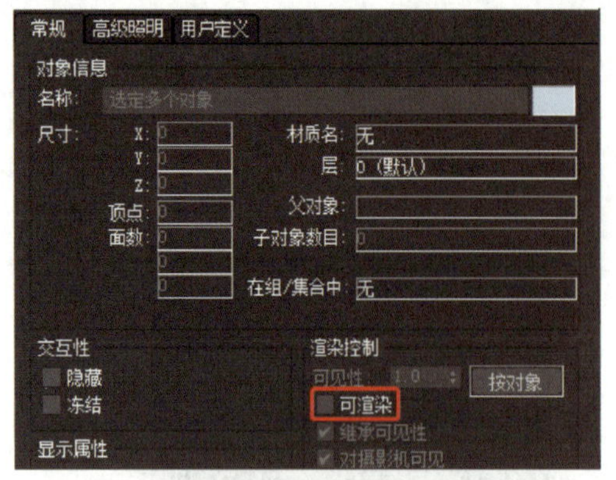

图 8-1-24　骨骼对象属性设置

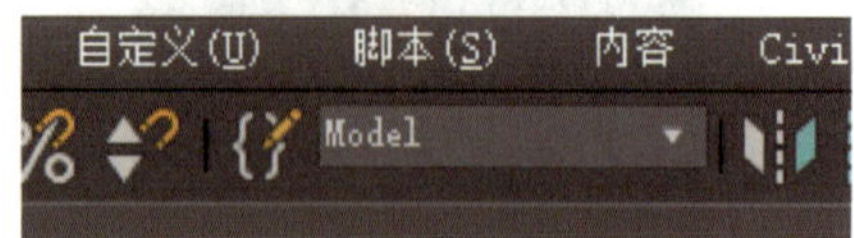

图 8-1-25　创建“Model”选择集

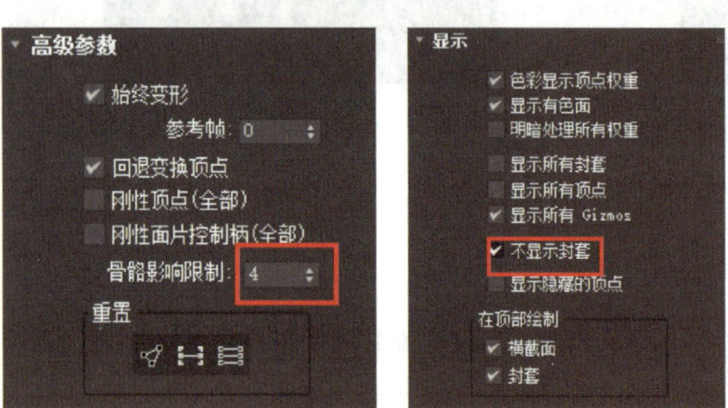

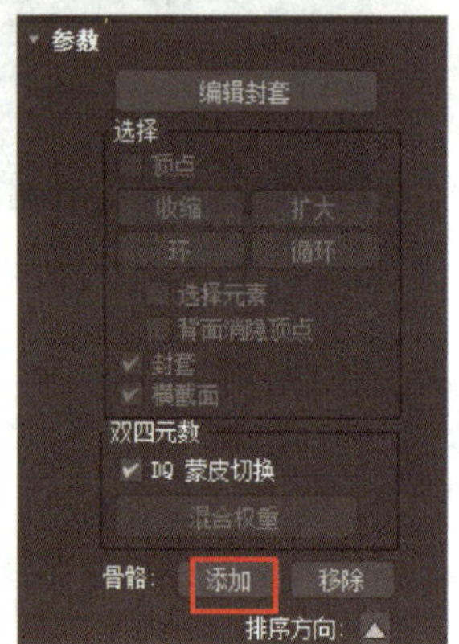

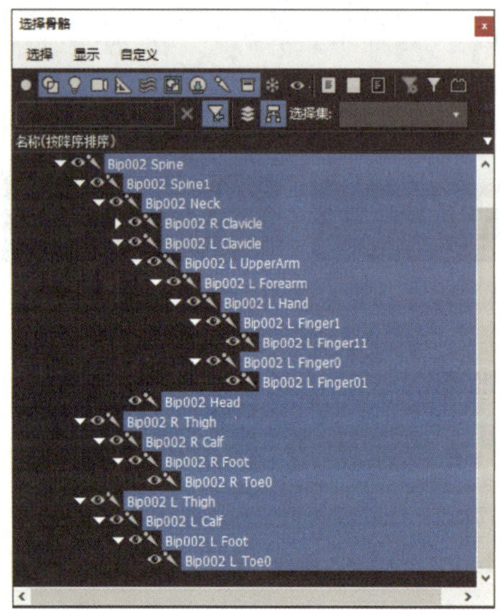

图 8-1-26　蒙皮参数设置

（4）在“参数”卷展栏中激活“编辑封套”，勾选“顶点”复选框，将“权重工具”激活，如图 8-1-27 所示。

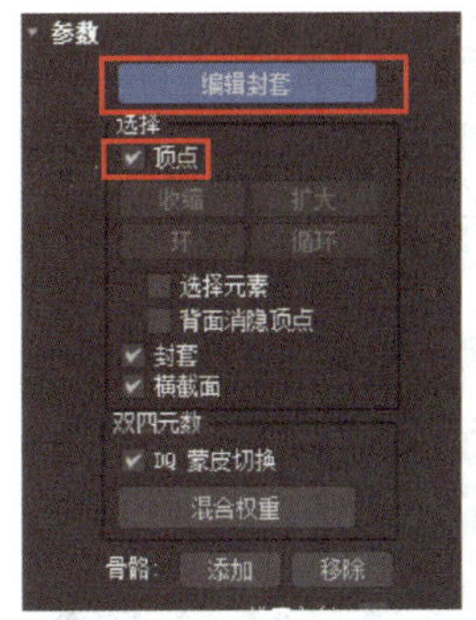

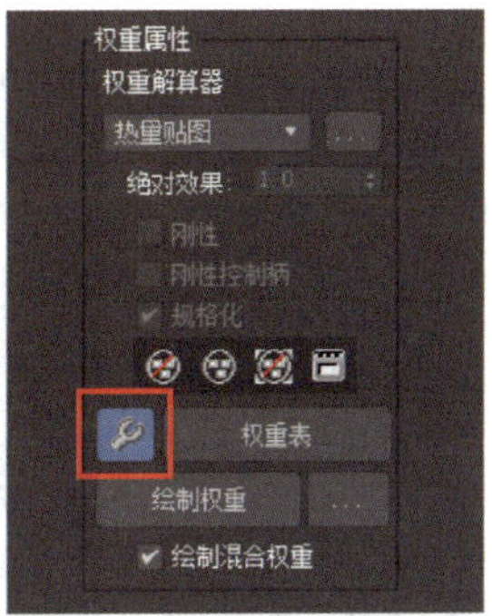

图 8-1-27　使用“权重工具”分配权重

（5）以头部骨骼权重分配为例，选中头部骨骼“Bip002 Head”，如图 8-1-28a 所示，长按“矩形选择区域”■右下角三角形，切换为“套索选择区域”工具■，套取头部骨骼顶点，如图 8-1-28b 所示，在“权重工具”窗口中将权重值设置为 1.0，如图 8-1-28c 所示。

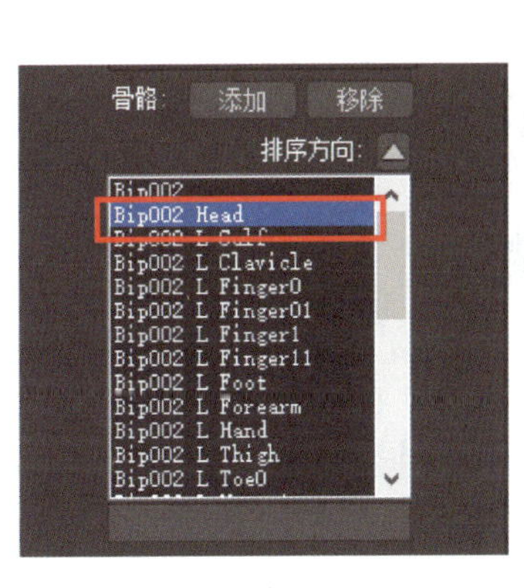

a）

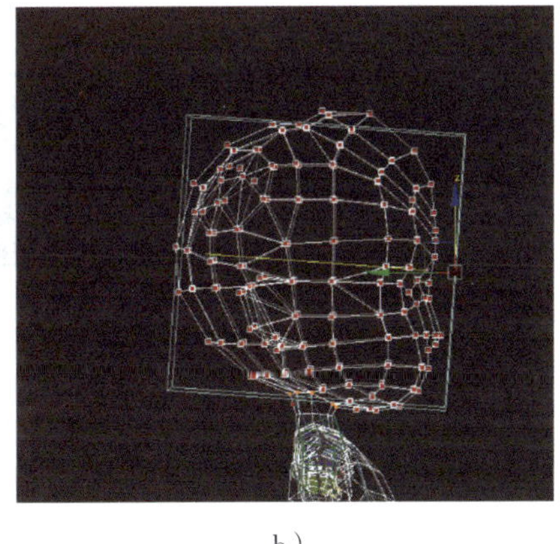

b）

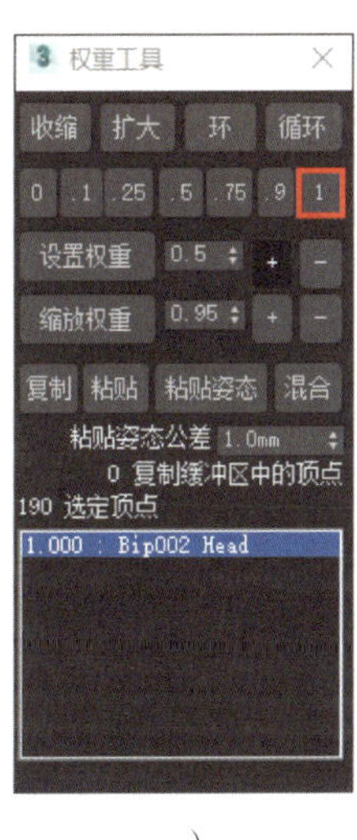

c）

图 8-1-28　调整头部顶点的权重值

a）选中头部骨骼“Bip002 Head”　b）套取头部骨骼顶点　c）在“权重工具”窗口中设置权重值

（6）选中脖子部分的顶点，调整其权重值，如图 8-1-29 所示。

（7）依次选中身体各部位的顶点，重复以上步骤，设置各顶点的权重值。

（8）完成各个顶点的“权重分配”后，再次单击“参数”卷展栏中的“编辑封套”按钮。

3. 调整动作

（1）设置“时间配置”参数。设置帧速率为 PAL、动画结束时间为 32，单击“确定”按钮。

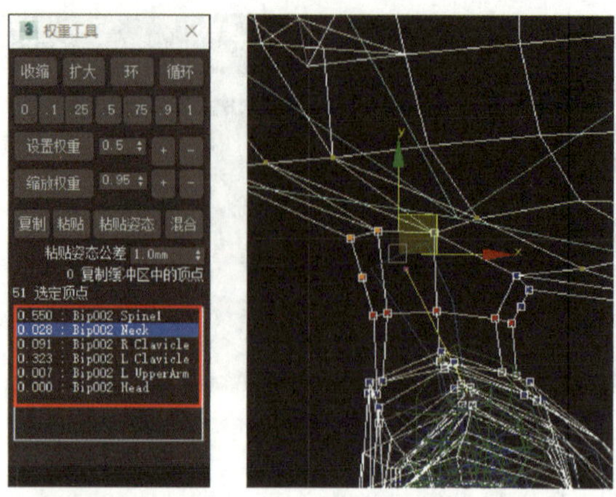

图 8-1-29 调整脖子顶点的权重值

（2）关闭“体型模式”。在右侧面板单击“创建”→“运动”→“参数”级别下的“Biped”卷展栏中，单击“体型模式”选项，关闭体型模式。

（3）单击“自动关键点”按钮，在“关键点信息”卷展栏，选择“设置关键点”记录帧姿势，如图 8-1-30 所示。

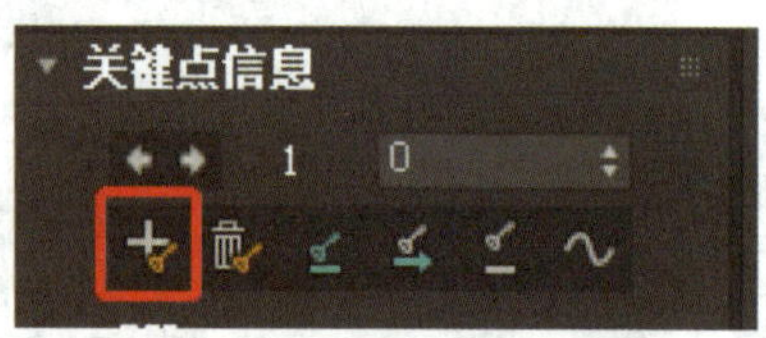

图 8-1-30 选择“设置关键点”

（4）单击“设置滑动关键点”，调整骨骼姿势如图 8-1-31 所示。其中，质心的调整需要单击“设置自由关键点”，使得模型始终保持与地面水平接触。

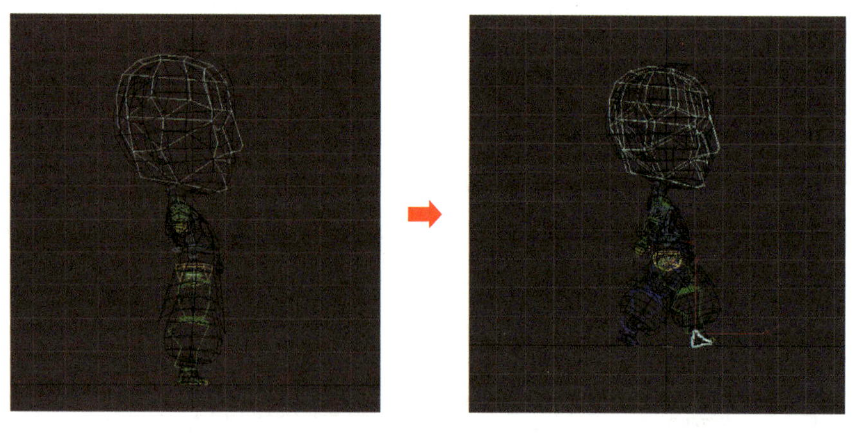

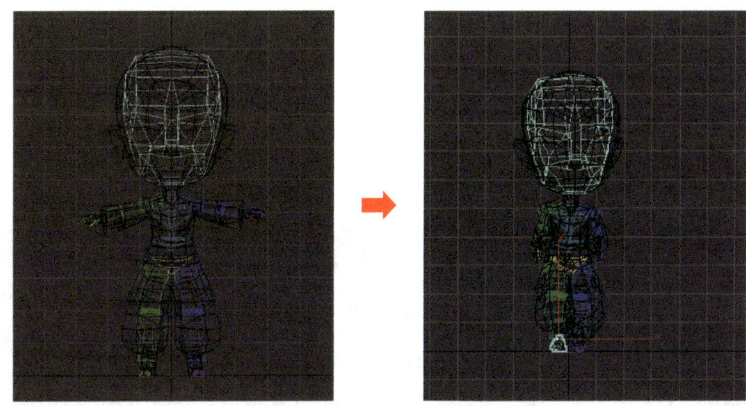

图 8-1-31　第 0 帧处的姿势

（5）拖动时间滑块至第 16 帧处，在“复制 / 粘贴”卷展栏中选择“姿势”选项，单击“复制姿势”按钮，再单击“向对面粘贴姿势”按钮，如图 8-1-32 所示，得到与第 0 帧镜像的模型姿势，如图 8-1-33 所示。

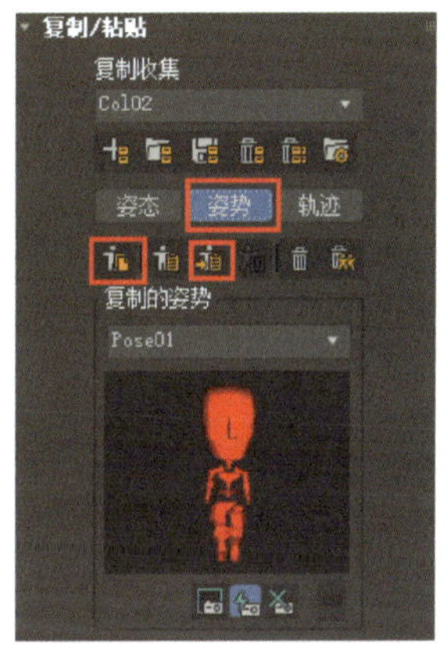

图 8-1-32　复制姿势

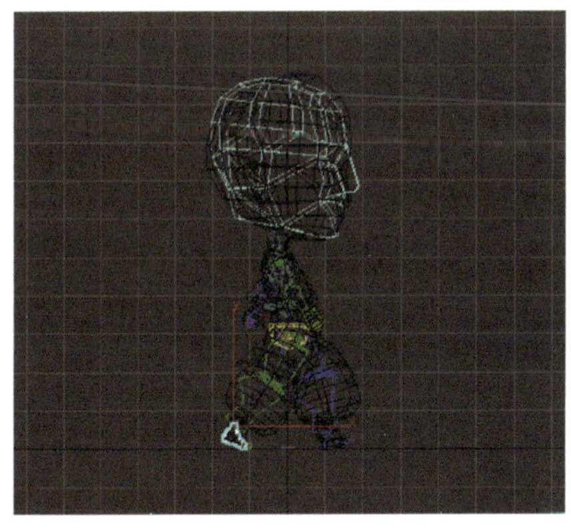
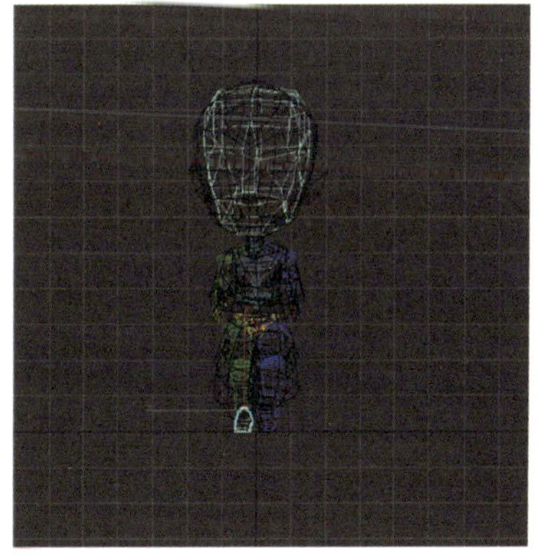

图 8-1-33　第 16 帧处的姿势

（6）重复步骤（5），复制第 16 帧处姿势，移动时间滑块至第 32 帧处，“向对面粘贴姿势”得到第 32 帧处模型姿势。

（7）调整第 8 帧模型姿势。参考运动学规律，调整骨骼使得模型姿态如图 8-1-34 所示，使得走路动作更为平滑。

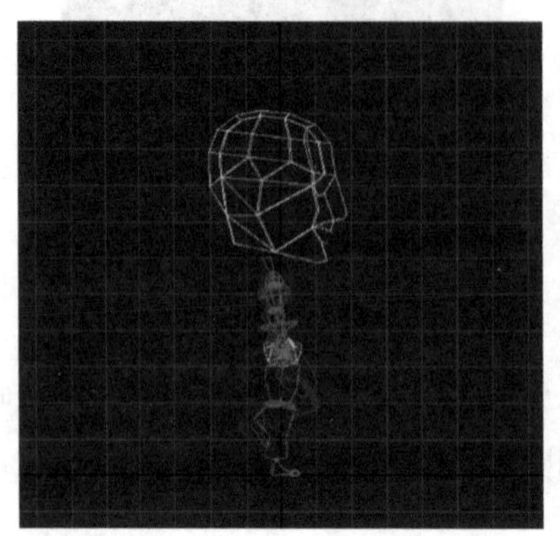
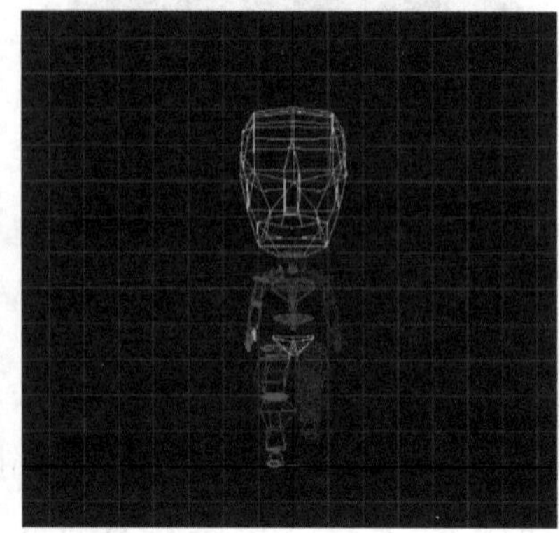

图 8-1-34　第 8 帧处的姿势

（8）重复步骤（5），将第 8 帧处姿势镜像复制到第 24 帧处。

（9）预览动画效果。单击“播放动画”按钮，预览动画效果。

三、保存、导出动画

保存文件并导出 AVI 格式的视频文件。